高等院校石油天然气类规划教材

生产测井原理与资料解释

（第二版）

郭海敏　　宋红伟　　刘军锋　　编著

石油工业出版社

内 容 提 要

本书主要介绍了生产测井的油藏及物理基础、方法原理、资料解释及其应用。全书分为12章，主要内容包括油藏工程基础和管流力学、注采剖面测井原理及仪器结构特点、套管井地层参数测井技术、套管工程检测技术、射孔工艺原理、生产测井数据处理与解释方法、生产测井资料综合应用等，附录部分附有生产测井课程设计相关内容，并介绍了生产测井技术前沿的研究动态和发展趋势。

本书为石油高等院校相关专业的本科生教材，同时也可作为油田相关工程技术人员的参考书。

图书在版编目（CIP）数据

生产测井原理与资料解释/郭海敏，宋红伟，刘军锋编著. —2版. —北京：石油工业出版社，2021.12

高等院校石油天然气类规划教材

ISBN 978 - 7 - 5183 - 5041 - 4

Ⅰ.①生… Ⅱ.①郭…②宋…③刘… Ⅲ.①生产测井—高等学校—教材 Ⅳ.①TE15

中国版本图书馆 CIP 数据核字（2021）第 237932 号

出版发行：石油工业出版社
（北京市朝阳区安定门外安华里 2 区 1 号楼　100011）
网　　址：www.petropub.com
编辑部：（010）64523697
图书营销中心：（010）64523633
经　　销：全国新华书店
排　　版：三河市燕郊三山科普发展有限公司
印　　刷：北京晨旭印刷厂

2021 年 12 月第 2 版　2021 年 12 月第 1 次印刷
787 毫米×1092 毫米　开本：1/16　印张：24.5
字数：626 千字

定价：49.00 元

第二版前言

《生产测井原理与资料解释》第一版于 2007 年出版，讲述了生产测井的方法、理论、资料处理解释方法和综合应用等方面的知识，主要内容包括生产测井基础、生产动态监测、注采剖面资料解释、套管井储层参数评价、工程测井、生产测井综合地质应用六个方面，基本上覆盖了整个生产测井技术涉及的各个领域。该教材自问世以来，受到兄弟院校师生和现场科技人员的欢迎与好评，在 2009 年召开的石油高等院校教材建设委员会第三次会议上被评为"2004—2009 中国石油高等教育优秀教材"。以该教材为主要课程体系的长江大学"生产测井原理"课程 2008 年获批国家级精品课程立项建设，2013 年转型升级为第二批国家级精品资源共享课程建设项目，2016 年 8 月被教育部正式冠名为"国家级精品资源共享课程"。

根据学科发展和教材使用情况，厚爱本教材的读者也提出了不少合理化建议，编著者从 2020 年暑期开始第二版的编写工作。同时，为培养生产测井学科建设及教材建设的接班人，特地组织了老新结合、以老带新的教材编写小组。

第二版以第一版为基础，保持和继承了第一版的课程体系，每一章都增加了课后习题，便于同学们对本章知识的巩固练习，同时对部分内容进行了更新和完善。第六章新增了产出剖面测井人工智能解释；第七章新增了水平井流动成像测井；第九章新增了 PNN 测井；第十二章的内容进行了重新编写；教材附录部分新增了生产测井课程设计等内容，便于生产测井课程设计教学的学习。整个教材内容既保留了传统生产测井的经典内容，也介绍了生产测井发展的一些新理论和新技术，使读者不但能够清晰地了解相应的生产测井技术，也同时拓宽了生产测井工作者的视野及知识面。

本书由长江大学郭海敏、宋红伟、刘军锋编著。第一、第二、第十一章由刘军锋修订，第三章到第五章、第八章由郭海敏修订，第六、第七、第九、第十、第十二章由宋红伟修订，附录由宋红伟编写。全书由郭海敏统稿。

本教材的编写和修订得到了石油工业出版社的大力支持，也得到了长江大学地球物理与石油资源学院及相关院校领导的指导和帮助，在此表示深切的谢意。

总之，希望本书的再版能为生产测井工作者和相关专业学生提供分析问题的新方法和新思路，同时也能为我国石油工业的发展作出更大贡献。

编著者

2021 年 8 月

第一版前言

生产测井是指在套管井中完成的各类测井，包括注采剖面测井、工程测井及套管井地层评价测井，目的是监测井眼几何特性及注采动态。随着现代生产测井技术的发展，现在已经可以在套管井中确定动态地层参数；在油藏动态描述中，可以用注采剖面信息确定剩余油饱和度的分布及不同油层的油藏压力和渗透率。随着油田开发的不断深入和面临问题的日益复杂，生产测井技术将发挥越来越重要的作用。

生产测井技术的发展始于 20 世纪 30 年代，最初只研制了温度计；40 年代又研制了压力计和流量计，当时这些仪器只能单参数测量；50 年代开发了综合产出剖面测井仪器，一次下井可以同时采集流量、压力、温度、持水率、流体密度等多种信息。进入 21 世纪之后，流动成像测井、水平井生产测井及特殊生产测井技术日臻完善，相应处理方法也取得了长足的进步。

长期以来，我国生产测井工作者主要把研究注意力集中在单井数据采集和相应信息处理方面，对于处理结果的油藏应用了解较少，出现了一些"只见树木，不见森林"的现象。作者从拓宽生产测井工作者应用知识面的目的出发，在总结十余年来从事研究生、本科生及专科生教学经验的基础之上，结合与油田长期合作的研究结果，完成了本书的编写工作。本书的内容涉及油藏工程、流体力学、渗透力学、电子学、传感器原理等多门学科的知识，新增了水平井测井、MDT、射孔、三次采油及试井等方面的内容。通过学习，可以对生产测井的方法、原理、数据采集、信息处理及资料解释、油藏应用等知识有一个系统全面的了解。由于生产测井技术是一门不断发展和完善的应用学科，作者希望本书能为生产测井技术的发展尽一份薄力。

全书由褚人杰、吴锡令两位教授审核，由郭海敏、戴家才负责编写第一至第十一章，陈科贵负责编写第十二章，张超谟、赵宏敏、章成广、宋红伟等同志参与了部分章节的编写工作。在完成本书的过程中，中国石油天然气集团公司科技发展部的领导给予了许多帮助，同时得到了中国石油天然气集团公司测井重点实验室陆大卫、李剑浩、李宁和汤天知等同志的支持；谢荣华、何亿成、王界益、田学信、吴世旗、范宜仁、王进旗等同志为本书的编写提供了许多现场素材并提出了诸多宝贵建议；全国测井界同行给予了关心与支持；长江大学测井专业研究生方伟、朱益华、张豆娟、侯月明、安小平、郑剑锋、邹存友、郭海峰、郭淑军等在书稿整理过程中做了大量工作，在此谨致以衷心的感谢！

由于知识面所限，书中不妥之处敬请读者不吝赐教和纠正。

编著者

2007 年 2 月

目　　录

第一章
生产测井及信息处理基础

本章主要论述与生产测井相关的油田开发基础，包括油田开发方案设计、渗流、多相管流、提高采收率及油气水物性计算等内容。

第一节　油田开发基础

一、油田开发概述

一个含油气构造经过地质、地震、钻井、测井等一系列勘探发现工业油流后，接着就要进行详探并逐步投入开发。油田开发，指依据详探成果和必要的生产性开发试验，在综合研究的基础上，对具有工业价值的油田，从实际和生产规律出发，制订出合理的开发方案，对油田进行建设和投产，使油田按预定的生产能力和经济效果长期生产，直至开发结束。油田的正规开发主要包括三个阶段：

（1）开发前的准备，包括详探、开发试验等；

（2）开发设计和投产，包括油层研究和评价、开发井部署、射孔方案制订、注采方案制订和实施；

（3）方案调整和完善。

在油田实际开发前，不可能把油田地质情况认识得很清楚，在油田投产后，就不可避免地在某些问题上出现一些原来估计不足之处，致使生产动态与方案设计不符合，因而在油田开发过程中必须不断地进行调整。所以整个油田开发的过程也就是一个不断重新认识和不断调整的过程。

二、油田开发前的准备

1. 详探阶段的主要任务

（1）以含油层系为基础的地质研究：要求弄清全部含油地层的地层层序和接触关系，各含油层系中油、气、水层的分布及其性质，尤其是含油层段中的隔层和盖层的性质必须搞清，同时还应注意出现的特殊地层，如气夹层、水夹层、高压层、底水等。

（2）储油层的构造特征研究：要求弄清油层构造形态、储油层的构造圈闭条件、含油面积及与外界连通情况（包括油、气、水分布关系），同时还要研究岩石物性、流体性质以及油层的断裂情况、断层密封情况等。

（3）分区分层组储量及可采储量计算。

（4）油层边界的性质研究以及油层天然能量、驱动类型和压力系统的确定。

（5）油井生产能力和动态研究：了解油井生产能力、出油剖面、递减情况、层间及井间干扰情况。对于注水井，必须了解吸水能力和吸水剖面。

（6）探明各含油层系中油气水层的分布关系，研究含油地层的岩石物性及所含流体的性质。

完成上述任务要进行的主要工作有地震细测、钻详探资料井和取心资料井、测井、试油试采分析化验研究等。

2. 油田开发生产试验区和开发试验

经过试采了解到较详细的地质情况和基本的生产动态后，为了能够认识油田在正式投入开发以后的生产规律，对于准备开发的大油田，在详探程度较高和地面建设条件比较有利的地区，首先划出一块区域，用正规井网正式开发作为生产试验区，是开发新油田必不可少的工作。生产试验区也是油田上第一个投入生产的开发区，除了担负试验任务之外，还有一定的生产任务。

1）生产试验区的主要任务

（1）研究主要地层：主要研究油层小层数目；研究各小层面积及分布形态、厚度、储量及渗透率大小和非均质情况，认识地层的变化规律；研究隔层性质及分布规律；进行小层对比，研究其连通情况。

（2）研究井网：研究布井方式，包括合理的切割距大小、井距和排距大小以及井网密度；研究开发层系划分的标准以及合理的注采层段划分方法；研究不同井网和井网密度对各类油砂体储量的控制程度；研究不同井网的产量、采油速度以及地面建设、采油工艺方法；研究不同井网的经济技术指标及评价方法。

（3）研究生产动态规律：研究合理的采油速度及最大有效产量、油层压力变化规律和天然能量大小、合理的地层压力下降界限、驱动方式及保持地层能量的方法；研究注水后油水井层间干扰及井间干扰，观察单层突进、平面水窜及油气界面与油水界面的运动情况，掌握水线形成及移动规律、各类油层的见水规律。

（4）研究合理的采油工艺技术及增产和增注措施（压裂、酸化、防砂、降黏）的效果。

2）开发试验应包括的主要内容

（1）油田各种天然能量试验；

（2）井网试验；

（3）采收率研究试验和提高采收率的方法试验；

（4）影响油层生产能力的各种因素，提高油层生产能力的各种增产措施及方法试验；

（5）与油田人工注水有关的各种试验；

（6）稠油热采、注蒸汽及混相驱替试验。

在试验过程中，生产测井的主要目的是在生产井中确定分层产液量及性质，在注入井中确定吸水层位及吸水剖面、吸气剖面，检查射孔效果等。

总之，各种开发试验应针对油田实际情况提出，而在油田的开发过程中必须始终坚持试验，因为油田开发过程本身就是一个不断深入地进行各种试验的过程。

在油气勘探开发的过程中，详探及油田开发的准备阶段的各项工作构成一个独立的不能忽视的阶段，是保证油田能科学合理开发所必须经过的阶段。两者可能相互交替进行，如井的布置要穿插进行，注采工程要穿插进行等。

三、开发方案设计的方针和原则

油田开发方案是在详探和生产试验的基础上，经过充分研究后，使油田投入长期和正式生产的一个总体部署和设计。开发方案的优劣决定着油田今后生产的好坏，制订开发方案涉及资金、人力的投入及经济效益等。

油田开发方案应包括的内容有油田地质情况、储量计算、开发原则、开发程序、开发层系、井网、开采方式、注采系统、钻井工程和完井方法、采油工艺技术、开采指标、经济效益、实施要求。测井和生产测井技术始终贯穿在各个环节中。

油田开发必须依据一定的方针进行，其正确与否直接关系到油田今后生产的经济效益。正确的油田开发方针应根据油田具体情况和长期经验及国民经济发展的要求制订，开发方案编制不能违背这些方针。开发方针的制订应考虑如下几方面的关系：采油速度、油田地下能量的利用和补充、采收率大小、稳产年限、经济效果、工艺技术。

在编制开发方案时，必须制订与之相适应的开发原则，这些原则应对以下几方面的问题作出具体规定：

（1）规定采油速度和稳产期限。

（2）规定开采方式和注水或强采方式。规定利用什么驱动方式采油，开发方式如何转化（如弹性驱转溶解气驱再转注水、注气或注蒸汽、聚合物等）。如果决定注水，应确定是早期注水还是后期注水。

（3）确定开发层系。一个开发层系，是由一些独立的、上下有良好隔层、油层性质相近、驱动方式相近、具备一定储量和生产能力的油层组合而成。它用一套独立的井网开发，是一个最基本的开发单元。当我们开发一个多层油田时，必须正确地划分和组合开发层系。一个油田要开发哪几套层系，是开发方案中的一个重大决策，是涉及油田基本建设的重大技术性问题，也是决定油田开发效果的重要因素。

（4）确定开发步骤。开发步骤指从布置基础井网开始，一直到完成注采系统、全面注水和采油整个过程中所必经阶段和每一步的具体做法。①基础井网布置：基础井网是以某一主要含油层为目标而首先设计的基本生产井和注水（或注汽、注气等）井。它是进行开发方案设计时，作为开发区油田地质研究的井网。研究时，工作人员要进行准确的小层对比工作，作出油砂体的详细评价，为层系划分和井网布置提供依据。②确定生产井网和射孔方案：根据基础井网，待油层对比工作做完以后，全面部署各层系的生产井网，依据层系和井网确定注采井别，进行射孔投产。③编制注采方案：全面打完开发井网后，落实注采井别，确定注采井段，编制注采方案。

（5）确定合理的布井原则。合理布井要求在保证采油速度的条件下，采用井数最少的井网，最大限度地控制地下储量，以减少损失，并使绝大部分储量处于水驱（或气驱、汽驱）范围内。

（6）确定合理的采油工艺。

四、开发层系划分的原则

国内外已开发的油田，大多数是非均质多层油田。由于储油层在纵向上的沉积环境不可能完全一致，因而油层特性自然会有所差异，所以开发过程中层间矛盾的出现也不可避免。若高渗透层和低渗透层合采，则由于低渗透层的流动阻力大，生产能力往往受到限制；若低压层和高压层合采，则低压层往往不出油，甚至高压层的油有可能窜入低压层。在水驱油田中，高渗透层往往会很快水淹，合采时会使层间矛盾加剧，出现油水层相互干扰造成开发被动，严重影响采收率。

在注水油田中，主要油层出水后，流动压力不断上升，全井的生产压差越来越小。这

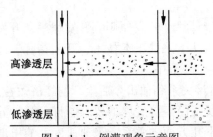

图 1-1-1 倒灌现象示意图

高渗透层

低渗透层

样注水不好的差油层的压力可能与全井的流压相近，因而出油不多甚至无油产出，在逆压差较大时，还会出现高压含水层的油和水往低压油层倒灌的现象。这就是见水层与含油层之间的倒灌现象，如图 1-1-1 所示。这一现象利用流量计测量结果可以识别。因此，只有合理划分开发层系，才能充分发挥各主要出油层的作用、提高采油速度、缩短开发时间并提高基本投资的周转率。确定了开发层系，一般就确定了井网的套数。多层油田的油层参数往往高达几十个，开采井段有时可达数百米。采油工艺的任务在于充分发挥各油层的作用，使它们吸水均匀和出油均匀，所以往往必须采取分层注水、分层采油和分层控制的措施。目前的分层技术还不可能达到很高的水平，因此就必须划分开发层系，使一个生产层内部的油层不致过多、井段不致过长，以更好地发挥工艺手段的作用。

划分开发层系，就是把特征相近的油层组合在一起，用一套井网单独开采。划分开发层系应考虑的原则是：

（1）把特性相近的油层组合在同一开发层系内，以保证各油层对注水方式和井网具有共同的适应性。油层相近主要体现在沉积条件相近、渗透率相近、组合层系基本单元内油层的分布面积接近、层内非均质程度相近。通常人们以油层组作为组合开发层系的基本单元，有的也以砂岩组划分和组合开发层系。因为砂岩组是一个独立的沉积单元，油层性质相似。

（2）各开发层系间必须有良好的隔层，以确保注水条件下，层系间能严格分开，不发生层间干扰。

（3）同一开发层系内油层的构造形态、油水边界、压力系统和原油物性应比较接近。

（4）一个独立的开发层系应具有一定的储量，以保证油田满足一定的采油速度、具有较长的稳产时间。

（5）在分层开采工艺所能解决的范围内，开发层系划分不宜过细。

综上所述，开发层系的合理划分是油田开发的一个关键部署。若划分不合理或出现差错，将会使油田开发陷于被动，以至于不得不进行油田建设的重新设计和部署，造成很大浪费。这样的教训无论在国外还是在国内都不鲜见。例如，有的油田在划分开发层系时，未发现隔层尖灭和油层重叠现象，投产后两层系之间油水互窜；有的油田上下油层驱动方式不同，上部是封闭弹性驱，下部是活跃水驱，合采时相互干扰严重。

五、砂岩油田的注水开发

原油在地层中从远离井筒的地方流向井筒，需要一定的动力。一个油藏的天然能量，包括边水和底水水压、原生气顶和次生气顶的膨胀、原油中溶解气的释放和膨胀、油层和其中原油的弹性能量等。不同油藏天然能量的类型和大小各不相同，即驱动方式不同。利用天然能量可以采出一部分原油，但一般情况下只能在一段时间内起作用，且发挥不均衡，难以调整和控制。

利用人工注水保持油藏压力，是采油历史上一个重大转折。人工注水开发油田从20世纪20年代末开始，其优点是能持续高产、驱油效率高、采收率高、经济效益高、易于控制等。

用人工注水开发油田时，油井与油井之间、注水井和注水井之间存在强烈的相互影响，因此在注水开发的油田内不能只研究单井，必须把油田作为一个整体看待，把油田内相互连通的全部油水井作为一个相互联系、相互制约的开采系统考虑，对整个开发区进行综合研究、设计和调整。因此，注采井网的确定是油田开发设计中的关键问题。

1. 注水方式

注水方式就是注水井在油藏中所处的部位和生产井及注水井间的排列关系。注水方式也称注采系统，归结起来主要有边缘注水、边内切割注水、面积注水和点状注水4种。

1) 边缘注水

采用边缘注水的条件为：油田面积不大；构造比较完整；油层稳定；边部和内部连通性好；油层的流动系数（有效渗透率×有效厚度/原油黏度）较高；特别是钻注水井的边缘地区要有较好的吸水能力，能保证压力有效传播。边缘注水根据油水过渡带的油层情况又分为以下3种。

（1）缘外注水。注水井按一定方式分布在外油水边界处，向边水中注水。如图1-1-2为某油田注水方式示意图。把外油水边界以外的6、26、15、17、4、16、18、19、25等井转为注水井，就构成了缘外注水。

（2）缘上注水。一些油田在含水边缘以外的地层渗透率显著变差，为了保证提高注水井的吸水能力和注入水的驱油作用，将注水井布在含油层外缘上，或在油藏以内距含油外缘不远的地方。图1-1-2中，假如外油水边界以外岩性变差，则可让25、19、24、21、5、22井转注即构成缘上注水。

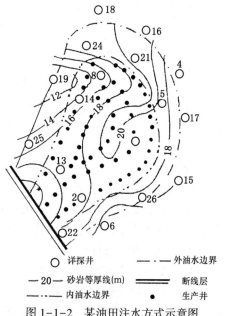

图1-1-2　某油田注水方式示意图

（3）边内注水。如果地层渗透率在油水过渡带很差或过渡带不适宜注水，可将注水井布置在内含油边界内，以保证注水见效。

边缘注水适用于边水较活跃的中小油田，其优点是油水边界较完整、容易控制、无水采收率较高，若辅以内部点状注水，则可取得很好的开发效果；缺点是不适用于面积大的油田。

2) 边内切割注水

对于大面积、储量丰富、油层性质稳定的油田，一般采用边内切割注水。在这种方式下，利用注水井排将油藏切割成为较小单元，每一块面积（切割区）可以看成是一个独立的开发单元，分区块进行开发调整，见图1-1-3。

边内切割注水的应用条件是：油层大面积分布，注水井排上可以形成比较完整的切割水线，保证一个切割区内布置的生产井与注水井有较好的连通性；油层有一定的流动系数，保证生产井与注入井间压力传递正常。

采用边内切割注水的优点是：可以根据油田的地质特征选择切割井排的最佳方向及切

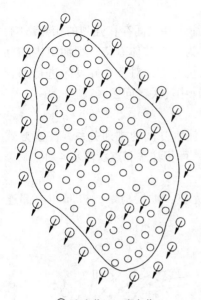

○注水井；○生产井

图 1-1-3　边内切割注水示意图

割区的宽度；可以根据开发期间认识到的油田详细地质构造资料修改已采用的注水方式；在油层渗透率具有方向性的条件下采用行列井网时，只要弄清油层渗透率变化的主要方向，适当控制注入水的流动方向，就可取得较好的开发效果。

这种方式的不足之处是对油层的非均质性适应性较差。对于在平面上油层性质变化较大的油田，往往使相当部分的注水井处于低产地带，注水效率不高，注水井间干扰大。注水井成行排列，在注水井排两边的开发区内，压力不可能总是一致，地质条件也不相同，因此会出现区间不平衡。另外，由于生产井的外排与内排受注水影响不同，因而开采不均衡，内排生产能力不易发挥；外排生产能力大，见水快。

在计划采用或现已采用的行列注水油田，为了发挥其特长，主要采用以下措施：选择合理的切割宽度；确定最佳的切割井排位置；辅以点状注水，强化行列注水系统；通过提高注水线同生产井井底之间的压差等方式提高切割注水效果。

3）面积注水

面积注水是将注水井按一定几何形状和密度均匀地布置在整个开发区上。根据油井和注水井的相互位置及构成井网的形状，面积注水可分为四点法、五点法、七点法、九点法、歪七点和正对（或交错式）排状注水。

采用面积注水的条件如下：

（1）油层分布不规则，延伸性差，多呈透镜状分布。用边内切割注水不能控制多数油层，注入水不能逐排影响生产井。

（2）油层的渗透性差，流动系数低。用边内切割注水由于注水推进阻力大，有效影响面积小，采油速度低。

（3）油田面积大，构造不够完整，断层分布复杂。

（4）油田后期强化开采（以提高采收率）。

（5）油层具备边内切割注水或其他注水条件，但要求达到更高的采油速度时，也可考虑采用面积注水。

2. 注采井网

从平面上看，注水和采油均在井点上进行。在注水井和生产井之间存在着压力差，并且被流线所连接。在均匀井网内连接注水井和生产井的是一条直线，它是这两井间的最短流线，沿这条线的压力梯度最大。于是注入水在平面上将沿着这条最短流线推进到生产井，之后才沿其他流线突入，这就是注入水的舌进现象。水波及区在井网面积中所占的比值就是均匀井网见水时的面积波及效率 η_1，表示为

$$\eta_1 = \frac{A_s}{A}$$

式中　A、A_s——油藏面积和波及面积。

体积波及效率 η 和油藏的采收率 η_o 分别表示为

$$\eta = \frac{A_s h_s}{Ah} = \eta_1 \eta_2$$

$$\eta_o = \eta \frac{S_o - S_{or}}{S_o}$$

式中　η_2——垂直波及效率；

　　　h、h_s——油藏平均厚度和波及厚度；

　　　S_o、S_{or}——原始含油饱和度和残余油饱和度。

波及效率与油水的流度比相关，油水的流度比为

$$M = \frac{K_w / \mu_w}{K_o / \mu_o}$$

式中　K_w——水的有效渗透率，μm^2；

　　　K_o——油的有效渗透率，μm^2；

　　　μ_w——水的黏度，$mPa \cdot s$；

　　　μ_o——油的黏度，$mPa \cdot s$。

压裂是最有效的增产增注手段之一。实践证明，人工压裂造成的地层裂缝绝大部分是垂直于层面的。对于天然裂缝，驱动方向与裂缝方向成45°角时，见水时的波及系数高于各向同性层；驱动方向与裂缝方向一致时，见水时的波及系数降低。裂缝越长，对见水时的波及系数影响越大。天然裂缝和人工裂缝的方位取决于地质条件。在有天然裂缝的油藏和进行过大量压裂改造的油藏中进行注水时，要考虑裂缝方向。水平裂缝对波及系数的影响相当于井径扩大，随裂缝半径的增大，低渗透油层波及系数会有所增加。

六、开发井网部署

油田开发的中心就是合理划分层系，部署生产井网。井网研究中通常涉及3个问题：井网密度、一次井网与多次井网、布井方式。在井网密度方面，通常是先期采用稀井网，后期加密。

1. 油层砂体研究及基础井网布置

油层砂体研究是布置井网的基本工作，研究的问题之一是各油层组的油砂体延伸长度。图1-1-4表示的是3个油层组不同井距可控储量的百分数。由图可知，最上面一组油层（P_1组）延伸长度大于5km时，其控制储量占总储量的90%以上，所以是大片连通的；S_2组油层大于5km以上的油砂体的储量为75%左右，3km以上的为80%，也是一组比较好的油层；S_1油层延伸长度大于5km的只占30%储量，3km以上的只有50%的储量，1km以上的也只占80%。因此，对于这3组油层不能盲目部署开发方案，应依据基础井网取得的补充资料最终落实油层分布并布置开发井。

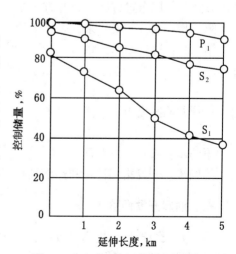

图1-1-4　油砂体延伸长度与控制储量的统计关系曲线

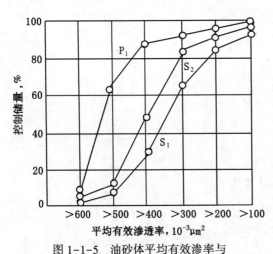

图 1-1-5 油砂体平均有效渗率与
控制储量关系曲线

油层砂体研究的第二个问题是不同类型油砂体的渗透率、压力等参数的变化情况。图 1-1-5 是根据不同渗透率的油砂体所统计而得到的储量分布曲线。由图可知，3 个油层组的油砂体的渗透率高低及分布特征不同。P_1 组油层渗透率高而且较均匀，其渗透率大于 $400 \times 10^{-3} \mu m^2$ 的油砂体储量占全油层组总储量的 80% 以上，说明这一油层物性好，分布面积广，具备高产条件。选定该层作为主要目的层布置基础井网是完全可行的。

油层砂体研究之后，选定一个分布稳定、产能高、有一定储量、已由详探井基本控制并具有开发条件（隔层性能好）的油层作为开发对象布置井网。这套井网叫基础井网，主要油层可以按此基础井网进行开发，其他井网可以按此基础井网所取得的地质资料进行开发设计。

基础井网是开发区的第一套正规生产井网。它的开发对象必须符合如下要求：

（1）油层分布均匀稳定，形态比较易于掌握。

（2）控制该层系的储量达 80% 以上。

（3）隔层良好，确保各开发层系能独立开采，不发生窜流。

（4）油层渗透性好，有一定的生产能力。

（5）具有足够的储量，具备单独布井和开发条件。

基础井网布置后，依据所取得的详细资料对本地区的地质情况全面研究，然后部署全开发区各层系的开发井网。

2. 布井方案

在详细研究及基础井网布置的基础之上，确定出适合本油田的开发方式、层系划分、注水方式和井网布置方案。布井方案主要分 4 个步骤。

第一步：划分开发层系，确定本油田用几套井网开发并对每一层系分别布井。

第二步：确定油水井数目。若已给定本开发区的采油速度为 v，地质储量为 N，平均单井日产量为 q，则可算得本开发区的生产井数为

$$n = Nv/(300q)$$

由此可得井网密度 D 为

$$D = A/n$$

第三步：布置开发井网。

第四步：开发指标计算和经济核算。

七、油田开发调整

为了延长稳产期、提高采收率，油田无论采用何种开采方式、井网系统、层系划分和驱动类型投入开发，都要选择适当时机进行必要的开发调整。开发调整主要包括层系调整、井网调整、开采工艺调整和驱动方式调整。生产测井技术在开发调整中主要用于提供注采

储集层及井身结构动态信息。

1. 层系调整

多层油藏往往包含了众多在水动力学上相互连通的含油砂体或单层，有时在注水条件下用一套井网开发是不可能的，需要分成若干个开发层系用不同的井网开发。由于层间渗透率不同，注水开采时将发生井间干扰现象。油层压力小于流动压力时，会发生倒灌现象。

油田开发过程中，一个层系中的单层之间由于注采的不均衡产生了新的不平衡，需要进行更进一步的划分。这时可能出现两种情况：一是在一个开发层系的内部更进一步划出若干个开发层系；二是在相邻的开发层系中将开发得较差的单层组合在一起，形成一个独立的开发层系。

2. 井网调整

通常认为密井网能比稀井网得到高的采收率，认为在同样的开采制度下，密井网区压降大，有更多的石油向这里流动，但把这一原理推广到不同的油藏就不恰当。实际情况是应从地质和经济两方面考虑井网密度问题。现将油藏简化为一个均质各向同性储集层，随井网密度增加，井间干扰加剧，从而降低了增加井数的增产效果。图 1-1-6 表示了经济效益与井数的示意关系。由图可知，开发初期，随井数增加，经济效益快速增加；当达到合理井数 n_{REA} 之后，经济效益随井数的增加不明显；若继续增加井数，达到经济极限井数 n_{CRI} 之后，经济效益则明显下降。在油田投产初期，应钻生产井的合理井数 n_{REA} 不应超过油田最终开采井数的 80%，余留的 20% 井数应考虑在油田开发的中后期调整使用。

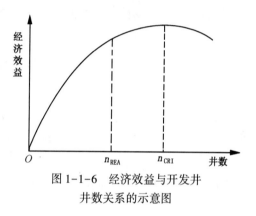

图 1-1-6 经济效益与开发井井数关系的示意图

加密钻井进行井网调整，可以使开发较差的油砂体的效果得到改善；对已处于直接水驱下的油砂体加密后，有利于提高全油藏的产量，但不会有效降低油水比。

还有一种调整是水流方向调整和注水方式调整，如间歇注水等。调整水驱油的流动方向，对有裂缝的油田特别重要，因为水驱方向与裂缝延伸方向相同时，水驱效果最好。

3. 开采工艺调整

溶解气驱开发的油田，随着压力的下降，油藏的能量不能把油举至井口，需要人工举升；注水油田中，随开发的进行，含水率不断上升，流动压力不断升高，井底生产压差降低，井的产油量不断下降，也需要人工举升。前者用于补充压力不足，后者着眼于提高排液量，我国大部分油田属后一种情况。针对这一情况，油田普遍采用电潜泵和水力活塞泵满足提高排液量的需要，常规有杆泵已不能有效维持正常生产。油田从自喷进入人工举升是一个很大的调整，要经历一个较长的时间，同时应根据注采平衡的要求进行注水调整，包括增加注水井点和提高注入压力等。一般认为，注水井的井底压力应低于油藏的破裂压力，当注水井的井底压力高于地层破裂压力时，会出现水窜和油井暴性水淹的情况，此时必须严格控制注水压力，不使油层中的裂缝张开。在某些情况下，允许注水压力高于破裂压力。

矿场实验证明，油井见水并生产到含水率极高（98%）时，水驱油的面积波及系数接近 80%，垂向波及系数在 40%～80% 之间。此时，在高含水情况下通过加密井提高体积波及系数不会有太大效果，着眼点应放在改善垂直波及系数上，若采用调剖技术调整吸水剖面并与聚合物改善驱油效率相结合，则可以取得较好的效果。

油田开发的过程是一个不断认识、不断调整的过程，对油田的不断认识是油田改造的基础。油田开发的调整是否有效，取决于对油藏的了解程度。对油藏的认识是对油藏进行地质、地球物理、岩样、流体样品和生产资料的综合研究。生产测井技术是认识动态油藏的一个重要手段。

第二节　油藏流体向井流动

油藏流体向井流动指原油或其他介质沿渗流通道从地层向生产井底的流动。流动规律符合达西定律，流动状态分单相渗流和多相渗流。

一、单相液体的流入动态

根据达西定律或径向压力扩散方程，对于圆形地层中心的一口井，供给边缘压力不变时，其产量公式表示为

$$q_o = \frac{2\pi K_o h(p_e - p_{wf})}{\mu_o B_o \left(\ln \dfrac{r_e}{r_w} + S\right)} a \tag{1-2-1}$$

或

$$q_o = \frac{2\pi K_o h(\bar{p}_r - p_{wf})}{\mu_o B_o \left(\ln \dfrac{r_e}{r_w} - \dfrac{1}{2} + S\right)} a \tag{1-2-2}$$

对于圆形封闭地层，相应的产量公式为

$$q_o = \frac{2\pi K_o h(p_e - p_{wf})}{\mu_o B_o \left(\ln \dfrac{r_e}{r_w} - \dfrac{1}{2} + S\right)} a \tag{1-2-3}$$

用平均压力表示时，产量公式为

$$q_o = \frac{2\pi K_o h(\bar{p}_r - p_{wf})}{\mu_o B_o \left(\ln \dfrac{r_e}{r_w} - \dfrac{3}{4} + S\right)} a \tag{1-2-4}$$

式中　q_o——油井产量（地面），引入流量计确定的流量时，用 $q_o B_o$ 取代 q_o；

K_o——油层的有效渗透率，$10^{-3}\mu m^2$；

B_o——原油体积系数；

h——油层有效厚度，m；

μ_o——地层油的黏度，mPa·s；

p_e——泄油边界压力，MPa；

$\bar{p}_r$——油井（层）平均地层压力，MPa；

p_{wf}——井筒流动压力，MPa；

r_e——泄油边缘半径，m；

r_w——井眼半径，m；

S——表皮系数，与侵入带、射孔及地层损害程度有关，可由压力恢复曲线求得；

a——单位换算系数（表 1-2-1）。

表 1-2-1　采用不同单位制时的 a 值

单位制	参数					单位换算系数
	产量	渗透率	厚度	黏度	压力	a
渗流力学达西单位	cm^3/s	D	cm	cP	atm	1
法定单位（SI 单位）	m^3/s	m^2	m	Pa·s	Pa	1
英制实用单位	bbl/d	mD	ft	cP	psi	0.001127
法定实用单位	m^3/d	μm^2	m	mPa·s	kPa	0.0864

注：表中单位与法定单位的换算关系：$1D = 10^3 mD = 1\mu m^2$；$1cP = 10^{-2}P = 10^{-3}Pa \cdot s = 1mPa \cdot s$；$1atm = 101325Pa = 101325N/m^2$；$1bbl = 34.973UKgal = 42USgal = 0.15898m^3 = 158.98L$；$1ft = 12in = 0.3048m$；$1psi = 1lb/in^2 = 6894.757Pa$。

非圆形封闭泄油面积的油井产量公式，可根据泄油面积的形状和油井位置进行校正。具体方法是令 $r_e/r_w = x$，由图 1-2-1 查得。

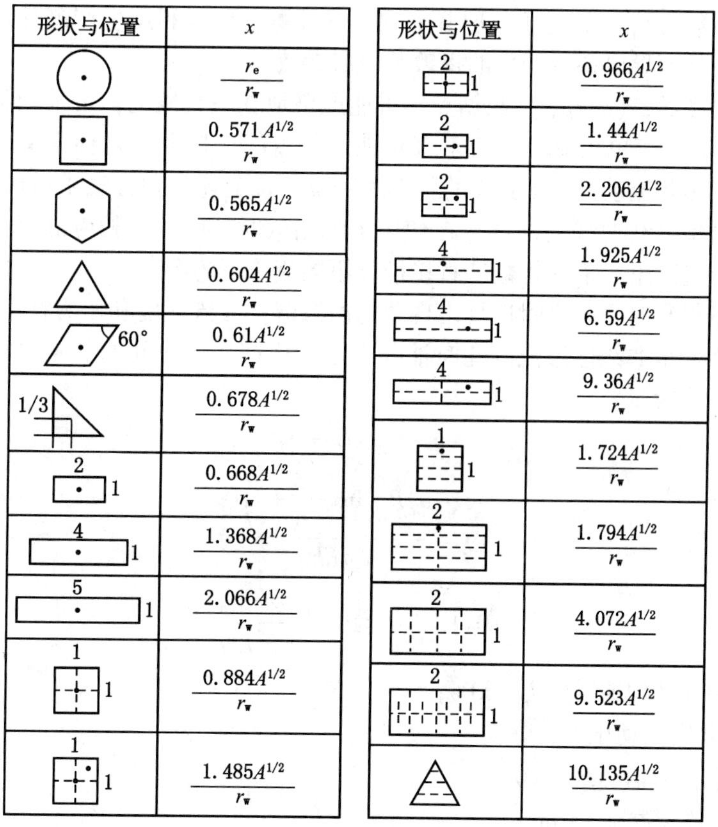

图 1-2-1　泄油面积形状与油井位置系数（A 为泄油面积）

式（1-2-1）表示的是油井产量与井底流压的关系，它反映了油藏某一油层向该井的供油能力，在直角坐标系中是一直线，简称 IPR 曲线，如图 1-2-2 所示。图中 $q_{o\,max}$ 是流压为 0 时的产量，叫绝对敞喷产量，主要用于对比同一油田中不同井的动态；J 为采油指数。用采油指数表示的产量公式形式为

$$q_o = J(\bar{p}_r - p_{wf}) \tag{1-2-5}$$

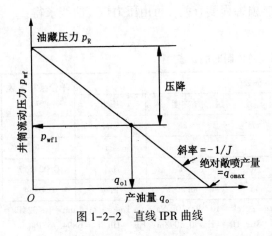

图 1-2-2 直线 IPR 曲线

$$J = \frac{2\pi K_o h a}{\mu_o B_o \left(\ln x - \frac{3}{4} + S\right)}$$

或

$$J = \frac{2\pi K_o h a}{\mu_o B_o \left(\ln x - \frac{1}{2} + S\right)} \qquad (1-2-6)$$

采油指数 J 是一个反映油层性质、流体参数、完井条件及泄油面积与产量之间关系的综合指标，数值等于单位压差下的油井产量，可以用 J 的数值大小评价分析油井的生产能力。一般用稳定试井确定 J 值，方法是测得 3~5 个稳定工作制度下的产量及流压绘制该井的 IPR 曲线。单相液体流动时，IPR 曲线为直线，其斜率的负倒数便是采油指数。有了采油指数，可以预测不同流压下的产量，同时可根据式(1-2-5)、式(1-2-6) 确定地层压力和地层参数 $(K_o h)$。对于分层开采的层状油藏，可以利用生产测井流量资料确定分层产量和流压，从而导出各层的采油指数及地层参数。

改变工作制度后，(q, p_{wf}) 数据点不可能严格地在一直线上，可采用最小二乘法确定 IPR 曲线的斜率。对于单相流动，由于 IPR 曲线是直线，按上述几种定义求出的采油指数是相同的。对于多相流动，IPR 曲线的斜率为变量，按上述几种方法求得的采油指数不同。对于具有非直线型 IPR 曲线的油井，在使用采油指数时，应说明相应的流动压力，而且不能简单地用某一流压下的采油指数来直接推算不同流压下的产量。

当油井产量很高时，井底附近将出现非达西渗流，渗流速度和压力梯度不呈线性关系，达西定律被破坏，呈非线性渗流。此时油井产量和生产压差之间的关系可用由实验得出的下列半经验关系式表示：

$$\bar{p}_r - p_{wf} = Cq + Dq^2 \qquad (1-2-7)$$

其中

$$C = \frac{\mu_o B_o \left(\ln x - \frac{3}{4} + S\right)}{2\pi K h a}$$

$$D = 1.3396 \times 10^{-18} \frac{\beta B_o^2 \rho_o}{4\pi^2 h^2 r_w}$$

式中　$\bar{p}_r$——油井平均地层压力，kPa；

p_{wf}——井底流动压力，kPa；

q——油井地面产量，m^3/d；

K——有效渗透率，μm^2；

h——地层有效厚度，m；

μ_o——原油黏度，$mPa \cdot s$；

B_o——原油体积系数；

r_w——井眼半径，m；

x——泄油边缘半径与井眼半径的比值，由图 1-2-1 查得；

ρ_o——原油密度，kg/m^3；

D——紊流系数，kPa/(m³/d)²；

β——紊流速度系数，m⁻¹。

紊流速度系数由下式计算：

$$\begin{cases} \beta = \dfrac{1.906 \times 10^7}{K^{1.201}} & \text{(胶结地层)} \\[2mm] \beta = \dfrac{1.08 \times 10^6}{K^{0.55}} & \text{(非胶结砾石充填层)} \end{cases}$$

在单相流动条件下出现非达西渗流时，可以利用生产测井流量资料确定的产量和压力数据求式(1-2-7)中的 C 和 D 值。把式(1-2-7)写为

$$\frac{\bar{p}_r - p_{wf}}{q} = C + Dq \tag{1-2-8}$$

由此可知，$(\bar{p}_r - p_{wf})/q$ 与 q 呈线性关系，斜率为 D，截距为 C。

对于油水两相渗流地层，每一相流体边缘压力不变时的产量表示为

水

$$q_w = \frac{2\pi K_w h(\bar{p}_r - p_{wf})}{\mu_w B_w \left(\ln \dfrac{r_e}{r_w} - \dfrac{1}{2} + S \right)} a \tag{1-2-9}$$

油

$$q_o = \frac{2\pi K_o h(\bar{p}_r - p_{wf})}{\mu_o B_o \left(\ln \dfrac{r_e}{r_w} - \dfrac{1}{2} + S \right)} a \tag{1-2-10}$$

总的产油指数表示为

$$J = \frac{2\pi h a}{\ln \dfrac{r_e}{r_w} - \dfrac{1}{2} + S} \left(\frac{K_o}{\mu_o B_o} + \frac{K_w}{\mu_w B_w} \right) \tag{1-2-11}$$

式中　μ_w——水的黏度，mPa·s；

B_w——水的体积系数；

K_w——水的有效渗透率，μm^2。

二、油气两相向井流动

油田开发过程中压力不断下降，当井底压力低于饱和压力时，井底附近原来溶解在油中的天然气逐渐分离出来，出现油气两相渗流区，此时油藏流体的物理性质和相渗透率明显随压力改变而改变。因此溶解气驱油藏的油层产量与流动压力的关系是非线性的。

1. 流量与压力的一般关系

油井的产量公式为

$$q_o = \frac{2\pi K h}{\ln \dfrac{r_e}{r_w}} \int_{p_{wf}}^{p_e} \frac{K_{ro}}{\mu_o B_o} dp \tag{1-2-12}$$

式中，μ_o、B_o 及 K_{ro} 都是压力的函数，只要找到它们与压力的关系，就可求得积分，从而找到产量和流压的关系。μ_o、B_o 不难由高压物性资料或经验相关式得到，而 K_{ro} 与压力的关系则必须利用生产气油比、相渗透率曲线确定。

对油和气分别利用达西定律可得到两相渗流时任一时间的当前生产气油比 R：

$$R = \frac{K_g}{K_o} \frac{\mu_o}{\mu_g} \frac{B_o}{B_g} + R_s \qquad\qquad (1\text{-}2\text{-}13)$$

式中 R_s——溶解气油比；

K_g、K_o——气相、油相渗透率；

μ_o、μ_g——油相、气相黏度；

B_o、B_g——油相、气相体积系数。

由已知的压力、温度和流体性质，就可确定出式（1-2-13）中的 R_s、μ_o、μ_g、B_o、B_g。给出（地面计量或利用生产测井解释结果）气油比 R 后，就可求得不同压力下的 K_g/K_o 值，然后利用相对渗透率曲线（图 1-2-3）作出 K_g/K_o 与含油饱和度的关系曲线（图 1-2-4），从而就可以求得相应压力下的含油饱和度，并绘出给定生产气油比下的压力与含油饱和度的关系曲线（图 1-2-5）。利用图 1-2-5 和图 1-2-3 就可求得不同压力下的相对渗透率 K_{ro}，这样就可以绘出 $K_{ro}/\mu_o B_o$ 与压力 p 的关系曲线（图 1-2-6）。

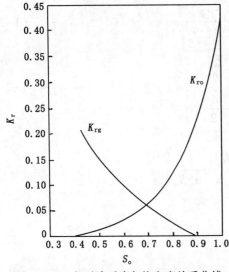

图 1-2-3　相对渗透率与饱和度关系曲线

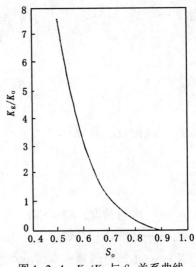

图 1-2-4　K_g/K_o 与 S_o 关系曲线

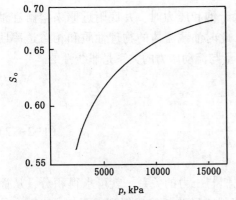

图 1-2-5　含油饱和度与压力关系曲线

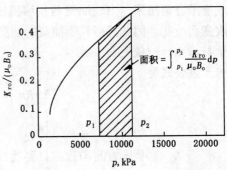

图 1-2-6　$K_{ro}/(\mu_o B_o)$ 与 p 关系曲线

利用图 1-2-6 可求得式（1-2-12）中的积分，取不同的积分下限就可得到不同流压下的产量，并绘出 IPR 曲线。溶解气驱油藏关井后所能测得的是泄油面积内的平均压力 $\bar{p}_r$，而不是泄油面积边缘压力 p_e。用 $\bar{p}_r$ 代替 p_e 后，式（1-2-12）表示为

$$q_o = \frac{2\pi Kh}{\ln \dfrac{r_e}{r_w} - \dfrac{3}{4}} a \int_{p_{wf}}^{\bar{p}_r} \frac{K_{ro}}{\mu_o B_o} dp \qquad (1-2-14)$$

相应的采油指数是

$$J = \frac{q_o}{\bar{p}_r - p_{wf}} = \frac{2\pi Kha \displaystyle\int_{p_{wf}}^{\bar{p}_r} \frac{K_{ro}}{\mu_o B_o} dp}{(\bar{p}_r - p_{wf})\left(\ln \dfrac{r_e}{r_w} - \dfrac{3}{4}\right)} \qquad (1-2-15)$$

由式（1-2-15）可知：

（1）生产压差增大时，由于积分面积不能成倍增加，J 与生产压差是非线性关系。同一油藏压力下，采油指数将随生产压差的增大而减小。

（2）在相同生产压差下，油藏压力高时的曲线面积大于油藏压力低时的曲线面积。因而，溶解气驱油藏的采油指数将随油藏压力的降低而减小。

（3）采油指数与生产气油比 R 有关。因为不同的 R 值有不同的 S_o-p 曲线和 $K_{ro}/(\mu_o B_o)$-p 曲线。

为了预测未来采油指数的变化，必须知道未来的油藏压力及含油饱和度。显然利用上述方法绘制当前和预测未来的 IPR 曲线十分繁琐，因而在油井动态分析和预测中都采用简便的近似方法来绘制 IPR 曲线。

2. 无因次 IPR 曲线和 Vogel 方程

1968 年 1 月，Vogel 发表了适用于溶解气驱油藏的无因次 IPR 曲线及描述该曲线的方程，它们是根据计算机对若干典型的溶解气驱油藏的流入动态曲线的计算结果提出的。计算时假设：（1）圆形封闭油藏，油井位于中心；（2）均质地层，含水饱和度恒定；（3）忽略重力影响；（4）忽略岩石和水的压缩性；（5）油、气组成及平衡不变；（6）油气两相的压力相同；（7）拟稳态下流动，在给定的某一瞬间，各点的脱气原油流量相同。

Vogel 对不同流体性质、气油比、相对渗透率、井距及压裂过的井和井底有污染的井等各种情况下的 21 个溶解气驱油藏进行了计算。结果表明 IPR 曲线都有类似的形状，只是高黏度油藏及油井污染严重时差别较大。排除这些情况之后，绘制出了如图 1-2-7 所示的参考曲线（称 Vogel 曲线），用方程表示为

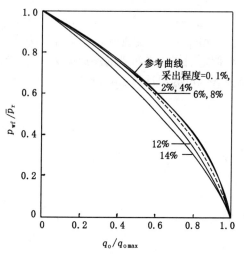

图 1-2-7　参考曲线与计算的
IPR 曲线的比较

$$\frac{q_o}{q_{o\,max}} = 1 - 0.2 \frac{p_{wf}}{\bar{p}_r} - 0.8\left(\frac{p_{wf}}{\bar{p}_r}\right)^2 \qquad (1-2-16)$$

式中 q_{omax}——流压为零时的最大产量。

式(1-2-16)可看作是溶解气驱油藏渗流方程通解的近似解。除高黏度及井底污染较严重的油井外，参考曲线更适合溶解气驱早期的情况。应用 Vogel 方程可以在不涉及油藏及流体性质资料的情况下绘制油井的 IPR 曲线和预测不同流压下的油井产量，使用很方便。

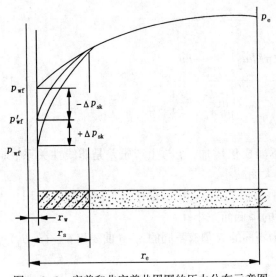

图 1-2-8 完善和非完善井周围的压力分布示意图

3. 不完善井 Vogel 方程的修正

Vogel 在建立无因次流入动态曲线和方程时，认为油井是理想的完善井，即油层部分的井壁是完全裸露的，井壁附近的油层未受污染而保持其原始状况。实际油井并非理想的完善井，就完井方式而言：射孔完成的井为打开性质上的不完善井；为防止底水锥进而未全部钻穿油层的井为打开程度上的不完善井；在钻井或修井过程中油层受到污染或进行过酸化、压裂等措施的油井，其井壁附近的油层渗透率会有不同程度的改变，因而使油井（层）不完善。这些因素会增加或降低井底附近的压力降（图 1-2-8），从而改变了油井向井流动特性。油井的完善程度可用流动效率 FE 表示：

$$FE=\frac{理想压降}{实际压降}=\frac{\bar{p}_r-p'_{wf}}{\bar{p}_r-p_{wf}}=\frac{\bar{p}_r-p_{wf}-\Delta p_{sk}}{\bar{p}_r-p_{wf}} \tag{1-2-17}$$

式中 $\bar{p}_r$——平均油藏压力，kPa；

p'_{wf}——完善井的流压，kPa；

p_{wf}——同一产量下实际非完善井的流压，kPa；

Δp_{sk}——非完善井表皮附加压力降，kPa。

假定油层未受污染的渗透率为 K_o，受污染区的渗透率为 K_s，污染半径为 r_s，根据稳定流公式，可导出计算 Δp_{sk} 的公式：

$$\Delta p_{sk}=p'_{wf}-p_{wf} \tag{1-2-18}$$

完善井

$$q_o=\frac{2\pi K_o h(p_e-p'_{wf})}{B_o\mu_o\ln\dfrac{r_e}{r_w}} \tag{1-2-19}$$

非完善井

$$q_o=\frac{2\pi h(p_e-p_{wf})}{B_o\mu_o\left(\dfrac{1}{K_o}\ln\dfrac{r_e}{r_s}+\dfrac{1}{K_s}\ln\dfrac{r_e}{r_w}\right)} \tag{1-2-20}$$

由式(1-2-18)、式(1-2-19)和式(1-2-20)得

$$\Delta p_{sk}=p'_{wf}-p_{wf}=\frac{q_o\mu_o B_o}{2\pi K_o h}\left(\frac{K_o}{K_s}-1\right)\ln\frac{r_s}{r_w}$$

令

$$S=\left(\frac{K_o}{K_s}-1\right)\ln\frac{r_s}{r_w} \tag{1-2-21}$$

则
$$\Delta p_{sk} = \frac{q_o \mu_o B_o}{2\pi K_o h} S \qquad (1-2-22)$$

式中 S——表皮系数或井壁阻力系数。

由于 r_s 及 K_r 难以确定，所以无法利用式（1-2-21）确定表皮系数 S。通常利用压力恢复曲线确定 S 值。

完善井 $S=0$，$FE=1$；增产措施后的超完善井 $S<0$，$FE>1$；油层受污染的井 $S>0$，$FE<1$。

由压力恢复曲线得到 S 和 Δp_{sk} 后，可由式（1-2-23）计算 p'_{wf}：
$$p'_{wf} = p_{wf} + \Delta p_{sk} \qquad (1-2-23)$$

此时，利用 Vogel 方程时，应将其中的流动压力用理想的完善井的流压 p'_{wf} 代替原方程中的 p_{wf}，即

$$\frac{q_o}{q_{o\,max}} = 1 - 0.2\frac{p'_{wf}}{\overline{p}_r} - 0.8\left(\frac{p'_{wf}}{\overline{p}_r}\right)^2 \qquad (1-2-24)$$

$$p'_{wf} = \overline{p}_r - (\overline{p}_r - p_{wf}) \cdot FE \qquad (1-2-25)$$

式（1-2-24）适用于 $FE<1.5$ 的低效流动井。对于高效流动井，Harrison 提供了 $FE=1\sim2.5$ 的无因次 IPR 曲线（图 1-2-9）。

三、单相、两相同时存在时的向井流动

许多油井从压力高于泡点压力（p_b）的油藏生产，但在某一径向位置压力低于泡点压力，此时同时出现单相和两相流动。当 $\overline{p}_r > p_b$ 时，典型的 IPR 曲线如图 1-2-10 所示。

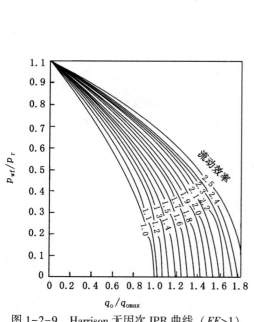

图 1-2-9 Harrison 无因次 IPR 曲线（$FE>1$）

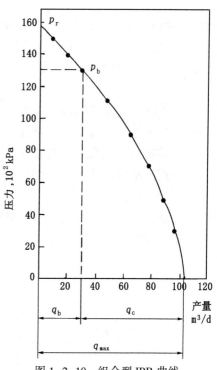

图 1-2-10 组合型 IPR 曲线

当 $p_{wf} > p_b$ 时，油藏中为单相液体流动，采油指数 J 为常数，IPR 曲线为直线，其方程为

$$q_o = J(\bar{p}_r - p_{wf}) \tag{1-2-26}$$

流压等于饱和压力时的产量 q_b 为

$$q_b = J(\bar{p}_r - p_b) \tag{1-2-27}$$

当 $p_{wf} < p_b$ 后，油藏中出现两相流动，IPR 曲线由直线变成曲线（图 1-2-10），如果用 p_b 及 q_c 代替 Vogel 方程中的 $\bar{p}_r$ 及 q_{omax}，则可用 Vogel 方程描述 $p_{wf} < p_b$ 时的流入动态，得

$$q_o = q_b + q_c \left[1 - 0.2 \frac{p_{wf}}{p_b} - 0.8 \left(\frac{p_{wf}}{p_b} \right)^2 \right] \quad (p_{wf} < p_b) \tag{1-2-28}$$

在 $p_{wf} = p_b$ 点，式（1-2-26）、式（1-2-27）导数相等，再由 $J = q_b / (\bar{p}_r - p_b)$ 可得

$$q_c = \frac{q_b}{1.8 \left(\dfrac{\bar{p}_r}{p_b} - 1 \right)} \tag{1-2-29}$$

如果测试时流压低于饱和压力，则由式（1-2-27）、式（1-2-28）和式（1-2-29）可得单相油的采油指数 J：

$$J = \frac{q_o}{\bar{p}_r - p_b + \dfrac{p_b}{1.8} \left[1 - 0.2 \dfrac{p_{wf}}{p_b} - 0.8 \left(\dfrac{p_{wf}}{p_b} \right)^2 \right]} \tag{1-2-30}$$

将测试得到的产量、流压及 $\bar{p}_r$ 和 p_b 代入式（1-2-27），便可求得 $p_{wf} > p_b$ 时的单相流的采油指数。

四、单相气井向井流动

气体和液体同属流体，但由于气体和液体相态不同，与液体相比，气体具有更大的压缩性，因而气体的向井流动和液体不同。气体的向井流动有两种表示方式，一种是指数式，另一种是二项式。指数式由指数式渗流定律得到：

$$q = c(p_r^2 - p_{wf}^2)^n \tag{1-2-31}$$

式中　p_r——气藏压力，MPa；

　　　q——气产量，$10^4 \text{m}^3/\text{d}$ 或 m^3/d；

　　　n——产能方程指数，也叫渗流系数，是表征流动特性的常数；

　　　c——产能系数，是与气体性质（黏度、密度）、地层性质（渗透率、孔隙度）有关的参数。

n 和 c 确定后，可以确定最大气产量和预测不同流压的产量。

二项式由二项式渗流定律得到，表示为

$$p_r^2 - p_{wf}^2 = Aq + Bq^2 \tag{1-2-32}$$

$$A = \frac{\mu Z p_s T \left(\ln \dfrac{r_e}{r_w} - \dfrac{3}{4} + S \right)}{\pi K h T_s} \tag{1-2-33}$$

$$B = \frac{\alpha \rho_s Z p_s T}{2\pi^2 h^2 T_s} \left(\frac{1}{r_w} - \frac{1}{r_e} \right) \tag{1-2-34}$$

式中　K——渗透率，μm^2；

　　　Z——天然气偏差因子；

T_s——标准状态下的温度，K；

p_s——标准状态下的压力，MPa；

T——温度，K；

ρ_s——标准状况下天然气的密度，g/cm^3。

A、B求出后，最大气流量$q_{g\,max}$为

$$q_{g\,max}=\frac{\sqrt{A^2+4B(p_r^2-1)}-A}{2B} \tag{1-2-35}$$

利用式(1-2-33)可以确定出气的渗透率（代入T_s、p_s）：

$$K=\frac{1.288\times10^{-2}\mu ZT\left(\ln\dfrac{r_e}{r_w}-\dfrac{3}{4}+S\right)}{Ah} \tag{1-2-36}$$

五、多层油藏的向井流动

上述主要是针对单层油藏或层间特性差异不大的油藏，下面介绍层间差异较大且合采时的向井流动特性。若把多层油藏简化为如图1-2-11(a)所示的情况，并假定层间没有窜流，则油井总的IPR曲线如图1-2-11(b)所示，流压低于14MPa后，只有第Ⅲ小层工作；当流压降低到12MPa和10MPa后，第Ⅰ、第Ⅱ小层陆续出油。总的IPR曲线是分层IPR曲线的叠加，其特点是：随着流压降低，由于参加工作的小层数增多，产量增加，采油指数随之增大。

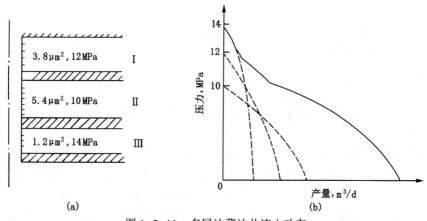

图1-2-11 多层油藏油井流入动态

对于多层油藏，合采时会出现高渗透层单独水淹而中低渗透层仍然产油的情况，其油井的流入动态及含水率的变化将与油、水层的压力和产油及产水指数有关。表1-2-2为某含水井分层测试数据，图1-2-12是由表1-2-2数据绘制的IPR曲线及含水率变化曲线。图1-2-12(a)中，三条曲线分别代表总产液、产水和产油IPR曲线。由产油线和产水线与纵轴的交点可求得该井油层、水层的静压分别为142.5×10^2kPa和180×10^2kPa；由产液动态（总的IPR曲线）与纵轴的交点可求得该关井时的静压为153×10^2kPa。图中的AB线为在井底流压高于油层压力时水层向油层的转渗动态。其相应的产液指数J_L、产水指数J_w及采油指数J_o分别为

$$J_{\mathrm{L}} = \frac{64}{(153-100)\times 10^2} = 1.21\times 10^{-2}\,[\mathrm{m^3/(d\cdot kPa)}]$$

$$J_{\mathrm{w}} = \frac{26}{(180-100)\times 10^2} = 0.325\times 10^{-2}\,[\mathrm{m^3/(d\cdot kPa)}]$$

$$J_{\mathrm{o}} = \frac{38}{(142.5-100)\times 10^2} = 0.894\times 10^{-2}\,[\mathrm{m^3/(d\cdot kPa)}]$$

表 1-2-2 某含水井分层测试数据

产液量 q_{L} m³/d	含水率 %	流压 p_{wf} 10^2kPa	产油量 q_{o} m³/d	产水量 q_{w} m³/d
22	68.2	135	7	15
37	51.4	123	18	19
52.6	43.8	110	29.5	23

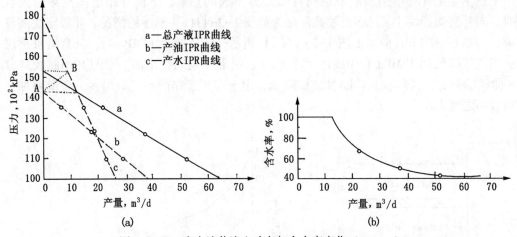

图 1-2-12 含水油井流入动态与含水率变化（$p_{\mathrm{sw}} > p_{\mathrm{so}}$）

井底流压降低到油层静压（142.5×10^2kPa）之前，油层不出油，水层产出的一部分水转渗入油层，油井含水率为 100%。当流压低于油层静压后，油层开始出油，油井含水率随之降低，见图 1-2-12(b)。只要水层压力高于油层压力，油井含水率必然随流压的降低而降低，与采油指数是否高于产水指数无关，后者只影响其降低的幅度。这种情况下，放大压差提高产液量不仅可增加产油量，而且可降低含水率。

当油层压力高于水层压力时，则出现完全相反的情况，即油井含水率将随流压的降低而上升，上升的幅度除油、水层间的压力差外，还与产水和采油指数的相对大小有关。对于这种情况，放大压差生产虽然也可以提高产油量，但会导致含水率上升（图 1-2-13）。

当油层与水层压力相等或油水同层时，含水率将不随产量而改变。

根据上面介绍的方法，对于简单情况下的多层含水油藏，可以通过合层测试所得的 IPR 曲线来分析油、水层的情况及含水率变化规律；对于多层见水且水淹程度又差异较大的复杂情况，可以利用油水两相流动生产测井解释所得的分层产量和压力资料确定分层向井流动特性。

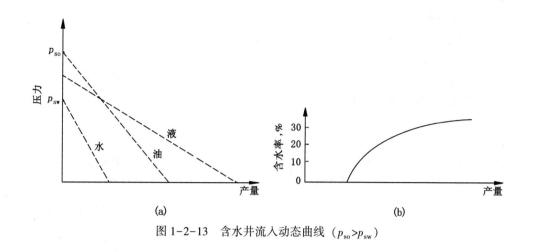

图 1-2-13 含水井流入动态曲线（$p_{so} > p_{sw}$）

第三节 油、气、水在垂直管道中的流动

油、气和水从地层进入生产井后，在井筒中形成了单相、两相或三相（油、气、水）流动。气井通常井下为气水两相流动；油井在流压大于泡点压力时，井下为油水两相流动，反之井下出现油气水三相流动；注水井井下一般为单相水流动，生产井中很少出现单相流动。利用地面油、气、水产量信息，可以了解井下可能出现的相态。如果地面产油和水，则井下为油水两相流动；如果地面只产油，则井下因有静水柱存在应为油水两相流动；如果地面只产气，则井下可能为气水（或气油）两相流动；如果地面产水和气，则井下只可能是气水两相流动；对于地面同时产油、气、水的井，应根据泡点压力和流动压力的关系确定是油水两相或三相流动。同一口井中，自下而上压力依次降低，在某一位置，气从油中析出形成三相流动，因此，一口井中也可能同时出现单相、两相和三相流动。

一、单相流动

单相流动由于流速不同，存在两种不同的流动状态：层流和紊流（湍流）。层流中，靠近管壁处流速为零，管子中心流速最大，流体分子互不干扰，呈层状向前流动；紊流中，靠近管壁处流速仍为零，其次有很薄的一层属于层流，沿轴向的速度剖面较平坦，流体分子相互干扰，杂乱无章地向前流动（图 1-3-1）。

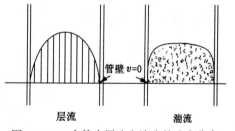

图 1-3-1 套管中层流和湍流的速度分布

1883 年，雷诺通过实验证实了上述现象，并发现决定是层流还是紊流的因素有 4 个，组合起来称为雷诺数：

$$Re = \frac{D\bar{v}\rho}{\mu} = \frac{D\bar{v}}{\gamma} \tag{1-3-1}$$

式中 D——套管内径，m；

         $\bar{v}$——平均流速，m/s；

         ρ——流体密度，kg/m³；

μ——流体黏度，$mPa \cdot s$；

γ——运动黏度，m^2/s；

Re——雷诺数。

大量实验表明，$Re<2000$ 时为层流；$Re>4000$ 时为紊流；介于两者之间时为过渡状流动。式（1-3-1）中的 $\bar{v}$ 由下式确定：

$$\bar{v}=\frac{4q}{\pi D^2} \qquad (1-3-2)$$

雷诺数之所以能用来判别流动状态，由因次分析和相似原理可得到理论上的说明。雷诺数本身反映了惯性力与黏滞力的对比关系：

$$Re=\frac{\rho \bar{v} D}{\mu}=\frac{\rho \bar{v}^2}{\mu \bar{v}/D} \qquad (1-3-3)$$

式中 $\rho \bar{v}^2$——惯性力；

$\mu \bar{v}/D$——黏性力。

雷诺数越小，表明黏性阻力越占优势，呈层流流动；雷诺数越大，表明惯性力越占优势，呈紊流运动。

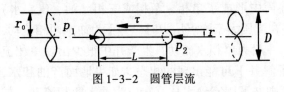

图 1-3-2 圆管层流

1. 圆管中的层流运动

如图 1-3-2 所示，有一直径为 D 的圆管，在管中围绕管轴取半径为 r、长度为 L 的液柱，作用于液柱两端的压强分别为 p_1、p_2，作用于液柱侧面上的切应力为 τ。

由于为稳态层流，所以速度不随时间发生变化，作用在液柱的合力为零，即

$$(p_1-p_2)\pi r^2=2\pi rL\tau$$

则

$$\tau=\frac{(p_1-p_2)r}{2L}$$

根据牛顿内摩擦定律有

$$\tau=-\mu \frac{dv}{dr}$$

上式中负号表明沿管径方向，速度梯度为负。

由上述两式可得

$$v=-\frac{p_1-p_2}{4\mu L}r^2+C \qquad (1-3-4)$$

考虑边界条件 $r=r_0$ 时，$v=0$，则 $C=\frac{p_1-p_2}{4\mu L}r_0^2$，因此，式（1-3-4）写为

$$v=\frac{p_1-p_2}{4\mu L}(r_0^2-r^2) \qquad (1-3-4')$$

式（1-3-4'）说明，在层流断面上，速度按旋转抛物面分布，通过管轴的纵剖面的速度分布是一条抛物线。

以 $r=0$ 代入式（1-3-4'）可得管轴处的最大速度为

$$v_{max}=\frac{p_1-p_2}{4\mu L}r_0^2 \qquad (1-3-5)$$

通过横截面积的总流量为

$$Q = \int_0^{r_0} dQ = \int_0^{r_0} v \times 2\pi r dr = \int_0^{r_0} \frac{p_1-p_2}{4\mu L}(r_0^2-r^2)2\pi r dr$$

$$= \frac{p_1-p_2}{2\mu L}\pi \int_0^{r_0} (r_0^2-r^2)r dr = \frac{p_1-p_2}{8\mu L}\pi r_0^4 \tag{1-3-6}$$

通过截面积的平均流速为

$$\bar{v} = \frac{Q}{A} = \frac{(p_1-p_2)\pi r_0^4}{8\pi r_0^2 \mu L} = \frac{p_1-p_2}{8\mu L}r_0^2 \tag{1-3-7}$$

因此

$$\bar{v} = \frac{1}{2}v_{max} \tag{1-3-8}$$

式（1-3-8）说明，平均流速是管子中心最大流速的一半，即流量计居中测量时平均流速为视流速的一半。

2. 圆管中的紊流运动

由于紊流中分子运动存在脉动，因而无法像层流那样推导出管内的速度分布。到目前为止，人们只是在实验的基础上，提出一定的假设，对紊流运动的规律分析研究，得到一些半经验半理论的结果。

尼古拉兹在理论分析和实验研究的基础之上，提出以下紊流速度分布关系式：

$$\frac{v}{v_x} = 2.5\ln\frac{yv_x\rho}{\mu} + 5.5 = 5.75\lg\frac{yv_x\rho}{\mu} + 5.5 \tag{1-3-9}$$

其中

$$v_x = \sqrt{\tau/\rho}$$

式中　y——从管壁起始的坐标；

　　　v_x——切应力速度。

式（1-3-9）表明，管内紊流的速度是按对数规律分布的。该式适用于整个管子，但在层流底层内不适用。

除了尼古拉兹的实验关系式之外，人们还根据实验结果整理出速度分布的指数公式：

$$\frac{v}{v_x} = 8.7\left(\frac{yv_x\rho}{\mu}\right)^{\frac{1}{7}} \tag{1-3-10}$$

式（1-3-10）适用于 $Re < 10^5$ 的紊流，速度与 $\frac{yv_x\rho}{\mu}$ 的 7 次方根成比例。随着 Re 增大，速度还将与其 8、9、10 次方根成比例。就生产测井而言，式（1-3-10）可描述常见的流动范围。

层流情况下，管内平均速度是中心最大速度的一半；紊流情况下，管内平均流速要大得多。根据式（1-3-10），有

$$\frac{\bar{v}}{v_{max}} = \frac{1}{\pi r_0^2}\int_0^{r_0} 8.7\left(\frac{yv_x\rho}{\mu}\right)^{\frac{1}{7}} \times 2\pi(r_0-y)dy$$

$$\approx 0.82 \times 8.7\left(\frac{r_0 v_x\rho}{\mu}\right)^{\frac{1}{7}} \approx 0.82 \tag{1-3-11}$$

大量实验证明，紊流速度分布近似可表示为

$$\frac{v}{v_{max}} = \left(\frac{y}{r}\right)^{\frac{1}{n}} \tag{1-3-12}$$

当 $Re < 10^5$ 时，$n=7$；$10^5 < Re < 4\times10^5$，$n=8$；对粗糙管，$n=10$。式（1-3-11）说明，紊

流中平均流速约是最大速度的 0.82 倍；对处于层流和紊流间的过渡流动，由于必须同时考虑层流和紊流切应力，用理论描述就更加困难，一般是通过实验确定的。图 1-3-3 是包含层流、紊流及过渡流的实验曲线，C_v 是平均流速与中心流速的比值。

3. 入口效应

流体流过套管时，由于黏性影响，在套管表面形成一薄层，薄层内的黏性力很大，这一薄层叫附面层。从圆管入口或从射孔层内进入管道的流体，由于附面层的影响，需经过一段距离才能达到完全层流或紊流，这段距离用 L 表示，这种现象称为入口效应，如图 1-3-4 所示。L 与流体性质、管径等参数相关。层流中用雷诺数表示为

$$\frac{L}{D} = 0.028Re \tag{1-3-13}$$

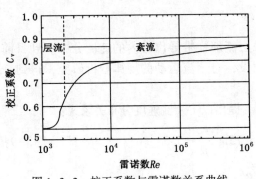

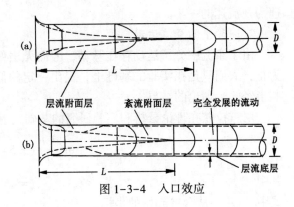

图 1-3-3　校正系数与雷诺数关系曲线　　　　　图 1-3-4　入口效应

若为紊流流动，则这一关系是

$$\frac{L}{D} \approx (25 \sim 40)Re \tag{1-3-14}$$

式(1-3-13)、式(1-3-14) 说明，进入套管的流体要经过 L 的距离才能形成稳定流动。换句话说，若两个射孔层间的距离小于 L 时，测井曲线显示的则是非稳定流动的情况。生产测井分析人员应注意这一现象，尤其是对气井。

4. 连续方程

在沿套管流动方向上取两个有效流动断面 $\mathrm{d}A_1$、$\mathrm{d}A_2$，相应的流速为 v_1、v_2，密度为 ρ_1、ρ_2。根据质量守恒定律，在稳定流动条件下有

$$\rho_1 v_1 \mathrm{d}A_1 = \rho_2 v_2 \mathrm{d}A_2 \tag{1-3-15}$$

由于总流量 q 可表示为　　　　　　　$q = \bar{v}A = \int_A v\mathrm{d}A$

所以　　　　　　　　　　　$\rho_{1均} \bar{v}_1 A_1 = \rho_{2均} \bar{v}_2 A_2 \tag{1-3-16}$

式(1-3-16) 为可压缩流体的连续性方程。对于不可压缩流体，ρ 为常数，则式(1-3-16) 变为

$$\bar{v}_1 A_1 = \bar{v}_2 A_2 \tag{1-3-17}$$

式(1-3-17) 说明，在稳定条件下，沿套管方向上若没有流体进入时，流体体积流量则不变。各有效断面平均速度沿流程的变化规律是平均速度与有效断面成反比，即断面大流速小、断面小流速大，这是不可压缩流体运动的一个基本规律。在生产井内，沿解释层段的压力、温度变化不大时，油、气、水都可看作不可压缩流体。在抽油机井中，常采用集流式生产测井仪器，如图 1-3-5 所示。集流通道的内径约为 20mm，生产套管的内径为

125mm。根据式（1-3-17）有

$$\frac{v_2}{v_1}=\frac{\frac{1}{4}\pi\times125^2}{\frac{1}{4}\pi\times20^2}=\frac{125^2}{20^2}\approx39$$

这说明集流后，速度将是集流前的 39 倍。

5. 圆管中的伯努利方程

描述流体质量守恒特性的方程是连续性方程；能量守恒在流体运动中是通过伯努利方程体现的。伯努利方程也叫机械能方程，具体形式是

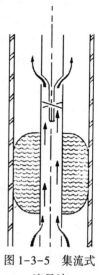

$$Z_1+\frac{p_1}{\rho g}+\frac{a_1v_1^2}{2g}=Z_2+\frac{p_2}{\rho g}+\frac{a_2v_2^2}{2g}+h_f \qquad (1-3-18)$$

式中 Z_1、Z_2——沿套管方向的两个深度点；

p_1、p_2——相应的压力；

v_1、v_2——相应的流体速度；

图 1-3-5 集流式
流量计

g——重力加速度；

ρ——单位体积流体的质量；

h_f——单位质量流体通过 1、2 两个截面间的平均能量损失；

a_1、a_2——动能修正系数，它是断面上实际动能对按平均流速算出的假想动能的比
值，与断面上的速度分布情况有关，若各点速度相同，则 $a_1=a_2=1$。

式（1-3-18）是一重要公式，具体可根据流体力学的运动微分方程导出。适用条件有 5 个：稳定流、不可压缩流体、绝对流动、缓变流断面、流量沿程不变。式中的 Z、$p/\rho g$、$av^2/(2g)$ 分别表示单位质量流体的势能（位能）、压能和动能，h_f 表示单位质量流体的能量损失。

多数情况下，势能和压能比较大，动能项较小，a 值一般取 1。研究时，若知道流态，则层流时 $a=1.05\sim1.1$，紊流时 $a=2$。

二、气液两相流动

两相流动包括气水、油气两种，通常称为气液两相流动。对于油气水三相流动，也可忽略油与水的差异，将其作为气液两相流动。

气举井及绝大多数自喷井中的流动都可归为气液两相流动。液流中增加了气相之后，其流动型态（流型或流态）与单相垂直管流有很大差别，流动过程中的能量供给和消耗要复杂得多。油在上升过程中，从油中不断分离出的溶解气参与膨胀和举升液体。一些溶解气驱油藏的自喷井，流压很低，主要靠气体膨胀维持自喷，气举井则主要是依靠从地面供给的高压气举升液体。

单相流动中，由于液体压缩性很小，各个断面的体积流量和流速相同。根据水力学概念，油管中的压力平衡表示为

$$p_{wf}=p_h+p_{fr}+p_{ws}$$

式中 p_{wf}——井底流压；

p_h——井内静液柱压力；

p_{fr}——摩擦阻力；

p_{ws}——井口油管压力。

气液两相流动中，除了流型发生很大变化外。其压力损失也更为复杂，除重力和摩擦阻力外，由于气体速度增加，动能发生变化也将造成压力损失。

1. 两相流动的基本参数

两相流动与单相流动有许多共同之处，所以在两相流动的研究中，也可参考单相流动的处理方法。

两相流动的处理方法可分为3种：

（1）经验方法：从两相流动的物理概念出发，或者使用因次分析法，或者根据流动的基本微分方程式，得到反映某一特定的两相流过程的一些无因次参数，然后根据实验数据得出描述这一流动过程的经验关系式。

（2）半经验方法：根据所研究的两相流动过程的特点，采用适当的假设和简化，再从两相流动的基本方程式出发，求得描述这一流动过程的函数式，然后用实验方法定出式中的经验系数。

（3）理论分析法：针对各种流型的特点，使用流体力学方法对其流动特性进行理论分析。

生产测井的研究范围主要在井底射孔层段附近，目前主要采用半经验方法确定分层产液量。对气液两相流动的描述，除了要引用单相流动的参数外，还要使用一些两相流动所特有的参数。

1）体积流量 Q

它表示单位时间内流过断面的体积流量：

$$Q = Q_g + Q_L \tag{1-3-19}$$

式中，角标 g、L 分别表示气体、液体。

2）质量流量 G

它表示单位时间内流过断面的流体质量，对于气液两相流动有

$$G = G_g + G_L = \rho_g Q_g + \rho_L Q_L \tag{1-3-20}$$

通常油田上给出的是体积流量，可通过密度转换为质量流量。

3）气相实际速度 v_g

$$v_g = \frac{Q_g}{A_g} \tag{1-3-21}$$

式中　A_g——断面上气相的总面积。

实际上，v_g 是断面上的平均速度，真正的气相速度是气相各点的局部速度。

4）液相实际速度 v_L

$$v_L = \frac{Q_L}{A_L} = \frac{Q_L}{A - A_g} \tag{1-3-22}$$

式中　A_L——断面上液相所占的总面积；

　　　A——断面总面积，一般为套管截面面积。

同样，v_L 也是液相在所占断面上的平均速度，真正的液相速度应该是液相各点的局部速度。

5）气相折算速度（气相表观速度）v_{sg}

由于两相流动中气液两相在过流断面所占的面积不易测得，所以实际速度很难计算。

为了研究方便起见，在气液两相流体力学中引用了折算速度。所谓折算速度，就是假定管子的全部过流断面只被两相混合物中的一相占据时的流动速度。因此，折算速度只是一种假想的速度，也称表观速度。

气相表观速度为

$$v_{sg} = \frac{Q_g}{A} \qquad (1-3-23)$$

显然，折算速度小于真实速度。

6）液相折算速度（液相表观速度）v_{sL}

$$v_{sL} = \frac{Q_L}{A} \qquad (1-3-24)$$

液相表观速度也小于其实际速度。

7）两相混合速度（总表观速度）v_m

混合速度又称总表观速度，也叫总平均流速，它表示两相混合物在单位时间内流过过流断面的总体积与过流断面面积之比：

$$v_m = \frac{Q_g + Q_L}{A} \qquad (1-3-25)$$

显然

$$v_m = v_{sg} + v_{sL} \qquad (1-3-26)$$

8）两相混合物的质量速度 v_G

v_G 表示单位时间内流过单位过流断面的两相流体的总质量：

$$v_G = \frac{G}{A} \qquad (1-3-27)$$

9）气液滑脱速度 v_{sgL}

$$v_{sgL} = v_g - v_L \qquad (1-3-28)$$

对油水两相流动，两相间的滑脱速度 v_{sow} 表示为

$$v_{sow} = v_o - v_w \qquad (1-3-29)$$

式中　v_o——油的真实速度；

v_w——水的真实速度。

10）持气率 Y_g 和持液率 Y_L

持气率又称空隙率、截面含气率或真实含气率，指在两相流动中气相面积占过流断面总面积的份额，即

$$Y_g = \frac{A_g}{A} = \frac{A_g}{A_g + A_L} \qquad (1-3-30)$$

持液率（油、水）又称截面含液率或真实含液率，指两相流动中液相面积占过流断面总面积的份额，即

$$Y_L = \frac{A_L}{A} = \frac{A_L}{A_L + A_g} = 1 - Y_g \qquad (1-3-31)$$

由 Y_g、Y_L 的定义可导出 v_{sg}、v_{sL} 与 v_{sgL} 的关系为

$$v_{sgL} = v_g - v_L = \frac{Q_g}{A_g} - \frac{Q_L}{A_L} = \frac{Av_{sg}}{A_g} - \frac{Av_{sL}}{A_L} = \frac{v_{sg}}{Y_g} - \frac{v_{sL}}{Y_L} \qquad (1-3-32)$$

11) 体积含液率和体积含气率

体积含气率指单位时间内流过过流断面的两相总流量 Q 中气相所占的体积份额，即

$$C_g = \frac{Q_g}{Q} = \frac{Q_g}{Q_g + Q_L} \quad\quad (1-3-33)$$

体积含液率（油、水）是指单位时间内流过断面的两相总流量 Q 中液相所占的体积份额，即

$$C_L = \frac{Q_L}{Q} = \frac{Q_L}{Q_L + Q_g} = 1 - C_g \quad\quad (1-3-34)$$

12) 质量含气率和质量含液率

质量含气率指单位时间内流过过流断面的两相流体的总质量 G 中气相介质质量所占的份额，即

$$Y_{Gg} = \frac{G_g}{G} = \frac{G_g}{G_g + G_L} \quad\quad (1-3-35)$$

质量含液率指单位时间内流过过流断面的两相流体总质量 G 中液相介质质量所占的份额，即

$$Y_{GL} = \frac{G_L}{G_g + G_L} = \frac{G_L}{G} = 1 - Y_{Gg} \quad\quad (1-3-36)$$

13) 滑脱比

滑脱比也叫滑动比，指气相实际速度与液相实际速度的比值，即

$$S = \frac{v_g}{v_L} \quad\quad (1-3-37)$$

14) 流动密度

流动密度表示单位时间内流过过流断面的两相混合物的质量与体积之比，即

$$\rho' = \frac{G}{Q} \quad\quad (1-3-38)$$

两相混合物的流动密度反映两相介质在流动时的密度，因而与两相介质的流动有关。流动密度常用于计算两相混合物在管道中的沿程阻力损失和局部阻力损失。

两相混合物的流动密度 ρ' 与各相的密度 ρ_g、ρ_L 以及体积含气率 C_g 有以下的关系：

$$\begin{aligned}\rho' &= \frac{G}{Q} = \frac{G_g + G_L}{Q} = \frac{\rho_g Q_g + \rho_L Q_L}{Q} \\ &= \rho_g C_g + \rho_L C_L \\ &= \rho_g C_g + \rho_L (1 - C_g) \end{aligned} \quad\quad (1-3-39)$$

15) 真实密度

设在管道某过流断面上取长度为 ΔL 的微小流道，则此微小流道过流断面上两相混合物的真实密度应为此微小流道中两相介质的质量与体积之比，即

$$\rho = \frac{\rho_g A \Delta L Y_g + \rho_L (1 - Y_g) A \Delta L}{A \Delta L} = Y_g \rho_g + (1 - Y_g) \rho_L \quad\quad (1-3-40)$$

当两相介质的实际速度相等时，即 $v_g = v_L = v_m$，则两相混合物的真实密度与流动密度相等。证明如下。

先分析滑脱比：

$$\frac{v_g}{v_L}=\frac{G_g/(A_g\rho_g)}{G_L/(A_L\rho_L)}=\frac{G_g/(A_g\rho_g)AG}{G_L/(A_L\rho_L)AG}$$

$$=\frac{G_g/G}{G_L/G}\frac{\rho_L}{\rho_g}\frac{A_L/A}{A_g/A}$$

$$=\frac{Y_{Gg}}{1-Y_{Gg}}\frac{\rho_L}{\rho_g}\frac{1-Y_g}{Y_g} \qquad (1-3-41)$$

当 $v_g=v_L$ 时，有
$$Y_g=\frac{\dfrac{Y_{Gg}}{1-Y_{Gg}}\dfrac{\rho_L}{\rho_g}}{1+\dfrac{Y_{Gg}}{1-Y_{Gg}}\dfrac{\rho_L}{\rho_g}}=\frac{Y_{Gg}}{(1-Y_{Gg})\dfrac{\rho_g}{\rho_L}+Y_{Gg}} \qquad (1-3-42)$$

再看质量含气率 Y_{Gg} 与体积含气率 C_g 的关系。

因为 $G_g=\rho_g Q_g$，$G_L=\rho_L Q_L$，根据质量含气率的定义，有
$$Y_{Gg}=\frac{G_g}{G}=\frac{\rho_g Q_g}{\rho_g Q_g+\rho_L Q_L}$$

将等号右方的分子、分母各除以 $\rho_g(Q_g+Q_L)$，得
$$Y_{Gg}=\frac{C_g}{C_g+(1-C_g)\dfrac{\rho_L}{\rho_g}} \qquad (1-3-43)$$

同理可得
$$C_g=\frac{Y_{Gg}}{Y_{Gg}+(1-Y_{Gg})\dfrac{\rho_g}{\rho_L}} \qquad (1-3-44)$$

对比式(1-3-44)、式(1-3-42)得
$$C_g=Y_g \qquad (1-3-45)$$

由式(1-3-39)、式(1-3-40)知
$$\rho'=\rho$$

当 $v_g>v_L$ 时，$Y_g<C_g$，所以 $\rho'<\rho$。

上面分析说明，用密度计测得的持气率通常小于含气率，即持液率大于含液率。

2. 流型过渡

气、液沿管柱向上流动时的几何状态，可划分为若干基本类型，即流型。流型的形成取决于流体密度、黏度、管径和各相流量，其中起主要作用的是各相的流量。根据气、液相对流量的大小，流型可分为泡状流、弹状流、段塞流、环状流和雾状流；若再细分，则在环状流和雾状流之间，还可以分出环雾流。各流型的形状如图1-3-6所示。泡状流中，气相以气泡状分散在连续液相中，液相为连续相。气泡较多时，许多小气泡聚集并形成大气泡，大气泡形状是上部呈弹状，下部呈平面状，每一个大气泡后面有许多小气泡跟随，这一流型在低压下较易出现，在高压下所占范围

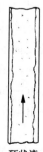

泡状流　弹状流　段塞流　环状流　雾状流

图1-3-6　气液两相的流型

较小。如果气相流量进一步增加，弹状大气泡几乎充满流道，长度较长，两个大气泡之间由块状液相隔开，其中含有一些小气泡，大气泡四周水膜有时向下流动，这一流型叫段塞流，在生产井中出现的范围较广，有气相出现时，射孔层位附近多为这一流型。气相流量继续增加时，段塞破裂，形成气相中心，并以紊乱的流动将液相向四周排挤，中间是若断若续的含有液相雾滴的气流，液相介质在流道表面形成带有波面的液环，形成环状流，此时气相连续，液相非连续。若气相流量继续增加，液环被破坏，中间的气柱几乎完全占据了井筒的横断面，液体呈滴状分散在气柱中，由于液体被高速的气流所携带，所以滑脱速度趋近零，这一流型为雾状流。生产测井研究的范围在射孔层附近，常见的流型为段塞流和泡状流，在气水井中，气产量较高时，会出现环雾流。

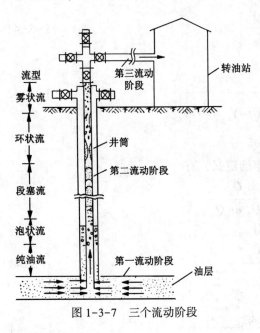

图 1-3-7　三个流动阶段

在一口井中，从井底至井口压力依次降低，流型也从泡状流逐次转变成雾状流，如图 1-3-7 所示。在井底，若流压高于泡点压力，则没有气体存在，则为单相油流或油水混合液体。在某一深度处，压力低于泡点压力时，气体开始从油中逸出，形成泡状流，其中的气泡具有一定的膨胀能量，但是由于气泡在井筒横断面上所占的比例很小，且气体与液体的密度相差较大，所以气泡容易从液体中滑脱而自行上升。此时，小气泡的膨胀能量没有起到举升作用，这种能量损失称为滑脱损失。

流体在井筒中上升到某一位置形成弹状流、段塞流后，井筒内出现一段液体、一段气体的柱塞状流动。这时气柱好像活塞一样推动液体上升，对液体具有很大的举升作用，气体的能量得到充分利用。但是这一段一段的气柱又好像是不严密的活塞，在举液过程中，部分已被上举的液体又沿着气柱的边缘滑脱下来，需要重新被上升的气流举升，这样就造成了能量的损失。因此在段塞流中，仍有一定的滑脱损失。

环状流和雾状流中，由于液体被高速携带，因此几乎没有滑脱损失，此时，气的速度增加很快，开始出现明显的加速度损失。

一口生产井中可能同时出现上述几种流型，但是，若气体产量一开始就很高，则可能只出现段塞流和环雾流。

3. 流型边界划分

流型在生产测井解释中显得尤为重要，主要是由于不同流型内流速及各相含量不同，且仪器的响应规律不同。许多研究者利用实验手段建立了不同的流型图，用于划分流型。下面主要介绍 Duns—Ros、Orkiszewski、Hasan、Taitel、Troniewski、Aziz—Govier 等人的研究结果。

1) Duns—Ros 流型图

Duns—Ros 流型图如图 1-3-8 所示，横坐标为无因次气体速度，纵坐标为无因次液体速度。

各流型的过渡边界如下：

I 区：
$$0 \leqslant N_{gv} \leqslant L_1 + L_2 N_{Lv} \qquad (1\text{-}3\text{-}46)$$

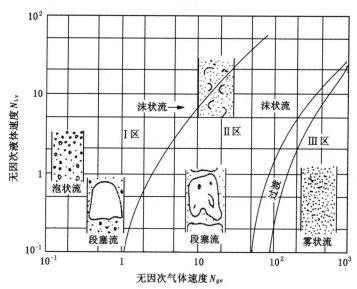

图 1-3-8 Duns—Ros 流型图

Ⅱ区：
$$L_1+L_2N_{Lv}<N_{gv}<50+36N_{Lv}\qquad(1-3-47)$$

Ⅲ区：
$$N_{gv}>75+84N_{Lv}^{0.75}\qquad(1-3-48)$$

Ⅱ、Ⅲ区间的过渡：
$$50+36N_{Lv}<N_{gv}<75+84N_{Lv}^{0.75}$$

其中，L_1、L_2 是与直径准数 N_d 相关的量，由图 1-3-9 确定公式为

$$N_d=D\left(\frac{\rho_L g}{\delta}\right)^{0.5}$$

式中　N_{gv}——无因次气体速度，$N_{gv}=\left(\frac{\rho_L}{g\delta}\right)^{0.25}v_{sg}$；

　　　　N_{Lv}——无因次液体速度，$N_{Lv}=\left(\frac{\rho_L}{g\delta}\right)^{0.25}v_{sL}$；

　　　　g——重力加速度；

　　　　δ——气、液界面张力系数。

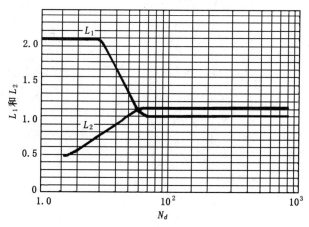

图 1-3-9 各 L 因子与直径准数 N_d 的关系

Wittorholt 取 $\rho_L = 1 \text{g/cm}^3$，$\delta = 30 \text{dyn}^{\textbf{①}}/\text{cm}^3$ 以及 $D = 15 \text{cm}$，代入式（1-3-46）至式（1-3-48）得到简化的流型过渡边界：

泡状流： $\quad\quad\quad\quad\quad\quad Q_g \leqslant 200 + 1.1 Q_L \quad (\text{m}^3/\text{d})$

段塞流： $\quad\quad\quad\quad\quad\quad Q_g \leqslant 10000 + 36 Q_L \quad (\text{m}^3/\text{d})$

环雾流： $\quad\quad\quad\quad\quad\quad Q_g \geqslant 15000 + 145 Q_L \quad (\text{m}^3/\text{d})$

由此可见，若气相流量小于 $200 \text{m}^3/\text{d}$，则为泡状流。维持段塞流的气相流量下限是 $10000 \text{m}^3/\text{d}$，若取气体体积系数 $B_g = 0.01$，则相当于地面产气 1000000m^3，即多数情况下井下均为段塞流，当然是对 $D = 15 \text{cm}$ 而言的。

2）Orkiszewski 流型图

流型图与 Duns—Ros 流型图相似。流型边界表示如下：

泡状流： $\quad\quad\quad\quad\quad\quad Q_g/Q_m < L_B$

段塞流： $\quad\quad\quad\quad\quad\quad Q_g/Q_m > L_B$，$N_{gv} < L_S$

过渡流： $\quad\quad\quad\quad\quad\quad L_m > N_{gv} > L_S$

雾状流： $\quad\quad\quad\quad\quad\quad N_{gv} > L_m$

式中，Q_m 为总流量；$L_B = 1.071 - (0.2218 v_m^2/D)$，$L_B$ 应大于 0.13；$L_S = 50 + 36 N_{Lv}$；$L_m = 75 + 84 N_{Lv}^{0.75}$。

Orkiszewski 流型图与 Duns—Ros 流型图除在泡状流向段塞流的过渡带不同外，其他边界大致相同。

3）Hasan 流型边界

Hasan 给出的流型边界如下：

泡状流： $\quad\quad\quad\quad\quad\quad v_{sg} < 0.429 v_{sL} + 0.357 v_t$

$\quad\quad\quad\quad\quad\quad\quad\quad\quad v_t < v_{tT}$

或 $\quad\quad\quad\quad\quad\quad\quad\quad Y_g < 0.25$

$$v_m^{1.12} > 4.68 D^{0.48} \left[\frac{g(\rho_L - \rho_g)}{\delta} \right]^{0.5} \left(\frac{\delta}{\rho_L} \right)^{0.6} \left(\frac{\rho_m}{\mu_L} \right)^{0.08}$$

段塞流： $\quad\quad\quad\quad\quad\quad v_{sg} > 0.429 v_{sL} + 0.357 v_t$

及 $\quad\quad\quad\quad \begin{cases} \rho_g v_{sg}^2 < 17.1 \lg(\rho_L v_{sL}^2) - 23.2 & (\rho_L v_{sL}^2 > 50) \\ \rho_g v_{sg}^2 < 0.00673 (\rho_L v_{sL}^2)^{1.7} & (\rho_L v_{sL}^2 < 50) \end{cases}$

过渡流： $\quad\quad\quad\quad\quad\quad v_{sg} < 3.1 \left[\dfrac{\delta g(\rho_L - \rho_g)}{\rho_g^2} \right]^{0.25}$

及 $\quad\quad\quad\quad \begin{cases} \rho_g v_{sg}^2 > 17.1 \lg(\rho_L v_{sL}^2) - 23.2 & (\rho_L v_{sL}^2 > 50) \\ \rho_g v_{sg}^2 < 0.00673 (\rho_L v_{sL}^2)^{1.7} & (\rho_L v_{sL}^2 < 50) \end{cases}$

环雾流： $\quad\quad\quad\quad\quad\quad v_{sg} > 3.1 \left[\dfrac{\delta g(\rho_L - \rho_g)}{\rho_g^2} \right]^{0.25}$

$$v_t = 1.53 \left[\frac{g \delta (\rho_L - \rho_g)}{\rho_L^2} \right]^{0.25}$$

---

❶ 达因：$1 \text{dyn} = 10^{-5} \text{N}$。

$$v_{tT} = 0.35 \sqrt{gD(\rho_L - \rho_g)/\rho_L}$$

式中　v_t——气泡在静液柱中的上升速度，m/s；

　　　v_{tT}——段塞流中 Taylor 泡的上升速度，m/s；

　　　v_m——混合流总流速，m/s；

　　　δ——界面张力系数，N/m；

　　　ρ_L——液相密度，kg/m³；

　　　ρ_g——气相密度，kg/m³；

　　　μ_L——液体黏度系数，N·s/m²；

　　　g——重力加速度，m/s²；

　　　v_{sL}——液相表观速度，m/s；

　　　v_{sg}——气相表观速度，m/s。

4）Taitel 流型边界

Taitel 等人给出的流型图如图 1-3-10 所示，边界如下：

泡状流：

$$\left[\frac{\rho_L^2 gD}{(\rho_L - \rho_g)\delta}\right]^{0.25} \leqslant 4.36$$

段塞流：

$$v_{sL} = 3v_{sg} - 1.15\left[\frac{g(\rho_L - \rho_g)\delta}{\rho_L^2}\right]^{0.25}$$

分散泡状流：

$$v_{sL} + v_{sg} = 4 \frac{D^{0.429}\left(\dfrac{\delta}{\rho_L}\right)^{0.089}}{\gamma}\left[\frac{g(\rho_L - \rho_g)}{\rho_L}\right]^{0.446}$$

环雾流：
$$v_{sg} = 3.1\left[\frac{g(\rho_L - \rho_g)\delta}{\rho_g^2}\right]^{0.25}$$

式中　γ——液相动力黏度。

5）Troniewski 流型图

Troniewski 流型图如图 1-3-11 所示。

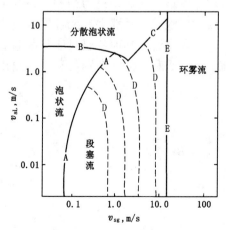

图 1-3-10　Taitel 流型图

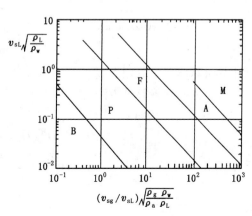

图 1-3-11　Troniewski 流型图

过渡边界如下：

泡状流—弹状流（B/P）：　　　　$G = 0.05H$[❶]

弹状流—段塞流（P/F）：　　　　$G = 1.5/H$

段塞流—环状流（F/A）：　　　　$G = 13/H$

环状流—雾状流（A/M）：　　　　$G = 50/H$

式中　B——泡状流（Bubble）；

　　　P——弹状流（Plug）；

　　　F——段塞流、沫状流（Froth）；

　　　A——环状流（Annular）；

　　　M——雾状流（Mist）。

6）Aziz-Govier 流型图

Aziz-Govier 流型图如图 1-3-12 所示。图 1-3-12 是按速度划分的流型图，其中

$$N_x = 3.28 v_{sg} \left(\frac{\rho_g}{\rho_{空气}}\right)^{1/3} \left(\frac{\rho_L \delta_水}{\rho_水 \delta}\right)^{1/4} \quad (1-3-49)$$

$$N_y = 3.28 v_{sL} \left(\frac{\rho_L \delta_水}{\rho \delta}\right)^{1/4} \quad (1-3-50)$$

$$N_1 = 0.51(100 N_y)^{0.172}$$

$$N_2 = 8.6 + 3.8 N_y$$

$$N_3 = 70(100 N_y)^{-0.182}$$

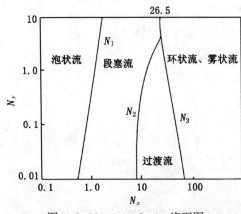

图 1-3-12　Aziz-Govier 流型图

式中　δ——液相表面张力系数，mN/m；

　　　$\delta_水$——标准状态下水的表面张力系数，mN/m；

　　　$\rho_水$——标准状态下水的密度，kg/m³；

　　　$\rho_{空气}$——标准状态下空气的密度，kg/m³。

产出剖面解释中，可用油、气、水体积系数将井口参量转换为井下全流量层的流量和流速，判断全流量层的流型。一般各解释层的流型均不比全流量层的流型更为剧烈，即若全流量层的流型为泡状流，那么其他各层也应为泡状流；若为段塞流，其他各层只能是段塞流或泡状流。此时，利用持气率资料和上面给出的密度边界可具体确定流型类型。

从井口向井底换算的方法是：

（1）计算井下流量：

$$Q_o = B_o Q_o', \quad Q_w = B_w Q_w', \quad Q_g = B_g Q_g'$$

$$Q_g = Q_o' \left(R_p - R_s - \frac{R_{sw} Q_w'}{Q_o'}\right) \quad (1-3-51)$$

---

❶ G 表示纵坐标，H 表示横坐标。

（2）计算各相表观速度：

$$v_{so}=Q_o/A, \quad v_{sw}=Q_w/A$$

$$v_{sg}=Q_g/A, \quad v_{sL}=v_{so}+v_{sw}$$

式中　B_o、B_w、B_g——油、水、气的体积；

　　　v_{so}、v_{sg}、v_{sw}——油、气、水的表观速度；

　　　Q'_o、Q'_w——油、水的地面产量；

　　　R_p、R_s、R_{sw}——生产气油比、溶解气油比和溶解气水比；

　　　Q_o、Q_g、Q_w——油、气、水的井下流量（全流量层）。

（3）利用 PVT 物性计算得出 δ、ρ_L、ρ_g 等参数。

（4）判断全流量层的流型。

利用持气率也可判断流型的具体类型。由上述分析可知，从泡状流向环雾流过渡的过程，实际上是气量增大的过程，即持气率 Y_g 不断增加的过程。已经证明：

泡状流：　　　　　$Y_g<0.1$

弹状流：　　　　　$Y_g<0.25\sim0.3$

段塞流：　　　　　$Y_g\geqslant0.25\sim0.3$

1993 年，作者考查了上述各种流型的特点，取 $\rho_L=0.8\sim1.0\mathrm{g/cm^3}$，$\delta=30\sim50\mathrm{dyn/cm}$，$\rho_g=0\sim0.02\mathrm{g/cm^3}$ 进行统计分析，得出通用生产套管（$D=12.5\mathrm{cm}$）气液（气水、油气）两相的过渡边界：

泡状流：　　　　　$Q_g<Q_{gs}+0.389Q_L$

段塞流：　　　　　$Q_g<4890\mathrm{m^3/d}$

　　　　　　　　　$Q_g\geqslant Q_{gs}+0.389Q_L$

其中，$Q_{gs}=85\sim100$。

由上述分析可知，只要游离气的流量 $Q_{gs}<100\mathrm{m^3/d}$，就可估计井下的流型为泡状流，然后结合持气率和密度资料判断其他各层的流型。

4. 相速度分布和压力梯度

由于两相流动不能简单地归结为单相流的层流和紊流流动，因而处理方法截然不同。目前用于研究两相流动的模型有 3 种：均流模型、分流模型和漂流模型。在均流模型中，采用了两个假定。一是两相介质已达到热力学平衡状态，压力、密度等互为单值函数，此条件在等温流动中是成立的，在受热不等温的稳定流动中基本成立，在变工况不稳定流动中则是近似的。二是假定气相和液相速度相等，则滑脱速度为零，滑动比为 1，真实持气率与体积持气率相等，则真实密度与流动密度相等。

均流模型的使用情况是雾状流，对于其他流态误差较大。

目前较为普遍的方法是用漂流模型和分流模型（滑脱模型）进行生产测井资料处理，下面分别进行详细介绍。

1）漂流模型

漂流模型也称漂移流动模型，它是由 Zuber 和 Findlay 针对均流模型及后面将提到的分流模型与实际两相流动之间存在的偏差而提出的特殊模型。在均流模型中，没有考虑两相间的相互作用，用平均的流动参数模拟两相介质；在分流模型中，在流动特性方面考虑了每相介质，且也考虑了两相界面上的作用力，但是每相的流动特性仍然是孤立的；漂流模型既考虑了气液两相之间的相对速度，又考虑了空隙率和流速沿过流断面的分布规律。

首先，定义气相和液相的漂移速度分别为

$$v_{mg} = v_g - v \tag{1-3-52}$$

$$v_{mL} = v_L - v \tag{1-3-53}$$

式中　v——假定气液两相无相对运动时的平均流速。由式(1-3-52)、式(1-3-53) 可知，漂移速度反映了气相或液相与均相混合物的相对运动。

其次，定义任意量 F 的断面平均值为

$$\langle F \rangle = \frac{1}{A} \int_A F \mathrm{d}A \tag{1-3-54}$$

最后，设 Y_g 为持气率的局部值，定义任意量 F 的加权平均值为

$$\langle\!\langle F \rangle\!\rangle = \frac{\langle Y_g F \rangle}{Y_g} = \frac{\dfrac{1}{A} \int_A Y_g F \mathrm{d}A}{\dfrac{1}{A} \int_A Y_g \mathrm{d}A} \tag{1-3-55}$$

从漂移速度的定义出发，气相的局部流速可以表示为

$$v_g = v + v_{mg} \tag{1-3-56}$$

则气相流速的断面平均值为

$$\langle v_g \rangle = \frac{1}{A} \int_A (v + v_{mg}) \mathrm{d}A = \langle v \rangle + \langle v_{mg} \rangle \tag{1-3-57}$$

气相流速的加权平均值为

$$\langle\!\langle v_g \rangle\!\rangle = \frac{\langle Y_g v_g \rangle}{\langle Y_g \rangle} \tag{1-3-58}$$

将式(1-3-56) 代入式(1-3-58) 得

$$\langle\!\langle v_g \rangle\!\rangle = \frac{\langle Y_g v_g \rangle}{\langle Y_g \rangle} = \frac{\langle Y_g v \rangle}{\langle Y_g \rangle} + \frac{\langle Y_g v_{mg} \rangle}{\langle Y_g \rangle} \tag{1-3-59}$$

对式(1-3-59) 等号右侧第一项的分子和分母同乘以 $\langle v \rangle$，则

$$\langle\!\langle v_g \rangle\!\rangle = \frac{\langle Y_g v \rangle}{\langle Y_g \rangle \langle v \rangle} \langle v \rangle + \frac{\langle Y_g v_{mg} \rangle}{\langle Y_g \rangle}$$

定义分布系数　$\displaystyle C_o = \frac{\langle Y_g v \rangle}{\langle Y_g \rangle \langle v \rangle} = \frac{\dfrac{1}{A} \int_A Y_g \mathrm{d}A}{\left(\dfrac{1}{A} \int_A Y_g \mathrm{d}A \right) \left(\dfrac{1}{A} \int_A v \mathrm{d}A \right)} \tag{1-3-60}$

则　$\displaystyle \langle\!\langle v_g \rangle\!\rangle = C_o \langle v \rangle + \frac{\langle Y_g v_{mg} \rangle}{\langle Y_g \rangle} \tag{1-3-61}$

式中　C_o——两相的分布特性，即流型的特性，不同流型内，其值不同。

按照加权平均值的定义，式(1-3-61) 可改写为

$$\langle\!\langle v_g \rangle\!\rangle = C_o \langle v \rangle + \langle\!\langle v_{mg} \rangle\!\rangle \tag{1-3-62}$$

由于 $v_{sg} = Y_g v_g$，所以式(1-3-58) 可表示为

$$\langle\!\langle v_g \rangle\!\rangle = \frac{\langle v_{sg} \rangle}{\langle Y_g \rangle} \tag{1-3-63}$$

用 $\langle v \rangle$ 去除式(1-3-63)的等号两侧得

$$\frac{\langle\!\langle v_g \rangle\!\rangle}{\langle v \rangle} = \frac{\langle v_{sg} \rangle}{\langle Y_g \rangle \langle v \rangle} \tag{1-3-64}$$

因为 $C_g = \dfrac{\langle v_{sg} \rangle}{\langle v \rangle}$，所以式(1-3-64)改写为

$$\frac{\langle\!\langle v_g \rangle\!\rangle}{\langle v \rangle} = \frac{\langle C_g \rangle}{\langle Y_g \rangle} \tag{1-3-65}$$

将式(1-3-65)代入式(1-3-61)整理得

$$\langle Y_g \rangle = \frac{\langle C_g \rangle}{C_o + \dfrac{\langle Y_g v_{mg} \rangle}{\langle Y_g \rangle \langle v \rangle}} \tag{1-3-66}$$

则式(1-3-66)又可表示为

$$\langle Y_g \rangle = \frac{\langle C_g \rangle}{C_o + \dfrac{\langle\!\langle v_{mg} \rangle\!\rangle}{\langle v \rangle}} \tag{1-3-67}$$

定义气相的漂移率为

$$J_{mg} = \frac{A_g v_{mg}}{A} = Y_g v_{mg} \tag{1-3-68}$$

则式(1-3-66)变为

$$\langle Y_g \rangle = \frac{\langle C_g \rangle}{C_o + \dfrac{\langle J_{mg} \rangle}{\langle Y_g \rangle \langle v \rangle}} \tag{1-3-69}$$

式(1-3-66)、式(1-3-67)、式(1-3-68)就是漂流模型的基本公式。当两相间无相对运动时，$v_{mg} = 0$，$J_{mg} = 0$，于是得

$$\langle Y_g \rangle = \frac{1}{C_o} \langle C_g \rangle \tag{1-3-70}$$

当使用漂流模型确定持气率时，必须知道分布系数 C_o 和气相漂流速度的加权平均值 $\langle\!\langle v_{mg} \rangle\!\rangle$（或漂移流速的断面平均值 $\langle J_{mg} \rangle$）。对于生产测井而言，为了习惯上表示方便，用 Y_g 表示 $\langle Y_g \rangle$，C_g 表示 $\langle C_g \rangle$，v_m 表示 $\langle v \rangle$，v_t 表示 $\langle\!\langle v_{mg} \rangle\!\rangle$，则式(1-3-67)表示为

$$Y_g = \frac{C_g}{C_o + \dfrac{v_t}{v_m}} \tag{1-3-71}$$

式(1-3-71)说明持气率小于含气率。由于 $C_g = v_{sg}/v_m$，所以式(1-3-71)可改为

$$v_{sg} = Y_g(C_o v_m + v_t) \tag{1-3-72}$$

式(1-3-72)即为气液两相流动用于计算气相表观速度的漂流模型。各参数均为套管截面上的面积平均值。Y_g 由密度测井得到，v_m 由流量计测井得到，C_o、v_t 由实验确定，v_t 通常用静液柱中气泡的上升速度代替。

对于泡状流动，$C_o = 1.2$，v_t 由 Harmathy 公式确定，即

$$v_{sg} = Y_g(1.2 v_m + v_t) \tag{1-3-73}$$

$$v_t = 1.53 \left[\frac{g \delta (\rho_L - \rho_g)}{\rho_L^2} \right]^{0.25} \tag{1-3-74}$$

对于段塞流动，C_o 仍取 1.2，v_t 用 Taylor 泡上升速度取代，即

$$v_{sg} = Y_g(1.2 v_m + v_t) \tag{1-3-75}$$

$$v_t = 0.345 \left[\frac{gD(\rho_L - \rho_g)}{\rho_L^2} \right]^{0.5} \qquad (1-3-76)$$

对于过渡流，$C_o = 1$，v_t 仍用 Taylor 泡上升速度取代，即

$$v_{sg} = Y_g(v_m + v_t) \qquad (1-3-77)$$

$$v_t = 0.345 \left[\frac{gD(\rho_L - \rho_g)}{\rho_L} \right]^{0.5} \qquad (1-3-78)$$

对于环雾状流动，漂流速度近似为 0，气液分布均匀，即

$$v_t \approx 0, \quad C_o = 1$$

则 $v_{sg} \approx Y_g v_m$，即 $Y_g \approx C_g$。

一般井下为段塞状和泡状流，可以采用式(1-3-73) 至式(1-3-76) 完成解释工作。

2) 分流模型

分流模型是将两相流动看成是各自分开的流动，每相介质有独立的平均流速和物性参数。分流模型建立的条件有两个：一是两相介质分别有各自的按所占断面积计算的断面平均流速；二是尽管两相之间可能有质量交换，但两相之间处于热力学平衡状态，压力和密度互为单值函数。

设 v_{sgL} 表示气液间的滑脱速度，则 $v_{sgL} = v_g - v_L = \dfrac{v_{sg}}{Y_g} - \dfrac{v_{sL}}{1-Y_g}$，由此得 $Y_g(1-Y_g)v_{sgL} = (1-Y_g)v_{sg} - Y_g v_{sL}$；由于 $v_{sg} = v_m - v_{sL}$，所以

$$v_{sg} = Y_g v_m + Y_g(1-Y_g)v_{sgL} \qquad (1-3-79)$$

$$v_{sL} = v_m - v_{sg}$$

式中　Y_g——套管截面上，气相面积占总截面面积的份额；

　　　v_{sg}——气相的表观速度。

式(1-3-79) 即为计算气相平均速度的分流模型，通常叫滑脱模型。利用式(1-3-79) 计算 v_{sg} 时，Y_g 由密度测井确定；v_m 由流量计测井确定；v_{sgL} 由实验确定。

对于泡状流动，Griffith 认为 $v_{sgL} = 24.6 \text{cm/s}$。斯伦贝谢公司给出 $Y_g < 0.65$ 时，v_{sgL} 可用式(1-3-80) 确定，即

$$v_{sgL} = 30[0.95-(1-Y_L)^2]^{0.5} + 0.75 \qquad (1-3-80)$$

对于段塞流，斯伦贝谢公司仍用式(1-3-80)。Nicklin 等人给出的计算方法是：当 $N_b \leqslant 3000$ 时，$v_{sgL} = (0.546 + 8.74 \times 10^{-6} Re)\sqrt{gD}$；当 $N_b \geqslant 8000$ 时，$v_{sgL} = (0.35 + 8.74 \times 10^{-6} Re)\sqrt{gD}$；当 $3000 < N_b < 8000$ 时，则有

$$v_{sgL} = \frac{1}{2}\left[v_{sL} + \left(v_{sL}^2 + \frac{13.59\mu_L}{\rho_L D^{0.5}}\right)^{0.5}\right]; \qquad v_{sL} = (0.251 + 8.74 \times 10^{-6} Re)\sqrt{gD};$$

$$N_b = \frac{1488 v_{sgL} D \rho_L}{\mu_L}; \qquad\qquad Re = \frac{1488 \rho_L D v_m}{\mu_L}$$

式中　ρ_L——液体密度，lb/ft^3[●]；

　　　D——管径，ft；

　　　v_m——流速，ft/s；

● 1lb = 0.4536kg。

v_{sgL}——滑脱速度，ft/s；

μ_L——液体黏度，mPa·s；

g——重力加速度，ft/s²。

对于环雾流，$v_{sgL} \approx 0$。

3）压力梯度

将式（1-3-18）整理，可以得到气液两相流动中压力梯度表示方式。将两边同除以 $\Delta Z (= Z_1 - Z)$，得 $\dfrac{\Delta p}{\Delta Z} = -\left(\rho g + \dfrac{\rho \Delta v^2}{2\Delta Z} + \dfrac{\rho g \Delta h_f}{\Delta Z}\right)$。

负号表示 Z 的方向与梯度方向相反，若取正值，且用微分形式表示，有

$$\frac{dp}{dZ} = \rho g + \rho v \frac{dv}{dZ} + \frac{dh_f'}{dZ} \qquad (1-3-81)$$

式中 $\dfrac{dp}{dZ}$——单位长度管上的总压力损失（总压力降）；

$\rho v \dfrac{dv}{dZ}$——由于动能变化而损失的压力，或称加速度引起的压力损失；

ρg——克服流体重力所消耗的压力（考虑井斜的影响，该项可表示为 $\rho g \cos\theta$，θ 为井筒与垂直方向的夹角）；

$\dfrac{dh_f'}{dZ}$——克服各种摩擦阻力而消耗的压力。

令 $\left(\dfrac{dp}{dZ}\right)_{举高} = \rho g \cos\theta$，$\left(\dfrac{dp}{dZ}\right)_{加速度} = \rho v \dfrac{dv}{dZ}$，$\left(\dfrac{dp}{dZ}\right)_{摩擦} = \dfrac{dh_f'}{dZ}$，则

$$\frac{dp}{dZ} = \left(\frac{dp}{dZ}\right)_{举高} + \left(\frac{dp}{dZ}\right)_{摩擦} + \left(\frac{dp}{dZ}\right)_{加速度}$$

根据流体力学管流计算公式：

$$\left(\frac{dp}{dZ}\right)_{摩擦} = \frac{f\rho v^2}{2D} \qquad (1-3-82)$$

式中 f——摩擦阻力系数。

将式（1-3-82）代入式（1-3-81），得

$$\frac{dp}{dZ} = \rho g \cos\theta + \rho v \frac{dv}{dZ} + \frac{f\rho v^2}{2D} \qquad (1-3-83)$$

式（1-3-83）是适用于各种斜度管流的通用压力梯度方程。对于水平管流，$\theta = 90°$，$\left(\dfrac{dp}{dZ}\right)_{举高} = 0$，为了强调多相混合物流动，将方程中各项流动参数加下角标 "m"，则

$$\frac{dp}{dZ} = \rho_m g \cos\theta + \rho_m v_m \frac{dv_m}{dZ} + \frac{f_m \rho_m v_m^2}{2D} \qquad (1-3-84)$$

式中 ρ_m——多相混合物的密度；

v_m——多相混合物的流速；

f_m——多相混合物流动时的摩擦系数。

单相垂直管液流的 $\left(\dfrac{dp}{dZ}\right)_{加速度} = 0$；单相水平管液流的 $\left(\dfrac{dp}{dZ}\right)_{举高}$ 及 $\left(\dfrac{dp}{dZ}\right)_{加速度}$ 均为零。对

于气、液多相管流，如果流速不大，则 $\left(\dfrac{\mathrm{d}p}{\mathrm{d}Z}\right)_{\text{加速度}}$ 很小，可以忽略不计。

只要求得 ρ_{m}、v_{m} 及 f_{m}，就可计算出压力梯度。但是，如前所述，多相管流中这些参数是沿程变化的，而且在不同流型下的变化规律不同。采油工艺设计中这一方程计算管道中的压力损失，计算中的关键问题是研究 ρ_{m}、v_{m} 及 f_{m} 的变化规律，不同的研究者提出的方法不同。对于生产测井而言，ρ_{m}、v_{m} 分别由密度计和流量计测得。f_{m} 可由实验图版确定，Re 为单相油、水或其两相混合物的雷诺数：

$$Re = \frac{\rho_{\mathrm{L}} d v_{\mathrm{L}}}{\mu_{\mathrm{L}}}$$

式中　μ_{L}——液相黏度；

　　　ρ_{L}——液相密度；

　　　v_{L}——液相流速（v_{sL}）。

若为油水两相流动，μ_{L} 可用式（1-3-85）、式（1-3-86）、式（1-3-87）计算。选择时，通常采用式（1-3-85）。

$$\mu_{\mathrm{L}} = \mu_{\mathrm{o}}^{Y_{\mathrm{o}}} \mu_{\mathrm{w}}^{1-Y_{\mathrm{o}}} \tag{1-3-85}$$

$$\mu_{\mathrm{L}} = \mu_{\mathrm{o}} Y_{\mathrm{o}} + \mu_{\mathrm{w}} (1-Y_{\mathrm{o}}) \tag{1-3-86}$$

$$\mu_{\mathrm{L}} = \mu_{\mathrm{o}} C_{\mathrm{o}} + \mu_{\mathrm{w}} (1-C_{\mathrm{o}}) \tag{1-3-87}$$

式中　μ_{o}——原油黏度；

　　　μ_{w}——水相黏度。

三、油水两相流动

流压高于泡点压力（饱和压力）时，井下呈油水两相流动，与气水或油气两相流动相比，油与水的流体性质更为接近，流型、流速分布与气液两相流动也有所不同。

1. 流型及边界划分

Govier 等人对油水两相流动流型的照相结果，将流型分为泡状流、段塞流、泡沫流和雾状流（乳状流）。泡状流中，水为连续相，油以泡状向上流动，泡的大小与油的含量相关。段塞流中，水仍为连续相，油泡相连形成更大泡体向上运动。泡沫流中油水呈互溶状，两相均为连续相，时而间断。雾状流也叫乳状流，油为连续相，水呈泡滴状和油共同上升，此时滑脱速度近似为零。若含水率升高，从泡状流向段塞流进行转变要求油的流量会更高。我国已开发油田生产井的特点是含水率高、产量低，因此，绝大多数井井下为泡状流，油包水的雾状低含水流动很少见。通常情况下，从泡状流过渡到段塞流的近似关系为

$$v_{\mathrm{sw}} < 10^{1.354(\lg v_{\mathrm{so}}+2)-2} \tag{1-3-88}$$

许多研究者在研究油水两相流动时，通常将其流型分为两类：一类是将段塞流和泡状流合并，统称为泡状流；另一类是乳状流。前者水为连续相，后者油为连续相。研究表明，持水率在 0.25~0.3 之间时，将发生由泡状流向乳状流的转变，即

$$\begin{cases} Y_{\mathrm{w}} \leqslant 0.25 & （乳状流） \\ 0.25 < Y_{\mathrm{w}} \leqslant 0.3 & （段塞流） \\ Y_{\mathrm{w}} > 0.3 & （泡状流） \end{cases} \tag{1-3-89}$$

Hasan 给出的泡状流到段塞流的转换边界是

$$v_{so}>0.43v_{sw}+0.2v_t \qquad (1-3-90)$$

$$v_t=1.53\left[\frac{g\delta(\rho_w-\rho_o)}{\rho_w^2}\right]^{0.25}$$

生产测井解释时，除全流量层之外，其他各层的 v_{so}、v_{sw} 均为待求结果。因此，通常用持水率资料即式(1-3-89)判断解释层的流型。式(1-3-89)是流型从油连续向水连续的过渡边界，严格地讲，应是从段塞流向乳状流的过渡。对于小油泡向大油段塞的过渡边界，Hasan 给出的判别公式为

$$\begin{cases} Y_w\leqslant0.7\sim0.75 & （段塞流） \\ Y_w>0.7\sim0.75 & （泡状流） \end{cases} \qquad (1-3-91)$$

泡状流与段塞流的流动规律相似，多数研究者将其归为同类处理，生产测井解释就采用这样的处理方法，即若 $Y_w>0.3$ 就认为是泡状流。

2. 油、水相速度确定

用于油、水各相表观速度计算的模型主要分两种：一种是滑脱速度模型；另一种是漂流模型。

1）滑脱速度模型

滑脱速度模型的流动示意如图1-3-13所示。将油、水看作是各自分开的流动，油、水间的滑脱速度为 v_s，若水的流速是 v_w，则油的流速为

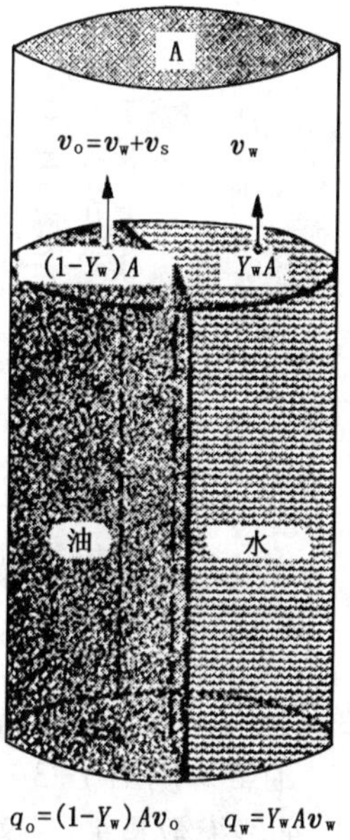

$$v_o=v_s+v_w$$

$$v_o=v_w+v_s \qquad v_w$$

$$(1-Y_w)A \qquad Y_wA$$

油　　水

$$q_o=(1-Y_w)Av_o \qquad q_w=Y_wAv_w$$

图 1-3-13　油水
滑脱模型示意图

由于

$$\begin{cases} v_o=\dfrac{v_{so}}{1-Y_w} \\ v_w=\dfrac{v_{sw}}{Y_w} \end{cases} \qquad (1-3-92)$$

且

$$v_{so}+v_{sw}=v_m \qquad (1-3-93)$$

所以

$$\frac{v_{so}}{1-Y_w}=v_s+\frac{v_{sw}}{Y_w} \qquad (1-3-94)$$

式(1-3-93)与式(1-3-94)联立得

$$v_{so}=(1-Y_w)v_m+Y_w(1-Y_w)v_s \qquad (1-3-95)$$

$$v_{sw}=v_m-v_{so} \qquad (1-3-96)$$

式中　v_{so}——油的表观速度；

　　　v_{sw}——水的表观速度。

式(1-3-95)即为确定油相表观速度的滑脱速度模型。v_{so} 确定后，利用式(1-3-96)即可求出水的表观速度 v_{sw}，与气液两相流动滑脱模型类似。

对于乳状流动，$v_s\approx0$，此时

$$\begin{cases} v_w=v_o \\ v_{so}=(1-Y_w)v_m \\ v_{sw}=Y_wv_m \end{cases} \qquad (1-3-97)$$

此时含水率为
$$C_w = \frac{v_{sw}}{v_m} = \frac{Y_w v_m}{v_m} = Y_w \qquad (1-3-98)$$

即
$$C_w = Y_w$$

对于泡状流
$$C_w = \frac{v_{sw}}{v_m} = \frac{v_m - v_{so}}{v_m} = \frac{Y_w v_m - Y_w(1-Y_w)v_s}{v_m} = Y_w - \frac{Y_w(1-Y_w)v_s}{v_m} \qquad (1-3-99)$$

式(1-3-99) 说明，C_w 总小于 Y_w。

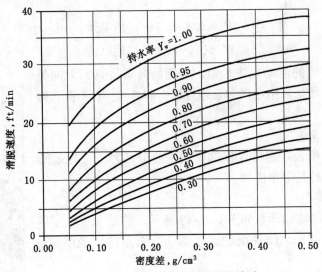

图 1-3-14　滑脱速度与密度差的关系

利用式(1-3-95) 和式(1-3-99) 确定油的表观速度和含水率的主要问题是确定滑脱速度。

通常采用图 1-3-14 所给出的实验曲线确定 v_s。图中横轴为油与水的密度差，纵轴为 v_s，曲线模数是 Y_w。这一图版对应的计算公式是

$$v_s = 39.4(\rho_w - \rho_o)^{0.25} \exp\left[-0.788(1-Y_w)\ln\frac{1.85}{\rho_w - \rho_o}\right] \qquad (1-3-100)$$

式中　v_s——滑脱速度，ft/min。

1972 年，Nicolas 在实验基础之上提出的计算公式是

$$v_s = Y_w^n C\left[\frac{g\delta(\rho_w - \rho_o)}{\rho_w^2}\right]^{0.25} \qquad (1-3-101)$$

式中，$C = 1.53 \sim 1.61$，$n = 0.5 \sim 2$（油泡较大时，趋于 0.5，反之趋向 2）。应用表明，C 取 1.53、n 取 1 时效果良好。

式(1-3-100)、式(1-3-101) 是目前应用效果较好的两个公式，此外 Zuber 等人也给出了计算 v_s 的公式：

$$v_s = \frac{(C_o - 1)v_m + v_t}{Y_w}, \quad v_t = 1.53\left[\frac{g\delta(\rho_w - \rho_o)}{\rho_w^2}\right]^{0.25}$$

这里 $C_o = 1 \sim 1.5$，是变量。Hasan—Kabir 给出的模型是

$$v_s = \frac{0.2v_m}{Y_w} + v_t Y_w \qquad (1-3-102)$$

后两种公式可以参考使用。

用式（1-3-95）除计算 v_{so}、v_{sw} 之外，还可以预测持水率，对该式变形并求解得

$$Y_w = 1 - \frac{1}{2}\left[1 + \frac{v_m}{v_s} - \sqrt{\left(1 + \frac{v_m}{v_s}\right)^2 - \frac{4v_{so}}{v_s}}\right] \qquad (1-3-103)$$

在全流量层，v_{so} 已知，$v_m = v_{so} + v_{sw}$，用式（1-3-103）可以求出相应的持水率，采用井下刻度解释时，要用到该式。这一方法也适用于气水和气油两相流动。

Davarzani 等给出了总流速大于 0.62m/s 时，预测持水率的表达式

$$Y_w = 4\frac{Fr^{0.0193}C_w^{1.0498}}{Re^{0.0781}} \qquad (1-3-104)$$

其中

$$Fr = \frac{v_m^2}{gD}$$

式中 Fr——弗劳德数。

式（1-3-104）对于总流速小于 0.62m/s 的流动不适用。该式是在内径为 16.5cm 的管子内由实验得出的，对于与此相差不大的管子也可近似应用。

2）漂流模型

气液两相流动分析中采用的漂流模型同时也适用于油水两相流动，具体形式是

$$v_{so} = Y_o\left(C_o v_m + \frac{\mu}{Y_o}\right) \qquad (1-3-105)$$

μ 与式（1-3-66）中的 $\langle Y_g v_{mg}\rangle$ 表示方法类似，称为油的漂移率，表示为 $\mu = \langle Y_o v_{mo}\rangle$，其中 v_{mo} 是油的漂移速度。Zuber 等人提出了实用的半理论表示方法：

$$\mu = v_t Y_o(1-Y_o)^n \qquad (1-3-106)$$

将式（1-3-106）代入式（1-3-105），得出漂流模型的一般形式为

$$v_{so} = Y_o\left[C_o v_m + v_t(1-Y_o)^n\right] \qquad (1-3-107)$$

对于泡状流和段塞流，Hasan—Kabir 研究表明，当 $C_o = 1.2$，$n = 2$ 时，可以得到较好的结果，因此，对于泡状流和段塞流，漂流模型的具体形式是

$$v_{so} = Y_o\left\{1.2v_m + 1.53Y_w^2\left[\frac{g\delta(\rho_w - \rho_o)}{\rho_w^2}\right]^{0.25}\right\} \qquad (1-3-108)$$

对于乳状流或雾状流
$$v_{so} = v_m Y_o \qquad (1-3-109)$$

目前，这一模型已在我国油田采用。利用式（1-3-108）也可以预测解释层的持水率，整理为

$$Y_w = 1 - \frac{v_{so}}{1.2v_m + 1.53Y_w^2\left[\frac{\delta g(\rho_w - \rho_o)}{\rho_w}\right]^{0.25}} \qquad (1-3-110)$$

对于油水两相流，忽略加速度损失后，通用的压力梯度计算方法与气液两相流动类似，具体形式为

$$\frac{dp}{dZ} = \rho_m g + \frac{f_m v_m^2 \rho_m}{2D} \qquad (1-3-111)$$

式中　f_m——油水两相流动摩阻系数。

如果流速变化很大，譬如采用集流式生产测井仪器或流体从套管进入油管时，必须考虑加速项的影响，此时

$$\frac{dp}{dZ}=\rho_m g+\frac{f_m v_m^2 \rho_m}{2D}+\rho_m v_m \frac{dv_m}{dZ} \qquad (1-3-112)$$

四、油气水三相流动

在油井中，尤其是较浅的井中，经常遇到油、气、水混合物的多相流动。到目前为止，大多数研究者还只把注意力集中在气液两相流动上，即把油气水三相流动看作两相流动处理，把油、水作为同一相处理，如

$$\rho_L=\rho_o Y_o+\rho_w Y_w$$

$$\mu_L=\mu_o Y_o+\mu_w Y_w$$

$$\delta_L=\delta_o Y_o+\delta_w Y_w$$

式中　δ_L——油水混合表面张力系数；

　　　δ_o——油的表面张力系数；

　　　δ_w——水的表面张力系数；

　　　μ_L——油水混合物的黏度；

　　　μ_o——油的黏度；

　　　μ_w——水的黏度。

与两相流动相比，三相流动的最大特点是在油水混合物中出现了气相。气相的出现，使得同时出现了三个滑脱速度（其中两个是独立的）；气相的出现，使得油、水的分布复杂，总趋势是降低了油与水间的滑脱速度，流型变化较大。

1. 油气水三相流动的流型

目前，对油气水三相流动流型的研究还未见到有公开出版文献的报道。本书作者在大庆测试技术服务中心的模拟井上对油气水三相流动的流型进行了初步观察研究，下面介绍观察结果。

实验采用的模拟井的内径为 12.5cm，气相流量范围为 6～650m³/d，油和水的流量范围为 2.4～1300m³/d。用柴油模拟原油，密度为 0.825g/cm³。实验时首先固定油与水的流量，然后依次增大气的流量，对于每一个油、气、水的流动组合，记录油和水的流量，重复上述过程。表 1-3-1 是水相流量为 80m³/d、油相流量为 20m³/d 时的实验结果，其中气的流量从 11m³/d 变化到 70m³/d。将泡状流划分为 Ba 和 Bb 两种。Ba 型泡状流中，用肉眼可以区分油泡、气泡在水中的运动轨迹，说明油水、气水、气油间存在着明显的滑脱。Bb 型泡状流动中，可以观察出局部出现水泡，此时油水间的滑脱速减小。主气泡的直径约为 6cm，在油、水中滚动向上，油、水相中含有一些小气泡，直径在 0.1～1cm 之间，此时，油水呈乳状向上流动，用肉眼很难区分两者的界限，可以看到水泡在油中运动，说明油水之间的滑脱速度很小，气塞直径为 10cm 左右。这一流型与气水两相流动时的段塞流相似。

表 1-3-1 水相流量为 80m³/d、油相流量为 20m³/d 时的实验结果

气相流量 m³/d	含气率,%	现象		流型
		油、水	气	
11	9.9	油泡直径约为 8mm,在水中上升,径迹清晰,与两相流动相似,存在滑脱	气泡含量很少	Ba
20	16.67	油泡直径为 4mm 左右,在水中向上流动	气泡为 1.5cm 左右向上萦动	Ba
30	23	油泡直径为 2mm 左右,萦动	气泡直径约为 2cm	Ba
40	28.57	油、水处于半乳化状态,滑脱减小	出现大泡,泡径 4cm 左右	Bb
50	33.3	油、水处于乳化状态,可见直径 3mm 左右的油泡	出现大泡,泡径 4cm 左右,程度剧烈	Bb
70	41.17	油、水处于乳化状	出现大泡,泡径 4cm 左右,程度剧烈	Bb

根据以上实验结果,作出如图 1-3-15 所示的油气水三相流动流型图,纵坐标为气相流量 Q_g,横坐标表示液相流量(Q_o+Q_w)。这一研究主要集中在低流量区,图中的边界表示为

Ba—Bb:

$$Q_g = 30 + 0.19(Q_o + Q_w) \qquad (1-3-113)$$

Bb—S:

$$Q_g = 85 + 0.389(Q_o + Q_w) \qquad (1-3-114)$$

从 Bb 到段塞流的转变与气液两相流动类似,这一结果是在 12.5cm 的管子里由实验得到的,相应的管子常数为

$$P_c = \frac{1}{4} \pi 12.5^2 \times 1 \times 3600 \times 24 \times 10^{-6}$$

$$= 10.6(m^3/d)/(cm/s) \qquad (1-3-115)$$

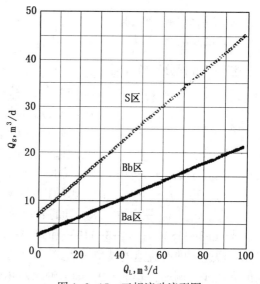

图 1-3-15 三相流动流型图

管子常数可以把流速转换成每日的体积流量,式(1-3-115)的意义是,当流体以 1cm/s 的流速在 12.5cm 直径的套管流动时,其流量为 10.6m³/d。同样,对于内径为 2.2cm 的管子,可以得到相应的管子常数为

$$P_c(2.2) = 0.3282$$

利用式(1-3-115),可以把式(1-3-113)、式(1-3-114)转变为以速度表示的方式:

Ba—Bb: $\qquad v_{sg} = 2.83 + 0.018(v_{so} + v_{sw}) \qquad (1-3-116)$

Bb—S: $\qquad v_{sg} = 8.018 + 0.0367(v_{so} + v_{sw}) \qquad (1-3-117)$

对于 $D = 2.2R$ 集流式仪器,式(1-3-116)、式(1-3-117)两边同乘 $P_c(2.2)$,得到

Ba—Bb: $\qquad Q_g = 0.928 + 0.006(Q_o + Q_w)$

Bb—S: $\qquad Q_g = 2.6 + 0.012(Q_o + Q_w)$

上式说明,采用集流式生产测井仪器时,很容易发生段塞流,因为其边界是只需要 2.6m³/d 的气相流量。

2. 三相流动各相流速分布

井底条件下,气的密度为 0.01~0.2g/cm³;油的密度为 0.6~0.98g/cm³;水的密度为

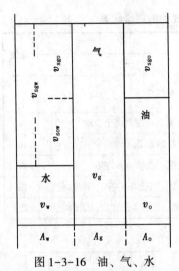

图 1-3-16 油、气、水
速度分布简化模型

$1g/cm^3$ 左右。因此，不论各相的含量如何，油气水三相混合系统中气的流动速度最大；水的流动速度最小；油的流速介于二者之间。因此，本书作者将油、气、水分布简化成如图 1-3-16 所示的简化模型，图中 A_w、A_o、A_g 分别表示水、油、气所占流管的横截面积。

由于

$$v_m = v_{sw} + v_{so} + v_{sg}$$

$$Y_o + Y_w + Y_g = 1$$

$$v_{sgw} = v_g - v_w = \frac{v_{sg}}{Y_g} - \frac{v_{sw}}{Y_w}$$

$$v_{sow} = v_o - v_w = \frac{v_{so}}{Y_o} - \frac{v_{sw}}{Y_w}$$

$$v_{sgo} = v_g - v_o = \frac{v_{sg}}{Y_g} - \frac{v_{so}}{Y_o}$$

将上述 5 个方程分别整理得

$$v_{sw} = Y_w (v_m - Y_g v_{sgw} - Y_o v_{sow}) \tag{1-3-118}$$

$$v_{sg} = Y_g [v_m + (1-Y_g) v_{sgw} - Y_o v_{sow}] \tag{1-3-119}$$

$$v_{so} = Y_o [v_m - Y_g v_{sgw} + (1-Y_o) v_{sow}] \tag{1-3-120}$$

或

$$v_{so} = v_m - v_{sw} - v_{sg} \tag{1-3-121}$$

式中　v_{sow}、v_{sgw}、v_{sgo}——油水、气水、气油间的滑脱速度；

$\quad\quad Y_g$、Y_o、Y_w——气、油、水的持率；

$\quad\quad v_{so}$、v_{sw}、v_{sg}——油、水、气的表观速度。

式（1-3-118）、式（1-3-119）和式（1-3-120）或式（1-3-121）即为用于计算油气水三相表观速度的滑脱速度模型表达式。Y_g、Y_o、Y_w 中任意一项为零，则可得出相应两相流动的表达式。例如，若 $Y_g = 0$，则为油水两相流动，此时式（1-3-118）变为

$$v_{sw} = Y_w v_m - Y_w Y_o v_{sow}$$

该式与油水两相流动中用滑脱速度模型计算水相表观速度的关系式相同。

利用这一模型计算 v_{so}、v_{sw} 和 v_{sg} 时，主要问题是确定 v_{sow}、v_{sgw} 值。目前，还未见有效的方法。初步研究发现，泡状流中油、水间的滑脱速度在 $1\sim6cm/s$ 之间；段塞流中该值分布在 $1cm/s$ 左右。对于气、水间的滑脱速度，在泡状流和段塞流中，可采用类似于气液两相流动中给出的方法计算：

$$v_{sgw} = 1.53(1-Y_g)^n \left[\frac{g\delta(\rho_w - \rho_g)}{\rho_w^2} \right]^{0.25} \quad (n = 0.5\sim2)$$

或

$$v_{sgw} = 30(0.95 - Y_g^2)^{0.5} + 0.75$$

式中，v_{sgw} 的单位为 cm/s。

将式（1-3-118）、式（1-3-119）、式（1-3-120）变形，可得

$$C_w = Y_w \left(1 - \frac{Y_g v_{sgw} + Y_o v_{sow}}{v_m} \right) \tag{1-3-122}$$

$$C_g = Y_g \left[1 + \frac{(1-Y_g) v_{sgw} - Y_o v_{sow}}{v_m} \right] \tag{1-3-123}$$

$$C_o = 1 - C_g - C_w \qquad (1\text{-}3\text{-}124)$$

式（1-3-124）说明，流速越高，C_w 越趋近 Y_w，极限情况是

$$C_w \approx Y_w, \quad C_o \approx Y_o, \quad C_g \approx Y_g$$

同时也说明，持水率总大于含水率，而持气率总小于含气率。

五、烃类相态与油气两相流动

油藏和井内单纯的油气两相流动很少，一般都有水相伴随。石油和天然气是由多种烃类组成的混合物，在地层和井筒条件下，它可以处于单一的液相（油），也可以处于单一的气相，还可以气油两相共存。处于油相时，表现为油水两相流动；处于气相时，表现为气水两相流动；处于油气两相时，表现为油气水三相流动。究竟处于哪种相态，主要取决于油、气数量上的比例及其所处的压力和温度条件，泡点压力是中界点。随油藏开采压力的降低，在油藏或井筒中，烃类流体都会出现由单相转换为两相的过程。油藏烃类的化学组成是相态转换为两相的过程，油藏烃类的化学组成是相态转化的内因，压力和温度是产生转化的条件。

油藏烃类主要是烷烃、环烷烃和芳香烃，其中烷烃在天然气藏中遇到的最多。烷烃又称石蜡族烃，其化学式为 C_nH_{2n+2}，在常温常压下，$n = 1 \sim 4$ 为气态，它们是构成天然气的主要成分；$n = 5 \sim 16$ 是液态，它们是石油的主要成分；而 $n > 16$ 的烷烃为固态，即石蜡。除此之外，油藏烃类还含有少量的氧、硫、氮化合物等，它们对石油的颜色、密度、黏度和界面张力等性质有较大影响。

1. 多组合烃类相态图

相态图通常用 p—T 图进行研究，p—T 图也称相图。油气属多组分烃类，其相应的相图如图 1-3-17 所示。C 点为临界点，该点各相的性质相同；M 点为临界凝析压力点，是油、气共存达到平衡的最高压力点，临界点左边的两相区边线为泡点线，右边的两相区边界为露点线；由泡点线、露点线包围的区域为油气平衡存在的两相区。两相区内的虚线为油相（液相）等体积分数或等摩尔分数的等值线。划有阴影的面积为相态反常区，反常区内，所产生的凝析或蒸发现象都与常态情况相反，常数温度下降低压力（A—B—D 线）或常数压力下增加温度（H—G—A 线）会产生反凝析液体。另外，在常数压力下降低温度（A—G—H 线）或在常数温度下增加压力（D—B—A）都会产生反蒸发气体。

图中，不同位置的点表示不同的油气藏。如温度为 T_1，压力位于 I 点的油藏为饱和油藏；温度仍为 T_1，而地层压力位于 J 点的油藏则为未饱和油藏，只有单相液体油存在，而前者为饱和液体（油）。处于 L 点的油藏有油气两相存在，称为过饱和油藏，这种油藏由油和伴生的气顶所组成，处于泡点压力下的是油区，处于露点压力下的是气区；气顶气一般为湿气，有时为凝析气，很少是干气。

图 1-3-17 中，对于地层温度处于临界和

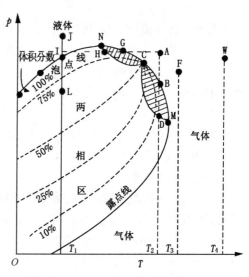

图 1-3-17　多组分系统相态图

临界凝析之间的 T_2、压力等于或高于露点压力的地层（B、A 点），地层内有凝析气体。B 点为被液体饱和的凝析气藏，又称饱和凝析气藏；而处于在 A 点的为未被液体饱和的未饱和凝析气藏。

对于地层温度大于临界凝析温度 T_3 和 T_4，原始地层压力分别处于 F 点和 W 点的地层则分别储藏着湿气和干气，称为湿气藏和干气藏。

上面的温度和压力点也可能发生在井周附近或井筒之中。在实际工作中，可以利用烃类混合物的组分、产出液体的相对密度、气液比和相态图对烃类流体进行分类。

2. 典型原油的相态图

对在地层中以液态存在的原油，可根据其在地面产出的性质划分为低收缩原油和高收缩原油。图 1-3-18 和图 1-3-19 分别是低收缩原油和高收缩原油的相图。低收缩原油的相图有两个特点：一是临界点位于临界凝析压力的右边；二是临界温度大于地层温度，且两相区内液体体积百分数等值线靠近露点线。在原始条件下，低收缩原油的油藏，可以是未饱和油藏（A′点），也可以是饱和油藏（A 点）。这类油藏的生产气油比通常小于 $100m^3/m^3$。从地面观察，原油呈黑色或深颜色，地面原油的相对密度大于 0.86。普通的油藏均为低收缩原油油藏。

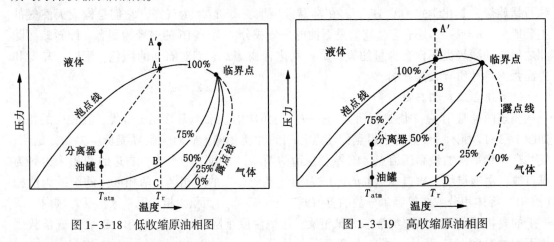

图 1-3-18　低收缩原油相图　　　　图 1-3-19　高收缩原油相图

高收缩原油比低收缩原油含有较大的轻烃组分，油藏温度通常接近于临界温度，两相区的液体等值线并不靠近露点线分布。在原始条件下，高收缩原油的油藏可以是未饱和油藏（A′），也可以是饱和油藏（A）。地面原油呈深褐色，地面相对密度大于 0.8，生产气油比小于 $1500m^3/m^3$，有时称为轻质油藏。

3. 天然气的相态图

根据烃类气体的组成、性质以及烃类混合物在地层中的状态，可将天然气划分为凝析气、湿气和干气三类。

1）反凝析气相态图

图 1-3-20 是反凝析气的相态图，其临界点的位置取决于轻烃含量的多少，而实际凝析气藏的温度则处于临界温度和临界凝析温度之间。由凝析气藏可以采出凝析油和天然气。

处于 A′点的凝析气藏，流体是单相气体，随着流体的采出，地层压力以等温过程下降。当地层压力下降到 A 点（露点）压力之后，在地层中会产生反凝析现象。在地层压力由 A 点下降到 B 点的过程中，地层中的反凝析液随之增加。

如果地层压力仍以等温过程继续下降，则从 B 点开始产生地层中反凝析液的反蒸发现象。这时，地面烃类中将含有比高收缩原油较多的轻烃组分和少量的较重的烃组分。

凝析气藏的生产气油比可以高达 $12500m^3/m^3$，凝析油的相对密度低于 0.7389，颜色呈浅橘色或浅稻黄色。

在原始条件下，确定凝析气藏露点压力的大小是一件重要的工作

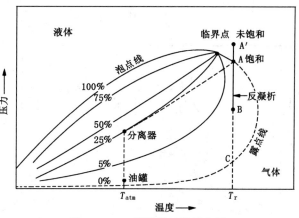

图 1-3-20　反凝析气的相态图

内容。可以通过 PVT 取样分析完成，也可以利用 Nemeth 等人提供的下述经验公式加以确定：

$$p_d = 6.895 \times 10^{-3} \exp \{ A_1 [0.2x_{N_2} + x_{CO_2} + x_{H_2S} + 0.4x_{C_1} + x_{C_2}$$
$$+ 2(x_{C_3} + x_{C_4}) + x_{C_5} + x_{C_6}] + A_2 \rho x_{C_{7+}} + A_3 [x_{C_1}/(x_{C_7} + 0.002)]$$
$$+ A_4 T + A_5 L + A_6 L^2 + A_7 L^3 + A_8 M + A_9 M^2 + A_{10} M^3 + A_{11} \} \tag{1-3-125}$$

$$L = 0.01 x_{C_{7+}} M_{C_{7+}}$$

$$M = M_{C_{7+}}/(\rho_{C_{7+}} + 0.0001)$$

$A_1 = -2.0623 \times 10^{-2}$; $A_2 = 6.6260$; $A_3 = -4.4671 \times 10^{-3}$;

$A_4 = 1.8807 \times 10^{-4}$; $A_5 = 3.2674 \times 10^{-2}$; $A_6 = -3.6453 \times 10^{-3}$;

$A_7 = -7.43 \times 10^{-5}$; $A_8 = -0.1138$; $A_9 = 6.2476 \times 10^{-4}$;

$A_{10} = -1.0717 \times 10^{-6}$; $A_{11} = 10.7466$

式中　x_{N_2}——氮气的摩尔分数，%；

　　　x_{CO_2}——二氧化碳气的摩尔分数，%；

　　　x_{H_2S}——硫化氢气的摩尔分数，%；

　　　x_{C_1}、x_{C_2}、……、x_{C_6}——甲烷、乙烷、……、己烷的摩尔分数，%；

　　　$x_{C_{7+}}$——庚烷以上组分的摩尔分数，%；

　　　$\rho_{C_{7+}}$——庚烷以上组分的地面密度，g/cm^3；

　　　$M_{C_{7+}}$——庚烷以上组分的相对分子质量；

　　　T——地层温度，K；

　　　p_d——露点压力，MPa。

式（1-3-125）是由世界范围内 480 个不同烃类系统的 579 个数建立起来的，计算的平均偏差为 7.4%。所用资料的变化范围是

$$8.76MPa \leqslant p_d \leqslant 74.39MPa$$

$$4.44℃ \leqslant T \leqslant 160℃$$

$$106 \leqslant M_{C_{7+}} \leqslant 235$$

$$0.733 \text{g/cm}^3 \leqslant \rho_{C_{7+}} \leqslant 0.8681 \text{g/cm}^3$$

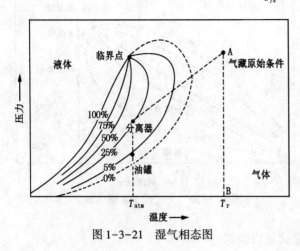

图1-3-21 湿气相态图

2）湿气相态图

湿气所含烃类重组分比凝析气少，相态图分布范围较窄，且临界点也向低温方向移动，如图1-3-21所示。湿气藏开采时，整个压降开采期间都保持为单相气体，不发生反凝析现象。只有处于两相区的地面分离器条件下才有液体产生，这种液体称为凝析油，主要为丙烷和丁烷。开发湿气藏的地面生产气油比高达 17800m³/m³，相对密度低于 0.7796。

3）干气相态图

干气的主要组分是甲烷和少量的乙烷，其他重烃的含量小。典型的干气相态图如图1-3-22所示。

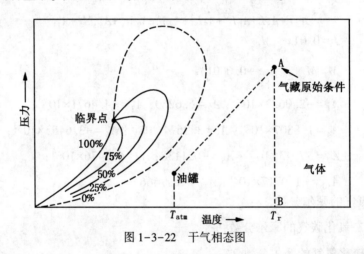

图1-3-22 干气相态图

开采时在地层和分离器条件下的生产过程都处在两相区之外的单相气体区，不会产生反凝析液体。随着压力和温度的降低，经地面分离器后，能分离出少量白色的凝析油。气井凝析水的产量可由经验公式(1-3-126) 估算：

$$q_w = q_g \times WGR \tag{1-3-126}$$

其中 $WGR = 1.6019 \times 10^{-4} A[0.32(5.625 \times 10^{-2}T+1)]^B S.C.$

$$A = 3.4 + \frac{418.0278}{p}$$

$$B = 3.2147 + 3.8537 \times 10^{-2}p - 4.7752 \times 10^{-4}p^2$$

$$S.C. = 1 - 4.983 \times 10^{-3}\delta - 1.757 \times 10^{-4}\delta^2$$

式中 q_w——气井凝析水的产量，m³/d；

q_g——产气量，10^4m³/d；

WGR——水气比，m³/10^4m³；

T——地层温度, ℃;

p——地层压力, MPa;

$S.C.$——矿化度校正系数;

δ——氯化钠含量, %。

以上介绍的是多组分烃类的相态图。对于单组分烃类,泡点线和露点线相互重合成一条线,即所谓的蒸气压曲线,此时不存在两相共存区。

除了利用相态图划分流体性质之外,还可以根据产出流体的气油比、地面流体密度和流体中甲烷的摩尔含量对地层流体类型进行近似的划分,如表 1-3-2 所示。实际工作中,常把生产气油比大于 $17800 \text{m}^3/\text{m}^3$ 的气田定为干气田;把生产气油比小于 $17800 \text{m}^3/\text{m}^3$ 的气田定为凝析气田,或叫湿气田。正如前面已提过的那样,无论是气田还是油田,开采时总是伴随有水的产出,在地面中表现为两相或三相渗流,在井筒内表现为两相或三相流动。

表 1-3-2　流体的分类和成分

烃的分类	气油比 m^3/m^3	凝析油含量 cm^3/m^3	甲烷含量 %	地面液体密度 g/cm^3
天然气	>18000	<55	>85	0.7~0.8
凝析气	550~18000	55~1800	75~90	0.72~0.82
轻质油	250~550	—	55~75	0.76~0.83
原　油	<250	—	<60	0.83~1

第四节　油、气、水物性参数

油、气、水的物理性质除了受自身成分影响之外,主要受温度、压力制约。地层条件下油、气、水的性质与地面状态下不同,对于油、气而言变化范围更大。油、气、水的物性参数主要包括以下 17 个参数。

天然气:天然气的偏差因子 (Z)、天然气的地层体积系数 (B_g)、天然气的密度 (ρ_g)、天然气的黏度 (μ_g)、天然气的压缩系数 (c_g)。

地层水:地层水的体积系数 (B_w)、地层水的密度 (ρ_w)、地层水的黏度 (μ_w)、溶解气水比 (R_{sw})、地层水的压缩系数 (c_w)。

原油:原油的泡点压力 (饱和压力 p_b)、溶解气油比 (R_s)、原油密度 (ρ_o)、原油黏度 (μ_o)、原油体积系数 (B_o)、原油压缩系数 (c_o)、游离气油比 (R_{fg})。

在进行生产测井解释及油藏工程计算之前通常都要确定这些参数,确定的途径主要有两种:实验室分析和经验相关式。由于实验条件和实际井况局限,通常不可能取得可靠的区块参数,通常采用下文给出的经验相关式。计算时输入参数包括:温度 (T, 从温度测井曲线上读取)、压力 (p, 从压力测井曲线上读取)、地面油产量 (Q_o, 地面计量)、地面气产量 (Q_g, 地面计量)、地面水产量 (Q_w, 地面计量)、地层水矿化度 (C_{cl})、分离器温度 (T_{sp})、分离器压力 (p_{sp})、天然气相对密度 (γ_g) 和原油相对密度 (γ_o)。天然气的相对密度指标准温度 (293K) 和标准压力 (0.101MPa) 条件下,天然气密度与空气密度 (ρ_{air}) 的比值,考虑到气体的状态方程,即可得

$$\gamma_g = \rho_g / \rho_{air} = \frac{pM/RT}{pM_{air}/RT} = \frac{M}{M_{air}} = \frac{M}{28.97} \qquad (1-4-1)$$

式中　R——气体常数，$MPa \cdot m^3 / (kmol \cdot K)$；

　　　M——气体的相对分子质量；

　　　M_{air}——空气的相对分子质量。

原油相对密度 γ_o 是标准压力（0.101MPa）和标准温度（293K）下原油密度与4℃条件下纯水密度之比值

$$\gamma_o = \frac{\rho_{ocs}}{\rho_{wsc}}$$

由于 $\rho_{wsc} = 1.0 g/cm^3$，因此，γ_o 与 ρ_{osc} 在数值上相同，因此人们常把 γ_o 与 ρ_{osc} 在数值上混用。

英制单位通常用 γ_{API} 表示原油相对密度，单位符号为°API，γ_{API} 与 γ_o 的换算关系为

$$\gamma_o = \frac{141.5}{131.5 + \gamma_{API}}$$

一、天然气的物性参数计算

1. 天然气的偏差因子 Z

天然气的偏差因子表示在某一温度和压力条件下，同一质量气体的真实体积与理想体积之比。根据范德华的对应状态理论，在相同的对比压力和对比温度下，气体的状态相同，对比温度定义为绝对温度与临界温度之比；对比压力定义为绝对压力与临界压力之比，分别表示为

$$T_{pr} = \frac{T}{T_{pc}}; \; p_{pr} = \frac{p}{p_{pc}}$$

式中　T_{pr}、p_{pr}——对比温度和对比压力；

　　　T_{pc}、p_{pc}——临界温度和临界压力。

如果现场没有天然气组分分析数据，可以用天然气相对密度计算天然气或凝析气的对比压力和对比温度。

对于干气，当 $\gamma_g \geqslant 0.7$ 时，

$$\begin{cases} p_{pc} = 4.8815 - 0.3861\gamma_g \\ T_{pc} = 92.2 + 176.67\gamma_g \end{cases} \qquad (1-4-2)$$

当 $\gamma_g < 0.7$ 时，

$$\begin{cases} p_{pc} = 4.778 - 0.2482\gamma_g \\ T_{pc} = 92.2 + 176.67\gamma_g \end{cases} \qquad (1-4-3)$$

Standing（1981）提供的干气相关式为

$$\begin{cases} p_{pc} = 4.6677 + 0.1034\gamma_g - 0.2586\gamma_g^2 \\ T_{pc} = 93.33 + 180.56\gamma_g - 6.94\gamma_g^2 \end{cases} \qquad (1-4-4)$$

对于湿气（凝析气），当 $\gamma_g \geqslant 0.7$ 时，

$$\begin{cases} p_{pc} = 5.1021 - 0.6895\gamma_g \\ T_{pc} = 132.2 + 116.67\gamma_g \end{cases} \qquad (1-4-5)$$

当 $\gamma_g < 0.7$ 时，

$$\begin{cases} p_{pc} = 4.78 - 0.2482\gamma_g \\ T_{pc} = 106.11 + 152.22\gamma_g \end{cases} \qquad (1-4-6)$$

Standing（1981）提供的湿气相关式为

$$\begin{cases} p_{\mathrm{pc}}=4.868-0.3565\gamma_{\mathrm{g}}-0.07653\gamma_{\mathrm{g}}^2 \\ T_{\mathrm{pc}}=103.89+183.33\gamma_{\mathrm{g}}-39.72\gamma_{\mathrm{g}}^2 \end{cases} \tag{1-4-7}$$

对于含有 CO_2、N_2 和 H_2S 的酸性天然气，当 γ_{g} 分布在 $0.55 \sim 0.9$ 的范围内时，有

$$\begin{cases} p_{\mathrm{pc}}=4.7546-0.2102\gamma_{\mathrm{g}}+0.03x_{\mathrm{CO_2}}-1.1583\times10^{-2}x_{\mathrm{N_2}} \\ T_{\mathrm{pc}}=84.9389+188.49\gamma_{\mathrm{g}}-0.93x_{\mathrm{CO_2}}-1.49x_{\mathrm{N_2}} \end{cases} \tag{1-4-8}$$

式中 $x_{\mathrm{CO_2}}$、$x_{\mathrm{N_2}}$——二氧化碳、氮气的摩尔分数。

对于含有 CO_2 和 H_2S 气体的酸性天然气，有

$$\begin{cases} T'_{\mathrm{pc}}=T_{\mathrm{pc}}-\varepsilon \\ p'_{\mathrm{pc}}=66.67(A^{0.9}-A^{1.6})+8.33(B^{0.5}-B^4) \end{cases} \tag{1-4-9}$$

式中 A——CO_2 和 H_2S 的摩尔分数；

B——H_2S 的摩尔分数；

ε——校正系数。

该方法是 Wichert 和 Aziz 在 1972 年提出的。p_{pc}、T_{pc} 及 p_{pr}、T_{pr} 确定后，即可由图版（图 1-4-1）确定 Z。

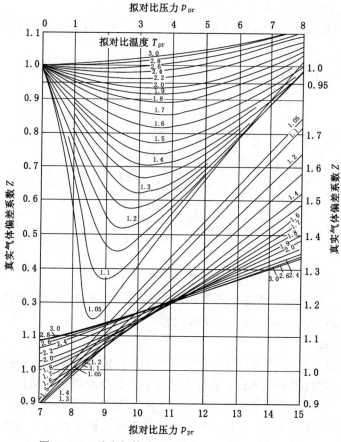

图 1-4-1 确定气体偏差系数的 Standing—Katz 图版

在采用计算机处理时，可采用 Dranchuk 对该图拟合所得的下列相关式：

$$Z = 1 + \left(0.31506 - \frac{1.0467}{T_{pr}} - \frac{0.5783}{T_{pr}^3}\right)R_{pr}$$

$$+ \left(0.5353 - \frac{0.6123}{T_{pr}} + \frac{0.6815}{T_{pr}^3}\right)R_{pr}^2 \qquad (1-4-10)$$

$$R_{pr} = 0.27 p_{pr} / (Z T_{pr})$$

计算时，取 Z 的初值 $Z_0 = 1$ 代入迭代即可。

当压力大于 35MPa 时，通常用下列公式计算 Z：

$$Z = \frac{1 + y + y^2 - y^3}{(1-y)^3} - (14.76t - 9.76t^2 + 4.58t^3)y$$

$$+ (90.7t - 242.2t^2 + 42.4t^3)y^{1.18 + 2.82t} \qquad (1-4-11)$$

$$y = \frac{0.06125 p_{pr} t \exp[-1.2(1-t)^2]}{Z}$$

$$t = 1 / T_{pr}$$

式中，y 是中间变量。相关式（1-4-11）是 Hall—Yarborough 于 1973 年发表的，p_{pr} 可延伸至 25MPa，当 $T_{pr} < 1K$ 时，不建议采用此法。图 1-4-1 适用于 $p_{pr} < 15MPa$ 的天然气，这是一般常见的情况。

2. 天然气的体积系数 B_g 及密度 ρ_g

天然气的体积系数 B_g 是指相同质量的天然气在地层条件下的体积 V_R 与地面标准条件下的体积 V_{sc} 之比。

根据气体状态方程可得

$$B_g = \frac{p_{sc} Z T}{p Z_{sc} T_{sc}}$$

式中　p_{sc}、T_{sc}、Z_{sc}——标准条件下的压力、温度和偏差因子。

通常取 $Z_{sc} = 1.0$，当 $p_{sc} = 0.101MPa$，$T_{sc} = 293K$ 时，有

$$B_g = 3.447 \times 10^{-4} \frac{ZT}{p} \qquad (1-4-12)$$

由于

$$B_g = \frac{V_R}{V_{sc}} = \frac{m/V_{sc}}{m/V_R} = \frac{\rho_{gsc}}{\rho_g}$$

所以

$$\rho_g = \frac{1}{B_g} \rho_{gsc} = r_g \rho_{air} \frac{1}{B_g}$$

式中　ρ_{air}、m、ρ_{gsc}——空气密度、天然气质量和空气在标准状况下的密度。

若取 $\rho_{air} = 0.001223 g/cm^3$，则 $\rho_g = 0.001223 r_g / B_g$。

3. 天然气黏度 μ_g

天然气黏度是压力、温度及气体组分的函数。在低压条件下，黏度随温度升高而升高，这是分子热运动大幅度增加引起的；高压条件下，气体黏度类似于液体黏度，随温度升高而降低。对于压力变化，无论是高压还是低压，μ_g 都随压力升高而升高，这是由于压力升高缩小了分子间的距离。在实验室内进行测量，难以可靠确定 μ_g 值，通常采用 Lee 等人给出的实验结果。

1966 年，Lee 等人发表了以下公式：

$$\mu_g = 10^{-4} K e^{x\rho_g^y} \qquad (1\text{-}4\text{-}13)$$

其中

$$K = \frac{(9.4+0.02M_g)(1.8T)^{1.5}}{209+19M_g+1.8T}$$

$$x = 3.5+\frac{986}{1.8T}+0.01M_g$$

$$y = 2.4-0.2x$$

$$M_g = 28.97\gamma_g$$

$$\rho_g = 3.4844\frac{\gamma_g p}{ZT}$$

式中　μ_g——天然气黏度，mPa·s；

T——气体温度，K；

M_g——气体相对分子质量；

ρ_g——天然气密度，g/cm³。

4. 天然气的压缩系数

在恒温条件下，单位压力改变引起的单位体积的相对变化率称为天然气的压缩系数，其定义式为

$$C_g = -\frac{1}{V}\left(\frac{\partial V}{\partial p}\right)_T$$

式中　C_g——天然气压缩系数；

V——定质量的气体体积，m³ 或 m³/kmol。

要确定 C_g，必须能够求得 $\left(\frac{\partial V}{\partial p}\right)_T$。对于实际气体，则

$$V = \frac{ZnRT}{p}$$

$$\left(\frac{\partial V}{\partial p}\right)_T = nRT\frac{p\dfrac{\partial Z}{\partial p}-Z}{p^2}$$

$$C_g = -\frac{p}{ZnRT}\frac{nRT}{p^2}\left(p\frac{\partial Z}{\partial p}-Z\right) = \frac{1}{p}-\frac{1}{Z}\frac{\partial Z}{\partial p} = \frac{1}{p_{pc}p_{pr}}-\frac{1}{Zp_{pc}\partial p_{pr}}$$

或写为

$$C_{pr} = C_g p_{pc} = \frac{1}{p_{pr}}-\frac{1}{Z}\frac{\partial Z}{\partial p_{pr}}$$

Matter 等提出的计算 C_{pr} 的相关式为

$$C_{pr} = \frac{1}{p_{pr}}-\frac{0.27}{Z^2 T_{pr}}\left(\frac{\dfrac{\partial Z}{\partial \rho_{pr}}}{\dfrac{1+\rho_{pr}\dfrac{\partial Z}{\partial p_{pr}}}{Z}}\right)$$

$$\frac{\partial Z}{\partial \rho_{pr}} = \left(A_1+\frac{A_2}{T_{pr}}+\frac{A_3}{T_{pr}^3}\right)+2\left(A_4+\frac{A_5}{T_{pr}}\right)\rho_{pr}+5A_5A_6\rho_{pr}^4/T_{pr}$$

$$+\frac{2A_7\rho_{pr}}{T_{pr}^3}(1+A_8\rho_{pr}^2-A_8^2\rho_{pr}^4)e^{-A_8\rho_{pr}^2}$$

式中，$\rho_{pr}=\dfrac{0.27p_{pr}}{ZT_{pr}}$；$A_1=0.31506237$；$A_2=-1.0467099$；$A_3=-0.57832729$；$A_4=0.53530771$；$A_5=-0.61232032$；$A_6=-0.10488813$；$A_7=0.68157001$；$A_8=0.68446549$。

二、地层水的物性参数

地层水的物性参数包括地层水的黏度、地层水的体积系数、地层水的密度、溶解气水比和地层水的压缩系数。

1. 地层水的黏度 μ_w

地层水的黏度与地层压力、地层温度、矿化度和溶解度相关，一般情况下受温度影响较大，几乎与压力无关。矿化度升高时，黏度增大，溶解气水比较小，因此对黏度影响不大。

矿化度较低时，可采用 Beggs 等人提出的相关式计算 μ_w：

$$\mu_w=\exp(1.003-0.01479T+1.982\times10^{-5}T^2)$$

式中　μ_w——地层水黏度，mPa·s；

　　　T——温度，℉。

矿化度较大时，

$$\mu_w=\mu_{w_1}\mu_{w_2}/I$$
$$\mu_{w_1}=58.4+0.00022K_w$$
$$\mu_{w_2}=1+3\times10^{-11}(T-40)p^{1.755}$$

式中　K_w——地层水矿化度，mg/L。

2. 地层水的体积系数 B_w

地层水体积系数 B_w 的定义为：在地层条件下，相同质量水的体积 $V_{地层}$ 与地面标准条件下所占的体积 $V_{地面}$ 之比。

计算 B_w 的相关式为

$$B_w=1.0088-4.4748\times10^{-4}p+6.2666\times10^{-7}p$$

式中，p 的单位为 MPa，T 的单位为℃。也可用密度计算 B_w：

$$B_w=\frac{\rho_{wsc}}{\rho_w}$$

式中　ρ_{wsc}、ρ_w——水在标准条件及地层条件下的密度。

3. 地层水的密度

地层水的密度主要受温度、压力及地层水矿化度的影响，溶解气量可使地面水密度降低，但由于溶解气水比较小，因此影响不大。计算 ρ_w 常用的相关式为

$$\rho_w=\rho_{w_1}/(62.4\rho_{w_2}\rho_{w_3}) \tag{1-4-14}$$

$$\rho_{w_1}=10^{3.05\times10^{-7}K_w+1.745}$$

$$\rho_{w_2}=1-1.063\times10^{-6}T^2-1.87\times10^{-5}T$$

$$\rho_{w_3}=1-2.4\times10^{-6}p-1.4\times10^{-5}T+0.0047$$

式中，压力 p 的单位为 psi；温度 T 的单位是℉。

4. 溶解气水比 R_{sw}

溶解气水比指溶解在水中的气体体积与水的体积（换算到标准条件下）之比，用 R_{sw} 表示。R_{sw} 主要与压力相关，随压力增高而增高；温度的影响较小，一般随温度升高而降低；矿化度越高，溶解度越低。计算 R_{sw} 的相关式为（Dodson）

$$R_{sw} = R'_{sw} F_C \tag{1-4-15}$$

$$R'_{sw} = (0.1032 + 3.44 \times 0.0001 \times |T-180|) p^{0.615}$$

$$F_C = 1 - \left[0.079 - 0.019 \left(\frac{T}{100} \right) \right] \times \frac{K_w}{10000}$$

式中，p 的单位为 psi；T 的单位为 ℉；R_{sw} 较小，一般为 $0.7 \sim 3.56 \mathrm{m^3/m^3}$，约为气油比的 $1/60$。

5. 地层水的压缩系数 C_w

地层水的压缩系数定义为：单位体积地层水在压力改变一个单位时的体积变化率，表示为

$$C_w = -\frac{1}{V_w} \left(\frac{\partial V_m}{\partial p} \right)_T$$

其中，下标 "T" 表示恒温条件下，C_w 受温度、压力及溶解气水比的影响。计算 C_w 的经验相关式为

$$C_w = 1.4504 \times 10^{-4} [A + B(1.8T+32)$$
$$+ C(1.8T+32)^2] (1.0 + 4.9974 \times 10^{-2} R_{sw})$$

$$A = 3.8546 - 1.9435 \times 10^{-2} p$$

$$B = -1.052 \times 10^{-2} + 6.9183 \times 10^{-5} p$$

$$C = 3.9267 \times 10^{-5} - 1.2763 \times 10^{-7} p$$

式中　C_w——水的压缩系数，$\mathrm{MPa^{-1}}$；

　　　T——温度，℃；

　　　p——压力，MPa；

　　　R_{sw}——油解气水比，$\mathrm{m^3/m^3}$。

三、地层油的物性参数计算

石油主要由烷烃（C_nH_{2n+2}）和少量环烷烃（C_nH_{2n}）以及芳香烃（C_nH_{2n-6}）以不同的比例混合而成，分类没有明显的界限。表 1-4-1 是按气油比（GOR）、成分、相对密度，把油藏进行分类。油气有时也根据黏度进行区分，一般情况下，把黏度为 $100 \sim 10000 \mathrm{mPa \cdot s}$，相应密度为 $0.934 \sim 1.0 \mathrm{g/cm^3}$（$\gamma_{API} = 10 \sim 20$）的称为重质油；当黏度大于 $10000 \mathrm{mPa \cdot s}$（密度大于 $1.0 \mathrm{g/cm^3}$）时称为沥青。

与气、水相比，原油的物性由于其组成复杂而导致计算更为复杂。原油的物性参数通常包括原油体积系数（B_o）、原油的黏度（μ_o）、溶解气油比（R_s）、原油密度（ρ_o）、泡点压力（p_b）等。除了原油的成分之外，这些参数主要受温度、压力及天然气的溶解度变化影响。一般情况下，低于泡点压力时，ρ_o、μ_o 随压力升高而降低，而 B_o、GOR（或 R_s）相应逐渐升高，这是天然气的溶解量逐渐增多引起的；压力大于泡点压力时，R_s 保持不变，即所有的气已全部溶解，此时，压力升高，分子距离缩小，ρ_o、μ_o 增大，而 B_o 逐渐减小。

一般情况下，原油的物性参数通常采用地面取样复配方法，通过模拟地层条件下的 PVT 组合进行确定，当不具备取样和 PVT 分析条件时，可以通过目前通用的相关经验公式确定。这些相关经验公式，都是利用已开发油田的取样分析数据，经过比较严格的回归分析建立起来的。

表 1-4-1　储集层烃类的典型成分、相对密度及气油比范围

数值　　　参数 类别	气油比范围 m³/m³	相对密度	典型成分					
			C_1	C_2	C_3	C_4	C_5	C_6
干气	∞（没有液体）	—	0.9	0.05	0.03	0.01	0.01	0.01
湿气	17810	0.70~0.78	—	—	—	—	—	—
凝析气	890~17810	0.70~0.78	0.75	0.08	0.04	0.03	0.02	0.08
挥发油	530 左右	0.78~0.83	0.6~0.65	0.08	0.05	0.04	0.03	0.2~0.15
黑油	18~445	0.83~0.88	0.44	0.04	0.04	0.03	0.03	0.43
重质油	0	0.90~0.93	0.2 以下	0.03	0.02	0.02	0.02	0.75
焦油和沥青	0	1.0 左右	—	—	—	—	—	0.9

　　1. 泡点压力（或饱和压力）p_b

p_b 表示地层条件下原油中的溶解气开始分离出来时的压力。p_b 大小主要取决于油、气组分和地层温度。

1947 年，Standing 利用美国加利福尼亚州 22 个油田 105 个泡点压力数据，建立了 Standing 公式：

$$p_b = 18\left(\frac{R_s}{\gamma_g}\right)^{0.83} \frac{10^{0.00091T}}{10^{0.0125\gamma_{API}}} \tag{1-4-16}$$

式中　p_b——泡点压力，psi；

　　　　R_s——溶解气油比，ft³/bbl；

　　　　T——温度，℉；

　　　　γ_{API}——原油的 API 密度，°API。

式(1-4-16)的适用范围是

$$p_b = 130 \sim 7000\text{psi}$$

$$T = 100 \sim 258℉$$

$$\gamma_{API} = 16.5 \sim 63.8°\text{API}$$

$$\gamma_g = 0.59 \sim 0.95$$

　　2. 溶解气油比 R_s

R_s 指地层条件下换算到标准条件下的溶解气的体积与含有该溶解气的换算到标准条件下的油的体积之比。R_s 的大小取决于地层内的油和气的性质、组分、地层温度及泡点压力的大小。原油密度越低，溶解气量越高。计算 R_s 一般用 Vasquez—Beggs 公式：

$$\begin{cases} R_s = \dfrac{\gamma_{gs}p^{1.0937}}{27.64} \times 10^{11.172A}, \gamma_{API} \leq 30 \\[3mm] R_s = \dfrac{\gamma_{gs}p^{1.187}}{56.06} \times 10^{10.393A}, \gamma_{API} > 30 \end{cases}$$

$$A = \frac{\gamma_{API}}{T+460}$$

式中，p 的单位是 psi；T 的单位是 ℉；R_s 的单位是 ft^3/bbl。

3. 原油的压缩系数 C_o

原油压缩系数 C_o 的定义为：地层条件下，压力变化一个单位时，单位体积原油的体积变化率，表示为

$$C_o = -\frac{1}{V}\frac{dV}{dp}$$

式中　C_o——原油压缩系数；

　　　V——被天然气饱和的原油体积。

地层压力高于泡点压力时，原油的压缩系数为常量，因此

$$\frac{dV}{V} = -C_o dp$$

整理得

$$\frac{V}{V_i} = \exp\left[C_o(p_i-p)\right]$$

式中　V——在压力为 p 时的原油体积；

　　　V_i——在压力为 p_i 时的原油体积；

　　　p_i——原始地层压力；

　　　p——地层压力。

由于 C_o 数值很小，e^x 可近似地取为 $(1+x)$，因此

$$V = V_i\left[1+C_o(p_i-p)\right]$$

常用的确定 C_o 的相关式是 Vazquez—Beggs 于 1980 年根据世界范围内取得的 4036 个 PVT 数据分析取得的，即

$$C_o = \frac{-1433+5R_s+17.2T-1180\gamma_{gs}+12.61\gamma_{API}}{10^5 p}$$

4. 原油的密度 ρ_o

地层中原油的密度是指单位体积内原油的质量。地层原油中溶解有大量的天然气，因此与地面脱气原油密度相比有较大差异。地层条件下，原油密度主要受油气成分、溶解气量及温度、压力大小的影响。由密度定义式得

$$
\begin{aligned}
\rho_o &= \frac{m_{osc}+m_{gsc}}{V} = \frac{m_{osc}+m_{gsc}}{B_o V_{osc}} \\
&= \frac{\rho_{osc}+\rho_{gsc}\dfrac{V_{gsc}}{V_{osc}}}{B_o} = \frac{\rho_{osc}+\gamma_g\rho_{airsc}R_s}{B_o} \\
&= \frac{\dfrac{141.5}{131.5+\gamma_{API}}+0.0012237\gamma_g R_s}{B_o}
\end{aligned}
\qquad (1\text{-}4\text{-}17)
$$

式中　m_{osc}、m_{gsc}——地面标准条件下油、气的质量；

　　　V_{osc}——原油在地面标准条件下的体积；

　　　V_{gsc}——溶解气在标准条件下的体积；

ρ_{osc}——标准条件下，脱气原油的密度；

ρ_{airsc}——空气密度，取为 0.001287g/cm³。

通常用式(1-4-17)计算 ρ_o 值。式中 R_s 的单位为 m³/m³；ρ_o 的单位为 g/cm³。

5. 原油黏度 μ_o

原油的黏度可定义为，原油内部某一部分相对于另一部分流动时摩擦阻力的度量。对于油气运移、聚集和油气田开发，μ_o 都是一个很重要的参数。设面积为 A、间隔为 dy 的两层流体，上层的流动速度为 $v+dv$，下层的速度为 v，由于流体分子间内摩擦阻力的影响，如果在上层与下层之间保持 dv 的速度差，那么上层流体需要作用一个 F 的力。由实验得到下列关系

$$\frac{F}{A} = \mu \frac{dv}{dy}$$

式中 μ——比例常数，称为黏度。

为确定黏度的单位，上式可改为

$$\mu = \frac{F/A}{dv/dy}$$

如果剪切应力 F/A 的单位为 mN/m²，剪切速度 dv/dy 的单位取为 m·s⁻¹·m⁻¹，则黏度 μ 的单位应为 mN·s/m²。由于 1N/m² = 1Pa，因此黏度的单位即为 Pa·s，常用 mPa·s。

地层原油黏度随温度和溶解气的升高而降低。在泡点压力以上时，因受压缩的影响，分子距离减小，作用力增大，因此黏度随压力的升高而增加；在泡点压力以下时，随压力升高，溶解气量增大，因此分子距离增大，作用力减小，因此黏度随压力的升高而减小。目前计算原油黏度的常用公式，是 Beggs 和 Robinson 于 1975 年利用美国岩心公司取样分析的 600 个原油系统的 460 个脱气原油黏度数据和 2073 个地层原油数据建立的，关系式如下：

当 $p \leqslant p_b$ 时，有 $\qquad\qquad\qquad \mu_o = A\mu_{od}^B$ $\qquad\qquad\qquad$ (1-4-18)

$$\mu_{od} = 10^x - 1$$

其中 $\qquad\qquad\qquad\qquad x = yT^{-1.163}$

$$y = 10^Z$$

$$Z = 3.0324 - 0.02023API$$

$$A = 10.715(R_s + 100)^{-0.515}$$

$$B = 5.44(R_s + 150)^{-0.338}$$

当 $p > p_b$ 时（Beggs—Vasquez，1976），有

$$\mu_o = \mu_{ob}\left(\frac{p}{p_b}\right)^m \qquad\qquad\qquad (1-4-19)$$

$$m = 2.6p^{1.187} \times 10^{-0.039 \times 10^{-3}p - 5}$$

式中，μ_{od} 是地层温度下脱气原油的黏度，用 $p \leqslant p_b$ 时的公式确定；T 的单位为 ℉；R_s 的单位为 ft³/bbl；p 的单位用 psi。

这一方法的适用范围是 $R_s = 3.56 \sim 368.67$m³/m³；$p = 0.1013 \sim 36.30$MPa；$T = 21.13 \sim 146.23$℃；$\gamma_o = 0.7467 \sim 0.9593$。

6. 原油地层体积系数 B_o

原油地层体积系数 B_o 指地层温度和压力下，溶解了气的质量已知的油的体积 V 与标准条件下相同质量油的体积 V_s 之比。在现场应用中，B_o 通常与流量相关，因此

$$B_o = \frac{q_{owf}}{q_{osc}}$$

式中　q_{owf}、q_{osc}——地层条件下的流量与标准条件下的流量。

前边的 B_g 和 B_w 实际应用中也可采用这种方式，利用这种表示方式可以将生产测井中遇到的井口油、气、水产量换算到井下。随着压力增大，B_o 随着溶解气量的增多从 1.0 开始逐渐增大，当 $p = p_b$ 时，达到最大；随后压力增大时，B_o 由于原油受到压缩而减小。

原油的地层体积系数 B_o，是压力、温度、溶解气量、原油及天然气成分和相应泡点压力的函数。当压力大于泡点压力 p_b 时，原油处于受压缩状态，根据前述原油压缩系数的定义可得

$$V = V_{ob} \exp[C_o(p_{ob}-p)]$$

两边同除标准条件下原油的体积 V_{sc} 得

$$\begin{aligned} B_o &= B_{ob} \exp[C_o(p_{ob}-p)] \\ &= B_{ob}[1-C_o(p-p_b)] \end{aligned} \tag{1-4-20}$$

式中　V、V_{ob}——原油在地层压力及泡点压力下的体积；

　　　B_o、B_{ob}——原油在地层压力和泡点压力下的地层体积系数。

式（1-4-20）即为计算 $p \geqslant p_b$ 时地层体积系数的公式，其中 B_{ob} 通常采用 Standing 公式计算。

Standing 在 1947 年对 105 个样品数据进行分析计算，得出以下相关式：

$$B_{ob} = 0.972 + 0.000147 F^{1.175} \tag{1-4-21}$$

其中

$$F = R_s \left(\frac{\gamma_g}{\gamma_o}\right)^{0.5} + 1.25T$$

式中，R_s 的单位为 ft^3/bbl；T 的单位为 $^\circ F$；γ_g、γ_o 分别为气、油的相对密度。该式的算术平均误差为 1.17%。

7. 总体积系数 B_t

总体积系数也叫两相体积系数，它的定义是：地层压力低于泡点压力条件下，地层油和气体体积与标准条件下油的体积系数之比，即

$$\begin{aligned} B_t &= \frac{V_{owf} + (R_{sb}-R_s)V_{osc}B_g}{V_{osc}} \\ &= B_o + B_g(R_{sb}-R_s) \end{aligned}$$

式中　B_o——在地层压力下油的地层体积系数；

　　　R_{sb}——泡点压力下的溶解气油比；

　　　V_{osc}、V_{owf}——标准条件和地层条件下油的体积。

Glaso 在 1980 年发表计算 B_{ob} 公式的同时，也给出了计算 B_t 的公式：

$$B_t = 10^x$$

$$x = 8.0135 \times 10^{-2} + 4.7257 \times 10^{-1} \lg B_t' + 1.7351 \times 10^{-1} (\lg B_t')^2$$

$$B'_t = R_s \left(\frac{T^{0.5}}{\gamma_g^{0.3}} \right) p^{-1.1089} \gamma_o^{2.9y}$$

$$y = -0.00027/R_s$$

这一公式与 Glaso 计算 B_{ob} 的公式的使用范围相同。

课后习题

1. 一个油田的正规开发可分为哪几个阶段？各阶段的主要任务是什么？

2. 开发方针的制订应考虑哪几个方面的关系？

3. 划分开发层系应遵循哪些主要原则？

4. 砂岩油田采取哪些注水方式进行注水开发？

5. 油田开发调整主要包括哪些方面的内容？生产测井技术在开发调整中的主要作用是什么？

6. 达西渗流和非达西渗流的本质区别是什么？

7. 试推导油藏单相流动完全径向流动方程。该方程说明了什么问题？

8. 何为层流和紊流？它们的主要区别是什么？

9. 速度剖面校正系数的定义是什么？哪些因素影响速度剖面校正系数的大小？

10. 何为入口效应？因为入口效应，在生产测井中应注意哪些问题？

11. 根据流体连续性方程，油气井储集层的各相流体产量和井筒中的各相流体流量是什么关系？

12. 流体相速度（或表观速度）的含义是什么？它与流体平均速度有何关系？

13. 解释持水率和含水率。以气水两相为例，推导含水率与持水率的关系。

14. 何为流型？对于气液流动，其典型流型有哪些？根据 Duns-Ros 流型图，当油井产量较低、含水较高时，井下流体一般表现为什么流型？

15. 试写出油水两相流动滑脱模型的表达式并推导之。

16. 决定流体饱和压力大小的因素有哪些？

17. 简述溶解气油比、井下原油密度和原油体积系数的相互关系。

18. 决定天然气的体积系数大小的因素有哪些？

19. 已知某生产井地面产油 $50m^3/d$、产水 $100m^3/d$、产气 $10000m^3/d$，若溶解气油比为 $150m^3/m^3$，溶解气水比为 $20m^3/m^3$，气体的体积系数为 $1/200$，试问井下有无游离气，若有，气流量为多少？

20. 已知地面油气水产量分别为 $50m^3/d$、$10000m^3/d$、$50m^3/d$，井下井筒中产油气水流量分别为 $75m^3/d$、$5m^3/d$、$50m^3/d$，地面空气密度为 $0.001223g/cm^3$，天然气相对密度为 0.75，溶解气水比为 $20m^3/m^3$，气的体积系数为 $1/300$，地面原油密度为 $0.85g/cm^3$，试求井下原油密度。

21. 已知某生产井井下为油、水两相流动，1、2 号解释层间夹有一射孔层，1 号层的总流量为 $250m^3/d$，含水率为 58%，2 号层的油相流量为 $42m^3/d$，含油率为 38%，若套管内径为 $12.46cm$，试求 1、2 号层的平均流速及油水表观速度。

参 考 文 献

［1］ 秦同洛，等.实用油藏工程方法.北京：石油工业出版社，1989

［2］ 陈钦雷，等.油田开发设计与分析基础.北京：石油工业出版社，1982

［3］ Govier G W，Aziz K. The flow of complex mixtures in pipes. New York：Van nostrand rein-
hold company，1972

［4］ 王鸿勋，张琪.采油工艺原理.北京：石油工业出版社，1981

［5］ 陈元千.现代油藏工程.北京：石油工业出版社，2001

第二章
井下流量测井

井下流量测井用于测量井底各射孔层内的流体总产出或注入量，这些流体是油、气、水单相或者是其中的两相、三相混合物。在注入井中，井下流量测井用于测量注入水、蒸汽或注入聚合物的量和去向——注入剖面。根据流量测量范围和测量方式，测量流量的仪器包括涡轮流量计、示踪流量计，此外还有新近研制的水流量测井仪（WFL）和声波流量计等。本章就这些仪器的测量原理、测量方法及资料分析方法予以讨论。

第一节　涡轮流量计

20 世纪 40—50 年代，地面流体计量技术被引入到井底测量流动剖面。涡轮流量计是一种速度式流量计，它利用悬置于流体中带叶片的涡轮或叶轮感受流体的平均流速而推导出被测流体的瞬时流量和累积流量。涡轮流量计是 20 世纪 50 年代研制发展起来的一种速度式流量计，主要特点是：（1）精度高，单相误差为 0.2%~0.5%；（2）量程宽，最高流量与最低流量比约为 10∶1；（3）耐高温高压，耐酸碱腐蚀；（4）重复性能好。由于这些特点，涡轮流量计被广泛地应用于工业生产的各部门，其不足之处是特性和测量准确度受被测流体的黏度、密度影响较大。

一、涡轮流量计的分类

生产测井中根据测量方式和测量范围，将涡轮流量计分为连续流量计和集流式流量计。连续流量计包括普通连续流量计和全井眼流量计；集流式流量计包括全集流流量计和半集流流量计两种。

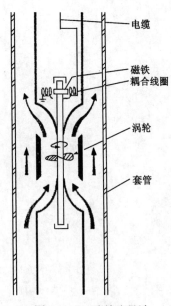

连续流量计可从油管（自喷井）或油套环形空间中（抽油井）下入目的层段进行测量，如图 2-1-1 所示。涡轮由两个低摩阻的枢轴支撑，涡轮上装有一块很小的磁铁，流体使涡轮转动时，附近的耦合线圈中便产生交流信号，这些信号通过电缆传送到地面，地面仪器可以记录脉冲频率，得到涡轮每秒钟的转数（n），单位为 r/s。连续流量计可以顺着流体或逆着流体进行连续或定点测量，仪器外径一般为 1.6875in（自喷井）或 1in（抽油井）。

全井眼流量计与普通连续流量计不同的是它有可以伸缩的涡轮叶片，下放时，涡轮叶片收缩；到达套管下部的目的测量井段时，叶片可以张开，如图 2-1-2 所示。全井眼流量计的叶片可以覆盖 60% 左右的套管截面，因此可以有效校正多相流动中油、气、水速度剖面分布不均的影响。

连续流量计适用于中、高产井，对低产井应采用集流式

图 2-1-1　连续流量计

图中标注：电缆、磁铁、耦合线圈、涡轮、套管

流量计，这是由于流量低时，流体除了冲击叶片之外，另一部分没有对响应作出贡献。

集流式流量计如图 2-1-3 所示，测量时封隔器皮囊将套管套面封堵，迫使流体进入集流通道。根据连续性方程及质量守恒定律，设集流前后的流速分别为 v_2、v_1，套管套面为 A_1，集流通道的套面为 A_2，流体密度在集流前后分别为 ρ_1、ρ_2，则

$$\rho_1 A_1 v_1 = \rho_2 A_2 v_2$$

若 $\rho_1 \approx \rho_2$，则

$$v_2 = \frac{A_1}{A_2} v_1$$

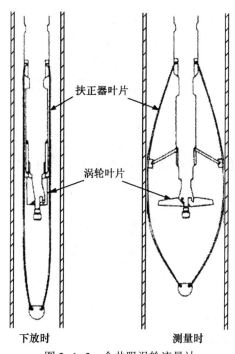

图 2-1-2 全井眼涡轮流量计

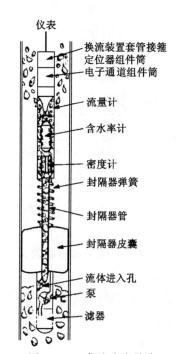

图 2-1-3 集流式流量计

由于 $A_1 \gg A_2$，因此，$v_2 \gg v_1$，因此在低流量层段采用集流式流量计，可以较为有效地消除黏度变化的影响，提高测量精确度。图 2-1-3 中的集流器皮囊是由橡胶制成的，下井时很容易损坏；另外，封隔器内充满的流体来自井下，若封隔器充液泵出现故障，容易发生漏失现象。由于这些原因，斯伦贝谢公司研制了一种新的封隔式流量计，叫可膨胀集流式流量计，如图 2-1-4 所示。这种流量计使用带有可膨胀环的橡胶集流装置，集流器装在金属罩中，仪器下井时金属罩关闭，对集流器起保护作用，金属罩打开时，它使仪器居中并使集流器张开，同时，仪器自带的液体由泵压入可膨胀环，使仪器与套管间密封。该仪器适用于中低生产井，最高适用产量可达 $470 \mathrm{m^3/d}$。

国内目前采用的集流式流量计通常在封隔器上开 2~4 个直径为 0.55cm 的圆孔，以便提高流量测量范围及降低集流前后的压差。为了与以上所述的全集流流量计区别，这种仪器称为半集流流量计。由于集流式流量计的特点，这种流量计只能定点测量。

二、涡轮流量计的工作原理

无论是连续流量计还是集流式流量计，其基本测量元件都是涡轮，因此基本响应原理

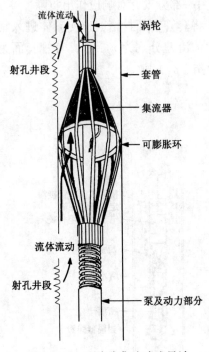

流体流动

射孔井段

流体流动

射孔井段

涡轮

套管

集流器

可膨胀环

泵及动力部分

图 2-1-4　可膨胀集流式流量计

相似。涡轮流量计是应用流体动量矩原理实现流量测量的。由动量矩定理可知，当涡轮旋转时，它的运动方程为

$$J\frac{\mathrm{d}\omega}{\mathrm{d}t} = T - \sum T_i \qquad (2\text{-}1\text{-}1)$$

式中　J——涡轮的转动惯量；

$\dfrac{\mathrm{d}\omega}{\mathrm{d}t}$——涡轮旋转角加速度；

T——推动涡轮旋转的力矩，即驱动力矩；

$\sum T_i$——阻碍涡轮旋转的各种阻力矩。

涡轮启动后，管内流体的流量不随时间变化，即作定量流动，涡轮以稳定的角速度旋转，此时

$$\frac{\mathrm{d}\omega}{\mathrm{d}t} = 0 \qquad (2\text{-}1\text{-}2)$$

因此式（2-1-1）变为　$T = \sum T_i$ 　　（2-1-3）

因此稳定流动时，驱动力矩与各种阻力矩相平衡。

三、Leach 响应方程

Leach 等人在 1974 年提出了涡轮的响应方程，主要考虑了机械摩擦，没有将流动分为层流和紊流。为了对比起见，下面介绍 Leach 提出的涡轮响应方程。

当只存在机械摩擦时，响应方程为

$$n = \frac{\tan\theta}{2\pi r}v_a - \frac{T_2}{4\pi^2 \rho v_a r^3 h} \qquad (2\text{-}1\text{-}4)$$

式中　h——叶片厚度。

当只存在黏性摩擦时，响应方程为

$$n = \frac{\tan\theta}{2\pi r}v_a - \frac{K_D}{4\pi} \qquad (2\text{-}1\text{-}5)$$

式中　K_D——拖曳因子。

当叶片雷诺数小于 5×10^5 时，拖曳因子为

$$K_D = \frac{G}{\sqrt{Rel}} = G\sqrt{\frac{\mu}{\rho v_a l}} \qquad (2\text{-}1\text{-}6)$$

式中　Re——叶片雷诺数；

G——常数；

l——叶片长度。

将式（2-1-6）代入式（2-1-5），得到只存在黏性摩擦时的涡轮响应方程：

$$n = \frac{\tan\theta}{2\pi r}v_a - \frac{G}{4\pi}\sqrt{\frac{\mu}{\rho v_a l}} \qquad (2\text{-}1\text{-}7)$$

图 2-1-5 比较了理想状态（$v_t = 0$）和具有机械摩擦和黏度以及机械影响的响应情况。由

图可知，低流速时，机械摩阻和黏性摩阻共同影响响应；当流速增大到一定程度时，机械摩阻几乎不影响响应曲线，而黏性摩阻起主导作用。这与上文的结论相同。

四、集流式流量计的测井响应

集流式流量计适用于中低产自喷井和抽油机井。抽油机井中，仪器外径为 1in，从油管和套管间的环形空间中下入井底，一般情况下油管外径为 2.5in，套管内径为 5in，环空的最大直径为 2.5in。自喷井中，仪器从油管下入井底，仪器外径为 1.8~1.9in。集流式流量计只能定点测量，定点的位置在射孔层上下。在斜井中通常也采用集流式流量计，可以避免多相流中各相的分离，由于集流式流量计的集流作用，它在低流速中的响应比连续流量计要好得多。

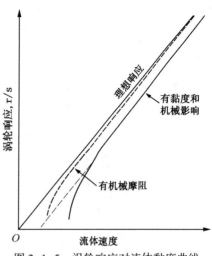

图 2-1-5 涡轮响应对流体黏度曲线

1. 测量过程

仪器下入油管下的目的层段时，通过地面控制，流量计停在预定深度上，打开电动机，使集流器张开将套管封闭，封闭后从地面监测屏看到的计数率明显比集流前要高得多，以此可以判断集流器（或集流伞）是否打开并估算打开程度。集流器打开后，井筒流体集流通过涡轮，然后又回到井筒中。涡轮转速在地面以 r/s 为单位记录，每次记录时仪器都准确地定位在测量深度上。单相流中，每次测量典型的记录时间约为 1min；在多相流动中，为了取得可靠的涡轮转速平均值，一般需要几分钟以上。

生产井中，通常将仪器下到最深的测点上，一次测量完成后，集流器关闭；进入第二个测点，然后再打开测量，依次完成所有测量。最后关闭集流器，将仪器收回到地面。通常，流量计与其他生产测井仪器组成一个仪器串（含水率计、密度计、温度计、压力计、连续流量计、磁定位、自然伽马）。如果仪器串中的其他仪器需要连续测量，这时集流式流量计应关闭。

集流式流量计在一个点上测量的是其下边各层对总产量的总贡献。对整个测量点进行处理，可以得到各射孔层的产出量。

图 2-1-6 是 Atlas 公司研制的集流式流量计（篮式流量计）在自喷井的测量结果。该井有 4 个射孔井段，用圆圈表示。记录涡轮转速的位置选在两个射孔层间，涡轮转速曲线

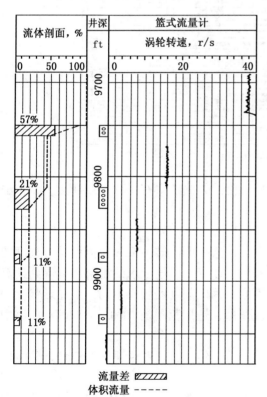

图 2-1-6 篮式流量计的测量结果

在测井图的右边。对于每个射孔层，上边的涡轮转速值高于下边的涡轮转速值，说明每个射孔层对总产量都有贡献。利用刻度曲线，每次记录的涡轮转速可转换成体积流量。图 2-1-6 中，体积流量用虚线表示，表示各测量层流量占总流量的百分比。图中阴影方块显示出相应的射孔层段对产量的贡献百分比。

抽油井中，由于抽油机冲程对流量计的影响，涡轮转速的值是波动的，如图 2-1-7 所示。振荡曲线的周期与抽油泵的一个冲次的时间相吻合，波峰在上冲程出现。

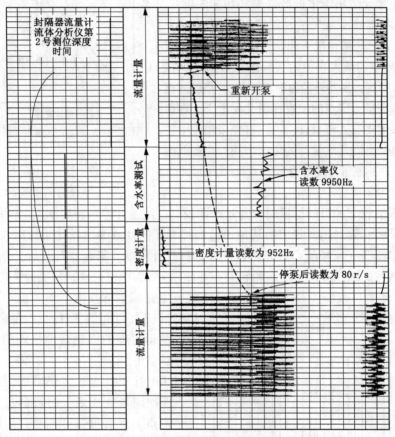

图 2-1-7　抽油井中的涡轮响应

由于涡轮转速曲线的振荡，读取涡轮转速平均值的方法主要有 3 种：停抽法、面积法和计数法。

2. 集流式流量计的刻度图版

把集流式流量计测得的涡轮转速值（或频率、计数率值）转换成体积流量是由刻度图版完成的。把流量计和其他仪器下入地面模拟井中，改变油、气、水的流量即可得到集流式流量计的刻度图版。由于不同流量计的结构不同，因此刻度图版也不同，但在形状上相似。图 2-1-8 是半集流流量计在高流量时的刻度图版，适用范围是 1000~4000bbl/d。图中曲线向下弯曲是由流体漏失引起的。

图 2-1-8 是篮式流量计在 4.5in 套管中实验的响应情况，该图说明篮式流量计的响应在较高流量时不依赖倾角及含水率的变化。

由于集流式流量计测量过程中，在集流伞上下形成了一个压力差，该压力差可以用第一章

中的式(1-3-112) 描述为

$$\frac{\mathrm{d}p}{\mathrm{d}Z}=\rho_{m}g+\frac{f_{m}v_{m}^{2}\rho_{m}}{2D}+\rho_{m}v_{m}\frac{\mathrm{d}v_{m}}{\mathrm{d}Z}$$

$$(2-1-8)$$

当 $\mathrm{d}p/\mathrm{d}Z$ 大于一定值后,仪器
将不能正常工作,此时的流量即为
集流式流量计的工作上限。斯伦贝
谢公司生产的 ICT 型集流式流量计
集流前的压力差变化的实验结果见
表 2-1-1。当压力降落大于伞的强
度及仪器所受重力时,仪器则不能
正常工作,此时的流量即为工作
上限。

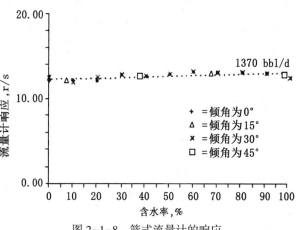

图 2-1-8 篮式流量计的响应

表 2-1-1 封隔器测试仪性能

仪表	封隔器外直径 in (mm)	最高温度/压力	皮囊直径 in	仪表质量 lb (kg)	涡轮外直径 mm	最小流量		流体黏度 mPa·s	最大流量		平均压降
						bbl/d	L/h		L/h	bbl/d	
ICT-B (封隔器流量计)	$1\frac{11}{16}$ (43)	284℉ (140℃) 10000psi (700kg/cm²)	$3\frac{5}{7}$ $9\frac{5}{8}$	70 (31.8)	19.5	10	60	1 60	600 400	4000 2600	5.6psi (0.4kg/cm²)
					27	20	200	1 60	600 400	4000 2600	5.6psi (0.4kg/cm²)
ICT-G (封隔器流量计)	$2\frac{1}{8}$ (54)	284℉ (140℃) 10000psi (700kg/cm²)	$5\frac{7}{9}\frac{5}{8}$	80 (36.4)	27	20	130	1 60	1600 1100	10500 7500	5.0psi (0.35kg/cm²)
					37	30	200	1 60	1900 1400	12000 9000	5.0psi (0.75kg/cm²)
ICT-J (封隔器流量计+流体分析仪)	$1\frac{11}{16}$ (43)	284℉ (140℃) 10000psi (700kg/cm²)	$3\frac{5}{7}$ $9\frac{5}{8}$	102 (46.3)	19.5	10	60	1 60	500 320	3400 1500	9.3psi (0.65kg/cm²)
					27	20	200	1 60	500 320	3400 1500	9.3psi (0.65kg/cm²)
ICT-K (封隔器流量计+流体分析仪)	$2\frac{1}{8}$ (54)	284℉ (140℃) 10000psi (700kg/cm²)	$5\frac{7}{9}\frac{5}{8}$	115 (52.2)	27	20	130	1 60	1000 600	6700 4000	8.5psi (0.59kg/cm²)
					37	30	200	1 60	1000 600	6700 4000	8.5psi (0.59kg/cm²)

上文给出了集流式流量计在中、高流量时的响应分析,在刻度图版低流量情况下,涡轮的非线性响应居主导作用,具体体现在含水率不同时(黏度不同),涡轮转速曲线呈非线性变化。图 2-1-9 是斯伦贝谢公司生产的集流式流量计在低产油水两相流动中的刻度图版,直线响应为导流式流量计,下部曲线为非导流型,该图版是在内径为 6in 套管内制作的。由图可见,在 0~650bbl/d 的流量范围内,非导流型涡轮呈非线性响应,在同一流量下,含水率越高,转速值越大,这是油水混合黏度及密度影响的结果。

图 2-1-10 是外径为 1in 适用于抽油机井的集流式流量计的刻度图版,由长江大学与华

北油田合作完成。该图版在内径为 5in 的模拟井上完成，其中油用密度为 0.825g/cm³ 的柴油模拟，自下而上含水率依次为 10%、50%、98%。由图可知，当流量低于 40m³/d 时，涡轮呈非线性响应。确定总流量时，应首先估算流体的含水率。当油、水相存在气体时，涡轮流量计的响应进一步复杂。

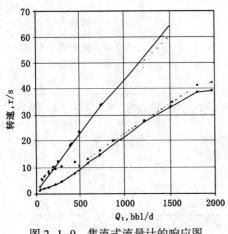

图 2-1-9　集流式流量计的响应图

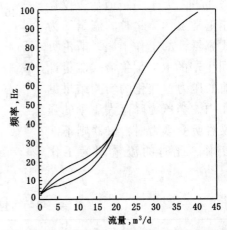

图 2-1-10　流量计频率与流量及含水率关系图版

五、油气水多相流动模拟装置

流量计的刻度图一般都是在地面模拟井中完成的。模拟井装置一般都是由稳压装置、模拟井筒（测试管）、流量控制及回收分离器部分组成，可以进行变角度、两相和三相流动参数模拟，对流量计、密度计、持水率计进行标定，制作单相、两相、三相流动解释图版。

图 2-1-11 是 Atlas 公司的多相流动模拟井装置，模拟井装置有 3 个相连的分离罐，总容量为 56.78m³，其中一半是水，另一半是煤油，煤油与井下原油的性质相近，实验时用

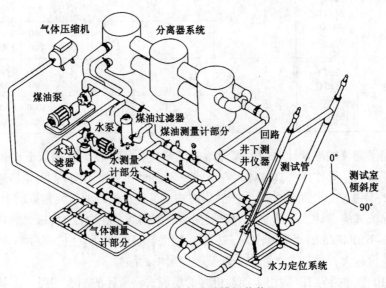

图 2-1-11　多相流动模拟井装置

煤油模拟原油。油、气、水取自离返回入口最远的一个罐，以便得到最大的分离时间。用泵从顶部抽油，从底部抽水。流体由泵输出，泵的最高流量可达 $5m^3/min$，泵压为 $0.1MPa$。每一种流体由流量计计量，然后进入模拟井筒（测试管），模拟井筒由 9m 长的两段管子组成（U 形），流体能够向上通过任一管子。通过改变管子底部的接头连接器可以改变井筒的倾角，调节范围为 $0° \sim 90°$，管子直径的变化范围为 $2.5 \sim 10in$。给定的油、气、水流量由自动气体控制阀系统控制。实验过程中，要对采样点层段的压力和温度及时进行监测，控制和监测工作由计算机完成。

在模拟井筒中可开展的实验工作可归纳为以下几个方面：（1）标定各种仪器，包括流量计、密度计、持水率计；（2）制作单相和多相流动解释图版；（3）流型观察及实验研究。

实验的已知参数包括油气水流量、含量、密度和表面张力系数，输出参数取决于实验目的。一般来说，实验步骤可归纳为以下 4 步：

（1）下入所要标定的仪器，通常为流量计、持水率计和密度计。考虑仪器长度的影响，模拟井筒较短的井一次只能下入一支或两支仪器。要测取多个参数时，可分次进行，此时，油、气、水的流量应保持不变。

（2）改变油、气、水的流量。改变范围取决于实验目的，如高含水模拟或低含水模拟等。

（3）待改变后的油、气、水流量达到稳定时，记录仪器的响应值和流型。

（4）重复下一个测量，直到满足实验要求为止。

第二节　连续流量计

在注水井中，连续流量计主要用于确定笼统注水时的吸水剖面，在中、高产生产井中确定分层总流量。连续流量计测量时，以一定的电缆速度向上或向下穿过射孔层段，也可进行定点测量。

一、连续流量计的静态响应

静态响应指电缆速度为零时随流量变化的情况。此时，响应应满足

$$n = K(v_a - v_{t1}) \tag{2-2-1}$$

其中，v_a 指冲击叶片的速度，居中测量时代表套管中部的流速。而对于集流式流量计来说，v_a 是所有流体通过集流通道的总平均流速（速度校正系数为 1.0）。图 2-2-1 是哈里伯顿公司生产的高灵敏度流量计的静态响应曲线，在水中的响应曲线的斜率为 $0.04(r/s)/(ft/min)$，启动速度 v_t 为 $3.5ft/min$；在气中响应线的斜率为 $0.025(r/s)/(ft/min)$，启动速度为 $50ft/min$。由此可知，由于气体的密度远小于水的密度，同时又由于流体的旁通作用，因此连续流量计在气体中的启动速度远大于在水中的情况，这也可以用下式解释：

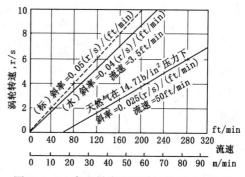

图 2-2-1　高灵敏度流量计的静态响应曲线

$$v_{\min} = \frac{Q_{\min}}{A} \sqrt{\frac{T_2}{rC_1 \tan\theta A\rho}} \qquad\qquad (2-2-2)$$

式（2-2-2）说明，ρ 越小，$v_{\min}$ 越大，由于 A 是叶片所占的面积，因此对连续流量计来说，由于流体旁通的存在，气、水的启动速度均大于集流式流量计响应情况。

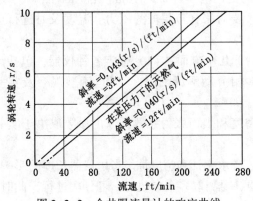

图 2-2-2　全井眼流量计的响应曲线

图 2-2-2 是全井眼流量计在水和气中的响应情况，由于全井眼流量计的叶片展开后，可覆盖 60% 左右的套管截面，因此式（2-2-2）中的 A 值增大，旁通影响减小，启动速度降低，此时在水中的斜率为 $0.043(r/s)/(ft/min)$，启动速度为 3ft/min；在气中的斜率为 $0.04(r/s)/(ft/min)$，启动速度降低为 12ft/min。

由图 2-2-1、图 2-2-2 及式（2-2-2）可知，对于气水两相流动，其密度介于气的密度和水的密度之间，因此响应线的斜率及启动速度也应介于二者之间。

二、连续流量计的动态响应

连续流量计测井时，仪器从油管中下入井底射孔层段，在抽油机井中从油套环形空间中下入。在射孔层段中以不同的电缆速度进行上测和下测，即可得到涡轮转速响应曲线。此时对涡轮转速有贡献的除了流体流速之外，还有电缆的上提和下放测速。为了取得流体速度，必须对电缆速度的影响进行校正。

1. 单相流动测量

单相流动测量通常指在注水井或油水两相中有一相含量很低的井中所进行的测井。图 2-2-3 是一口注水井中上测的一条测井曲线，该井有 3 个注水射孔层，跨过射孔层涡轮转速曲线的变化幅度反映了该吸水层吸水量的大小。定性看，1 号层吸水量最多，3 号层次之，2 号层吸水量最少。在全流量层（最上面一射孔层上部），通过零流量层（最下面一射孔层下部）涡轮转速曲线的延长虚线任意作一条直线，并从 0%~100% 作刻度，可以得到各稳定解释层段的流量百分比（表 2-2-1）。

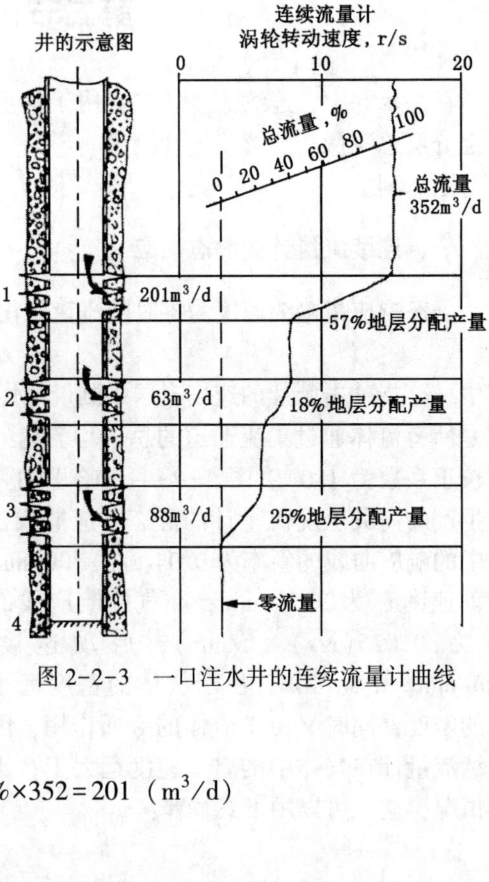

图 2-2-3　一口注水井的连续流量计曲线

由表 2-2-1 可以得到 1、2、3 号射孔层的注水量：

1 号层：　　　　（100%-43%）×352＝57%×352＝201（m³/d）

2 号层： $(43\%-25\%)\times352=18\%\times352=63$ （m^3/d）

3 号层： $(25\%-0\%)\times352=25\%\times352=88$ （m^3/d）

表 2-2-1　解释层段流量计算结果

解释层	全流量层（1 号层上）	1~2 号层间	2~3 号层间	零流量层（3 号层下）
流量百分比	100%	43%	25%	0%

上述分析过程可以通过对式(2-2-1) 的剖析进一步证明。考虑电缆速度 v_1 的影响，此时仪器相对于流体的速度为 v_1+v_a，于是

$$n=K(v_a+v_1-v_{t1})$$ （2-2-3）

由于水的黏度、密度不发生变化，因此 v_{t1}、K 不发生变化。在零流量层，$v_a=0$，$n=n_0$；在全流量层，$n=n_{100}$，$v_a=v_{100}$，则可得

$$n_{100}-n_0=Kv_{a100}$$ （2-2-4）

$$n-n_0=Kv_a$$ （2-2-5）

对于介于零流量层和全流量层之间的解释层，其占全流量层的流量百分比 Q_i 表示为

$$Q_i=\frac{Q}{Q_{100}}=\frac{Av_aC_v}{Av_{a100}C_{v100}}\times100\%$$ （2-2-6）

式中　Q、Q_{100}——解释层、全流量层水的流量；

　　　C_v、C_{v100}——解释层、全流量层流量计的速度剖面校正系数（层流中 $C_v=0.5$，紊流时 $C_v=0.82$）。

由于在单相流动中 $C_v\approx C_{v100}$，因此

$$Q_i=\frac{v_a}{v_{a100}}\times100\%=\frac{n-n_0}{n_{100}-n_0}\times100\%$$ （2-2-7）

式(2-2-7) 即为图 2-2-2 进行刻度的理论依据。通过这一方法，可以对电缆速度 v_1 进行有效校正。这一方法通常被称为一次测量解释法。

上面介绍了注水井上测时连续性涡轮流量计的响应规律，即仪器测量方向与流动速度相反。下面分析仪器测量方向与流动速度相同时的情况，注水井中的下测及生产井中的上测即属这一情形，此时式(2-2-1) 变为

$$n=K(v_a-v_1-v_{t1})$$ （2-2-8）

由于 v_a 与 v_1 同向，根据 v_a、v_1 的数值大小，此时的 n 响应分 3 种情况：

（1）当 $v_a>v_1+v_{t1}$ 时，涡轮正转，n 在数值上为正值。

（2）当 $v_a=v_1+v_{t1}$ 时，涡轮不转，n 在数值上为零。

（3）当 $v_1>v_a+v_{t1}$ 时，涡轮反转，n 在数值上为负值。

这 3 种情况表示为

$$\begin{cases} n=K(v_a-v_1-v_{t1}) & （正转，此时 v_a>v_1+v_{t1}）\\ n=0 & （不转，此时 v_a=v_1+v_{t1}）\\ n=K(v_1-v_a-v_{t1}) & （反转，此时 v_1>v_a+v_{t1}） \end{cases}$$ （2-2-9）

由于涡轮的结构是非对称的，当涡轮反转时，严格地讲 K、v_{t1} 与正转时有差异。由于涡轮的非对称性，式(2-2-8) 中的 K、v_{t1} 上测与下测时不相同，但差别不大。

在某水井中用全井眼流量计进行测井，分别进行了 3 次上测和 3 次下测，将地层分为 A、

B、C、D4 个解释层段，C 段和 D 段的上测线上发生了反转，转速为负值，4 个解释层段的转速值列于表 2-2-2 中。单相流动中，密度、黏度不发生变化，因此，转速曲线比较稳定。

表 2-2-2 测量数据

测速与方向	涡轮速度，r/s			
	A	B	C	D
下测 115ft/min	20.15	14.60	9.20	5.10
下测 82ft/min	18.50	13.00	8.35	3.50
下测 50ft/min	17.20	11.60	5.40	2.10
点测读数	14.65	9.65	3.15	—
上测 32ft/min	13.30	8.30	1.85	−1.05
上测 80ft/min	11.50	6.30	—	−3.05
上测 110ft/min	9.85	4.75	—	−4.60

2. 多相流动测量

多相流动中，油、气、水的密度和黏度随相应含量的变化而变化，因此，转速与 v_a 的相关关系比在单相流动中的响应要复杂，具体表现在转速曲线呈波动状，由于流型变化，转速呈非稳态响应。此时由于含量及流型影响，全流量层、零流量层及其他各层的黏度、密度不同，因此不能用式（2-2-7）计算各层的产出量。除了流量对转速贡献之外，黏度也对转速响应作了贡献，且各层黏度的贡献不同。在这一情况下，只能根据转速曲线通过射孔层前后的幅度变化定性判断各层的产出量。

3. 涡轮流量计测井曲线的定量分析

由式（2-2-3）及上述分析可知，对转速的贡献主要来自 4 个方面，一是流体视流速 v_a；二是电缆速度；三是电缆速度的方向；四是黏度变化。为了从涡轮响应中提取出 v_a 信息，必须对其他 3 个因素作出校正。

令 $b_d = K(v_a - v_{t1})$，则式（2-2-3）变为

$$n_1 = K v_{l1} + b_d \qquad (2-2-10)$$

涡轮反转时 $(v_1 > v_a - v_{t1})$，考虑仪器非对称性，令 $K' = K$，$v'_{t1} = v_{t1}$，则式（2-2-8）在第三种情况下的表达式可改写为

$$n_2 = K v_{l2} + b_d \qquad (2-2-11)$$

式（2-2-10）与式（2-2-11）联立即可求得 K、b_d 值，b_d 确定后，可求得

$$v_a = \frac{b_d}{K} + v_{t1} \qquad (2-2-12)$$

或

$$v_a = -\frac{b_u}{K'} - v'_{t1} \qquad (2-2-13)$$

由于黏度及上、下测涡轮非对称性影响，实际应用中，为了提高求解精度，常采用至少 6 次以上不同的电缆速度进行上测和下测，然后采用最小二乘法确定 K、K'、b_d、b_u，此时

$$K = \frac{N \sum v_{li} n_i - \sum v_{li} \sum n_i}{N \sum v_{li}^2 - (\sum v_{li})^2} \qquad (2-2-14)$$

$$b_d = \frac{\sum v_{li}(\sum v_{li} n_i) - (\sum n_i) \sum v_{li}^2}{(\sum v_{li})^2 - N \sum v_{li}^2} \qquad (2-2-15)$$

式中　N——下测次数或上测次数。

这一方法在黏度、流型变化较大的多相流动中更为实用。到现在，已得到了求取涡轮流量计视流速的式(2-2-12) 和式(2-2-13)，最后一个问题是求取上式中实际启动速度 v_{t1} 或 v'_{t1}。确定 v_{t1} 和 v'_{t1} 的方法分为 4 种：多次测量井下刻度法、上下分测刻度法、混合测量最小二乘法、两次测量法。

1）多次测量井下刻度法

首先，用至少 6 个不同的电缆速度进行上测和下测。例如图 2-2-3 中有 3 个射孔层段，进行了 3 次上测、3 次下测，相应解释层的数据列于表 2-2-2 中，读值方法采用平均值法。

然后，建立一直角坐标，以电缆速度为横坐标，以涡轮转速为纵坐标。在横坐标上，以测速与流速相反的测量为正，以二者同向为负（生产井中下测为正，注入井中上测为正），Atlas 和 Schlumberger 公司均采用这一坐标设置方法。哈里伯顿公司通常用涡轮转速作为 x 轴，电缆速度 v_1 作为 y 轴，且以与流速同向的测量作 y 轴的正向，与流速相反的测量方向作为反向。这些对确定视流速没有影响，可因习惯而选择。通常建议采用前者。

将表 2-2-2 中的数据点于如图 2-2-4 所示的坐标中，并对 A、B、C、D 四个解释层的涡轮转速和 v_1 进行最小二乘拟合，得到相应 4 条直线。对于零流量层 D 层，刻度曲线被分成两段，一段为正转，另一段为反转，这两条线在 x 轴上的截距的差值为 13ft/min，约等于启动速度 v_{t1} 的 2 倍，即 v_{t1} 为 6.5ft/min。v_{t1} 确定后，即可用式(2-2-12) 确定每一层的 v_a，也可沿每条刻度线与涡轮转速轴的交点（该点表示 v_1 为零时的涡轮转速值）作水平线与零流层的刻度线（D 层现场刻度线）相交然后作垂线与 v_1 轴相交，交点的坐标值即为各解释层的 v_a 值（图 2-2-5），A 层、B 层、C 层的 v_a 值分别为 87ft/min、219ft/min、336ft/min。这一方法适用于各层黏度相同的单相注入井或生产井。

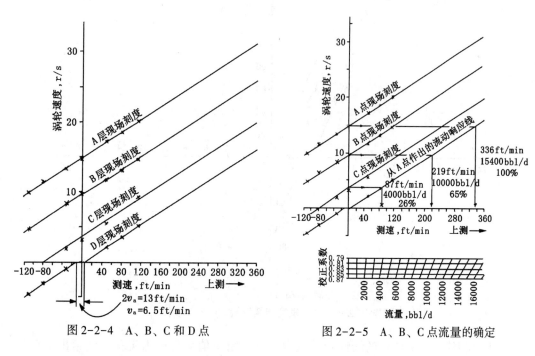

图 2-2-4　A、B、C 和 D 点　　　　　　　图 2-2-5　A、B、C 点流量的确定

这一方法的依据是：对于零流量层 $v_a = 0$，因此

$$n = K(v_1 - v_{t1}) \tag{2-2-16}$$

在零流量层中，以不同的电缆速度 v_1 进行测量所得的响应关系式(2-2-16)，应与仪器静止时 ($v_1=0$)，以与电缆速度在数值上相同的视流速度冲击涡轮时，所得的响应相关式近似相同，此时

$$n=K(v_a-v_{t1}) \tag{2-2-17}$$

即从零流量层可以得到整个流动的响应曲线，所以其他各层均可借助该线进行井下刻度求取各自的 v_a 值。

2) 上下混合测量最小二乘法

当反转点子小于 3 个或无反转点子时，不能得到良好的反转拟合线，此时可将上下测的点子混合起来进行最小二乘法分析求取视流速 v_a 的值。图 2-2-6 是哈里伯顿公司高灵敏度流量计在一口注水井中测井资料的刻度图。无论对于注入井还是生产井，哈里伯顿公司在作刻度图都将 x 轴表示涡轮转速值，y 轴表示电缆速度 v_1，且规定上测 v_1 为正，下测 v_1 为负，这一点与阿特拉斯和斯伦贝谢公司不同，但结果相同，即都是将刻度线与 v_1 轴的交点视为视流体速度 v_a，此时

$$v_a = \frac{\sum y \sum x^2 - \sum x \sum xy}{n \sum x^2 - (\sum x)^2} \tag{2-2-18}$$

$$K = \frac{N \sum xy - \sum y \sum x}{N \sum x^2 - (\sum x)^2} \tag{2-2-19}$$

$$x=n, \quad y=v_1$$

式中　N——上下测总次数；

　　　v_a'——未经偏差校正的 v_a 值，即刻度曲线在 v_1 轴上的截距。

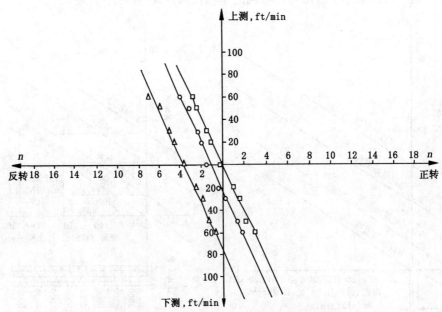

图 2-2-6　高灵敏度连续流量计测井刻度图

对于单相流动，n 与 v_1 的线性相关系数较高，哈里伯顿公司用实验方法给出了单相流动中高灵敏度流量计偏差速度（启动速度）计算公式：

$$v_t = 10^{(|K|-15.5)/14.5} \tag{2-2-20}$$

$$v_a = v_a' + v_t$$

由于 v_a' 表示刻度线在 v_1 轴上的截距，因此当正反转数据良好时，混合刻度线将落在正反转刻度的中间（图2-2-7），即 $v_a \approx v_a'$、$v_t \approx 0$。当只存在正转点子时，$v_a' \approx \dfrac{b_d}{K}$，$v_t = v_{t1}$；当只存在反转点子时，$v_a' \approx \dfrac{b_u}{K'}$。对于多相流动，由于点子的线性相关性差，通常认为 $v_a \approx v_a'$。

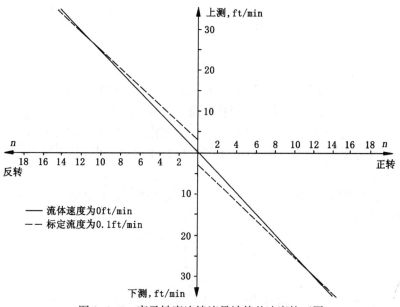

图2-2-7　高灵敏度连续流量计偏差速度校正图

3）两次测量法

斯伦贝谢公司研究了一种用连续流量计两次测量法确定解释层视流体速度的方法。该方法使用上测、下测两条涡轮转速曲线，其中应保证与流动方向相同的测速大于流速（反转），使这条曲线在零流量层重合，重合后曲线的幅度差与流速成正比。这一技术的特点是它不受黏度变化的影响，即可以校正黏度变化对涡轮转速的贡献。黏度发生变化时，两条曲线的读数发生偏移（图2-2-8），但偏移量和偏移方向相同。因此，两条曲线之间的幅度差不受黏度的影响，而只体现速度的大小。如果把中心线定义为两条曲线间的中线，中心线向右偏移表示黏度减小，中心线向左偏移表示黏度增大。

用两次测量方法确定视流速的公式为

$$v_a = \dfrac{\Delta n}{K_u + K_d} \qquad (2\text{-}2\text{-}21)$$

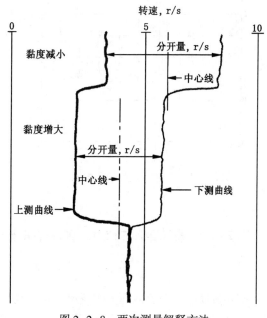

图2-2-8　两次测量解释方法

式中 K_u、K_d——上测、下测斜线的斜率，(r/s)/(m/min)；

　　　　Δn——下测、上测转速线平移后的幅度线，r/s。

三、速度剖面校正系数

　　涡轮流量计的涡轮测量的是叶片旋转覆盖面积上的平均速度，简称视流体速度（v_a）。测量过程中，仪器居中时，v_a反映的是套管中部的流速；如发生偏心，测量的是涡轮所在位置处的局部流速。为了确定通过套管截面上的平均流速（v_m），需要引入一个速度剖面校正系数（也称校正因子）C_v，定义为

$$C_v = \frac{v_m}{v_a} \tag{2-2-22}$$

　　对于集流式流量计，所有的流体均通过了涡轮，因此在集流通道内 $v_a = v_m$，即 $C_v = 1.0$。可以利用连续性方程将 v_m 转换为套管截面上的平均流速。

　　对于非集流连续流量计，情况相对复杂。在单相流动中，可以利用图1-3-3给出的曲线确定常用连续流量计的 C_v 值。C_v 一般分布在 0.5~0.83 之间，对于层流为 0.5，对于紊流为 0.82~0.83。

　　图2-2-9是高灵敏度流量计在单相流动中的校正图版，套管内径为3in，叶片外径为1.35in。拟合公式为

$$\frac{v_a}{v_t} = \frac{1}{C_v} = 1 + 0.7344 e^{-0.14175 v_a} \tag{2-2-23}$$

$$v_t = v_m$$

　　图2-2-10是在内径为5in套管内校正图版，拟合公式是

$$\frac{v_a}{v_t} = \frac{1}{C_v} = 1 + 1.037 e^{-0.09776 v_a} \tag{2-2-24}$$

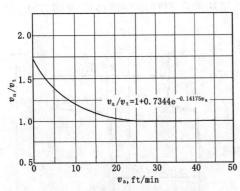

图 2-2-9　单相视速度校正图版

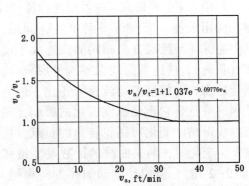

图 2-2-10　5in 内径管子中的单相
视速度校正图版

　　图2-2-11是在套管内径为3.068in、单相气状态下的校正图版，拟合公式是

$$\frac{v_a}{v_t} = 1.25 - 1.123 e^{-0.0097 v_a} \tag{2-2-25}$$

　　多相流动中，套管截面上的流速分布不均，受油、气、水分布及流型影响很大，涡轮响应的波动很大，在同一层中采用两相不同的电缆速度进行测量，曲线幅度起伏较大，因此，

相应的速度校正系数 C_v 变化范围也更为复杂。

图 2-2-12 是油气两相流动中，高灵敏度流量计 C_v 与持油率 Y_o 及油的表观速度 v_o 的相互关系。流型从泡状流变化至环状流时（$Y_o = 0 \sim 1.0$），$1/C_v$ 的变化范围是 $0.1 \sim 10$，与单相流动相比，变化范围要大得多。

速度剖面校正系数确定后，即可得到平均流速：

$$v_m = C_v v_a \qquad (2-2-26)$$

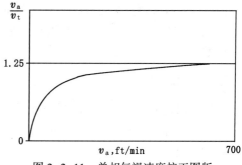

图 2-2-11 单相气视速度校正图版

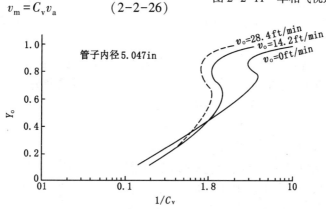

图 2-2-12 油气两相流动时 C_v 与 Y_o 的关系

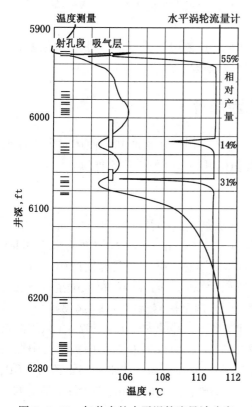

图 2-2-13 气井中的水平涡轮流量计响应

引入管子常数，即可得到相应解释层的总流量：

$$Q = v_m P_c$$

$$P_c = \frac{1}{4} \pi (D^2 - D_t^2) \times 3600 \times 24 \times 10^{-6}$$

式中　P_c——管子常数，$(m^3/d)/(cm/s)$；

　　　D——套管内径，cm；

　　　D_t——仪器外径，cm。

式中的常数用于将单位为 cm/s 的平均流速转换为单位为 m^3/d 的体积流量。

四、水平涡轮流量计

为了了解从射孔层流出流体的情况，近年国外研制一种水平涡轮流量计，它具有一个与一般涡轮流量计垂直放置的水平叶片，它测量的是从射孔孔眼流出的水平方向上的流量。由于射孔具有相位，因此水平涡轮流量计测量结果具有一定方向性。图 2-2-13 是利用水平涡轮流量计在气井中的测井结果。在温度曲线显示有气体产出的层位，水平涡轮流量计转数显著升高，根据转数幅度大小可以估计产出量的大小；在水平井和斜井中，涡轮流量计由于仪器偏心识别能力降低，可以采用水平涡轮流量计测量产出层位和产出量；在多相流动中，流型的影响使得水平涡轮流量计的响应较为复杂。

五、涡轮流量计现场测试

实际应用过程中，根据不同的井况选择涡轮流量计。选择原则是：

（1）井筒条件应适合涡轮流量计，井内流体不含固体杂质及其他障碍物，否则会影响涡轮旋转或损坏涡轮。

（2）连续流量计适用于单相流动井或高产多相井；低产条件下应采用集流式涡轮流量计。

（3）下井前在地面应检查叶片是否正常旋转。集流式流量计应进行逐点测量；连续流量计须以不同的电缆速度进行上、下测。

（4）井径变化（尤其是裸眼井完井）会影响涡轮响应，在流量相同时，井径扩大，涡轮转速减小；井径减小，涡轮转速增大，此时应尽可能进行井径测井。

对于连续流量计，资料处理时应注意以下事项：

（1）单次测量法仅用于定性评价。

（2）应采用多次测量法进行定量计算视流速。

（3）两次测量法可以消除黏性变化的影响，但应与多次测量结果对比确定最终结果。

（4）将全流量层的解释结果利用地层体积系数转换到地面与井口产量对比，以进行质量控制及检查井筒是否可能出现漏失现象。

（5）解释得到的响应斜率、启动速度应接近供应商提供的参考值，否则应判断不同层间流体性质可能发生了较大变化（液体中产气量升高），或者涡轮出现了机械故障（叶片与轴承接触过紧或过松）。

（6）在裸眼井完井的井中（碳酸盐岩地层、硬地层）使用涡轮流量计时，应注意井径变化对响应的影响。通常要测井径，两者结合可以更好地确定产出层位。

第三节　示踪流量计

示踪流量计适用于中、低流量井，一般在注水井中使用，在生产井中使用时由于流型变化会使分辨率显著下降。在不能用涡轮流量计测量的井中，一般采用这种流量计。

一、示踪流量计的工作原理

示踪流量计的结构如图 2-3-1 所示。放射性示踪剂使用的是锡—铟（^{113}Sn—$^{113}In^m$）同位素发生器产生的铟（$^{113}In^m$）同位素，半衰期为 99.8min，γ 辐射强度为 0.393MeV（65%）。由于半衰期短，因此可以大大减小对原油和仪器的污染。示踪流量计测井时，铟同位素示踪剂溶液由喷射器喷出。喷射器有一个体积为 20cm^3 的容器，每次喷射 0.5cm^3，一次下井可喷射 40 次。示踪剂喷入井筒后，启动一个或两个探测器定点或追踪测量，即可得到如图 2-3-2 所示的测井曲线，该曲线取自一口注水井，井的内径为 4.892in。采用的仪器是斯伦贝谢公司生产的 TET 型示踪流量计（图 2-3-3），该仪器有 3 个探头，其中探头 3（GR$_3$）根据流动方向确定，产出井向上流时，GR$_3$ 在喷射孔下面；注水井向下流时，GR$_3$ 在喷射孔之上，它记录的是流体中的自然伽马强度。仪器外径为 1.6875in，两个探测器的间距为 99in（2.51m）。通过监测峰值间的时间确定流体的流量，图中流动时间为 18.5s。

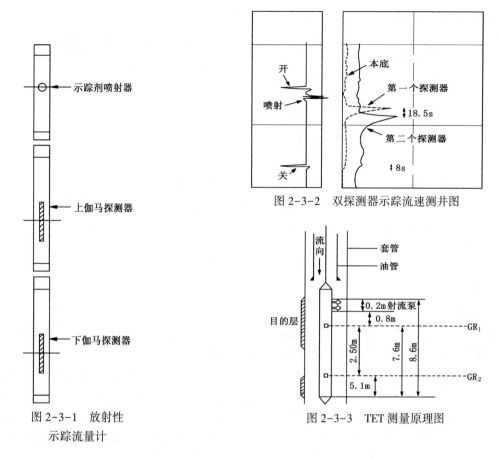

图 2-3-2　双探测器示踪流速测井图

图 2-3-1　放射性
示踪流量计

图 2-3-3　TET 测量原理图

示踪流量计除了可以确定井筒内流体的流量之外，也可用于工程测井中。在压裂过程中，在支撑剂中添加放射性物质，施工结束后，下入伽马射线检测器，可以得到压裂裂缝位置的标记；在固井作业中，在水泥中加入放射性物质，作业后用探测器测量，可以得到水泥的位置的标记；在井中注入示踪剂，按照时间推移测井还可以检查窜槽等。下面主要讲述示踪流量计在井筒中的确定流量的测试方法：示踪剂损耗法和速度法。

二、示踪剂损耗法

示踪剂损耗法适用于单相井，使用一个放射性探测器。测井时，把仪器置于全流量层，然后通过整个射孔层段测一条伽马射线基线。然后将仪器再拉回置于全流量层，通常停在油管下部 6~9m 处，或在第一射孔层顶界上部相当的距离处，开始喷射示踪剂。喷射后应迅速上下移动仪器使之通过示踪剂液塞，以使示踪剂与流体充分混合。最后将仪器下至示踪剂液塞以下部位，使仪器自下而上通过示踪剂液塞，并打开伽马射线探测器，记录全流量层示踪剂液塞的伽马射线强度，有可能的话（全流量层足够长）应多测几次，因为该点测井结果是解释的基础。

随后示踪剂液塞将随注入流体依次进入各射孔层。每进入一次，示踪剂液塞随进入量（吸入量）的多少损失一些，井筒流体的放射性强度因此随之减弱。

与之相伴的工作是在井筒中重复性测井记录井筒内的伽马射线强度，直至示踪剂液塞停止或消失，测井曲线如图 2-3-4 所示。图中显示，随着液塞向井底的移动及流失，伽马射线强度依次减弱。由于仪器穿过示踪剂液塞时会引起示踪剂在垂直方向上的扩散，因此上下行次数通常不应超过 15 次。若射孔层较多，可以在示踪剂减弱之前慢速运动仪器，以获取整个注入层的资料。

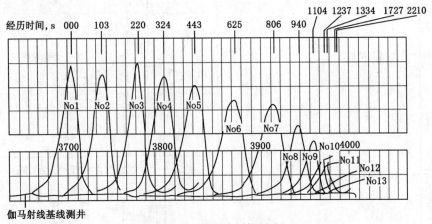

图 2-3-4　示踪剂损耗法

1. 解释方法

1）面积法

面积法的依据是示踪曲线与基线所形成面积与流量大小成正比关系，若该面积通过某一射孔层减少 30%，则认为射孔层内进入了 30% 的流体。

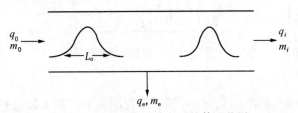

图 2-3-5　示踪剂液塞越过流体吸收层

设质量为 m_0 的示踪剂，通过吸水层后，质量变为 m_i，被吸收的质量为 m_e（图 2-3-5）。相应流体体积流量为 q_0，被吸收进入地层的流量为 q_e，吸水层下部流体的体积流量为 q_i。通过计算，可得

$$\frac{m_i}{m_0} = \frac{q_i}{q_0} \qquad (2\text{-}3\text{-}1)$$

因此，在任何深度上的流量 q_i 与存在的示踪剂的量成正比。伽马射线的强度与示踪剂的浓度成正比，则对伽马射线强度与深度曲线的面积积分可求得示踪剂的质量

$$m_i = \int A_w C \mathrm{d}l - \int A_w C_b \mathrm{d}l = A_w \int (C - C_b) \mathrm{d}l \qquad (2\text{-}3\text{-}2)$$

式(2-3-2) 中的第二积分项是必须被减去的放射量的背景值。一般情况下，示踪剂的总量正比于伽马射线的强度。如果示踪剂液塞经过某点，其截面积发生变化，但是伽马射线强度则不会有变，因此 A_w 的变化不会影响 $A_w C$ 的值，式(2-3-2) 可变为

$$m_i = \int C_1 r_i \mathrm{d}l = C_1 A_{ri} \qquad (2\text{-}3\text{-}3)$$

式中　C_1——常量；

r_i——测得的伽马射线强度；

A_{ri}——伽马射线强度曲线的面积。

由上述分析可以得出第 i 层的体积流量 q_i 与全流量体积流量的关系为

$$\frac{q_i}{q_{100}} = \frac{A_{ri}}{A_{r100}} \qquad (2\text{-}3\text{-}4)$$

$$q_i = \frac{A_{ri}}{A_{r100}} \times q_{100} \qquad (2\text{-}3\text{-}5)$$

式中　q_{100}、A_{r100}——全流量层的总流量和伽马射线曲线所覆盖的面积。

示踪剂损耗测井面积法的前提是井筒内示踪剂混合均匀，且假设伽马射线强度正比于井眼内示踪剂的量。实际应用时，由于所测得的示踪剂峰值间距较大，且有些示踪剂液塞正对着吸收层，所以会产生误差。因此，应避免对吸水层测量示踪曲线。

图 2-3-6 是一口井的示踪剂损耗测井实例。在深度为 5189ft 处进行第一次测井，表示全流量层流量为 100% 的情况。图中虚线为本底伽马射线曲线，分布在 0.5～1.2 的刻度之间。将每个示踪剂液塞面积分成若干个小矩形积分，可求得与本底包含的面积。每个位置处总流量的百分比分量由下式计算：

$$f_i = \frac{q_i}{q_{100}} = \frac{A_{ri}}{A_{r100}}$$

在图 2-3-6 中从上向下数，液塞 2、3、4 的面积比液塞 1 的要大，这可能是示踪剂与井内流体混合不均匀造成的。校正这一现象的方法是把前 4 个液塞面积的平均值（1.91）作为初始面积来计算其余部分的分流量，计算结果与校正前一致。

2) 面积三角形法

对示踪剂损耗测井进行快速直观解释的另一种方法叫面积三角形法，即求示踪剂液塞曲线的双边与底部直线组成的三角形的面积，用这一面积近似表示示踪剂液塞的面积。与前面的面积比较，发现有一定的误差，因此面积三角形法（图 2-3-7）只适用于粗略了解流动剖面。

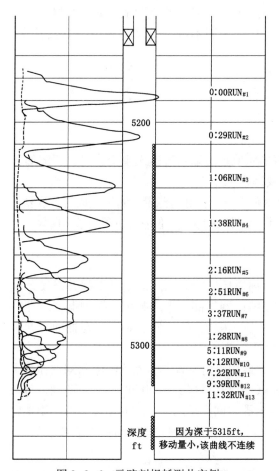

图 2-3-6　示踪剂损耗测井实例

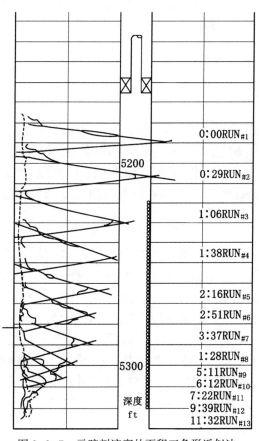

图 2-3-7　示踪剂液塞的面积三角形近似法

3）Self 法

Self 和 Dillinghan 于 1976 年提出了一种方法，该方法与面积三角形法相似。该方法是把伽马射线测井曲线化解为三角形，其基线为三角形的底边，波峰为两腰。该方法假设三角形的底和高之和与体积流量成正比。

2. 示踪损耗法的局限

用示踪损耗法可以快速粗略估计流动剖面，采用的测井工艺使得其有自身的局限。

测井结果取决于伽马强度曲线及管内示踪剂的平均浓度，但示踪剂进入井内后，要使其与井内流体充分混合需要较长时间，在此之前测得的曲线面积与充分混合后的相比或高或低。这依赖于测量时示踪剂是靠近仪器，还是靠近井壁。尽管混合不均只影响最初的几次测量，但由于流动剖面是以初始面积为标准，因此会产生误差。

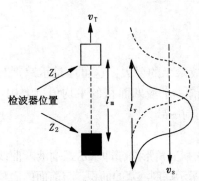

图 2-3-8　由于仪器的运动而引起的液塞变形

深度分辨率差是第二个局限。示踪剂液塞在完成一次测井时要移动约 6~12m 的距离。因此深度分辨率较低，一旦示踪剂液塞的部分恰好对着吸收层，则解释结果会出现较大误差。

第三个局限是测井速度的影响。如图 2-3-8 所示，当液塞从上向下运动，仪器自下而上运动时所测的液塞长度比实际长度短，即二者的面积不同。设 l_m、l_s 分别表示液塞的测量长度和真实长度，v_s、v_T 分别表示液塞速度与工具速度，则

$$\frac{l_m}{v_T} = \frac{l_s}{v_s + v_T}$$

即

$$\frac{l_m}{l_s} = \frac{1}{1 + v_s/v_T} \tag{2-3-6}$$

式（2-3-6）说明，仪器速度越慢，所测的液塞形状就越压缩；流速发生变化时，所测形状会继续变形。这是影响示踪剂损耗法精度的重要因素。

为了消除仪器运动的影响，通常把仪器下至示踪剂下侧，静止测量。测量完成后，重复上述过程，直至示踪剂消失。这一方法可以校正工具运动带来的误差，但它减少了记录周期数。

三、速度法

速度法是目前常用的方法，它可以克服示踪剂损耗法的局限。测量时根据井况安装仪器，将示踪剂注入井中，探测器（探头）安装在喷射器下部。生产井中，探测器安装在喷射器上部。为了防止示踪剂喷射在井壁上，应加装扶正器，使仪器居中。若在抽油机井中使用，应尽量少停抽油机，避免动液面上升，生产压差减小。

速度法测量时，仪器停在两个射孔层之间向井筒中喷射示踪剂，然后测量示踪剂在两个点之间传递所需要的时间，一般指两个探测器间或喷射器至探测器间的时间，由此确定每一个解释层的视流速。对于生产井，喷射点应靠近射孔层间夹层的底部；对于注入井，则选在夹层的顶部。根据测量方式，速度法包括两种方法：一种是静止测量法；另一种是追踪法。

1. 静止测量法

单探头和双探头仪器都可以采用这一方法。测量时，仪器静止停在夹层中，喷射示踪

剂。对于单探头示踪流量计，记录喷射器至探头示踪剂的时间，可以得到流体视流速为

$$v_a = \frac{L_1}{\Delta t_1}$$

式中 L_1——喷射器至探头的距离，为固定值；

Δt_1——示踪剂随流体通过这两点间的时间，为变量。

由上式可见，Δt_1 越小，流速越高；Δt_1 越大，则流速越低。

如果采用双伽马射线探头，视流速 v_a 为

$$v_a = \frac{L_2}{\Delta t_2} \tag{2-3-7}$$

或

$$v_a = \frac{L_1 + L_2}{\Delta t_1 + \Delta t_2} \tag{2-3-8}$$

式中 L_2——两个探头间的距离；

Δt_2——示踪剂峰通过两个探头所用的时间（图 2-3-2）。

2. 追踪法

1）单探头追踪法

对于单伽马射线探测器，由于喷射示踪剂的时间是变化的，因此精确确定喷射示踪剂到达探头的时间较为困难，可采用连续追踪方法。在这一情况下，在一个夹层内，要进行至少 3 次测量。由于测量的同时示踪液塞也在流动，因此必须保证有足够高的流速测量完整的示踪液塞。如果发现第一次的位移较大，则应加快测速，反之则降低测速。流速的计算方法为

$$v_a = \frac{\Delta H}{\Delta t} \tag{2-3-9}$$

也可采用平均法计算 v_a：

$$v_a = \frac{1}{N}\left(\frac{\Delta H_1}{\Delta t_1} + \cdots + \frac{\Delta H_N}{\Delta t_N}\right) \tag{2-3-10}$$

式中 ΔH——两次测量示踪剂液塞位移的距离（峰值的深度差）；

Δt——液塞位移所需的时间；

N——Δt、ΔH 的取值次数。

图 2-3-9 为单探头追踪法测井实例，表 2-3-1 为 3 次追踪的实测数据。若用 1、2 两次间的位移，则

$$\Delta H = 2390.8 - 2387 = 3.8 \,(\text{m})$$

$$\Delta t = 1.01 \,(\text{min})$$

所以 $$v_a = \frac{3.8}{1.01} = 3.76 \,(\text{m/min})$$

式中 Δt 与 t_1、t_2 的关系是将测井时的时间转换为时间差 Δt，转换过程中考虑了电缆速度的影响。同样，可以采用 2、3 次测量结果计算 $v_a = 3.81\text{m/min}$；由 1、3 次测量结果计算的 $v_a = 3.72\text{m/min}$，若取三者的平均值，则

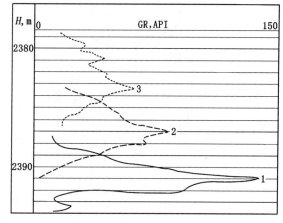

图 2-3-9 单探头追踪法测井实例

$$v_a = \frac{1}{3} \times (3.76 + 3.72 + 3.81) = 3.76 \, (\text{m/min})$$

表 2-3-1　三次测量数据

测井顺序	起止时间，时：分：秒		起止深度，m		测速 m/min	峰值深度 m
	开始	停止	开始	停止		
1	12：28：50	12：29：20	2394.72	2383.59	28	2390.8
2	12：29：50	12：30：15	2394.12	2379.04	30	2387.0
3	12：30：55	12：31：23	2391.57	2373.43	29	2383.0

上述计算中 Δt 的确定方法因仪器而异。该例是用 DDL 系统测得的，每次追踪记录一个文件，文件首尾自动记了起止时间及相应深度。AT$^+$ 文件仅有起止深度，而起止时间仅精确到分钟，测量时可采用人工秒表记录起止时间，由于时间是根据测速推算的，所以应保证测速不变。在不知测速的情况下，可以根据每次追踪回放曲线的图格导出 Δt 值：

$$t_1 = \frac{t_i - t_e}{N_t} \times N_1 \tag{2-3-11}$$

$$t_2 = \frac{t_i' - t_e'}{N_t'} \times N_2 \tag{2-3-12}$$

$$\Delta t = t_1 - t_2 \tag{2-3-13}$$

式中　t_i、t_i'——1、2 两次追踪文件的起始时间；

　　　t_e、t_e'——1、2 两次追踪文件的终止时间；

　　　N_t、N_t'——1、2 两次回放文件对应起止时间的测井深度图格数；

　　　N_1、N_2——1、2 两次测量峰值至起始深度处的深度图格数。

2）双探头追踪法

在单探头连续追踪时，若不能准确记录出起止时间，利用双探头放慢测速上行或下行连续测量一次，根据电缆速度和两探头之间的距离就能计算出流体速度。图 2-3-10 为上（下）行测量追踪原理示意图，虚线、实线分别为探头 G_1、G_2 测量的峰值；L 为两个探头

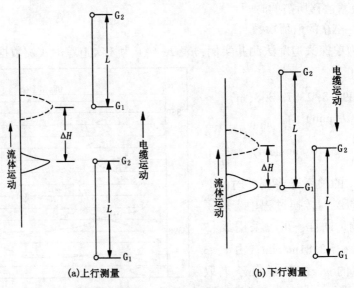

(a)上行测量　　　　　　　　(b)下行测量

图 2-3-10　双探头一次追踪示意图

之间的距离。上行时（与流动方向一致），计算视流速的公式为

$$v_a = \frac{\Delta H}{\Delta t} = \frac{\Delta H}{\frac{L+\Delta H}{v_1}} = \frac{v_1 \Delta H}{L+\Delta H} \qquad (2-3-14)$$

下行时（与流速反向），计算视流速的公式为

$$v_a = \frac{\Delta H v_1}{L-\Delta H} \qquad (2-3-15)$$

式中　ΔH——两个峰值间的距离；

　　　v_1——电缆速度。

应该注意的是，上测时，电缆速度必须大于流体速度，否则追不上液塞的运动，但也不能太快，速度太快会使液塞位置不明显；下测时，电缆速度必须缓慢才能得到明显的峰值位移。速度法要求夹层不能太短，太短则在夹层内测不到第二个峰值。

视流速 v_a 确定后，即可确定各解释层的流量：

$$Q_i = \frac{1}{4}\pi(D^2-d^2)v_a C_v \qquad (2-3-16)$$

式中　D——套管内径；

　　　d——仪器外径；

　　　C_v——速度剖面校正系数，C_v 的确定取决于峰值的确定及示踪剂在流体中的分布状态。

3）峰值的读取方法及 C_v 的确定

如何读取两个峰间的 ΔH 及 Δt 值将直接影响 v_a 的精度，确定深度位移（ΔH）及时间差（Δt）的常见方法如图 2-3-11 所示。常用方法是读取两个示踪剂液塞峰之间的时间差 Δt_{p-p} 及相应的深度差。Taylor 等人认为，Δt_{p-p} 代表了流动的平均时间，由此求取的视流速可视为平均速度（v_m），即此时认为 C_v 为 1.0；$\Delta t_上$ 表示两个峰间切线交点间的时间差；$\Delta t_下$ 表示基线（伽马原始曲线视为直线）与切线交点间的时间差；Δt_{1-1} 表示示踪剂液塞前缘到达的时间，该点是伽马射线开始偏离基线（原始测线），即峰值曲线与基线的交点。单相流动中，Δt_{p-p} 与 $\Delta t_上$ 相近，平均误差为 1.08%；Δt_{1-1} 与 $\Delta t_下$ 相近，平均误差为 1.03%。计算表明，用 Δt_{1-1} 计算流量的相对误差为 2.9%，用 Δt_{p-p} 计算流量的平均误差为 2.6%。

由于示踪剂液塞前缘流体是以最大流速运动的，因此用 Δt_{1-1} 或 $\Delta t_下$ 计算视流速时必须用速度剖面校正系数 C_v 修正。在仪器与套管间的环形空间中，C_v 约为 0.86，也可以用 Δt_{p-p}、Δt_{1-1} 近似估算：

$$C_v = \frac{\Delta t_{1-1}}{\Delta t_{p-p}} \qquad (2-3-17)$$

采用式(2-3-17)估算 C_v 的依据是 Δt_{p-p} 表示平均流速条件下示踪剂到达时的时间差，Δt_{1-1} 表示最大流速条件下示踪剂到达时的

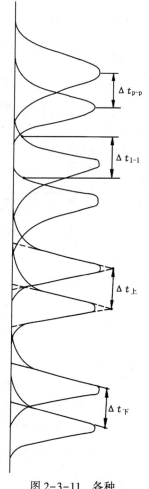

图 2-3-11　各种时差示意图

时间差。在图 2-3-12 的实例中，有

$$C_v = \frac{\Delta t_{1-1}}{\Delta t_{p-p}} = \frac{12}{14} = 0.86$$

如果井眼的横截面积及在全井时的 C_v 为常数，则任意深度处的流量（Q_i）和全流层流量（Q_{100}）的关系为

$$\frac{Q_i}{Q_{100}} = \frac{\Delta t_{100}}{\Delta t_i} \qquad (2-3-18)$$

式中　Δt_i、Δt_{100}——深度 i 及全流量层处的示踪剂传递时间差。

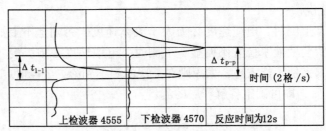

图 2-3-12　典型的快速示踪响应

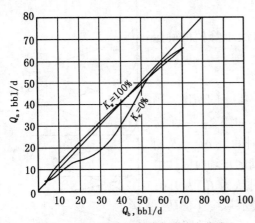

图 2-3-13　示踪流量计实验响应曲线

对于多相流动，油、水的分布不均，且示踪剂的流动时间也受亲油或亲水性质的影响，液塞峰的变化较为复杂，有时出现多个峰，有时无峰值出现。因此 Δt、ΔH 的确定相对较为困难，可采用上文提出的方法近似确定传递时间。

图 2-3-13 是示踪剂流量计在油水两相流动中的试验关系，横坐标为由时间差确定的流量，纵坐标为平均流量，图中 K_w 表示含水率。所采用的流量计为 DDL 型单探头仪器，喷射器至探头的距离为 1.35m，仪器外径为 25.4mm，模拟套管内径为 124mm。图中显示，多相流动中 C_v 的变化较为复杂（$C_v = Q_s/Q_a$），实验可采用这些图版估算 C_v 值。若无实验图版，可采用下式估算：

$$C_v = \frac{\Delta t_{1-1}}{\Delta t_{p-p}} = \frac{Q_s}{Q_a} \approx \frac{Q_o B_o + Q_w B_w}{\frac{\Delta H_{100}}{\Delta t_{100}} p_c} \qquad (2-3-19)$$

式中　Q_s、Q_a——平均流量和最大视流量；

　　　Q_o、Q_w——井口油水产量；

　　　B_o、B_w——油、水地层体积系数；

　　　ΔH_{100}、Δt_{100}——全流量层的峰值深度差和示踪剂传递时间。

四、影响示踪流量计测量精度的因素

1. 套管管径变化

速度分析方法的基础是井筒的横截面积不变和两个探头间的流量不变，即在两个探头

间没有漏失。井径变化未知时，不能采用速度法（如裸眼完井）。如果通过井径测井测得了井径变化曲线，则仍然可以采用这一方法。

若井筒突然扩大，流体从小径井段流向扩径井段时会发生喷射效应。流体刚进入扩径井段时，流速仍然很高，而从扩径井段流向直径变小的井段时，示踪流量测井则不受影响。图 2-3-14 说明了这一现象。图中数据表示由示踪流量计计算的速度超过平均流速的百分比。速度是由前缘时差（Δt_{1-1}）得到的，因此均大于平均流速，在扩径口附近流速比值由 22% 猛增至 80% 左右，然后又逐渐降至 23% 及 16%，在缩径口上、下附近逐渐趋向稳定。

图 2-3-15 中，横坐标（d_2/d_1）表示井眼扩径比，d_2 表示扩径后的井径，d_1 表示扩径前的井径；纵坐标表示在测量真实平均流速时，喷射器下部的探测器应离开扩径口的距离。对于缩径井段的测井，探测器可以靠近缩径口处（0.3m 内）。若扩径前井径为 5in，扩径后井径为 10in，则 d_2/d_1 = 2，即在扩径段测井时，探头应距扩径口的距离为 2in 左右。图中实线表示 Bearden 的研究结果，虚线表示 Hill 等人的研究结果。总之，在井径变化的井中进行井径测井，对示踪流量测量来说尤为重要。

2. 两个探头间存在流体损失

采用双探头示踪流量计时，如果测量时两个探头间存在漏失，则会存在一些误差。图 2-3-16 是可能存在的两种漏失情况。图 2-3-16（a）中表示在两个探测器中点处有一半流体漏失，中点以上平均流速为 q_o/A_w，中点以下平均流速为 $q_o/2A_w$。两个探测器间的示踪剂液塞传递时间为

$$\Delta t = \frac{\Delta L A_w}{2q_o} + \frac{2A_w \Delta L}{2q_o} = \frac{3A_w \Delta L}{2q_o} = 1.5\Delta t'$$

$$(2-3-20)$$

式中 $\Delta t'$——不存在漏失时的传递时间；

A_w——套管截面积；

ΔL——两个探头间的距离。

式（2-3-20）说明，漏失使传递时间增大 0.5 倍。

图 2-3-16（b）表示两个探头间有一半的均匀漏失，此时，平均流速是深度的线性函数，可得流体从 z_1 至 z_2 的传递时间为

$$\Delta t = \int_{z_1}^{z_2} \frac{A_w dz}{q_o\left(1 - \frac{1}{2}\frac{z-z_1}{z_2-z_1}\right)} = \frac{2\ln(2A_w \Delta L)}{q_o}$$

$$(2-2-21)$$

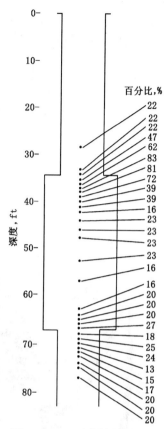

图 2-3-14　示踪剂速度超过测量速度的百分比图

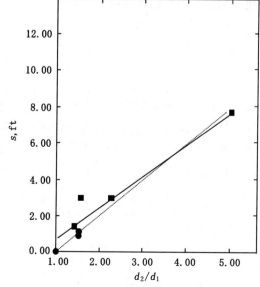

图 2-3-15　扩径时探测器的位置

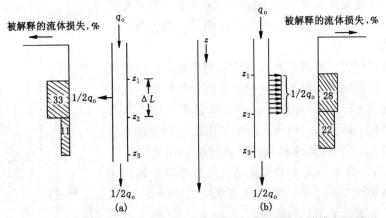

图 2-3-16　两检测器间有流体损失而导致的速度推测深度分辨率的误差

图 2-3-17　示踪剂的三种释放轨迹

由于未漏失时的传递时间为 $\Delta t' = A_w \Delta L / q_o$，因此，均匀漏失时传递时间也将发生较大变化。

3. 示踪剂释放

速度法和示踪剂损耗法都受示踪剂在井内释放情况的影响。速度法需要有明显的液塞脉冲峰值；示踪剂损耗法则依赖于示踪剂在液体中的均匀分布。示踪流量计在喷射时从仪器进入仪器—套管环形空间，如果仪器不居中，则喷射器可能正对着井壁，很可能会导致示踪剂的分布相当不均匀。研究表明，示踪剂的释放对测井质量会产生重要影响。在层流中，示踪剂被喷出后，起初是沿仪器表面外壁滴下，然后再撞击套管壁（图 2-3-17）。Akers 和 Hill 的研究表明，影响示踪剂释放的因素有 4 个：（1）喷射速度；（2）喷射时间；（3）喷嘴尺寸；（4）流体速度。因此，控制好喷射时间、喷射速度及喷嘴尺寸，可以有效提高示踪流量计测井质量。

五、双脉冲示踪速度法

井径发生变化时，速度法的误差较大，为了克服这一局限，Hill 等人提出了双脉冲速度法。测井时，在全流量层释放两个示踪剂液塞。可用两个喷射器，也可以用一个喷射器先发射一个液塞，随后再发射第二个，随后用伽马射线探测器穿过这些液塞确定两脉冲间的间距。然后用类似示踪剂损耗法进行测井。随着两个液塞沿井筒下行，所测得的两个液塞脉冲间的距离是深度的函数。井内任意点的流量可表示为

$$\frac{Q_i}{Q_0} = \frac{A_{wi}L_i}{A_{w0}L_0} \tag{2-3-22}$$

式中　Q_0、L_0——全流量层的体积流量和初始峰间距；

　　　A_{w0}、A_{wi}——全流量层和任意深度处的套管截面；

　　　Q_i、L_i——任意深度处的流量和间距。

若井径不发生变化，A_{wi} 与 A_{w0} 相同，则式（2-3-22）变为

$$\frac{Q_i}{Q_0} = \frac{L_i}{L_0} \qquad\qquad (2-3-23)$$

第四节　层流中的放射性示踪测井

层流通常发生在注聚合物井、低注入量注入井及高注入量井的深部井段。在这些条件下，示踪流量计是确定流动剖面的有效方法，因为涡轮流量计在这些条件下响应非线性加剧，但是由于在层流状态下，示踪剂的扩散强度大，因此资料解释难度较大。示踪剂的扩散使得不能正常进行示踪剂损耗测井，难以确定液塞的峰值。本节着重讨论在层流状态下速度测井的特性。

一、放射性示踪测井在层流水中的应用

图 2-4-1 表示层流水中得到的典型的测井响应，示踪剂高度扩散，波峰和前缘模糊，信号噪声很大。实验发现，在层流中抛物形的速度剖面是导致示踪剂扩散的主要原因，这正是层流的特征。示踪剂喷出一段时间后，示踪剂的分布将如图 2-4-2 所示，其浓度呈梯形。这种分布由下列方程给出（$t>l_i/v_{max}$，l_i 为示踪剂液塞的初始长度，v_{max} 为中心最大流速）：

$$\begin{cases} C = C_i \dfrac{lt}{v_{max}} & (0<l<l_i) \\[3mm] C = C_i \dfrac{l_i t}{v_{max}} & (l_i<l<v_{max}t) \\[3mm] C = C_i \dfrac{l_i+v_{max}t-l}{v_{max}t} & (v_{max}t<l<v_{max}t+l_i) \end{cases}$$

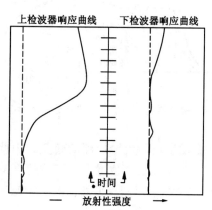

图 2-4-1　层流中的速度测井响应

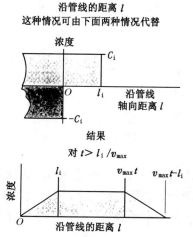

图 2-4-2　在层流中初始均匀的示踪剂分布

式中　C_i——初始示踪剂浓度；

　　　　C——随后任意时刻的浓度；

　　　　l——从初始示踪剂位置到目前位置的距离；

　　　　t——时间。

上述方程表明，示踪剂液塞长度以速度 v_{max} 向前推进，平稳区内示踪剂的浓度随时间逐渐减少，而前斜边有个固定长度并以 v_{max} 速度向前移动。同样，示踪剂液塞的质心❶也以平均速度 $v_{max}/2$ 移动。假设在任意时间 t 时质心位置为 x，则

$$x = \frac{1}{2}(v_{max}t + l_i)$$

上述方程描绘了示踪剂液塞沿管线下行时的形状。图2-4-3说明了示踪剂液塞在层流中扩散移动时探头（检波器）的伽马射线响应。

在层流中进行示踪剂测井时，影响示踪剂扩散的另一个因素是伽马射线与示踪剂不同步，通常伽马射线将先于示踪剂到达探头。Akers等人指出，由于示踪剂在层流中移动缓慢，当示踪剂离探头约0.3m时，探头就可以测出伽马射线的响应，这是导致液塞前缘模糊不清的重要因素。

影响层流中速度法测井响应的第三个因素是示踪剂在井筒内的分布，如果示踪剂被释放在靠近仪器或套管壁的低速区，示踪剂的分布将更为分散，图2-4-4是其模拟实验曲线。喷射器距探测器1.2m，仪器外径1.75in，井筒内径7in。由图可知，当大部分示踪剂分布在中心高流速区时，可以见到尖锐的伽马射线响应（分布6），当大部分示踪剂分布在低流速区时，响应比较分散。

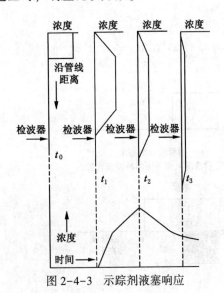

图2-4-3　示踪剂液塞响应

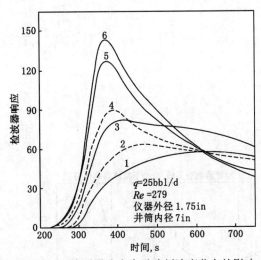

图2-4-4　检测器响应中示踪剂浓度分布的影响

对于高流量注入井，在较深的层位流速较低，可能发生从紊流至层流的转变。因此采用速度剖面校正系数时应引起注意，否则会发生误差。在井的某个位置上，流体速度减慢变为层流，其上部为紊流，因此两个位置上的速度校正系数 C_v 不同。另外，对于示踪流量

---

❶ 物体内各点所受的平行力产生合力，这个合力的作用点叫这个物体的质心。

计来说，计算 C_v 值依赖于所选择的传递时间（$C_v = \Delta t_{l-l} / \Delta t_{p-p}$）。对于紊流来说，这个比值约为 0.85 左右，在层流层段大约为 0.65。因此，对于层流流动，如果采用峰值计算时间差，则

$$\frac{Q_i}{Q_{100}} = 0.65 \frac{\Delta t_{100}}{\Delta t_i}$$

如果用前缘传递时间差，则有

$$\frac{Q_i}{Q_{100}} = \frac{0.65}{0.85} \frac{\Delta t_{100}}{\Delta t_i}$$

由于在层流段伽马射线曲线形状变得较为分散，因此可以从伽马射线的形状变化确定从层流变为紊流的位置。

二、高黏度溶液中的放射性示踪测井

三次采油中，注入的聚合物属高黏度流体。在高黏流体注入井中，流动属典型的层流。由于流体高黏低速，采用涡轮式流量计响应效果差，因此聚合物中常用放射性示踪测井。

注聚合物采用示踪流量计测井时，所遇到的主要问题是示踪剂的释放较为困难，主要原因是黏度高，示踪剂被发射后通常滞留在井壁上或其附近，并未随流体一起流动。这一现象可以通过增大示踪剂的发射器、降低示踪剂的初始速度得以改善，但效果不太明显。为了解决这一问题，20 世纪 80 年代初期，Roesner 等人研制了单臂示踪测井仪，如图 2-4-5 所示，

图 2-4-5 单臂示踪测井仪示意图

仪器上有一个伸缩臂。测量时，地面控制的电动机使伸缩臂张开，仪器靠在套管壁上，喷嘴居中并平行于流动方向。释放示踪剂时，地面控制另一电动机使仪器内的活塞推动示踪剂经通道到达喷嘴。在喷出之前，示踪剂要经过一组回压阀，以防止储罐里的放射性物质过早排出。活塞停止后，回压阀还可用来中止示踪剂喷出。示踪剂喷出后，随流体沿井眼中心线移动。位于单臂示踪仪下端的上、下两个探测器将记录到两峰值响应，如图 2-4-6 所示。图中自下而上是时间增加方向，左边是上探测器的响应，右边是下探测器的响应。示踪剂的运行时间就是从上探测器开始（T_1）到下探测器响应开始（T_2）之间的时间间隔。这种确定时间差的方法即为前缘—前缘法，采用前缘—前缘法时，得到的流速为中心最大流速，可采用图 1-3-3 确定速度剖面校正系数。如果把两个探测器峰值之间的时间间隔作为时间差（峰

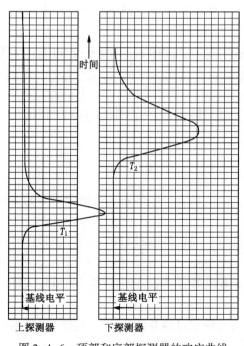

图 2-4-6 顶部和底部探测器的响应曲线

值—峰值法），由此得到的流速即为平均流速，不需要进行速度剖面校正。

一般来说，单臂示踪测井仪有 4 个探测器，通过地面控制可以选择探测器的距离，以便在高、中、低速流体中进行测量。高流速时，间距应相应加大；低流速时，间距应相应减小。选择适当的探测器间距进行测量，可以增加测量精度，并减少测井时间。

单臂示踪测井仪器确定平均流速的公式是

$$v_{\mathrm{m}} = C_{\mathrm{v}} \Delta H / \Delta t \tag{2-4-1}$$

式中　ΔH——探测器间距；

　　　Δt——两个峰的前沿时间差；

　　　C_{v}——速度剖面校正系数。

用图 1-3-3 确定 C_{v}，当图中雷诺数 Re 小于 10000 时，可采用迭代法确定 v_{m} 值，具体步骤是：

（1）取初值 $v_{\mathrm{m}0} = \Delta H / \Delta t$，代入雷诺数计算公式 $Re = \rho v_{\mathrm{m}0} D / \mu$。

（2）用图 1-3-3 确定 C_{v}。

（3）把 C_{v} 代入式（2-4-1），确定 v_{m} 值。

（4）重复以上步骤，即可收敛到一个最可靠的 v_{m} 值。

三、放射性示踪测井操作解释程序

要完成一次理想的放射性示踪测井，必须避免很多失误，主要体现在操作过程中。

1. 示踪剂损耗法测井

（1）在进行示踪剂损耗法测井以前，先应该进行伽马射线基线测井。在进行伽马射线基线测井时，应使用高灵敏度仪器，有助于区别示踪剂损耗法测井的次级波峰。

（2）如果可能，在示踪剂到达最上面的一个吸收层以前，需要进行 2 次或 3 次测井，对其液塞面积进行平均作为初始示踪剂液塞面积。

（3）当测井仪器上行穿过示踪液塞时，仪器必须完全穿过示踪剂液塞并继续上行一段距离，以了解是否有确定窜槽存在的次级波峰出现。

（4）示踪剂损耗法测井中的次级波峰和移动证明有第二流体通道存在。这可能是因为存在窜槽，也可能是井壁附近地层的垂向渗透率较高而产生的纵向流动。次级波峰不能用于定量分析窜槽中的流体流量。

（5）示踪剂损耗法测井中，用面积法分析时，应采用积分法确定液塞面积，用面积三角形法来近似取代这个面积时常会引起较大误差。

2. 速度法示踪测井

（1）两个探头尽量靠近，液塞移动时间控制在 10s 左右。

（2）可以做几次试验确定发射尺寸和发射率，以使它能产生首先到达两个探头的尖锐的波峰。

（3）在射孔层段上部，可以进行几次喷射及测量。如果传递时间相差较大，说明井的截面或注入量发生了变化等。

（4）在井眼截面积发生变化的井内，可以进行辅助井径测量；对流体损失量较大的井段，可以用区间法提高测井的深度分辨率。

（5）在层流中，尤其是对高黏度流体，示踪剂的释放对测井质量尤为重要，可靠的办法是采用单臂式示踪流量计。层流和紊流的速度校正系数 C_{v} 不同。

（6）在全流量层，计算得到的流量与地面流量之间存在差异的原因包括测量误差、注入量变化、油管漏失等。

第五节　其他流量测量方法

除了涡轮流量计和示踪流量计之外，国内外生产测井工作者又研制了超声流量计和电磁流量计。这些流量计没有涡轮部分，用于出砂或其他特殊生产测井。

一、超声流量计

超声流量计利用超声波在流体中传播特性来测量流体流量，它是一种非接触式流量测量仪表，近20年来得到迅速发展，尤其是在含有固体砂粒的两相流动、大管径流动及对腐蚀性介质和易爆介质的流量测量。

超声波在流体中传播时，将附带上流体流速的信息，如顺流和逆流的传播速度由于叠加了流体速度而不同，因此通过接收到的超声波，就可以检测出被测流体的流速，然后转换成流量。利用超声波测量流量的方法很多，根据对信号的检测方式，主要分为多普勒法、传播速度法（时差法、相差法、频差法）、相关法、波束偏移法等。生产测井采用的超声流量计主要采用多普勒法和传播速度法。

1. 多普勒法

多普勒法是利用声学多普勒原理确定流体流量的。多普勒原理是若声源和目标之间有相对运动，会引起声波在频率上的变化，频率变化正比于运动的目标和静止的换能器之间的相对速度。图2-5-1是超声多普勒流量计示意图。从发射晶体 T_1 发射的超声波遇到流体中运动着的悬浮颗粒或气泡，再反射回来由接收晶体 R_1 接收。发射信号与接收信号的多普勒频率偏移与流体速度成正比，忽略管壁影响，假设流体没有速度梯度且粒子是均匀分布的，可得

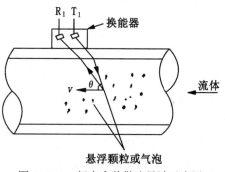

图 2-5-1　超声多普勒流量计示意图

$$v = \frac{(f_2 - f_1)C}{2f_1 \cos\theta} \tag{2-5-1}$$

式中　v——速度；

　　　　f_1、f_2——发射晶体 T_1 的频率和接收晶体 R_1 接收的频率；

　　　　θ——发射出的超声波束与流体流向之间的夹角；

　　　　C——声速。

2. 传播速度法

根据在流动流体中超声波顺流与逆流传播速度之差与被测流体流速有关的原理检测出流体流速的方法，称为传播速度法。根据具体测量参数的不同，传播速度法又可分为时差法、相差法、频差法。

传播速度法超声流量计示意图如图2-5-2所示，有一个内径为4.2cm的流管，装

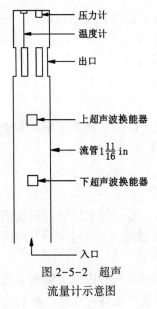

压力计
温度计
出口
上超声波换能器
流管 $1\frac{11}{16}$ in
下超声波换能器
入口

图 2-5-2 超声
流量计示意图

有两个超声波换能器，间距为 1.22m。入口在下，流体经超声波换能器从出口流出，出口上面是温度计和压力计，两个换能器交替发射和接收声波脉冲，仪器上下侧各加一个扶正器以使其居中。管道中声波传播有 4 个通道，第一个是经流管壁反射到接收器；第二个是沿流管壁传播的滑行波；第三个是在仪器和环管流体中传播的波；第四个是经流体直接传播的直达波。传播速度法是测量直达波到达探测器的时间。设两个换能器之间的距离为 L，声波传播速度为 C，仪器相对流体的速度为 v'，如果仪器静止测量，则声波向上传播的

时间为

$$t_u = \frac{L}{v'+C} \tag{2-5-2}$$

向下传播的时间为

$$t_d = \frac{L}{C-v'}$$

由于进行交替测量，因此

$$v' = \frac{L}{2}\left(\frac{1}{t_u}-\frac{1}{t_d}\right) \tag{2-5-3}$$

仪器运动时

$$v' = v+v_1$$

式中 v——流体速度；

v_1——电缆运动速度。

此时，流体速度为

$$v = \frac{L}{2}\left(\frac{1}{t_u}-\frac{1}{t_d}\right) \pm v_1 \tag{2-5-4}$$

上测时 v_1 为正，下测时 v_1 为负。同时，还可求得测井条件下的流体声速 C_t 为

$$C_t = \frac{L}{2}\left(\frac{1}{t_u}+\frac{1}{t_d}\right) \tag{2-5-5}$$

C_t 与温度、压力及流体成分相关，把它校正到标准条件下表示为

$$C_{tsc} = C_t\left(\frac{T_{sc}}{T}\right)^{0.5} \tag{2-5-6}$$

式中 T_{sc}——标准状况下的温度；

T——井下测量温度，K。

由于时差 t_u、t_d 的数量级很小（$10^{-8} \sim 10^{-9}$s），测量较为复杂。因此也可采用相差法，顺流方向相位差为 $\varphi_1 = \omega t_u$，逆流方向 $\varphi_2 = \omega t_d$，则相位差为

$$\Delta\varphi = \varphi_1 - \varphi_2 = \omega(t_u - t_d) \tag{2-5-7}$$

由于 $C \gg v$，则

$$t_u - t_d = \frac{L}{C-v} - \frac{L}{C+v} = \frac{2Lv}{C^2-v^2} \approx \frac{2Lv}{C^2} \tag{2-5-8}$$

因此

$$\Delta\varphi = \frac{\omega 2Lv}{C^2} \tag{2-5-9}$$

$$v = \frac{\Delta\varphi C^2}{2\omega L} \tag{2-5-10}$$

在时差法和相差法中，都含有声速 C，而 C 与流体成分及温度有关，给测量结果带来较大误差。人们为此进行了大量研究，若把传播时间变为频率信号，令顺流方向传播时

$f_1 = 1/t_u$，逆流方向传播时 $f_2 = 1/t_d$，则

$$\Delta f = f_1 - f_2 = \frac{2v}{L} \qquad (2\text{-}5\text{-}11)$$

$$v = \frac{\Delta f L}{2} \qquad (2\text{-}5\text{-}12)$$

如果测得频差 Δf，即能测得被测流体的流速，消除了声速 C 的影响，这种方法叫频差法。得到 f_1、f_2 的方法有回鸣法及采用锁相技术的频差法。

二、电磁流量计

在可导电介质中可以采用电磁流量计。电磁流量计的测量原理如图 2-5-3 所示，利用电磁感应原理测出导管中的平均流速，进一步求得液体的体积流量。在均匀磁场中，安置一根非导磁材料制成的、内径为 d 且在内壁衬有绝缘材料的测量导管。当导电液体在测量导管流动时，将作切割磁力线运动。假设所有液体质点都以平均流速 v 运动，液流速度在整个测量导管的截面上是均匀一致的。这样，就可以把液体看成许多直径为 d 且连续运动着的薄圆盘结构，薄盘等效于长度为 d 的导电体，其切割磁力线的速度相当于 v。由电磁感应原理可知，在液体薄圆盘内将产生连续的感应电动势，其大小为

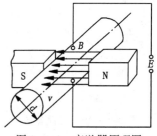

图 2-5-3　变送器原理图

$$E = Bdv \times 10^{-4} \qquad (2\text{-}5\text{-}13)$$

式中　E——感应电动势，V；

　　　B——磁感应强度，T；

　　　d——测量导管直径，cm；

　　　v——被测液体的平均流速，cm/s。

感应电动势 E 可通过位于测量导管直径两端的一对电极输出。E 的方向垂直于液体流向和磁力线方向，可用右手定则判断。

通过导管的流量 q 为

$$q = vA = \frac{1}{4}\pi d^2 v \qquad (2\text{-}5\text{-}14)$$

由式（2-5-13）知

$$v = \frac{E}{Bd} \times 10^4 \qquad (2\text{-}5\text{-}15)$$

代入式（2-5-14）得

$$q = \frac{1}{4}\pi d^2 \frac{E}{Bd} \times 10^4 = \frac{\pi d E}{4B} \times 10^4 \qquad (2\text{-}5\text{-}16)$$

当磁感应强度 B 保持常数时，被测流体的体积流量 q 与感应电动势 E 成正比，即

$$q = KE \qquad (2\text{-}5\text{-}17)$$

$$K = \frac{\pi d}{4B} \times 10^4 \qquad (2\text{-}5\text{-}18)$$

式（2-5-16）是在均匀直流磁场条件下导出的。由于直流磁场会使管道中的导电液体电解、电极极化，所以会影响测量的准确度，因此通常采用交流磁场工作。交流磁场的磁感应强度 B 表示为

$$B = B_{max}\sin\omega t \qquad (2\text{-}5\text{-}19)$$

式中 B_{max}——交流磁场感应强度的最大值；

ω——角速度；

t——时间。

把式（2-5-19）代入式（2-5-16）得

$$q = \frac{\pi d E}{4 B_{max} \sin \omega t} \times 10^4 \qquad (2\text{-}5\text{-}20)$$

式（2-5-20）说明，当 d 一定及磁感应强度 B 保持常数时，被测流体的体积流量 q 与两极间的电动势 E 成正比，由此可以得到被测流体的流量。

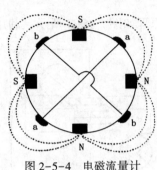

图 2-5-4　电磁流量计
测量原理图

电磁流量计主要用于测量电导率大于 $10^{-2}S/m$ 的单相流体，因此不适用于气体、蒸汽，可进行双向流动测量。电磁流量计对仪表前后直管段的要求不高，不受流体的温度、压力、密度、黏度等参数的影响，但被测流体内不应有不均匀的气体和固体，不应有大量的磁性物质。

电磁流量计的具体结构如图 2-5-4 所示。仪器传感器由两对发射电极和两对测量电极组成，两对发射电极产生水平方向的交变电磁场，当井内流体流经传感器时，流体切割磁力线并在测量电极中产生感应电动势。电磁流量计可以定点测量，也可连续测量，不受黏度和密度的影响，所以可以在出砂井或注聚合物井中应用。在这些井中，涡轮流量计中的涡轮转动不同程度地要受到影响。

课后习题

1. 简述涡轮流量计的测量原理及分类。

2. 与一般的连续性流量计相比，全井眼流量计和集流式流量计有何技术特点？

3. 简述涡轮流量计响应方程以及方程中仪器常数和启动速度的影响因素。

4. 涡轮流量计测井时为什么要分上测和下测两种方式多次测量？

5. 集流式流量计和示踪流量计测量过程应注意哪些问题？

6. 为什么说电磁流量计只适用于注水井而不适用于油井？

7. 已知某解释层涡轮流量测井曲线回归方程为 $n = 0.115(v_t - 18)$，其中 n 为涡轮转子转速（单位为 r/s），v_t 为测井速度（单位为 m/min），若井下为油、水两相流动，油水密度分别为 $0.8g/cm^3$ 和 $1g/cm^3$，油水持率均为 0.5，速度剖面校正系数为 0.8，油水界面张力系数为 40dyn/cm，套管内径为 12.46cm，试用滑脱模型 $\left(v_s = 1.53 Y_w \left[\frac{g\delta(\rho_w - \rho_o)}{\rho_w^2} \right]^{1/4} \right)$ 求该解释层油和水的体积流量。

参 考 文 献

[1] 苏彦勋. 流量计量. 北京：中国计量出版社，1991

[2] 施仑贝尔. 生产测井解释及其流体参数换算. 陆凤根，马贵福，译. 北京：石油工业出版社，1995

[3] 乔贺堂. 生产测井原理及资料解释. 北京：石油工业出版社，1992

[4] 姜文达，等. 油气田开发测井技术与应用. 北京：石油工业出版社，1995

第三章
流体密度及持水率测量

流体密度及持水率的测量，主要用于确定多相流动中油、气、水的含量及沿井筒的分布规律。流体密度仪包括放射性密度仪和压差密度仪两种；持水率仪根据测量原理可分为电容持水率计、微波持水率计、低能源持水率计等。本章主要介绍这些仪器的测量原理及资料处理方法。

第一节　放射性密度计

放射性密度计结构如图 3-1-1 所示，由伽马源、采样道和计数器 3 部分组成。当采样道内的流体密度发生变化时，计数器的响应就发生变化，地面设备采集的测井曲线就记录了取样通道中的流体密度。

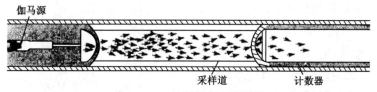

图 3-1-1　放射性密度计结构

放射性密度计采用 ^{137}Cs 作伽马源，发射的光子能量为 0.661MeV，在这一能量级下，不会发生电子对效应，同时将测量门槛值调到 0.1~0.2MeV，可以避免光电效应的影响，只记录发生康普顿散射的光子。因此，伽马源发出的伽马射线经采样通道到达探测器的射线强度为

$$I = I_0 e^{-\mu \rho L} \tag{3-1-1}$$

式中　I_0——伽马源处的伽马射线强度；

　　　I——计数器处的伽马射线强度；

　　　μ——康普顿吸收系数，cm^2/g；

　　　ρ——流体密度，g/cm^3；

　　　L——取样室长度，10~40cm。

对式（3-1-1）两边取对数，整理后得

$$\rho = \frac{\ln I_0}{\mu L} - \frac{\ln I}{\mu L} = K - \frac{\ln I}{\mu L} \tag{3-1-2}$$

若取 $\mu = 0.152cm^2/g$，$L = 6.58cm$，则 $\rho = \ln \frac{I_0}{I}$。式中，$K = \ln \frac{I_0}{\mu L}$，$L$ 已知，I_0 可以测出。μ 主要与元素荷质比 A/Z 有关（Z 为原子序数，A 为相对原子质量）。对于低原子序数元素，$Z/A \approx$ 0.5，即氢、氧、碳、钠等元素的康普顿吸收系数相差较小，而油、气、水和盐水的康普顿吸收系数基本相等。因此，在半对数坐标上，ρ 与 I 呈线性关系。

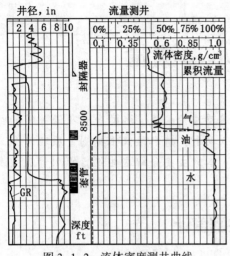

图 3-1-2　流体密度测井曲线

图 3-1-2 是在一口生产井中由放射性密度测井所得到的曲线，图中第二道中实线是流体密度测井结果，虚线是流量测井结果。流体密度测井显示井底有底水存在，且密度值略大于 $1.0g/cm^3$，说明井底沉有微砂粒或其他较重的悬浮物，或者是底水的矿化度较高。流量曲线显示下部流体基本不流动，证实了静水柱的存在，同时也说明这一层段的射孔是无效的。密度曲线显示，流体主要从上部射孔层段产出，由于伴有气体产出，流体密度明显减小，井下为三相流动。流体从套管进入封隔器以上的油管之后，密度进一步减小，说明油管中气相比例上升、重相比例减小。

利用密度曲线读值可以计算井筒中的持水率值：

$$Y_w = \frac{\rho_m - \rho_o}{\rho_w - \rho_o} \tag{3-1-3}$$

式中　ρ_m——密度曲线读值，g/cm^3；

　　　ρ_o——原油密度，g/cm^3；

　　　ρ_w——地层水的密度，g/cm^3。

图 3-1-3 是放射性密度计对密度的特征响应曲线，横坐标为密度，纵坐标为计数率。放射性密度计的不足之处是测量有统计波动、取样范围小以及对油水的灵敏性差。

由于伽马射线源不是以常量辐射射线，因此总的读数有统计波动，消除统计波动的方法是求取一定时间内的统计平均值。

放射性密度计的另一个不足是取样

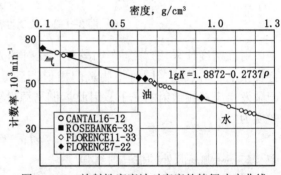

图 3-1-3　放射性密度计对密度的特征响应曲线

范围小，即与涡轮流量计类似，仅测中心附近的流体密度，不代表平均密度。在流型变化较大时，测量密度与平均密度差别更大，在斜井和水平井中尤其如此。

对油水两相来说，由于油与水密度相差不大，因此灵敏度很低。所以，密度计主要适用于气液两相流动。

第二节　压差密度计

压差密度计是通过测量井筒内距离为 2ft（0.6m）的压差确定流体的平均密度，仪器结构如图 3-2-1 所示。它由上下波纹管、电子线路短节、变压器、浮式连接管等组成，仪器外表为割缝衬管。波纹管是压力—位移测量转换元件，主要用于低压或负压测量。波纹管的结构如图 3-2-2 所示，其中一端开口，另一端密封，密封端处于自由状态。通入一定压力的液体或气体后，波纹管的伸长量为

$$x = \frac{(1-\mu^2)nA}{Eh_0\left(A_0+\alpha A_1+\alpha^2 A_2+B_0\dfrac{h_0^2}{r_0^2}\right)} \cdot p \tag{3-2-1}$$

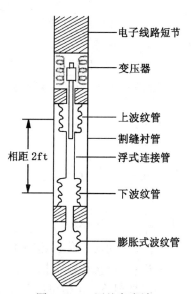

图 3-2-1　压差密度计

式中　p——波纹管承受的液体或气体的压力；

n——波纹数；

h_0——波纹开口处的壁厚；

E、μ——材料的弹性模数和泊松比；

A——波纹管的有效面积；

α——波纹平面部分的倾角；

r_0——波纹管开口处的内径；

A_0、A_1、A_2、B_0——取决于内半径 R_1、外半径 R_2 的参数。

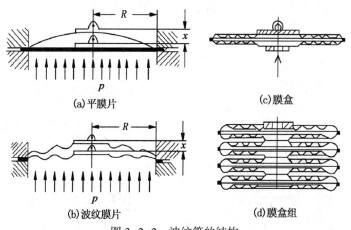

(a)平膜片　　　　　　(c)膜盒

(b)波纹膜片　　　　　(d)膜盒组

图 3-2-2　波纹管的结构

当自由端受到限制时，产生的轴向力为

$$F = Ap = \frac{\pi}{4}(R_1+R_2)p \tag{3-2-2}$$

由式（3-2-1）、式（3-2-2）知，当波纹管的结构和尺寸一定时，波纹管产生的轴向位移和轴向力均与压力 p 成正比。因此，为了测量流体的压力，常利用波纹管将压力变换成位移。发生位移后，滑动变压器将压力信号变化为电信号输出。

压差密度计测量的是上、下波纹管间的压差，根据伯努利方程可得

$$\frac{\mathrm{d}p}{\mathrm{d}Z} = \rho_{\mathrm{m}}g + \frac{f_{\mathrm{m}}v_{\mathrm{m}}^2\rho_{\mathrm{m}}}{2D} + \rho_{\mathrm{m}}v_{\mathrm{m}}\frac{\mathrm{d}v_{\mathrm{m}}}{\mathrm{d}Z} \tag{3-2-3}$$

式中　$\mathrm{d}p$——两个波纹管间的压差；

$\mathrm{d}Z$——两个波纹管间的距离；

v_{m}——流体平均流速；

ρ_m——流体平均密度；

D——管径；

f_m——摩阻系数。

对式(3-2-3)进行整理得

$$\frac{\mathrm{d}p}{\mathrm{d}Z_g} = \rho_m\left(1 + \frac{f_m v_m^2}{2D} + v_m\frac{\mathrm{d}v_m}{\mathrm{d}Z}\right) \qquad (3-2-4)$$

令 $\rho_{Gr} = \dfrac{\mathrm{d}p}{\mathrm{d}Z_g}$，$F = \dfrac{f_m v_m^2}{2D}$，$K = v_m\dfrac{\mathrm{d}v_m}{\mathrm{d}Z}$，则式(3-2-4)变为

$$\rho_{Gr} = \rho_m(1 + K + F) \qquad (3-2-5)$$

式中 ρ_{Gr}——测量值；

K——速度变化引起的压差；

F——摩擦引起的损失。

一般情况下，K 值可以忽略，但当速度变化幅度较大时不能忽略。F 是摩擦梯度，是流体与管壁及仪器外壁摩擦引起的压差，与流速、管径、流体黏度及管子表面粗糙度相关。

摩擦梯度的影响可用 $F = \dfrac{f_m v_m^2}{2D}$ 计算。f_m 的计算方法是

$$\begin{cases} f_m = \dfrac{64}{Re} & (Re < 2000) \\[2mm] f_m = \dfrac{0.3164}{\sqrt[4]{Re}} & \left(3000 < Re < \dfrac{59.7}{\varepsilon^{8/7}}\right) \\[2mm] f_m = \dfrac{1}{\left\{-1.8\lg\left[\dfrac{6.8}{Re} + \left(\dfrac{\Delta}{3.7d}\right)^{1.11}\right]\right\}^2} & \left(\dfrac{59.7}{\varepsilon^{8/7}} < Re < \dfrac{665 - 765\lg\varepsilon}{\varepsilon}\right) \\[2mm] f_m = \dfrac{1}{\left(2\lg\dfrac{3.7d}{\Delta}\right)^2} & \left(Re > \dfrac{665 - 765\lg\varepsilon}{\varepsilon}\right) \end{cases} \qquad (3-2-6)$$

式中 ε——相对粗糙度，$\varepsilon = \Delta/D$；

Δ——绝对粗糙度，普通管子的绝对粗糙度一般为 0.12~0.21mm；

Re——雷诺数。

尼古拉兹提出的光滑管的摩阻系数计算公式为

$$f_m = 0.0032 + 0.221Re^{-0.237} \qquad (3-2-7)$$

实际应用时，通常采用实验图版。经过摩擦校正，即可用校正后所得的密度资料确定相应层的持水率：

$$Y_w = \frac{\rho_m - \rho_o}{\rho_w - \rho_o} \qquad (3-2-8)$$

第三节 电容持水率计

电容法是目前测量生产井产液持水率的一种主要方法。电容持水率计按测量方法可分

为连续型和取样型两种。连续型用于连续测量或点测；取样型用于点测。连续型在高含水率时失去分辨能力，此时可采用取样型进行测量。

一、电容持水率计的基本原理

电容持水率计的取样室可等价为一个同轴圆柱形电容器，油、气、水混合物是电介质，当油与水的含量不同时，同轴电容器的电容相应地改变，因此可以通过测量电容值得到持水率。电容器的结构如图 3-3-1 所示，中心电极的半径为 r，包裹电极的绝缘层半径为 R_1，绝缘材料的相对介电常数为 ε_{r1}；电容器外电极的半径为 R_2，高度为 H；内、外电极之间油、水混合物的相对介电常数为 ε_{r2}。假设电极均匀，带电量为 Q，则电荷密度为 $\tau = Q/H$，L 为电介质内任一点到轴线的距离，$\boldsymbol{D}$ 为电位移矢量，E 为电场强度，U 为电势差，C 为电容，则柱状电容器的电容量为

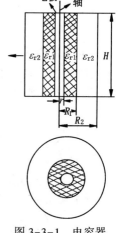

$$C = \frac{Q}{U} \qquad (3\text{-}3\text{-}1)$$

图 3-3-1　电容器
结构示意图

为了求 C，应先求 U。根据高斯定理，通过任一曲面的电通量，等于这个闭合曲面所包围的自由电荷的代数和，即

$$\oint_s \boldsymbol{D}\mathrm{d}s = Q$$

因为 $\oint_s \boldsymbol{D}\mathrm{d}s = 2\pi LDH$，$Q = \tau H$，则

$$2\pi DLH = \tau H$$

所以

$$D = \frac{\tau}{2\pi L} \qquad (3\text{-}3\text{-}2)$$

绝缘层中的电场强度为 E_1，取样室中的电场强度为 E_2，根据电场强度的定义可得

$$E_1 = \frac{\boldsymbol{D}}{\varepsilon_0 \varepsilon_{r1}} = \frac{\tau}{2\pi L \varepsilon_0 \varepsilon_{r1}} \qquad (r < L < R_1)$$

$$E_2 = \frac{\tau}{2\pi L \varepsilon_0 \varepsilon_{r2}} \qquad (R_1 < L < R_2)$$

因此，内外电极之间的电势差 u 为

$$u = \int_r^{R_2} 1\mathrm{d}u = \int_r^{R_1} E_1 \mathrm{d}L + \int_{R_1}^{R_2} E_2 \mathrm{d}L = \frac{Q}{2\pi \varepsilon_0 H}\left(\frac{1}{\varepsilon_{r1}}\ln\frac{R_1}{r} + \frac{1}{\varepsilon_{r2}}\ln\frac{R_2}{R_1}\right) \qquad (3\text{-}3\text{-}3)$$

将式（3-3-3）代入式（3-3-1）得总电容值为

$$C = \frac{2\pi \varepsilon_0 \varepsilon_{r1} \varepsilon_{r2} H}{\varepsilon_{r2}\ln\dfrac{R_1}{r} + \varepsilon_{r1}\ln\dfrac{R_2}{R_1}} \qquad (3\text{-}3\text{-}4)$$

式中　ε_0——真空的介电常数，$\varepsilon_0 = \dfrac{1}{4\pi \times 9 \times 10^9}\mathrm{F/m} = \dfrac{1}{4\pi \times 9 \times 10^{11}}\mathrm{F/cm}$。

式（3-3-4）即为连续型电容持水率计测量的基本原理。该仪器工作频率通常在 140～180kHz 的范围之内。

对于油、水混合物，介电常数可表示为

$$\varepsilon_{r2}^{\alpha} = Y_w \varepsilon_w^{\alpha} + (1 - Y_w) \varepsilon_{oi}^{\alpha} \tag{3-3-5}$$

式中　ε_{r2}——油、水混合物的相对介电常数；

　　　ε_w、ε_{oi}——水、油的介电常数；

　　　α——油水分布状态系数，$-1 \leqslant \alpha \leqslant 1$。

$\alpha = 0$ 时，表示油、水混合均匀（乳状流）；$\alpha = 1$ 时，表示油、水按同轴层状分布；$\alpha = -1$ 时，表示油、水呈水平同轴层状分布。

对于淡水 $\varepsilon_w = 80F/m$，考虑矿化度及温度影响，ε_w 约在 68F/m 左右；$\varepsilon_{oi} = 2 \sim 4F/m$。取 $\varepsilon_w = 80F/m$，$\varepsilon_{oi} = 2F/m$，$H = 96.5mm$，$r = 7.2mm$，$R_1 = 8.7mm$，$R_2 = 15.9mm$，$\varepsilon_{r1} = 3$，真空介电常数为 $8.85 \times 10^{-12}F/m$，并将式（3-3-5）代入式（3-3-4），可绘出电容量与持水率之间的关系曲线，如图 3-3-2 所示。图 3-3-3 是实验曲线，横轴是含水率（不是持水率），纵轴是仪器响应。两个图版中的曲线形状较为相似。

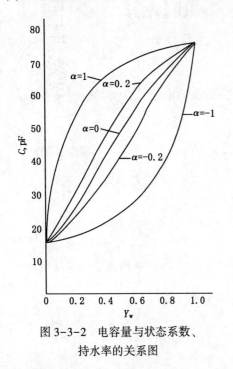

图 3-3-2　电容量与状态系数、
持水率的关系图

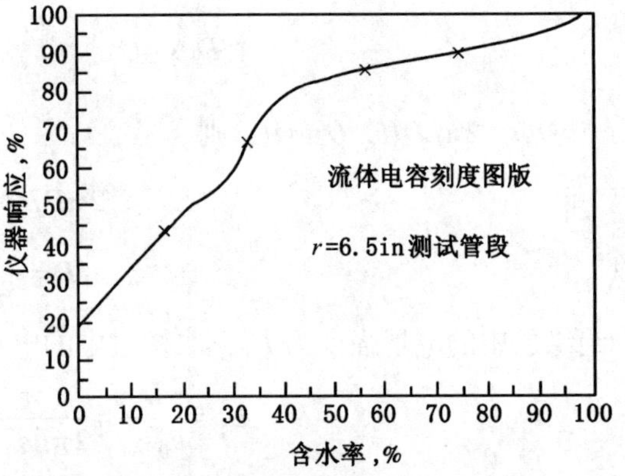

图 3-3-3　含水率与仪器响应的关系

实际测量时，将取样室的电容通过 LC 振荡电路转换成振荡频率输出：

$$f = \frac{1}{2\pi\sqrt{LC}} \tag{3-3-6}$$

式中　L——振荡电路的电感；

　　　C——持水率计中油水混合物产生的电容；

　　　f——振荡频率。

式（3-3-6）就是取样室电容 C 与 L 组成的振荡器产生的频率与持水率之间的关系式（图 3-3-3）。

前面提到仪器工作频率较低（140~180kHz），水在这一频率范围内完全呈导电性，因此泡状流（持水率约大于 0.3）时，水实际上作为导体将内外电极连为一体。这是由于矿化水进入取样室后，在内、外电极间电场作用下，水分子转向极化产生电场，同时水中正、负离子发生迁移产生附加电场。这两个电场方向相同，但与外电场方向相反，如图 3-3-4 所示。

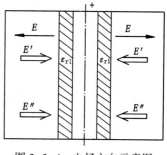

由静电场理论可知，外电场大小为

$$E = \frac{\tau}{2\pi\varepsilon_0 L}$$

水的极化电荷产生的电场为

$$E' = \frac{\tau(\varepsilon_{r2}-1)}{2\pi\varepsilon_0\varepsilon_{r2} L}$$

E、E' 叠加后的电场强度为

图 3-3-4　电场方向示意图

$$\Delta E = E - E' = \frac{\tau}{2\pi\varepsilon_0 L} - \frac{\tau(\varepsilon_{r2}-1)}{2\pi\varepsilon_0\varepsilon_{r2} L} = \frac{\tau}{2\pi\varepsilon_0\varepsilon_{r2} L}$$

阴离子逆 ΔE 方向迁移，到达绝缘层后不能释放负电荷，就聚集在绝缘层表面；阳离子顺着 ΔE 方向前进，到达外壳取得电子变成中性分子，这样绝缘层表面外的负电荷与外壳之间将产生一个附加电场 E''，E'' 的方向与 ΔE 的方向相反。当 E'' 与 ΔE 相同时，场强为零。电容器中的水成为一个等势体，阴、阳离子不再迁移，取样室外的电势等于绝缘层表面的电势，即外壳与内电极间的电容等于绝缘层间的电容，且为常量，即

$$C = \frac{2\pi\varepsilon_0\varepsilon_{r1} H}{\ln\dfrac{R_1}{r}} \tag{3-3-7}$$

式（3-3-7）说明，C 与持水率无关，即在矿化水及持水率大于 0.3（泡状流，水为连续相）的情况下，电容持水率计会失去分辨油水含量的能力。

在现场应用时，为了增大探测范围，通常将取样室外壁分成三个间隔相同的长方形，如图 3-3-4 所示，因此实际上测量结果与式（3-3-4）描述的理论响应有一定误差。

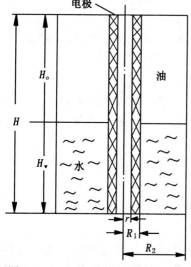

图 3-3-5　油水按密度分离示意图

二、取样型持水率计

为了弥补连续型持水率计的不足，人们对仪器进行了改进。测量时，打开电容器上、下阀门；当油、水流过时，关闭上、下阀门。由于重力分异作用，取样室中油、水分布如图 3-3-5 所示。令水柱高度为 H_w，油柱部分的电容为 H_o，则 $H = H_w + H_o$。水柱部分的电容为

$$C_w = \frac{2\pi\varepsilon_0\varepsilon_{r1} H_w}{\ln\dfrac{R_1}{r}} \tag{3-3-8}$$

油柱部分的电容 C_o 由绝缘层、油柱两部分电容串联而成，即

$$C_o = \frac{2\pi\varepsilon_0\varepsilon_{r1}\varepsilon_{oi}(H - H_w)}{\varepsilon_{oi}\ln\dfrac{R_1}{r} + \varepsilon_{r1}\ln\dfrac{R_2}{R_1}} \tag{3-3-9}$$

由于 C_o、C_w 并联，因此取样室中总的电容值为

$$C = C_o + C_w \tag{3-3-10}$$

由于持水率定义为

$$Y_w = \frac{\pi(R_2^2 - R_1^2)H_w}{\pi(R_2^2 - R_1^2)H} = \frac{H_w}{H} \qquad (3-3-11)$$

令

$$\begin{cases} C_{wh} = \dfrac{2\pi\varepsilon_o\varepsilon_{r1}H}{\ln\dfrac{R_1}{r}}, \quad C_w = C_{wh}Y_w \\[4mm] C_{oh} = \dfrac{2\pi\varepsilon_0\varepsilon_{r1}\varepsilon_{oi}H}{\varepsilon_o i\ln\dfrac{R_1}{r}+\varepsilon_{r1}\ln\dfrac{R_2}{R_1}} \Rightarrow C_o = C_{oh} - C_{oh}Y_w \end{cases} \qquad (3-3-12)$$

于是式（3-3-10）变为

$$C = C_o + C_w = C_{oh} - C_{oh}Y_w + C_{wh}Y_w$$

$$C = C_{oh} + (C_{wh} - C_{oh})Y_w \Rightarrow Y_w = \frac{C - C_{oh}}{C_{wh} - C_{oh}} = \frac{CPS - CPS_o}{CPS_w - CPS_o} \qquad (3-3-13)$$

式中　　C_{oh}——取样室中全充满油时的电容；

$\quad\quad C_{wh}$——取样室中全充满水时的电容；

$\quad\quad C_w$——取样室油水分离后，下部水柱部分的电容。

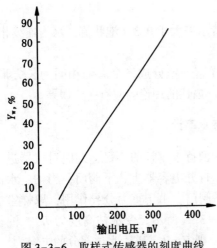

图 3-3-6　取样式传感器的刻度曲线

式（3-3-13）说明，电容与持水率 Y_w（或水柱高度）呈线性关系。图 3-3-6 是实际刻度曲线，纵坐标表示持水率，横坐标表示输出电压。

实际测量时，通过控制系统在地面可以自动同步开关顶盖和底盖。测量时将顶盖打开，使经集流后的油、水混合液从电容器的环形空间通过，然后把顶盖关闭，液流即被电容器取样，仪器静止，待油、水在重力作用下完全分离，界面清楚后进行测量。测量后将底盖打开，放出液样，准备测下一点。

测量过程中应注意：

（1）取样后，顶盖和底盖必须密封，不能有泄漏，这样才能保证油、水分离，否则测量电容值将降低。

（2）在待测点打开顶、底盖，为了克服原液样中残留部分及生产层段静水柱的影响，需让流体从电容器环形空间流过一段时间再取样，从打开顶、底盖开始到关闭取样，这段时间叫取样时间。一般情况下，流量越大，取样时间就越短。为了防止测量出现假象，应根据仪器的规格和产液情况摸索出合适的取样时间。

（3）从取样到测量这段时间叫分离时间，因为井筒中的流体是经过集流才进入电容器中，所以混合较为均匀。对于高流量、高含水的油井，分离的时间较长，乳状流分离时间最长，一般分离时间在 15~30min。

上面推导的电容理论公式的基础是假设电场呈轴对称，电极和取样筒无限长，即边缘效应忽略不计。实际上，取样室的结构不可能满足这个条件。取样筒的有效长度为 23cm 左右；取样器下部有球形阀作筒底，有上单流阀作筒盖；电极棒在结构上没有插到筒底，这都会使电场发生畸变（图3-3-7），使测量的持水率偏高。这些因素的影响，使得视含水率的分辨能力为5%～95%。如果流体中有砂、气或其他物质，取样筒流体可分离为3层或4层，此时，总的电容等效电路如图3-3-8所示，总的电容为

$$C = C_g' + C_o' + C_w' + C_s' = \frac{C_{\varepsilon_g} C_g}{C_{\varepsilon_g} + C_g} + \frac{C_{\varepsilon_o} C_o}{C_{\varepsilon_o} + C_o} + \frac{C_{\varepsilon_w} C_w}{C_{\varepsilon_w} + C_w} + \frac{C_{\varepsilon_s} C_s}{C_{\varepsilon_s} + C_s} \qquad (3\text{-}3\text{-}14)$$

$$C_{\varepsilon_i} = \frac{2\pi\varepsilon_0 \varepsilon_{r1} L_i}{\ln \dfrac{R_1}{r}} \qquad (i = g, o, w, s) \qquad (3\text{-}3\text{-}15)$$

$$C_i = \frac{2\pi\varepsilon_0 \varepsilon_i L_i}{\ln \dfrac{R_2}{R_1}} \qquad (i = g, o, w, s) \qquad (3\text{-}3\text{-}16)$$

式中　C_g'、C_o'、C_w'、C_s'——气、油、水、砂粒或其他物质产生的电容；

　　　L_g、L_o、L_w、L_s——气柱、油柱、水柱、砂柱的高度；

　　　ε_g、ε_s——气、砂的相对介电常数，由于气和油的相对介电常数近似相等（$\varepsilon_g = 2$，$\varepsilon_{oi} = 2\sim4$），因此气柱和油柱可看作物理相似。

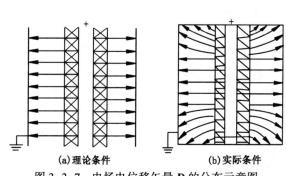

(a)理论条件　　　　(b)实际条件

图3-3-7　电场电位移矢量 *D* 的分布示意图

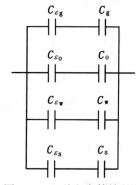

图3-3-8　总电容等效电路

若分离后为油、水、砂3层介质，则

$$C = C_o' + C_w' + C_s' \qquad (3\text{-}3\text{-}17)$$

整理可得

$$C = (A - B)HY_w + BH + (C - B)L_s \qquad (3\text{-}3\text{-}18)$$

$$A = \frac{2\pi\varepsilon_0 \varepsilon_{r1} \varepsilon_w}{\varepsilon_w \ln \dfrac{R_1}{r} + \varepsilon_{r1} \ln \dfrac{R_2}{R_1}} \qquad (3\text{-}3\text{-}19)$$

将式（3-3-19）中的 ε_w 分别替换为 ε_{oi}、ε_s，即得到 B、C。

如果取样室内电极绝缘层上黏附油膜、油滴或蜡质物，假设这些物质分布均匀，则相当于电极表面有2层电介质。此时，绝缘层电容与该介质串联，同时可以得到总电容为

$$C = (A_1 - B_1)HY_w + B_1H \qquad (3\text{-}3\text{-}20)$$

$$A_1 = \frac{2\pi\varepsilon_0}{\dfrac{1}{\varepsilon_{r1}}\ln \dfrac{R_1}{r} + \dfrac{1}{\varepsilon}\ln \dfrac{R}{R_1} + \dfrac{1}{\varepsilon_w}\ln \dfrac{R_2}{R_1}} \qquad (3\text{-}3\text{-}21)$$

式中　ε——电极表面覆盖物的介电常数；

　　R——半径。

将式(3-3-21) 中的 ε_w 替换为 ε_{oi}，即得到 B_1。

第四节　微波持水率计

为了消除地层水导电（矿化度）对测量结果的影响，近年来又研制了微波持水率计，该持水率计主要是通过提高工作频率降低传导电流的影响。电容持水率计的工作频率通常在 $140\sim180\text{kHz}$，属于中波持水率计；微波持水率计采用的频率在 $30\sim300\text{MHz}$，属超短波持水率计。

一、传导电流与位移电流

由电子或离子相对于导体移动所形成的电流称为传导电流。位移电流等于电场中通过一定截面电位移通量的时间变化率。通常情况下，电介质中的电流为位移电流，传导电流可以忽略不计；导体中的电流主要是传导电流，位移电流可以忽略不计。在高频情况下，导体中的位移电流和传导电流同时起作用。把油水流体看作均匀介质，把电场强度看作时间的正弦函数，即

$$E = E_0 \sin(\omega t)$$

则传导电流 i 可以表示为

$$i = \delta_m E = \delta_m E_0 \sin(\omega t) \tag{3-4-1}$$

式中　E——电场强度；

　　E_0——电场强度极大值；

　　ω——角频率；

　　t——时间；

　　δ_m——混合电导率。

位移电流 i_D 表示为

$$i_D = \varepsilon \frac{\partial E}{\partial t} = \omega \varepsilon E_0 \cos(\omega t) \tag{3-4-2}$$

位移电流与传导电流的比值 R 为

$$R = \frac{i_D}{i} = \frac{\omega \varepsilon}{\delta_m} \cot(\omega t) = R_m \cot(\omega t) \tag{3-4-3}$$

式中　ε——混合物的介电常数；

　　R_m——R 的最大值。

微波持水率计的设计目的是尽可能消除传导电流的影响，即

$$R_m = \frac{\omega \varepsilon}{\delta_m} \gg 1 \tag{3-4-4}$$

矿化度为 $20\times10^4\text{mg/L}$，温度为 $100℃$ 时，地层水的电阻率为 $0.017\Omega \cdot \text{m}$；矿化度为 $2000\times10^4\text{mg/L}$ 时，地层水电阻率为 $1.8\Omega \cdot \text{m}$。由式(3-4-4) 知，忽略的条件是

$$\frac{2\pi f \varepsilon_r \varepsilon_0}{\delta_m} \gg 1 \tag{3-4-5}$$

式中 ε_r——相对介电常数。

利用式（3-4-5）可以计算出忽略传导电流的频率，其中 ε_r 用式（3-3-5）计算，δ_m 采用下式计算（油水两相）：

$$\delta_m = \frac{2Y_w\delta_w}{3-Y_w} \qquad (3-4-6)$$

式中 Y_w——持水率；

δ_w——水的电导率。

δ_w 和水的相对介电常数 ε_w 是随矿化度 K 和温度变化而变化的，ε_w 与温度、矿化度的实验关系为

$$\varepsilon_w = \varepsilon_{w1} - 0.155T - 0.413T^2 + 0.00158K$$

$$\varepsilon_{w1} = 94.88 - 0.2317T + 0.0007T^2$$

如 $T=200℃$、$K=50000mg/L$ 时，则由上式得出 $\varepsilon_w=58.7$。由于这些原因，忽略传导电流所需的工作频率是变化的，通常应取工作频率在 600～1000MHz 以上。达不到这一工作频率时，传导电流要产生影响，具体表现为仪器的重复性差。

二、测量原理

简化 CDB 含水率计如图 3-4-1 所示（一终端开路传输线）。由电磁波传播理论可知，高频信号通过传输线时会发生分布参数效应，电流流过导线时存在着分布电阻、分布电感、分布电容、分布电导，因此可以把同轴传输线看作集总参数电路（图 3-4-2）。

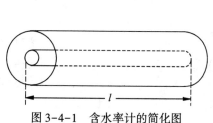

图 3-4-1　含水率计的简化图

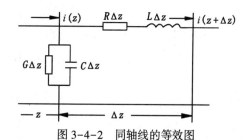

图 3-4-2　同轴线的等效图

设同轴线上 z 处的电流为 $i(z)$，电压为 $u(z)$，$z+\Delta z$ 处的电流为 $i(z+\Delta z)$，电压为 $u(z+\Delta z)$。图 3-4-2 中，G 为分布电导，C 为分布电容，L 为分布电感，R 为分布电阻，根据电工学中的吉尔霍夫定律，经过整理可得以下电极方程：

$$-\frac{\partial u(z,t)}{\partial z} = Ri(z,t) + L\frac{\partial i(z,t)}{\partial t} \qquad (3-4-7)$$

$$-\frac{\partial i(z,t)}{\partial z} = Gu(z,t) + C\frac{\partial u(z,t)}{\partial t} \qquad (3-4-8)$$

微波持水率计的长度为 10cm，内、外探头距离为 5mm，相应的分布参数表示为

分布电阻：$$R_d = \left(\frac{1}{a}+\frac{1}{b}\right)\left(\frac{f\mu_0}{4\delta_1}\right)^{0.5} \qquad (3-4-9)$$

分布电感：$$L_d = \frac{1}{2}\mu_0\ln\frac{b}{a} \qquad (3-4-10)$$

分布电容：
$$C_d = 2\varepsilon_0 \varepsilon_r \frac{1}{\ln\dfrac{b}{a}}$$
(3-4-11)

分布电导：
$$G_d = \frac{2\delta_m}{\ln\dfrac{b}{a}}$$
(3-4-12)

式中　　a——内探头外径；

　　　　b——外壁内径；

　　　　δ_m——混合物电导率；

　　　　δ_1——外壁电导率。

传输线的电流和电压表示为

$$u(z,t) = \text{Re}[u(z)e^{j\omega t}]$$
(3-4-13)
$$i(z,t) = \text{Re}[I(z)e^{j\omega t}]$$
(3-4-14)

$u(z)$、$I(z)$ 为电压、电流的有效值。对于微波持水率计，由于探头很短，所以分布电阻 R_d 很小。因而分布电阻和分布电导可以忽略，因此得

$$-\frac{du}{dz} = j\omega L I$$
(3-4-15)

$$-\frac{dI}{dz} = j\omega C u$$
(3-4-16)

$$Z = R + j\omega L$$
(3-4-17)
$$Y = G + j\omega C$$
(3-4-18)

联立式(3-4-15)、式(3-4-16) 解得

$$u = A_1 e^{-j\beta z} + A_2 e^{j\beta z}$$
(3-4-19)
$$I = (A_2 e^{j\beta z} - A_1 e^{-j\beta z})Z_0$$
(3-4-20)

其中
$$\beta = \omega\sqrt{LC}$$
(3-4-21)

$$Z_0 = \sqrt{L/C}$$

式中　　Z_0——特征阻抗。

已知 $u(l) = u_l, I(l) = I_l$，则可解得

$$A_1 = \frac{u_l - I_l Z_0}{2} e^{j\beta l}$$
(3-4-22)

$$A_2 = \frac{u_l + I_l Z_0}{2} e^{j\beta l}$$
(3-4-23)

令 $d = l - Z$，l 为探头长度，把 A_1、A_2 代入式(3-4-19)、式(3-4-20)，并转化为三角函数形式，可得

$$u(d) = u_l\cos(\beta d) + jZ_0 I_l\sin(\beta d)$$
(3-4-24)
$$I(d) = I_l\cos(\beta d) + ju_l\sin(\beta d)/Z_0$$
(3-4-25)

根据输入阻抗定义，可得 d 处的输入阻抗为

$$Z_d = \frac{u(d)}{i(d)} = \frac{u_l\cos(\beta d) + jZ_0 I_l\sin(\beta d)}{I_l\cos(\beta d) + ju_l\sin(\beta d)/Z_0}$$

$$= \frac{Z_l + jZ_0\tan(\beta d)}{1 + jZ_l\tan(\beta d)/Z_0} \tag{3-4-26}$$

因为微波持水率计可看作是终端开路的同轴线，即 $Z_l \to \infty$，因此

$$Z_d\big|_{Z_l \to \infty} = Z_0 \frac{1 + \dfrac{jZ_0\tan(\beta d)}{Z_l}}{\dfrac{Z_0}{Z_l} + j\tan(\beta d)} = Z_0 j\cot(\beta d) \tag{3-4-27}$$

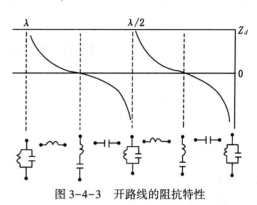

图 3-4-3　开路线的阻抗特性

由 $Z_d = j\left(\omega L - \dfrac{1}{\omega C}\right)$ 知，当 $Z_d < 0$ 时仪器探头呈电容性，当 $Z_d > 0$ 时呈电感性。图 3-4-3 是终端开路同轴线的阻抗特性曲线，由图可知，当波长 $\lambda < \dfrac{1}{4}$ 时仪器探头呈电容性，探头可等效为一个电容，数值取决于油气分布及其含量，即

$$-\frac{j}{\omega C} = jZ_0\cot(\beta d) \tag{3-4-28}$$

由于

$$Z_0 = \sqrt{\frac{L}{C}} = \frac{1}{2\pi}\sqrt{\frac{u_0}{\varepsilon_0}}\ln\frac{R}{r} \tag{3-4-29}$$

$$f = \frac{1}{\lambda_0\sqrt{\varepsilon_0\varepsilon_r\mu_0}} \tag{3-4-30}$$

因此可得

$$C = \frac{\varepsilon_0\sqrt{\varepsilon_r}\lambda_0}{\ln\dfrac{R}{r}\cot\dfrac{2\pi}{\lambda}} \tag{3-4-31}$$

其中

$$\lambda = \lambda_0 / \sqrt{\varepsilon_r}$$

式中　R——外壁内半径；

　　　r——探头外半径；

　　　λ_0——真空中的波长；

　　　λ——介质中的波长。

由于 $\dfrac{d}{\lambda_0} \ll 1$，所以 $\cot\dfrac{2\pi d\sqrt{\varepsilon_r}}{\lambda_0} \approx \dfrac{\lambda_0}{2\pi d\varepsilon_r}$，于是式（3-4-31）变为

$$C = \frac{\varepsilon_0\sqrt{\varepsilon_r}\lambda_0}{\ln\dfrac{R}{r}\cot\dfrac{2\pi d\sqrt{\varepsilon_r}}{\lambda}} = \frac{2\pi\varepsilon_0\varepsilon_r d}{\ln\dfrac{R}{r}} \tag{3-4-32}$$

取 $d = l$，由于内探头外侧有一橡胶保护层，该层与取样室串联。因此，可以得到整个探头所产生的电容为

$$C = \frac{2\pi l\varepsilon_0\varepsilon_{r1}\varepsilon_r}{\varepsilon_{r1}\ln\dfrac{R}{r_1} + \varepsilon_r\ln\dfrac{r_1}{r}} \tag{3-4-33}$$

式中 ε_{r1}——橡胶保护层的介电常数；

$\quad\quad r_1$——橡胶保护层的外半径。

式(3-4-33) 与连续型电容持水率计响应表达式在形式上与式(3-3-4) 相同，但前者是低频率条件下导出的，后者是在高频忽略传导电流的条件下导出的。

第五节 低能源持水率计

一、测量原理

低能源持水率计是利用低能光子穿过油、气、水混合物时油、水的质量吸收系数不同而进行持水率测量的。光子能量低于 30keV 时，主要发生光电效应而被吸收，光电吸收系数随吸收介质的原子序数 Z 的增大而急剧增大。油和气是碳氢化合物，水是氢氧化合物，它们的差别是碳和氧的差别。碳和氧的原子序数分别为 6 和 8。对碳和氧来说，一个光子与一个原子的绕核电子产生光电效应的概率之比约为 0.266，就是说一个氧原子比一个碳原子的光电吸收系数要大得多。只要保证吸收过程主要是光电效应起作用，就能把碳和氧区别开，因而也就能把水和油气区分开。

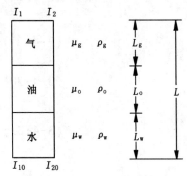

图 3-5-1 油气水呈层状分布

对于不同的物质，其质量衰减系数 μ_m（单位是 cm^2/g）随伽马射线能量 E_R 变化的曲线有较大的差别。当 $E_R < 30keV$ 时，水、原油或甲烷的质量吸收系数有明显的差别，利用这一差异可以测量油、水的持率；当 $E_R > 60keV$ 后，它们的差别逐渐减小；当 $E_R > 90keV$ 时，水和油的质量吸收系数相等，利用这一特点，可以测定油、气、水的混合密度，这也正是第一节中放射性密度计的测量原理。

假定油气水三相流体混合均匀，则可用油气水三相层状分布计算伽马射线的减弱强度（图 3-5-1）。当伽马射线垂直通过该层状介质时，穿透前后射线的强度 I_0 和 I 的关系为

$$I = I_0 e^{-(\mu_g L_g \rho_g + \mu_w L_w \rho_w + \mu_o L_o \rho_o)} \quad\quad (3-5-1)$$

$$L = L_o + L_g + L_w \quad\quad (3-5-2)$$

式中 μ、ρ、L——质量吸收系数、密度和折合厚度；

$\quad\quad$下标 g、o、w——气、油、水。

当伽马射线能量大于 60keV，但又不足以发生电子对效应时，μ_o、μ_g、μ_w 相等，用 μ_m 表示，此时有

$$\rho_m = \frac{L_o \rho_o + L_g \rho_g + L_w \rho_w}{L} \quad\quad (3-5-3)$$

$$I = I_0 e^{-\mu_m \rho_m L} \quad\quad (3-5-4)$$

整理得

$$\rho_m = \frac{1}{\mu_m L} \ln \frac{I_0}{I} \quad\quad (3-5-5)$$

对于能量小于 30keV 的光子，考虑 $E_R = 22keV$ 时 $\mu_o = \mu_g$，又知 $Y_w = L_w/L$，对

式(3-5-1) 整理，并结合式(3-5-3) 得

$$I = I_0 e^{-[\mu_o \rho_m L + (\mu_w - \mu_o)\rho_w Y_w L]}$$

所以可得

$$Y_w = \frac{\ln \dfrac{I_0}{I} - \mu_o \rho_m L}{(\mu_w - \mu_o)\rho_w L}$$ (3-5-6)

式(3-5-6) 中的 μ_o、μ_w、L 是与温度、压力无关的常数，ρ_w 受温度、压力影响较小。只要在 $E_R < 30keV$、$E_R > 60keV$ 的条件下分别测出 I、I_0，就可得到 ρ_m 和 Y_m 值。

二、放射源

低能源持水率计测量时，通常选镉（$^{109}_{48}Cd$）作为放射源。$^{109}_{48}Cd$ 通过 K 层电子俘获，转变为激发态的 $^{109}_{47}Ag^m$，再经同质异能跃迁形成稳态的 $^{109}_{47}Ag$。

K 层电子俘获，即原子核将 K 壳层的绕核电子俘获，核中的一个质子与被俘获的电子结合形成一个中子和一个中微子，写成核子反应方程则为

$$^{1}_{1}P + ^{0}_{-1}e \longrightarrow ^{1}_{0}n + \upsilon (中微子)$$
$$^{109}_{48}Cd + ^{0}_{-1}e \longrightarrow ^{109}_{47}Ag^m + \gamma + Q$$

$^{109}_{48}Cd$ 的半衰期为 470d。发生 K 层电子俘获后 K 壳层少了一个电子，此时比 K 壳层能级更高的轨道电子（如 L 层电子）可能跃迁至 K 壳层来填补被俘获电子的空位，而将两壳层的能级差变为 X 射线放射出来，其能量为

$$E_X = E_L - E_K = 22.2 (keV)$$

$^{109}_{47}Ag^m$ 转变为稳态的 $^{109}_{47}Ag$ 时，发射能量为 88keV 的伽马射线，半衰期为 39.2s。所以从整个核转变过程来说，就是从 $^{109}_{48}Cd$ 转变为 $^{109}_{47}Ag$，并发射出能量分别为 22.2keV 和 88keV 的两组辐射。图 3-5-2 是对它测出的能谱，可以利用能量较低的一组射线测定混合流体中的持水率，用能量高的另一组射线测量混合流体密度，有了这两个参数就可以求持油率和持气率：

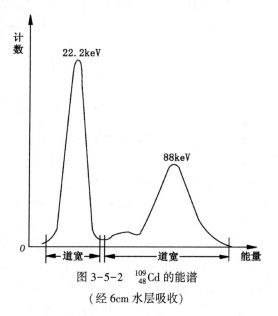

图 3-5-2 $^{109}_{48}Cd$ 的能谱

（经 6cm 水层吸收）

$$Y_o = 1 - Y_g - Y_w$$
$$Y_g = \frac{Y_w(1 - \rho_o) + (\rho_o - \rho_m)}{\rho_o - \rho_g}$$

在 $E_R = 88keV$ 时，油、气、水的质量吸收系数相等，在数值上为 $0.152cm^2/g$。在 22.2keV 时，水的质量吸收系数为 $0.563cm^2/g$，油气的质量吸收系数为 $0.327cm^2/g$，源距为 $L = 6.58cm$。将这些数据代入式(3-5-6) 得理论响应方程为

$$Y_w = \frac{4.24}{6.58} \ln \frac{I_0}{I} - 1.39 \rho_m$$ (3-5-7)

若放射源不具备 2 个区别明显的能级时，可在 $E_R<88\text{keV}$ 的范围内，选择 2 个测量窗口 1、2。令窗口 1 处的油、水质量吸收系数分别为 μ_{o1}、μ_{w1}，光子能量为 I_{10}，I_{10} 被吸收后的强度为 I_1。在窗口 2 处，油、水的质量吸收系数为 μ_{o2}、μ_{w2}，光子能量为 I_{20}，I_{20} 被吸收后的强度为 I_2。

在窗口 1 处，可得

$$\ln\frac{I_1}{I_{10}}=-\mu_{o1}\rho_m L-(\mu_{w1}-\mu_{o1})\rho_w Y_w L \tag{3-5-8}$$

在窗口 2 处，可得

$$\ln\frac{I_2}{I_{20}}=-\mu_{o2}\rho_m L-(\mu_{w2}-\mu_{o2})\rho_w Y_w L \tag{3-5-9}$$

方程式(3-5-8)、式(3-5-9) 中，Y_w、ρ_m 为未知数，其他参数均为已知数，联立求解，即可得到 Y_w、ρ_m 的数值。

第六节　电导法含水率计

电导法含水率计是利用油、水电导率的差别测量井筒持水率的。

根据电导率分布模型，可以得出油水混合物与持水率的关系：

$$\begin{cases} \delta_m = \dfrac{2Y_w\delta_w}{3-Y_w} & \text{（油呈泡滴状）} \\[3mm] \delta_m = \dfrac{Y_w\delta_w^{1.5}}{(2-Y_w)^{0.5}} & \text{（油呈椭球状）} \end{cases}$$

由上可知，混合电导率与持水率呈非线性关系，只要能测得混合电导率，则可得出持水率值。仪器的结构实际上是同轴放置的两个线圈（双线圈系），在均匀油气水混合介质中忽略位移电流时，麦克斯韦方程的形式是

$$\text{rot}\boldsymbol{H}=\delta_m\boldsymbol{E}-\text{j}\omega\varepsilon_r\boldsymbol{E}$$
$$\text{rot}\boldsymbol{E}=\text{j}\omega\mu\boldsymbol{H}$$
$$\text{div}\boldsymbol{E}=0$$
$$\text{div}\boldsymbol{H}=0$$

式中　$\boldsymbol{H}$、$\boldsymbol{E}$、μ、ε_r、ω——磁场强度、电场强度、磁导率、混合相对介电常数和角频率。

对该方程求解，可以得出接收线圈中相位差 ϕ 与持水率的关系：

$$\phi=\sqrt{\frac{\delta_m\mu\omega}{2}}[z]-\frac{\pi}{4} \tag{3-6-1}$$

第七节　流动成像仪

为了更直观显示井下持率分布，斯伦贝谢公司研制出了持率流动成像仪（Floview），仪器结构如图 3-7-1 所示，仪器外径为 1.6875in。在套管 4 个垂直的方位上放置火柴盒大小的探头，用于测量井眼内流体的电阻率，高值代表油气，低值代表水。探头置于 4 个扶正叶片的内部，叶片起保护作用。探头对套管内流体电阻的变化很灵敏，当从连续水相进入

油气泡中时会产生一个二进制输出信号（图3-7-2）。

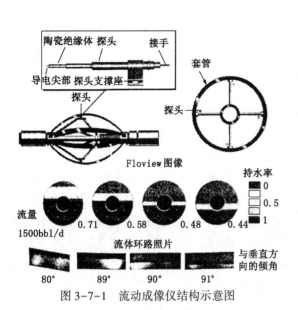

图 3-7-1　流动成像仪结构示意图

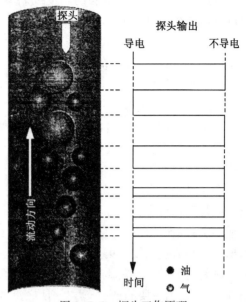

图 3-7-2　探头工作原理

如果流动是非乳状流（雾状）且泡的尺寸大于探头，则可从探头的二进制输出信号中得到持水率和泡的计数率。持水率是由探头的导电时间确定的，根据平均输出频率可以计算出泡的计算率。泡的计数率越大，说明油的流速越高。在三相流动中，该仪器仍可给出准确的持水率。每个探头所测的是局部持水率和局部泡的计数率，组合 4 个探头的输出可以输出层析持水率图像和流速层析图像。每个探头处的局部持水率可用下式计算：

$$Y_{\mathrm{w}}^{i} = \frac{\sum t_{\mathrm{w}}^{i}}{\sum \left(t_{\mathrm{w}}^{i} + t_{\mathrm{o}}^{i} \right)} \qquad (3\text{-}7\text{-}1)$$

式中　Y_{w}^{i}——探头 i 处的局部持水率；

　　　t_{w}^{i}——探头 i 处水的导电时间；

　　　t_{o}^{i}——探头 i 处油的导电时间。

式（3-7-1）的适用条件是非乳状流动，且泡的直径大于探头直径。每个探头所记录的油气泡的泡计数率为

$$B_{\mathrm{c}}^{i} = \frac{n_{\mathrm{b}}^{i}}{\sum \left(t_{\mathrm{w}}^{i} + t_{\mathrm{o}}^{i} \right)} \qquad (3\text{-}7\text{-}2)$$

式中　B_{c}^{i}——第 i 个探头处的油气泡的泡计数率；

　　　n_{b}^{i}——一定时间内到达探头 i 的泡数。

将各探头的局部持水率值平均可以得出平均持水率曲线，持水率曲线确定后，持气率和持油率即可得到。

图 3-7-3 展示的是 B_{c}^{i} 与电缆速度的交会图，与涡轮流量计的交会图类似，不同之处

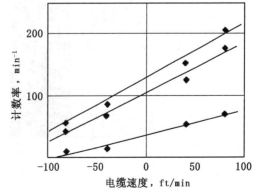

图 3-7-3　泡计数率与电缆速度交会图

是交会线的斜率变化较大，原因是泡计数率与泡的大小及持率成正比，而与电缆速度并不严格成正比。利用零流量层的刻度线斜率，结合泡计数率资料，同时在两个探头间内插，可以得出油相（气相）的速度图像分布：

$$v_n^i = B_c^i k - v_1 \qquad (3-7-3)$$

式中　v_n^i——第 i 个探头的油速度；

　　　k——斜率；

　　　v_1——电缆速度。

利用式(3-7-3)，可以计算出油相的平均流速，在泡的大小不变的情况下，这一计算结果精度较高。实际上套管径向泡的大小分布不均，通过径向各探头间的平均，可以减小相应的影响。利用这一方法取得的流速不受滑脱速度的影响。

图 3-7-4 显示的是流动成像与其他测井同时测量的成果图。第一道是深度及井况曲线；第二道是平均持率、温度及压差密度曲线；第三道是径向持率成像结果，图像是对仪器一次或多次测量时探头读值进行重建形成的；第四道显示的是传统涡轮流速曲线和流动成像给出的油相流速曲线；第五道给出的是径向速度分布图像；第六道是速度剖面。该井为斜井，倾斜角为 49°，井口产油 181m³/d，含水率为 82%，气油比为 460m³/m³。成果显示，第 3、4 层段为主要的产油气层，第 1、2 层为主要产水层。

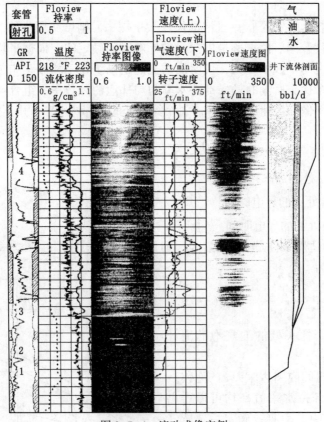

图 3-7-4　流动成像实例

课后习题

1. 简述放射性密度计的测量原理。为什么说放射性密度计更适合气、液两相流动？

2. 为什么说当流量较高时，压差密度计测量得到的流体密度值需要进行校正？

3. 在斜井或水平井中采用放射性密度计和压差密度计测量得到的流体密度值都可能不准确，为什么？

4. 简述电容持水率计的测量原理。为什么说电容持水率计不适合在高含水油井中测量？

5. 比较电容持水率计和微波持水率计的测量原理，说明它们之间的异同点。

6. 简述低能源持水率计的测量原理。

7. 流动成像仪在持率测量方面有哪些优点？

8. 已知井下原油、天然气和水的密度分别为 $0.8g/cm^3$、$0.2g/cm^3$ 和 $1g/cm^3$，某持水率计在原油和水的刻度值分别为 26000 和 10000，若测得某流体的混合密度为 $0.78g/cm^3$、持水率读数为 18000，试计算油、气、水各相持率。

9. 某油水生产井采用涡轮流量计和密度计进行测井，由某解释层涡轮流量曲线分析得其回归方程为 $n = 0.115(v_t - 10)$。其中 n 为涡轮转子转速（单位为 r/s），v_t 为测井速度（单位为 m/min），流体密度为 $0.9g/cm^3$。若井下原油和地层水的密度分别为 $0.8g/cm^3$ 和 $1g/cm^3$，速度剖面校正系数为 0.8，油水滑脱速度为 4.5m/min，套管内径为 12.5cm，试求该解释层油和水的体积流量（以 m^3/d 为单位）。

参 考 文 献

[1] 郭海敏. 多相流中流体电容法含水率计新的响应方程及其应用//SPWLA 第 31 届年会论文集. 北京：石油工业出版社，1992

[2] Guo Haimin. An Interpretative Method for Production Logs in Three-phase Flows. SPE22970, 1991

[3] 郭海敏. CDB 含水率计产生非一致响应的原因及改进. 测井技术，1993（2）

[4] Guo Haimin. The Design, Development of Microwave Holdup Meter and Application in Production Logging Interpretation of Multiphase Flows. SPE26451, 1993

[5] 贾修信. 电容法测量含水率原理及其应用的探讨. 测井技术，1985（6）

第四章
温 度 测 井

自 20 世纪 30 年代后期以来,随着温度测量技术的应用,人们逐渐把这一方法用于油气井生产测试。温度测井一开始被用于寻找油气层,后来发现油和水之间的热特性差别很小,因此油层和水层间的导热性能没有太大差别。尽管如此,人们发现通过测量和分析温度异常,可以评价生产井产层动态。目前,已发展了多种生产测井仪器,但温度测井仍是重要的生产测井参数,其主要原因是,无论井况如何,都可以精确地测量井筒温度剖面,有些情况下的温度测井还可以反映井的长期特性。

本章论述温度测井原理及温度测井的现场应用实例。

第一节　温度测井原理

表征物体冷热程度在热平衡状态时的物理量叫温度。自 1593 年意大利科学家伽利略发明温度计以来,温度测量技术和温标发生了较大变化。所谓温标,就是为定量表示物体的温度,根据标准温度(定义定点)、标准温度计和内插公式所确定的温度计的标度。

常用的温标有华氏温度、列氏温度、摄氏温度和热力学温度。

1714 年德国的华林海特把冰水加盐的混合液体温度作为 $0℉$,把人体温度作为 $100℉$,后来改为水的冰点为 $32℉$,水的沸点为 $212℉$,形成了华氏温标,用 t_F 表示,单位为 $℉$。

1930 年法国的列奥缪尔将水的冰点作为 $0°R'$,将水的沸点作为 $80°R'$,创立了列氏温度,用 t_R' 表示,单位为 $°R'$。

1942 年瑞典的摄尔秀斯把水的沸点定为 $0°$,水的冰点定为 $100°$,随后被修正为水的冰点为 $0℃$,水的沸点为 $100℃$,建立了摄氏温标,用 t_C 表示,单位为 $℃$。

1948 年英国的开尔文以热力学定律中的卡诺原理作为热力学温标的理论依据,提出了热力学温标。这种温标以水的三相点为基准,具有稳定性、唯一性、复现性和客观性,而 t_F、t_R'和 t_C 都与物质的性质有关。热力学温度用 T_K 表示,单位为开尔文,简称开,用 K 表示:

$$1K = \frac{水的三相点的热力学温度}{273.16}$$

水的三相点的热力学温度为 273.16K,即 $0.01℃$。因此摄氏 $0℃$ 相当于 273.15K。热力学温度与摄氏温度的关系为

$$T_K = 273.15 + t_C \tag{4-1-1}$$

摄氏温度与华氏温度的关系为

$$t_C = \frac{5}{9}(t_F - 32) \tag{4-1-2}$$

其他几种温度之间的关系读者可自己进行换算。

生产测井中常用的温度计量单位是摄氏温度和华氏温度。井下测量温度的仪器,根据测量环境温度的要求有多种,常用的有电阻式温度计和热电偶温度计两种。

一、电阻式温度仪

电阻式温度仪是利用金属丝的电阻与温度的函数关系测量井筒温度的。一般情况下，随温度上升，金属的电阻增加。仪器的结构如图 4-1-1 所示，热敏电阻随温度的变化通过电桥电路转成电压信号、频率信号传至地面。电阻式温度计所测温度的绝对精度为±2.5℃，分辨率较高，约为 0.025℃，可以和流量计、持率计、密度计组合同时下井。

1. 金属热敏电阻

金属热敏电阻是温度仪的基本传感器，能做热敏电阻的金属丝必须具备下列条件：

（1）温度和电阻的关系在测量范围内是连续函数。

（2）在任何温度下，温度和电阻有相同的函数关系。

（3）物性相同的金属丝，温度和电阻函数关系应相同。

（4）当发生氧化等现象时，温度和电阻的函数关系不变。

金属电阻在宏观上与金属丝长度成正比，与横断面积成反比，即

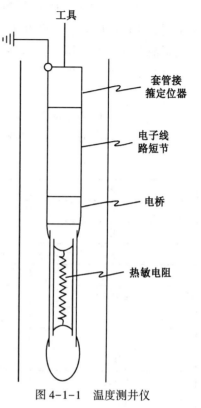

图 4-1-1　温度测井仪

$$R = \rho \frac{l}{A} \qquad (4-1-3)$$

式中　l——长度；

A——横截面积；

ρ——电阻率。

微观上，Bloch 实验指出：电阻大小主要由带电粒子数和粒子移动的难易程度所决定，即

$$\rho = \frac{ne^2\tau}{m} \qquad (4-1-4)$$

式中　n——带电粒子数；

e——电荷；

m——质量；

τ——带电粒子的难动性。

ρ 主要取决于难动性，难动性取决于下述 3 个因素：

（1）晶格的热振动使带电粒子散射。

（2）晶格不规则（杂质）使带电粒子散射。

（3）带电粒子间的互相散射。

上述 3 个因素中，晶格热振动是由温度引起的。因此，温度增加使得金属丝电阻率增大。电阻率与温度间的关系为

$$\rho = \rho_0(1+\alpha t) \qquad (4-1-5)$$

式中 ρ_0——0℃时某金属的电阻率；

ρ——t℃时的电阻率；

α——温度系数。

表4-1-1列出了几种金属的电阻率和温度系数。由表中可看出，铜和康铜的温度系数相差可达 10^3 数量级，它们的电阻率相差近30倍，铂与康铜也是这样，因此铜和铂对温度十分敏感，而康铜对温度不敏感。根据这一规律，测量电阻的变化即可求出温度的变化，温度变化引起电阻变化的规律是

$$R_T = R_0 [1 + \alpha(T - T_0)] \tag{4-1-6}$$

式中 R_T——温度为 T 时的电阻值；

R_0——温度为 T_0 时的电阻值。

表4-1-1 几种金属的电阻率和温度系数

材料	$\rho(20℃)$，$\Omega \cdot m$	$\alpha(0 \sim 100℃)$，1/℃
碳	1×10^{-5}	-5×10^{-4}
银	1.65×10^{-8}	3.0×10^{-3}
铜	1.75×10^{-8}	4×10^{-3}
铝	2.83×10^{-8}	4×10^{-3}
低碳钢	1.3×10^{-7}	6×10^{-3}
铂	1.06×10^{-7}	3.89×10^{-3}
锰铜	4.2×10^{-7}	5×10^{-6}
康铜	4.4×10^{-7}	5×10^{-6}
镍铬铁	1×10^{-6}	1.3×10^{-4}
铝铬铁	1.2×10^{-6}	8×10^{-5}

几种常用的纯金属的电阻之比与温度变化的关系中，铂的线性度最好，铜、银次之，铁、镍最差。

铂是一种贵重金属，由于其物理、化学性质非常稳定，而且在1200℃还表现了良好的稳定性，因此铂被公认为是目前制造热敏电阻的最好材料。铜丝可用来制造在-50～150℃范围内的工业用电阻温度计，特点是价格低廉，且容易得到高纯度材料，在上述温度范围内线性关系较好，比铂电阻有较高的灵敏度；缺点是电阻率较低，且易氧化，因此只能用在较低温度及没有水分侵蚀的介质中。

在0～630.74℃的温度范围内，铂电阻与温度的关系为

$$R_T = R_0(1 + aT + bT^2)$$

$$a = \alpha(1 + \delta/100℃)$$

$$b = -10^{-4}\alpha\delta℃^{-2}$$

$$\alpha = 3.9259668 \times 10^{-3}℃^{-1}$$

$$\delta = 1.496334℃$$

2. 半导体热敏电阻

除了金属热敏电阻之外，常用的还有半导体热敏电阻。它通常是将锰、钴、镍等氧化物按一定比例混合后压制并在高温下焙烧而成。与金属热敏电阻相比，半导体热敏电阻具

有很高的负温度系数，适用于-100~300℃之间的温度测量。

半导体热敏电阻的基本特性是电阻与温度间的关系，这一关系反映了热敏电阻的性质。当温度不超过规定值时，保持本身特性；超过时，特性被破坏。其温度与热电阻的关系为

$$R = Ae^{\frac{B}{T}} \tag{4-1-7}$$

式中　A——与热敏电阻尺寸及半导体物理性能有关的常数；

　　　B——与半导体物理性能有关的常数；

　　　T——绝对温度。

若已知 T_1、T_2 温度下的电阻分别为 R_1 和 R_2，则可求出

$$A = R_1 e^{-\frac{B}{T_1}} \tag{4-1-8}$$

$$B = \frac{T_1 T_2}{T_2 - T_1} \ln \frac{R_1}{R_2} \tag{4-1-9}$$

将式(4-1-8) 代入式(4-1-7) 得

$$R = R_1 e^{\frac{B}{T} - \frac{B}{T_1}} \tag{4-1-10}$$

通常取 20℃ 时电阻值为 R_1，记作 R_{20}；取 100℃ 时电阻值为 R_2，记为 R_{100}。将 $T_1 = 293K$ 及 $T_2 = 373K$ 代入式(4-1-9) 可得

$$B = 1365 \ln \frac{R_{20}}{R_{100}} \tag{4-1-11}$$

例如，$R_{20} = 965 \times 10^3 \Omega$，$R_{100} = 27.6 \times 10^3 \Omega$，求得 $B = 4850K$，将 B 及 R_{20} 代入式(4-1-10)，即可得热敏电阻的温度特性。

半导体热敏电阻的温度系数 α 表示为

$$\alpha = \frac{1}{R} \frac{dR}{dT} \tag{4-1-12}$$

对式(4-1-12) 微分可得
$$\alpha = -\frac{B}{T^2} \tag{4-1-13}$$

α、B 值都是表示热敏电阻灵敏度的参数，与金属热敏电阻相比，半导体热敏电阻的温度系数要高得多。

3. 测量原理

生产测井中，温度仪通常采用的是金属热敏电阻，并通过惠斯通电桥电路实现（图 4-1-2），把温度变化引起的电阻变化（R_1）转换成电压信号输出：

$$\Delta U_{MN} = U_M - U_N = I \frac{R_1 R_3 - R_2 R_4}{R_1 + R_2 + R_3 + R_4} \tag{4-1-14}$$

当 $\Delta U_{MN} = 0$，也就是 $R_1 R_3 - R_2 R_4 = 0$ 时，电桥处于平衡状态，根据电桥平衡的条件，即

$$\frac{R_1}{R_2} = \frac{R_4}{R_3}$$

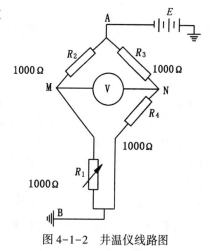

图 4-1-2　井温仪线路图

在图 4-1-2 中，如果 R_2、R_3、R_4 由温度系数小的金属（康铜等）做成，作为电桥的固定臂；而 R_1 用温度系数大的铜或铂做成，作为电桥的灵敏臂，就构成常用的测温电

桥。令

$$R_4 = R_2 = R_1 = R_0 , \quad R_3 = R_0 + \Delta R , \quad K = \frac{4}{R_0 \alpha}$$

由于 $R_0 \gg \Delta R$，$\Delta R = R_0 \alpha （T - T_0）$，故式（4-1-14）整理可得

$$T = K \frac{\Delta U_{MN}}{I} + T_0 \qquad\qquad (4-1-15)$$

式中　K——仪器常数，表示电阻每变化一个单位时温度的变化值。

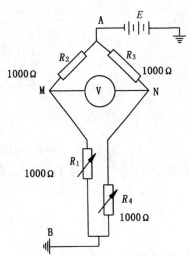

图 4-1-3　微差井温仪线路图

式（4-1-15）即是温度测量的理论方程。当材料选定后，$K = \frac{4}{R_0 \alpha}$ 中的 α 和 R_0 就固定了，即 K 为常量。式（4-1-15）中，如果 I 固定，则温度 T 和 ΔU_{MN} 即呈线性关系。T_0 是电桥的平衡温度，即 $R_1 = R_2 = R_3 = R_4$ 的温度。这就是通常见到的温度测井仪的基本原理。测出的曲线也叫梯度井温曲线，即温度随深度变化的曲线。

对梯度井温曲线（沿井轴方向上单位深度上的井温变化）进行处理，可得微差井温曲线。微差井温曲线主要用于研究井筒局部温度异常。

测量微差井温的另一种方式是双臂传感器（图 4-1-3），图中 R_1、R_2、R_3、R_4 为电桥的 4 个臂，R_1、R_4 为灵敏臂。若在同一温度下，$R_2 = R_3 = R_0$、$R_1 = R_4$ 时，AB 的供电电流强度为 I，MN 两点间的电位差为零。当 R_1、R_4 所处的温度不同时，R_1 的介质温度为 T_1，R_4 的介质温度为 T_2，则

$$R_1 = R_0 \left[1 + \alpha（T_1 - T_0）\right] \qquad\qquad (4-1-16)$$
$$R_4 = R_0 \left[1 + \alpha（T_2 - T_0）\right] \qquad\qquad (4-1-17)$$

此时电桥的平衡被破坏，由于 α 值很小，当 $\alpha（T_1 + T_2 - 2T_0）\ll 4$ 时，则 $\alpha（T_1 + T_2 - 2T_0）$ 可忽略不计，令 $K = \frac{4}{R_0 \alpha}$、$T_1 - T_2 = \Delta T$，则 M、N 两点间出现的电位差为

$$\Delta U_{MN} = \frac{\alpha（T_1 - T_2）}{4 + \alpha（T_1 + T_2 - 2T_0）} I R_0 = \frac{I}{K} \Delta T \qquad\qquad (4-1-18)$$

式中，ΔT 为两个灵敏臂所处介质的温度差。ΔU_{MN} 和 ΔT 之间呈线性关系，ΔU_{MN} 的变化反映了井下两个灵敏臂所在的温度的变化，即井轴上两点地温梯度的变化。ΔT 是两点间的温度差，地温梯度不变时，ΔT 不变，测井曲线为一条直线，只有当地温梯度变化时，曲线才会出现异常。测量沿井身的两点的温度差，可以克服井内温度随深度增加的影响，使温度异常更加明显地反映出来。

4. 热惯性

热惯性也叫时间常数，它表示仪器感受周围介质温度的速度。仪器从一个温度的介质进入另一个温度介质时，仪器的温度变化越快越好。如果感受温度的速度缓慢，当测井速度较高时，仪器反映的温度就要小于实际温度，两者就会有误差。

假设时间 $t = 0$ 时，仪器温度为 T_1，把它放入温度为 T_2 的介质中（$T_2 > T_1$），经过时间 t

后，井温仪温度为 T，传感器感受温度不是时变的。开始时，两者温差大，吸热快，温升较快；之后，升温则越来越慢。

运用相关的数学方法，可得到井温传感器感受温度的规律

$$T = T_2 + (T_1 - T_2) e^{-\frac{t}{\lambda}} \tag{4-1-19}$$

或

$$T = T_1 (T_2 - T_1)(1 - e^{-\frac{t}{\lambda}}) \tag{4-1-20}$$

式（4-1-20）中，当 $\lambda = t$ 时，$1 - e^{-\frac{t}{\lambda}} \approx 0.63$，表示从 T_1 变到 T_2 时，传感器温度变到两种介质的温差的 0.63 倍所用的时间。λ 越大，感温速度越低；λ 越小，感温速度就越高。

热惯性 λ 与传感器的热容量成正比，与表面积及热导率成反比。因此，仪器的技术指标与热惯性、传感器的尺寸、材料、介质的性质以及测量条件有关。井温测井时，为了防止仪器和电缆运动破坏原始温度场，要求在下井过程中记录温度场。

二、热电偶温度仪

电阻式温度仪主要用于中、低温测量。为了在注蒸汽井和高温井中进行测量，人们研制了热电偶温度仪。热电偶是由两种不同的金属丝在 A、B 两端形成一个回路，两结点的温度不同，在回路中将产生随温度而变化的电流，由此测量温度的变化。通常把两种不同的偶丝组合起来的测温传感器叫热电偶。常用的热电偶，低温可测到 $-50℃$，高温可以达到 $1600℃$ 左右；配用特殊材料的热电偶，最低点测到 $-180℃$，高温可达 $2800℃$。热电偶温度仪的特点是构造简单，测量范围广，有良好的灵敏度。

在热电偶回路中，当两结点温度不同时，产生电流的原因是热电效应引起的。图 4-1-4 表示的是两种导体（或半导体）A、B 组成的一个闭合回路。1、2 两点的温度不同时，回路中就会产生热电势，因而就有电流产生，电流表就会发生偏转，这一现象称为热电效应（塞贝克效应），产生的电势、电流分别叫热电势、热电流。导体 A、B 叫热电极。测量时，结点 1 置于被测温度场中，称为测量端；结点 2 处在某一恒定温度，称为参考端。

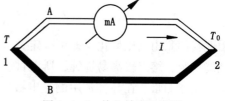

热电势 $E_{AB}(T, T_0)$ 是由两种导体的接触电势和单一导体的温差电势组成。

图 4-1-4　热电效应示意图

1. 接触电势

接触电势是由两种金属导体内自由电子的密度不同造成的。导体 A、B 接触时，接触处会发生电子扩散，扩散速率与自由电子的密度及金属所处的温度成正比。设金属 A、B 中自由电子密度分别为 N_A、N_B，且 $N_A > N_B$，单位时间内由金属 A 扩散到金属 B 的电子数要比由 B 扩散到 A 的电子数多。因此，金属 A 失去电子带正电，金属 B 则带负电，接触处便形成了电位差，即接触电势，这个电势会阻碍电子进一步扩散，一直到平衡为止。

接触电势可以表示为

$$E_{AB}^x(T) = \frac{kT}{e} \ln \frac{N_A}{N_B} \tag{4-1-21}$$

式中　k——玻耳兹曼常量，1.38×10^{-23} J/K；

T——接触处的热力学温度；

e——元电荷，$1.6 \times 10^{-19} \mathrm{C}$；

N_A、N_B——金属 A、B 的自由电子密度。

图 4-1-4 中 T_0 端的电势为

$$E^x_{\mathrm{AB}}(T_0) = \frac{kT_0}{e} \ln \frac{N_\mathrm{A}}{N_\mathrm{B}}$$

其方向与 $E^x_{\mathrm{AB}}(T)$ 相反，回路的总电势为

$$E^x_{\mathrm{AB}}(T) - E^x_{\mathrm{AB}}(T_0) = \frac{k}{e}(T - T_0) \ln \frac{N_\mathrm{A}}{N_\mathrm{B}} \tag{4-1-22}$$

2. 温差电势

均质导体中，如果两端的温度不同，导体内部也会产生电势，这种电势称为温差电势。温差电势的形成是由于导体内高温度端自由电子的动能比低温端自由电子的动能大，因此高温端失去电子带正电，温度较低的一边因得到电子带负电，从而形成了电位差。温差电势可以表示为

$$E^e_{\mathrm{A}}(T, T_0) = \int_{T_0}^{T} \delta_\mathrm{A} \mathrm{d}T \tag{4-1-23}$$

式中 δ_A——A 导体的汤姆孙系数。

对于两种导体 A、B 组成的热电偶回路，温差电势为

$$E^e_{\mathrm{AB}}(T, T_0) = \int_{T_0}^{T} (\delta_\mathrm{A} - \delta_\mathrm{B}) \mathrm{d}T \tag{4-1-24}$$

式（4-1-24）表明，温差电势只与 A、B 的组成材料及两点的温度 T、T_0 有关，而与几何尺寸无关。如果两点间的温度相同，则总的温差电势为零。

综上所述，对于均质导体组成的热电偶，其总电势为接触电势与温差电势之和，即

$$E_{\mathrm{AB}}(T, T_0) = E^x_{\mathrm{AB}}(T) - E^x_{\mathrm{AB}}(T_0) + \int_{T_0}^{T} (\delta_\mathrm{A} - \delta_\mathrm{B}) \mathrm{d}T \tag{4-1-25}$$

因此我们测出电压变化，即可确定井筒温度的变化。实际应用时，由于纯铂丝的物理化学性能稳定，熔点较高易提纯，所以目前常用纯铂丝作为标准电极，与其他电极构成热电偶，进行温度测量。在几种常用的热电极中，铂铑属高温热电偶，镍铬属中温热电偶，铜、康铜属低温热电偶，这些热电偶在相应的温度范围内有较好的热电特性。

实际应用热电偶测量温度时，需要在回路中引入连接导线。中间导体定律指出，只要中间连线两端的温度相同，连入回路中后对总的热电势无影响。

3. 热电偶的测量线路

图 4-1-4 是最简单的线路图，适用于对测温准确度要求不高的场合。当要求测温精度较高时，常采用自动电位差计线路与热电偶配接，图 4-1-5 是常用的热电偶的测量线路。图中，R_w 为调零电位器，测量前调节它使仪表位于零点；R_H 为精密合成膜测量电位器，用来调节电桥输出的补偿电压；R_w 和 R_H 组成的桥路由一稳定的参考电压源 U_r 供电；R_c 为限流电阻。为了降低滑线电阻 R_H 的滑动触头在运动中产生的热电势的影响，并提高仪表的动态性能和考虑量程切换的需要，桥路输出采用分压形式。图中的滤波器可以提高仪表抗干扰能力，一般对 50Hz 的工作频率干扰电压可衰减至 1/100 以下。

图 4-1-5 的工作原理如下：由热电偶输出的被测直流电势 E_f 经过滤波器加于桥路，与

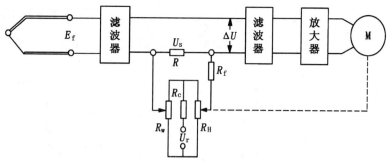

图 4-1-5　自动电位差计线路

桥路的输出分压电阻 R 两端的直流电压 U_s（也称补偿电压）相比较，比较后的差值电压 ΔU（不平衡电压）经滤波、放大后，输出足够的功率以驱动可逆电动机 M。可逆电动机 M 通过一组传动系统带动测量桥路中滑线电阻 R_H 的滑动触头，从而改变滑动触头与滑线电阻的接触位置，同时带动仪表指针移动，直到测量桥路输出的补偿电压与被测的直流电压信号相平衡为止。此时差值电压等于零，放大器无输出，可逆电动机停止转动，桥路处于平衡状态。因此根据滑动触头的平衡位置，在标度尺上读出相应的被测温度。如被测电动势改变，则产生新的不平衡，然后再经过上述的自动调节过程，达到新的平衡位置，同时又读出新的被测温度值。

第二节　温度测井定性解释

温度测井的主要应用途径是定性分析。在注入井中，注入流体通常使井筒冷却，因此井温通常低于地热温度；在注入层的最底部，温度测井曲线明显上升至地热温度。有时，测井仪器不能下到最底部，此时可用关井温度确定注入层段的注入情况。在注入井中进行温度测井能确定窜槽，当流动温度测井曲线和关井温度曲线在达到底界下部之前仍未回到地热温度，可以认为这是下行窜槽；若关井温度测井曲线在射孔层段上部很长一段的距离仍显示低温异常，则可以认为发生了上行窜槽。

在生产井中，产出液体的井温曲线在产出层上部出现正异常，即井温高于地热温度；产气时，由于气体膨胀吸热，产生了冷却，使温度下降，测井曲线通常产生负异常，但在压力较高时，气体可能不变冷，甚至具有一定的热量，或者气体在流动中由于摩擦作用而产生的热比它膨胀时吸收的热要多。以下是一些井温测井的实例。

一、注入井的关井井温曲线

通常关井 48h 后测井温曲线，由于要得到几条不同时间内测的井温曲线，因此实际测量时，一般在 48h 以内就开始测量，根据井温曲线向地热梯度线恢复的情况确定吸水层位。图 4-2-1 是一口井的实例，该井进行过井下施工，施工前、后各测了流量曲线，施工后，又利用温度恢复法测了几条温度曲线。由图中可知，注水井段的上界面是 F 层，下界面是 C 层，A、B 两层很少或不吸水，D、E 两层不能确定。流量计曲线显示大多数流体是从 C 与 F 两个井段进入地层的。综合显示，大多数流体是从 C 与 F 两个层段进入地层的，A、B、D、E 井段注入的水很少。

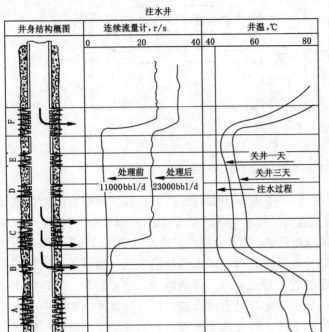

图 4-2-1 用静态（关井）井温测井确定注入层段

二、用温度测井确定产层位置

图 4-2-2 是产气层在两种情况下的井温曲线。一种情况是地层渗透率较低，此时压力降落较大，导致气体膨胀加剧，温度较低；另一种是渗透率较高的情况，此时压力降较小，气体膨胀的也较小。

三、用井温检查窜槽

套管外的窜槽、封隔器的泄漏以及其他故障可以通过井温测井检查出来。图 4-2-3 中流体从 P 处起，先在套管—地层的环形空间中向下流动，然后在 P′ 处进入套管向上流动。从井底出发，井温曲线循着地热剖面移到 P′ 处。在 P′ 处，曲线位于 P 和 P′ 之间的某一较低的温度，并以指数方式趋近于渐近线 A_1A_1'。在 P 处，井温分布比地热分布还要高些，这是由于流体是从 P 到 P′ 再回到 P。在 P 以上，温度曲线以指数方式趋向渐近线 A_2A_2'。在 P′ 处，温度曲线的切线是垂直的，在 P 处其切线不垂直。窜槽流量较小时，P 点处的曲线波动不太明显，类似于套管—地层间的环空中没有任何流动时的情况一样。

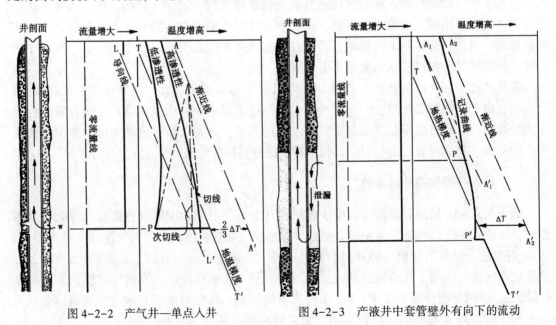

图 4-2-2 产气井—单点入井   图 4-2-3 产液井中套管壁外有向下的流动

图 4-2-4 是一口气窜井的情况，气体先是在套管—地层的环形空间中向上流，然后进

入套管并继续向上流。由于气体膨胀，在 P 和 P′两处会产生制冷效应，这两部分的井温曲线的渐近线相同（AA′）。从井底出发，井温曲线先沿着地热剖面向上，在 P 点产生一个负异常，从 P 到 P′，以指数方式变冷并趋于渐近线 AA′。这里只是一种比较典型的情况，P 与 P′之间温度降落的具体情况在实际情况下有较大差异。上述图示给出的是窜槽现象的一些典型曲线，具体情况下井温曲线千变万化，无法一一举例，可以根据具体情况具体分析。

图 4-2-5 是一口刚固井的生产井，固井时间大约是 20h，套管外径为 7in，产层（渗透地层）层位是裸眼井测井分析给出的。该井在 800m 井深处射孔，上面部分固井良好，井温显示套管外有窜槽发生，窜槽层位是从 675m 到 800m。

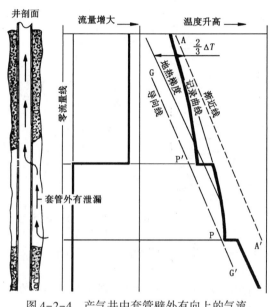

图 4-2-4　产气井中套管壁外有向上的气流

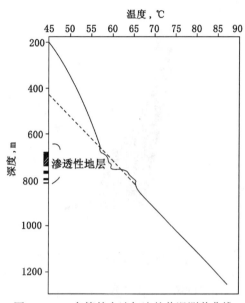

图 4-2-5　套管外有油气流的井温测井曲线

四、确定地下井喷段和水泥返高

钻井过程中，流体从某高压层中涌出造成较低压地层的崩塌，从而发生井喷。温度测井可用于确定流体从哪个层位流出和地下井喷发生的位置。

井温测井也可以确定水泥返高面。水泥固化是一种放热过程，会引起井眼温度的上升，这从温度测井曲线上可以反映出来。图 4-2-6 是固井 24h 后所得的温度测井曲线，图中 A 处温度上升确定为水泥的返高面，A 的上部没有水泥，温度较低，下部温度升高是水泥放热引起的。B 处温度升高是在固井的最后几包水泥中添加促凝剂增大了生热量引起的。D 处的温度升高是水泥塞堵塞，导致井筒内大量储存水泥引起的。

五、用温度测井确定水力裂缝

温度测井可用来评估水力裂缝高度。1966 年，Agnew 首次提出，水力裂缝的垂直高度通常可根据压裂作业后很短时间内进行的关井测井曲线上的高温异常或低温异常来确定。挤入的压裂液一般比被压裂地层的温度高或低，目前使用的压裂液一般比地层温度低。在压裂过程中，低温压裂液被挤入裂缝，而井周未被压裂的地层散热从而降温。关井后，对应着未压开地层的井眼部位，通过非稳态的辐射热传导方式，温度逐渐转回至地层温度；

在未被压开层段，主要以热传导方式升温。由于辐射热交换比热传导交换的速度快，因此被压开地层的升温相对慢，在相应的井温曲线上呈现低温异常。图4-2-7是利用温度测井直接确定压裂层段的一个例子，该井注入压裂液416m³，射孔孔眼17个，10650～11450ft处的低温异常显示垂直裂缝高度为800ft，裂缝的顶部高出最高孔眼200ft。

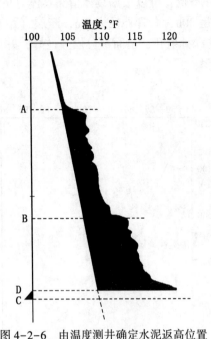

图4-2-6　由温度测井确定水泥返高位置

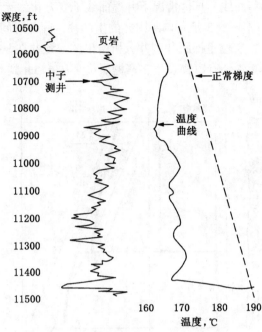

图4-2-7　用温度测井确定压裂裂缝高度

用温度测井确定裂缝高度，有时会出现异常情况。例如，某井关井所测的井温曲线在对应的压裂层段出现了预期的低温异常，但在射孔层位上部出现了明显的高温异常，这是由热传导性差异引起的。温度与岩石的热传导系数成反比，热传导性高的岩石改变周围温度速度往往比那些热传导性低的岩石慢，因此，当冷的压裂液被泵入一个较热的井眼内时，高热传导性的岩石比低热传导性的岩石冷却得慢。停止泵注后，热传导性高的地层温度相对较高。

也有研究者认为，压裂后温度测井所示的高温异常可能产生于压裂液高流量穿过射孔孔眼进入裂缝时产生的摩擦热。对比压裂前后的温度曲线可以判断压裂层位。

课后习题

1. 简述电阻式温度仪和热电偶温度仪的测量原理。它们的测量范围有何不同？
2. 在注水剖面测井中，井温曲线一般有什么特点？
3. 为什么说用井温曲线能确定产出井的产层位置？
4. 温度测井能用于检测窜槽吗，为什么？
5. 如何用温度测井检查地层酸化、压裂效果？

参 考 文 献

［1］　James K H. Geothermal Log Interpretation Handbook. SPWLA，1982
［2］　郭振芹. 非电量电测量. 北京：中国计量出版社，1986

第五章
压力测井及资料分析

本章介绍地层压力的成因、井筒压力的测量及资料分析方法，此外还介绍电缆地层测试器及动态地层测试器的测量原理及应用实例，内容包括试井、DST 测试、RFT（FMT）测井、MDT 测试及套管井地层测试方法。

第一节　压力成因

压力是油气田开发中的一个重要参数。油、气、水能从油藏喷出地面，是因为油层中存在着驱动力，这些驱动力即为油层压力。通常油层压力有两个成因，一是来源于上覆岩层的静压力；二是来源于边水或底水的水柱压力。由于油层是一个连通的水动力系统，当油藏边界在供水区时，在水柱压力的作用下，油层的各个水平面上将具有相应的压力数值。有些油层虽然没有供水区，但在油藏形成过程中，经受过油气运移时的水动力作用或地质变异时的动力、热力及生物化学等现象的作用，也会使油层内具有一定数值的压力。

油田投入开发前，整个油层处于均匀受压状态，这时油层内部各处的压力称为原始地层压力。原始地层压力的数值大小与油藏形成的条件、埋藏深度以及与地表的连通状况等有关。多数情况下，油藏压力与深度成正比，压力梯度值在 0.07~0.12atm/m 范围内变化。从油田第一批探井测试中所取得的压力即代表原始地层压力。

油田投入开发后，采油、注水使原始地层压力的平衡状态被破坏，使地层压力的分布状况发生变化，这一变化贯穿于油田开发的整个过程。处于变化状态的地层压力，包括静止地层压力和流动压力，主要通过生产井和观察井内的压力测量取得。在油藏的一定深度处，覆盖层压力等于流体压力与在个别岩石质点之间作用的颗粒压力之和。在某一特定深度处，覆盖层压力通常是常数，流体压力下降将导致颗粒压力相应增加；反之亦然。通常所说的压力实际上是指岩石孔隙内的流体压力。

在同一水动力系统内，流体压力与深度的关系受油藏邻近的水压所控制，某一地层深度的水压为

$$p_w = \left(\frac{\mathrm{d}p}{\mathrm{d}Z}\right)_w Z + 101325 \tag{5-1-1}$$

式中　Z——深度，m；

　　　p_w——压力，Pa；

　　　$(\mathrm{d}p/\mathrm{d}Z)_w$——水的压力梯度，决定于其化学成分（矿化度）。

对于纯水，压力梯度值为 9806.65Pa/m；对于地层水，压力梯度典型值为 10179.9Pa/m。显然，式（5-1-1）假定水压与地面连通且水的矿化度不随深度改变，这在多数情况下是成立的。水压不满足式（5-1-1）的称为压力异常。异常情况下，在式（5-1-1）右端加上常数 C，超压层 C 为正值，欠压层 C 为负值。

如果某一地层的流体压力异常，该地层必然与其周围地层隔绝，静水压力到地表不连

续。造成异常压力的原因可能是温度变化，也可能是地质构造变化等，如储集层隆起会引起水压相对其埋藏深度来说偏高；储集层下降则会产生相反的效果。另外，不同矿化度的水之间的渗透也可能造成异常压力。起密封作用的页岩在离子交换中相当于一个半渗透膜，如果其中水的矿化度较周围水的高，渗透将造成异常高的压力。烃类压深关系与静水压力不同之处在于油和气的密度小于水，因而压力梯度较小。油的典型压力梯度为791.771Pa/m，气的典型压力梯度为180.976Pa/m。

工程测试中的压力实际上是物理学中的压强，指作用在单位面积上的压力，这种压力是分子的重量和分子运动对器壁撞击的结果。在物理学中常用绝对压力，仪表测得的压力称为表压，绝对压力（$p_{绝}$）、表压（$p_{表}$）与大气压（$p_{大气}$）之间的关系为

$$p_{绝} = p_{表} + p_{大气}$$
(5-1-2)

压力的单位是力和面积的导出单位，国际单位制中的压力单位是 N/m^2，或称为帕斯卡（记作 Pa，简称帕），$1Pa = 1N \cdot m^{-2} = 1kg \cdot m^{-1} \cdot s^{-2}$。油田现场通常使用工程大气压（at），$1at = 98066.5Pa = 0.0980665MPa$，英制压力单位为 psi，$1psi = 6894.9Pa$，国际单位制规定的许用压力单位是 Pa 和 MPa，非许用单位是工程大气压 $at(kgf/cm^2)$、标准大气压（atm）和巴（bar），它们之间的换算单位是

$$1Pa = 1.019716 \times 10^{-5} at$$
$$1MPa = 9.86923atm$$
$$1MPa = 10.19716at$$
$$1atm \approx 14.7psi$$
$$1MPa = 10bar$$

压力测量在生产井和注入井中完成，通常应用的压力计有应变压力计和石英晶体压力计。这种压力计能够通过电缆把所测频率信号输送到地面计算机，随后把频率信号转换成相应的压力值。通常，测量压力的同时还要进行温度测量，用所测的温度值对测得的压力进行校正，以保证所测压力的正确性。

压力测量分两种类型，一种是梯度测量，即在流体流动或关井条件下沿井眼测量某一目的深度上的压力；另一种是静态测量，即仪器静止，流体可以流动也可以是在关井的条件下。生产测井通常是以第一种测量方式采集数据，试井压力分析通常以第二种方式完成采集。前一种方式所测压力数据主要用于套管、油管流动状态分析，试井分析测量（静态测量）主要用于确定储集层参数。

第二节　井下压力计与压力测量

一、应变压力计

1. 测量原理

应变压力计由一个圆柱体构成，该圆柱体底部含有一个筒状压力空腔（图5-2-1）。一个参考线圈绕于柱体的实体部分，一个应变线圈绕于压力空腔部分，这一应变线圈即为压力传感器。压力计外部置于大气压下，当压力空腔承受压力时，空腔的外部筒体产生弹性形变，这一形变传递至应变线圈，从而导致线圈的电阻发生变化。电阻的变化用惠斯通电桥进行差分测量，电桥电压由电子线路内稳定的±5V供给。应变线圈材料为镍铬合金，其

电阻变化很小，输出信号在毫伏数量级（满刻度为 26mV）。压力计封闭于一个充满干氮的密封容器内以便保持其稳定性（图 5-2-2），上部电器线路中的差分放大器和直流抑制电路用于补偿电源的漂移。所测的直流信号经放大后，经过一个电压控制的振荡器（VCO），振荡器的频率可从 1000Hz（电压 0V，压力 0psi）变到 2000Hz（电压 26mV，压力 10000psi）。电压控制的振荡器经 5V 电源漂移补偿及动态漂移补偿后，所测压力的频率信号沿多路传输电缆传送至地面面板内的一个带通滤波器输出压力调频信号，然后再通过解调器变换为直流电压，用电位器加一个偏置信号调整其灵敏度。最终信号以模拟形式显示于照相记录仪上，同时把信号送往模数转换器经转换后以数字形式显示压力值。

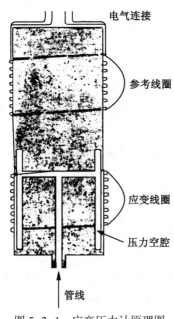

图 5-2-1　应变压力计原理图

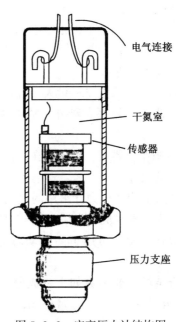

图 5-2-2　应变压力计结构图

2. 应变线圈的工作原理

应变压力计的传感器是应变线圈，为了进一步了解上述应变压力的工作特性，对应变线圈的应变特性需要作较深入的分析。

线圈受力产生形变，形变使导体的尺寸和电阻率都产生变化，电阻值的变化可以反求应变力。镍铬合金固体导线的电阻率为

$$R = \rho \frac{l}{S} = \rho \frac{l^2}{V} \tag{5-2-1}$$

式中　l——导体材料的长度，mm；

S——导体材料的横截面积，mm^2；

ρ——电阻率，$\Omega \cdot m$；

V——导体材料的体积，mm^3。

由式（5-2-1）可知，导线的电阻 R 与电阻率 ρ、长度 l、横截面积 S 有关。当导线受外力时，导线的长度变为 $l+\mathrm{d}l$，横截面积变为 $S-\mathrm{d}S$，电阻率变为 $\rho+\mathrm{d}\rho$，使电阻 R 变化了 $\mathrm{d}R$，变化率为

$$\frac{\mathrm{d}R}{R} = \left[1+2\mu+C(1-2\mu) \right] \frac{\mathrm{d}l}{l} = K \frac{\mathrm{d}l}{l} \tag{5-2-2}$$

括号内的表达式称为金属丝的应变灵敏系数，用 K 表示，即

$$K = 1 + 2\mu + C(1-2\mu) = \frac{\dfrac{dR}{R}}{\dfrac{dl}{l}} \tag{5-2-3}$$

在弹性范围内（$dl/l = 0.3\% \sim 0.4\%$），K 值主要取决于泊松比 μ 和比例系数 C。由于材料的机械加工方式和热处理工艺的不同直接影响它的晶格结构，μ 和 C 两个常数对于同一种材料也可以在很宽的范围内变化，变化范围在 $-12 \sim 6$ 之间。

在塑性范围内，泊松比 $\mu = 0.5$，式（5-2-3）中第三项为零，即体积不变化，$K = 2$。对于金属材料，K 主要由前两项决定，即以导体的尺寸变化为主；对于半导体材料，K 主要由第三项决定，即以电阻率变化为主，尺寸变化为辅。通常情况下，作为应变导体的金属丝要满足以下几个条件：

（1）应变灵敏系数要尽量大，且在相当大的范围内保持常数。

（2）电阻的温度系数要小，否则温度变化会改变应变片的电阻值，从而产生较大的误差。

（3）电阻率 ρ 要大，也就是在同样长度、同样横截面积中具有较大的电阻值，以便减小变换元件的尺寸。

本节涉及的应变压力计采用的电阻应变金属线圈是由镍铬合金丝做成的。镍铬合金丝的电阻率较大，即在同样电阻、同样直径的情况下，镍铬丝的长度要小得多，另外它具有较高的抗氧化性能，可用于高温动态应变测量；缺点是电阻温度系数较大，需进行温度校正。

镍铬合金的主要参数如下：成分由 80% 的镍和 20% 的铬组成；相对应变灵敏系数为 $2.1 \sim 2.4$；电阻率为 $0.9 \sim 1.7\Omega \cdot m$；电阻温度系数为 $90 \times 10^{-6} \sim 170 \times 10^{-6}/℃$；对铜的热电势为 $2.2\mu V/℃$。

分辨率：应变压力计的分辨率（指压力计能够测量的最小压力增量）为 1psi。

重复性：指施加相同的压力，压力计两次测量的最大压力差异。重复性主要受滞后影响。应变压力计的重复性为满刻度的 $\pm 0.05\%$，如果以相同的方式施加压力，其重复性就更好（± 1psi）。

绝对精度：主要取决于压力系统的标定方式。如果不进行校正，误差可高达满刻度的 $\pm 1\%$（± 100psi）。如果压力计、面板、井下电子单元作为一个系统进行标定并进行温度校正，这时的精度比满刻度的 $\pm 0.13\%$（± 13psi）要好得多。

3. 影响应变压力计测量结果的因素

1）温度影响

镍铬合金的电阻率随温度变化而变化。从结构上说，在同一骨架上绕有参考线圈，它和测量线圈的匝数、直径皆相同，因而能补偿其温度变化。在热平衡条件下，温度对压力测量结果影响很小；在温度突然变化时，压力计最少需 20min 才能达到热平衡。这时，测量线圈和参考线圈之间的温差会引起测量误差，同时线圈升温达到平衡要比降温达到平衡所需的时间短，所以测井时一般采用下放测井，但若要取得更精确读值，在测点要停留几分钟。图 5-2-3 是应变压力计的温度影响标定曲线，横坐标为参考压力，图版参数为温度，纵坐标为校正值，标定时应从参考压力中减去校正值。

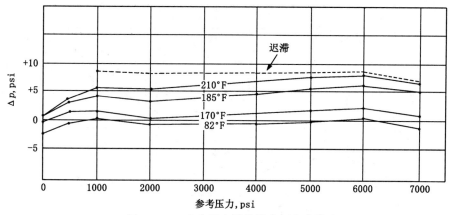

图 5-2-3 应变压力计的温度标定曲线

2）滞后影响

应变压力计的测量值与压力的施加方式有关。测井时，若压力升高测量值要比实际值低，若压力减小测量值比实际值要高，这叫滞后现象，所造成的误差在 ±68947.6Pa（±10psi）以内。

必须指出的是，滞后影响的大小取决于最终测量值之前对压力计所施加的最大压力和最小压力。若以同一方式施加压力，其重复性在 ±1psi 以内。在测井中，采用下放测量方式，滞后影响会减至最小，从图 5-2-4 中可以看出这一点。图中绘出了加压和减压时的曲线，中间的虚线为压力与读数相等的关系曲线。由图可以看出，减压时压力读数高于实际压力；而加压时，压力读数低于实际压力。F 点是压力增加至 $6.89×10^7$Pa（10000psi），然后减至 $3.45×10^7$Pa（5000psi）时的压力读数。E 点是压力增至 $3.45×10^7$Pa（5000psi），然后再增加至 $6.89×10^7$Pa 时的压力读数。图 5-2-5 给出了校正曲线，纵坐标和横坐标单位是psi。校正量 Δp 加到压力计读数上，由图可以看出，如果是升压测量，则从 $5.52×10^7$Pa（8000psi）到 $6.21×10^7$Pa（9000psi），校正量增加约 $4.14×10^4$Pa（6psi），而降压测量还不到 $2.76×10^4$Pa（4psi），这说明下放测井比上提测井准确。

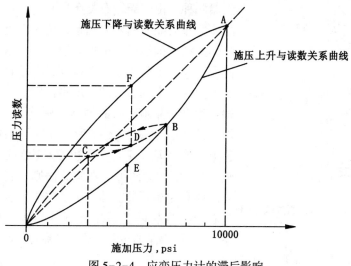

图 5-2-4 应变压力计的滞后影响

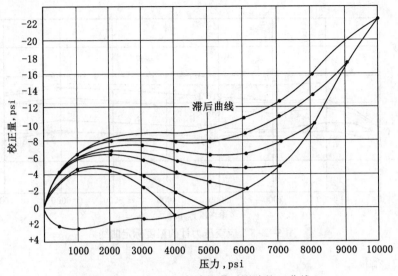

图 5-2-5　应变压力计的滞后影响校正曲线

二、石英晶体压力计

石英晶体压力计是较为精确的压力计，图 5-2-6 是石英晶体压力计原理示意图。石英晶体压力计由外壳、单片石英晶体、导热板和缓冲管组成。石英晶体是压力传感器，呈圆筒状，通过缓冲管与井筒相连，石英晶体的上端与下端用垫圈密封，晶体中间抽成真空，形成谐振腔。温度恒定时，谐振腔的谐振频率与压力大小有关。井筒压力改变时，谐振腔的频率将发生变化。在大气压与室温下，其谐振频率大约为 4MHz。当压力改变 1psi 时，谐振频率改变 1.5Hz，在确定压力和频率的关系以后，就可以从测出的谐振频率换算出压力值。

1. 石英晶体的压电效应

石英晶体是一种压电传感器。石英晶体有天然和非天然两种，由于天然石英产量有限，目前主要采用人工晶体。石英晶体属六方晶系，按一次近似，可以把石英晶体的结构描绘成一根螺旋线，沿着这根螺旋线，一个硅原子和两个氧原子交替排列，在垂直于螺旋轴线的平面上形成一个六边形的晶胞平面图。石英晶体有 3 个晶轴：垂直于晶胞平面的轴是光轴（或称中性轴），用字母 Z 表示，如图 5-2-7 所示；穿过六边形对角顶的轴称电轴或 X 轴；垂直于六边形对边的轴称为机械轴或 Y 轴。3 个轴的方向符合右螺旋法则。石英晶体有右旋石英晶体和左旋石英晶体之分，二者互为镜像对称。无论是右旋石英晶体还是左旋石英晶体，都采用右手坐标系，当沿 X 轴方向受力时，右旋石英晶体 X 轴的正向带

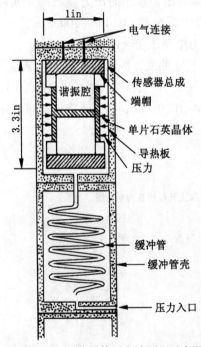

图 5-2-6　石英晶体压力计原理示意图

正电，左旋石英晶体 X 轴的正向带负电。

石英晶体在两个轴向上存在压电效应。晶体沿 X 轴方向上受力时，晶胞平面产生变形，原来互相重合的硅离子的正电荷中心和一对氧离子的负电荷中心分离开来，因此表现出晶体在垂直于 X 轴的表面上吸附电荷，这称为纵向压电效应；当石英晶体在 Y 轴方向上受力时，仍然在垂直于 X 轴的表面上产生外部电荷，而沿 Y 轴方向上只产生形变，这称为横向压电效应。无论是纵向或横向，当外施作用力反向时，晶体表面上的电荷也反号。当外力沿 Z 轴方向上作用时，任何表面都不产生外部电荷，因此 Z 轴称为中性轴。显然，要利用石英晶体的压电效应进行压电转换，需要将晶体沿一定的方向切割成晶片。

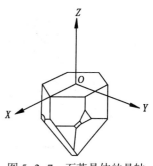

图 5-2-7 石英晶体的晶轴

当石英晶片的长度和宽度远大于厚度（或直径远大于厚度）时，厚度切变的振动频率方程为

$$f_n = \frac{n}{2t}\sqrt{\frac{C}{\rho}} \qquad (5-2-4)$$

式中　n——泛音次数，$n = 1$，3，5，…；

　　　t——晶片的厚度，cm；

　　　ρ——石英晶片的密度，2.65g/cm^3；

　　　f_n——相应的泛音振动频率，Hz；

　　　C——厚度切变时的弹性刚度常数，称为厚度切变模量，N/m^2。

厚度切变振动模式是石英晶体谐振式压力传感器应用的主要切变振动模式，式(5-2-4)是谐振式传感器的理论依据。

2. 石英晶体谐振式压力传感器

石英晶体压力计采用的是圆筒式传感器，它属于石英晶体谐振式压力传感器（图 5-2-6）。这种传感器采用厚度切变振动模式 AT 切型石英晶体制作，主要由石英薄壁圆筒、振子、电极及端帽组成。振子和圆筒为整体结构，由一块石英晶体加工而成，谐振腔被抽成真空。振子两侧面上有一对电极同外电路连接组成振荡电路。圆筒和端帽严格密封。石英圆筒起薄膜隔离作用，同时可有效地传递振子周围的压力。

当电极上加以激励电信号时（电路接通时产生的各种干扰信号），根据逆压电效应，振子将按其固有频率或其泛音形式产生机械振动，同时极板上又将出现交变电荷。通过和外电路连接的电极对振子给予适当的能量补充，即可使电和机械振荡等幅维持下去。相反，当石英振子受静压力作用时，将导致振子的振动频率发生变化，并且频率的变化与所加压力呈线性关系。

由式(5-2-4)可知，频率与厚度 t、密度 ρ、厚度切变模量 C 和泛音次数 n 有关，取 $n = 1$ 时的频率为基频频率。实践证明，应力—频移效应主要是因 C 随着压力变化而变化产生的，因为只有 C 起主导作用，频率才表现为正增量。当振子受压力作用时，使厚度 t 发生相应于泊松比的变化，密度 ρ 也发生相应变化，但这两者因压力作用所取得的增量只能使频率降低而不会增加。

3. 特性分析

振动频率主要与静应力的作用角 α、压应力 δ 及温度 T 相关。

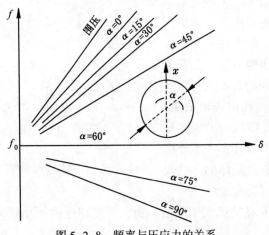

图 5-2-8 频率与压应力的关系

1) 频率与压应力 δ 的关系

图 5-2-8 是频率与压应力的关系，横坐标表示压应力 δ，纵坐标表示频率，α 表示作用角。由图可知，当石英振子受围压时，f/δ 最大，所以石英晶体压力计采用围压方式设计。

2) 频率的温度特性

频率的温度特性是石英晶体在实用中一个重要的性质，晶体工作温度变化，则其晶格变形，从而使其谐振频率变化。用石英晶体加工晶片时，需要把晶体沿一定的方向切割成晶片，最常用的方法是将石英晶体沿垂直于 X 轴的平面切成薄片，切角用 ϕ_1 表示，ϕ_1 在 35°附近时为 AT 切型，ϕ_1 在 311°附近时为 BT 切型。AT 切型的频率在 800kHz~350MHz 之间，石英晶体压力计常用这种切型。AT 切型的频率温度特性为一条三次曲线，如图 5-2-9 所示。根据频率方程、密度、晶片尺寸和弹性常数等随温度的变化规律，可以得到频率的温度特性方程的一般表达式，即

$$f=f_0\left[1+a_0(T-T_0)+b_0(T-T_0)^2+c_0(T-T_0)^3\right] \tag{5-2-5}$$

或

$$\frac{\Delta f}{f_0}=a_0(T-T_0)+b_0(T-T_0)^2+c_0(T-T_0)^3 \tag{5-2-6}$$

$$\Delta f=f-f_0$$

式中　　T——任意温度；

　　　　T_0——参考温度；

　　　　f_0——参考温度 T_0 下的谐振频率；

　　　　a_0、b_0、c_0——参考温度 T_0 下的一、二、三级频率的温度系数。

对于同一条频率温度曲线，当选用不同的参考点时，式(5-2-5) 或式(5-2-6) 的表示形式不同，相应的 a_0、b_0、c_0 数值也不同。如图 5-2-9 中 T_i 为拐点，在拐点上二阶微商 $(\partial f/\partial T)_{T_i}=0$。曲线 A 有一个拐点 T_i 和两个极点（极大和极小），它的二级温度系数 $b_0=0$，一级和三级温度系数 $a_0\neq0$、$c_0\neq0$；曲线 B 只有一个拐点，无极点。由此可知，在拐点的一级和二级温度系数 $a_0=0$、$b_0=0$，而三级温度系数 $c_0\neq0$。

如果用方程表示，并假定选拐点为

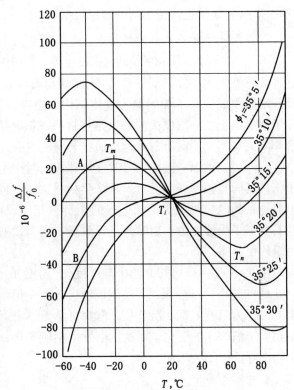

图 5-2-9　AT 切型的频率温度特性曲线

温度参考点，对曲线 A 为

$$\frac{\Delta f}{f_0}=a_0(T-T_i)+c_0(T-T_i)^3 \tag{5-2-7}$$

对曲线 B 有

$$\frac{\Delta f}{f_0}=c_0(T-T_i)^3 \tag{5-2-8}$$

若选极点为温度参考点，则因在极点的一级温度系数 $a_0=0$，此时对曲线 A 有

$$\frac{\Delta f}{f}=b_0(T-T_{mn})^2+c_0(T-T_{mn})^3 \tag{5-2-9}$$

式中，T_{mn} 为 T_m 或 T_n。若选任意点为参考温度点，则 a_0、b_0、c_0 皆不为零，此时频率特性与式（5-2-6）相同。

在实际应用中，为了扩大频率特性使用范围，当相应于曲线 B 的晶片切角确定后，还可采用稍微改变切角的方法，使得一级温度系数 a_0 从等于零变为不等于零，这样就可以达到扩大温度使用范围的要求，如曲线 B 所示。

参考温度的选取是一个重要的问题。在较宽温度使用范围时，常选取拐点温度为参考温度；在恒温使用时，则选取极小点温度 T_n 为参考温度。AT 切型的拐点温度一般为 $T_i=27℃$。

3）频率的温度系数

为了度量相对频率随温度的变化率，用 T_f 表示任意温度 T 时的温度系数，即

$$T_f=\frac{1}{f_0}\frac{\partial f}{\partial T} \tag{5-2-10}$$

将式（5-2-6）对 T 求导可得

$$T_f=a_0+2b_0(T-T_0)+3c_0(T-T_0)^2 \tag{5-2-11}$$

由式（5-2-11）可知，T_f 与 a_0、b_0 及 c_0 有关，且是温度的函数，T_f 的大小反映了频率温度的稳定性；当 $T=T_0$ 时，$T_f=a_0$，这表明只有在 $a_0=0$ 的条件下才存在零温度系数，所以 $a_0=0$ 的切型称为零温度系数切型，如 AT 切型，$\phi_1=35°15'$，$a_0\approx0$（$T_0=20℃$）。

4. 频率的稳定性

根据理论与实践分析，造成频率不稳定的因素主要归为以下几个方面：

（1）振子表面加工精度不够，表面抛光误差较大。

（2）质量吸附效应的影响。石英谐振腔在真空密封后，空腔内总是还有少量的气体，这些气体吸附在晶体壁上和振子表面上。当振荡器工作时，恒温器开始加温，振子也开始振动，吸附在振子上的气体分子逐渐离去，并引起振荡频率向正方向漂移。这一过程很慢，一般要几个月甚至几年的时间才能达到平衡。停机后，气体又吸附在振子上。这种过程是反复进行的，真空度越高，频率漂移越小，提高真空度是减小这种效应的唯一好办法。

（3）应力弛豫效应的影响。晶片研磨、焊线和上架等过程中都要受到应力的作用。晶片被覆盖上电极后，表面层和金属膜之间也存在着应力。这种应力随时间的推移而逐渐消失的现象称为应力弛豫效应，该效应将引起频率向负方向漂移。振子制成后可采用长时间存放或高温退火的方法来消除这种效应。

（4）温度变化的影响。根据频率方程 $f_0=\frac{1}{2t}\sqrt{\frac{C}{\rho}}$，谐振频率与弹性常数、密度、晶片尺寸有关，这三者都与温度有关，所以频率是温度的函数。与前面 3 个因素相比，温度是

影响石英晶体压力计的主要因素，要得到精确的压力，测量晶体必须与参考晶体达到热平衡（图 5-2-6），二者温差不能大于 0.1℃，这需要几分钟的时间。若被测介质压力突然变化，测量晶体内产生热变化，由于与参考晶体之间有隔热层，因此存在温差。必须达到温度平衡，才能得到精确结果，这需要几分钟至几十分钟的时间。由于这些原因，石英晶体压力计通常只适用于点测，温度变化较大时，就不能使用。对于生产测井仪器上提、下放而言，温度变化较小，因此可采用这一仪器。为了在一定程度上消除温度变化的影响，可以采用适当的切型、选有利的温度参考点使之具有零频率温度系数。

为了得到较高的、一致的精度，应该定期标定石英晶体压力计。油田常用的是惠普公司生产的压力计，这种压力计较稳定，每年只需标定一次，标定在专门的实验室完成。标定分 3 个步骤：

（1）确定温度标定系数。仪器标定可获得至少 4 个已知温度值 T_i 和输出频率 f_i。用二阶最小二乘方程，可推导出温度校准系数 $A(i)$ 的联立方程组，解之即可得到温度标定系数 $A(i)$。

（2）确定压力标定系数。在传感器标定过程中，对于每个温度点 T_i，至少可以得到 4 个已知压力值 p_{ij} 和输出频率 f_{ij}。用三阶最小二乘方程导出每个已知温度值 T_i 下的联立方程组。分别解 T_i 的压力联立方程组，可分别求得 16 个压力校准系数：G_0、G_1、G_2、G_3；H_0、H_1、H_2、H_3；I_0、I_1、I_2、I_3；J_0、J_1、J_2、J_3。

（3）确定压力。把传感器在现场测井中获取的温度输出频率代入任意一个温度校准方程，并引入已知的温度校准系数，即可获得井下真实温度值 T。

把真实温度 T 代入方程式（5-2-12）可得到温度压力相关系数

$$G(T) = G_0 + [G_1 + (G_2 + G_3 T) \times T] \times T \qquad (5-2-12)$$

类似的，可以得到 $H(T)$、$I(T)$、$J(T)$。

把温度压力相关系数 $G(T)$、$H(T)$、$I(T)$、$J(T)$ 和现场测取的压力输出频率 f_p 代入式（5-3-13）中，即可获得井下的真实压力值 $p(f_p, T)$：

$$p(f_p, T) = G(T) + H(T)f_p + I(T)f_p^2 + J(T)f_p^3 \qquad (5-2-13)$$

式中 T——温度，℉；

p——绝对压力，psi；

f_p——HP 石英晶体压力计的输出频率。

5. HP 石英晶体压力计

1）仪器结构

HP 石英晶体压力计是由惠普公司生产的压力计，主要用于井筒压力测量。斯伦贝谢公司的模块动态地层测试器（MDT）上也采用了这一传感器。图 5-2-10 是用于井筒生产测井测量的 HP 石英晶体压力计的结构示意图。图 5-2-11 是现场测井图，2978m 为气水界面，压力曲线有明显反应，这说明仪器灵敏度很高。该仪器有两个石英传感器，其中一个只受井眼温度影响而不受井眼压力影响（参考晶体），它的固有频率受温度影响用于监测井筒压力的变化。仪器上有

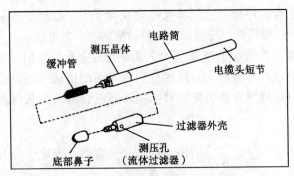

图 5-2-10 HP 石英晶体压力计结构示意图

一个测压孔，它使井内压力通过硅油传到测量晶体上。该晶体与参考晶体一样受温度影响，即测量晶体既受压力影响，也受温度影响，这两个石英振荡器之间的频率差经频率倍增后作为地面上的压力测量值。井下信号频率倍增减少了进行高分辨率记录所要求的取样时间。下井仪器通过电缆输送到地面数控压力控制面板的信号由两种频率构成：一种与所测温度成比例；另一种与所测压力成比例。计算机压力控制面板接收这两个信号，并直接将其与所适合的函数对应。

　　HP 石英晶体压力计仪器外径为 36.5mm，仪器长度为 100cm，最大工作压力 12000psi，压力测量范围为 200~11000psi，温度测量范围为 32~300°F，测量时间为 1s 时分辨率为 0.01psi，测量时间为 10s 时分辨率为 0.001psi。当两个晶体间

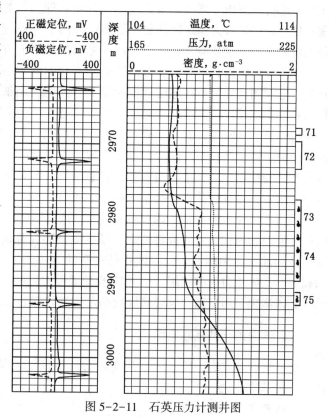

图 5-2-11　石英压力计测井图

的温差小于 1°C 时，精度为 0.5psi 或满刻度的 0.025%（±2.75psi）；温差小于 10°C 时，精度为 1psi 或 1%；温差在 20°C 以内时，精度为 5psi 或 2.5%。

　　测量时，测压晶体被液体均匀包围着，它使井内压力能均匀地传到探头的晶体表面，压力计缓冲管或测量晶体外壳中圈闭的一些气体会给测量带来误差。

　　2）仪器标定

　　标定分两个步骤，一是采集连续的压力数据；二是用计算机处理这些数据。

　　在当地压力条件下，给出压力标定值 200psi、1000psi、2000psi、4000psi、6000psi、8000psi、10000psi 和 11000psi 在温度为 25°C、50°C、75°C、100°C 和 150°C 时记录各压力下的刻度测量值，并在每个温度下取两次压力读数（升压和降压），用于确定迟滞性。数据确定后，用前述方法计算出刻度系数。

　　压力标定通常在室内完成，一年刻度一次。如果压力计是在不超过技术要求的范围内使用，所测结果通常被认为是可靠的。

第三节　试井与压力资料的应用

　　压力测量与分析可以为油田开发方案的制订和调整及油藏动态分析、油井动态监测、产能预测等提供重要信息及动态参数。第一章第二节中介绍的向井流动分析方法即是以压力数据为基础的，第四节油、气、水的物性参数计算中用到的压力数据即是从压力曲线上读取的。所谓试井，就是以渗流力学理论为基础，以压力计等仪表为测试手段，对油气井

或水井进行动态压力测试、研究地层的各种物理参数的方法。试井是压力测量应用的一种重要技术。试井分为稳定试井和不稳定试井两类，稳定试井是改变油气井的工作制度并在各工作制度下测量相应井底压力与产量之间的关系的方法；不稳定试井是改变油气井的产量，并测量由此引起的井底压力值随时间变化的关系的方法。井底压力变化同产量的变化有关，也同测试井及所在地层的特性相关，因此利用试井资料可以得到许多地层参数，包括完井效率、井底污染情况、地层压力、渗透率、油层边界及连通情况，还可估算测试井的控制储量，判断是否需要采取增产措施（酸化、压裂）等。试井是勘探开发过程中认识地层、确定地层参数不可缺少的重要手段，对制订油气田开发方案、进行油气藏动态监测具有重要的作用。应该指出的是，在岩心分析、测井解释和试井这3种常用的确定地层参数的方法中，只有试井资料是在油藏动态条件下测得的，因而求得的参数能够较好地体现油气藏动态条件下的特征，因此试井资料的解释与应用是石油科技工作者所必备的技能。试井分为现场测试和室内资料处理。现场测试时，稳定试井主要改变油井的工作制度（油嘴）或抽油机的冲次；不稳定试井是改变油井的产量（如关井）。近年来，随着计算机技术和石英晶体压力计的应用，试井技术有了重大突破，形成了现代试井技术。现代试井技术的具体体现是用高精度仪表获取数据及数据处理的自动化。

一、试井的一些基本概念

试井解释建立在一整套理论基础之上，要涉及许多相当复杂的数学问题。首先介绍一些重要的基本概念。

1. 达西定律

达西定律指出，均质孔隙介质中任一点单位横截面上的体积流量与该点流动方向上的势能梯度成正比，即

$$u = -\frac{3.6K\rho}{\mu}\frac{\mathrm{d}\Phi}{\mathrm{d}l} \qquad (5-3-1)$$

其中

$$\Phi = \frac{p}{\rho} + gz$$

式中　u——流速，m/h；

　　　ρ——流体的密度，g/cm^3；

　　　l——长度，m；

　　　Φ——势能；

　　　z——流道中相对于基准面任一点的高度，m；

　　　p——流道中任一点的压力，MPa。

方程中的负号表示流体向势能下降的方向流动。

2. 镜像法则

如果无限大地层中有两口井以等产量生产，则在这两口井中间位置会形成一条不渗透直线边界。如果一口井生产而另一口井以相同的流量注入，则在两井中间位置会形成一条定压直线边界。这也就向我们暗示边界的影响可用像井代替边界来模拟。这一现象的物理实质是以边界为镜面，在实际井的对称位置上存在着一口"虚拟像井"的影响，将实际井和"虚拟像井"进行势的叠加，这时形成的渗流场和边界对井影响而形成的渗流场完全相同。这也就意味着一条不渗透边界对一口生产井的影响可用此边界对称位置上的等产量生

产井来简化处理，而一条定压边界对一口生产井的影响可用此边界对称位置上的等流量注入井来简化处理。

实际上，镜像法则是井位于边界附近情况下的一种叠加原理的特殊应用。

3. 叠加原理

应用叠加原理，可以得到多井情形和变产量情形的各种压力变化。

叠加原理就是如果 Φ 是齐次线性偏微分方程的一个解，而 Φ_1，Φ_2，$\cdots$ 是已知的特解，那么

$$\Phi = C_1\Phi_1 + C_2\Phi_2 + \cdots \tag{5-3-2}$$

式中　C_1，C_2，$\cdots$——满足相应边界条件的常数。

在边界条件与时间无关即定量生产时，叠加原理表明一个边界条件的存在不影响存在其他边界条件或初始条件而产生的响应，也就是说各种响应之间不存在相互影响。因此，总的响应是每一个单个响应之和。在边界条件与时间有关时，也就是变产量生产时，应使用叠加原理的广义形式即 Duhamel（杜哈默）原理。叠加原理在试井上有空间上的叠加、时间上的叠加、空间和时间上的同时叠加 3 种应用形式。

4. 反叠加原理

反叠加原理可用下述例子加以说明，一口井从 t 时刻开始关井，测每一时刻的恢复压力。实际上关井恢复压力为两部分叠加的结果，一部分是由于井以流量 q 生产到 $t+\Delta t$ 时刻的压力，另一部分是由于井以流量 $-q$ 注入一段时间 Δt 的压力，如果其一部分是已知的，那么另一部分可从测量的压力中反叠加已知的部分得到。反叠加原理一个最重要的应用是能通过压降方法分析压力恢复资料。

5. 卷积与反卷积原理

1）卷积方法

卷积是一种特殊的积分方程。在试井上，卷积是用时间内边界条件叠加定流量解来获得扩散方程的过程。卷积也已作为叠加原理（或杜哈默原理）在试井上起着重要作用，近年来卷积已用于井底压力和流量同时测量资料分析。

2）反卷积方法

反卷积不同于卷积，它不需要假设特殊形式的无因次压力函数。所谓反卷积，就是把已知的压力史和变流量史数据换算成相应的定端流量压力响应（响应函数）的过程。因此，反卷积的目的就是由测量的流量压力数据确定影响函数值。

由反卷积方程求不稳定压力数据有许多方法，Stewart（1988）等人提出了一种反卷积试井数据的有效方法，它是通过数值变换方法把离散的压力和流量数据变换到 Laplace 空间域，优点就是在 Laplace 空间复杂的反卷积过程被大大简化，通过 Laplace 变换后得到的"影响函数"为

$$f = L^{-1}\frac{L[\Delta p(t)]}{ZL[q(t)]} \tag{5-3-3}$$

式中　Z——Laplace 变量。

最后，使用 Stehfest 数值反演算法把"影响函数"变换到时间域。

反卷积方法在很大程度上取决于流量测量的准确性，流量上 t 的较小变化可以明显改变反卷积得出的压力响应，因此使用该方法应该较为小心。

使用卷积和反卷积方法可以分析流量波动较大而不能进行常规分析的压力数据，也可以分析短时压降或压力恢复试井资料、确定井筒储存效应的影响。

6. 模拟反卷积原理

反卷积运算是以同时流量压力测井资料为基础的。在缺少井底流量的条件下，若井口产量稳定且井筒储存模型已知，这种方法也可应用。

井筒储存系数不变时，续流量与井底压力的时间导数成正比，即

$$q(t) = q_r - 24 \frac{\mathrm{d}p}{\mathrm{d}t} \qquad (5\text{-}3\text{-}4)$$

式中　q_r——流出地面的日流量。

把式(5-3-4)代入式(5-3-3)可得模拟反卷积公式：

$$f = L^{-1} \frac{L[\Delta p(t)]}{q_r - 24CZ^2 L[\Delta p(t)]} \qquad (5\text{-}3\text{-}5)$$

使用模拟反卷积法可以消除井筒储存影响，识别复合的井筒储存现象。

7. 无因次变量

一般的物理量都有因次或量纲，试井分析中经常使用无因次量。使用无因次量有许多优点，如可以使方程式变得简单而易于推导和应用，且导出的公式不受单位制的影响，具有通用性。一般情况下，无因次量的下标用 D 表示，如 t_D 表示无因次时间。无因次量通常是这些物理量与别的物理量的组合，两者呈正比。下面介绍一些试井中常用的无因次量。无因次量用法定（SI）单位定义，例如无因次压力 p_D 为

$$p_D = \frac{Kh}{1.842 \times 10^{-3} q\mu B} \Delta p \qquad (5\text{-}3\text{-}6)$$

无因次变量不是唯一的，人们往往根据不同的需要来定义无因次量，如无因次时间可以用井半径或井的有效半径等来定义。

8. 表皮效应与表皮系数

通常情况下，在井筒周围有一个很小的环状区域。由于种种原因，譬如钻井液的侵入、射开不完善或酸化压裂的影响等，这个小环状区域的渗透率与油层不同。因此当原油从油层流入井筒时，在这里产生一个附加压力降。这种现象叫表皮效应（或趋肤效应）。把这个附加压降（Δp_S）无因次化，可以得到无因次附加压降，用它来表征一口井表皮效应的性质和严重程度，称为表皮系数（或趋肤因子、污染系数等），用 S 表示：

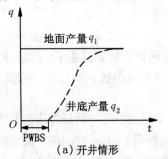

（a）开井情形

$$S = \frac{Kh}{1.842 \times 10^{-3} q\mu B} \Delta p_S \qquad (5\text{-}3\text{-}7)$$

9. 井筒储集常数

油井刚开井或刚关井时，由于原油具有压缩性等多种原因，地面产量 q_1 与井底产量 q_2 并不相等，如图 5-3-1 所示。当井筒充满单相油时，油井一打开，从井口采出原油（产量 q）是靠井筒的压缩原油膨胀进行的，此时，还没有原油从地层流入井筒，$q_1 = q$，$q_2 = 0$。随后，随着井筒中原油弹性能量的释放，井底产量逐渐增加并过渡到与地面产量相等，即 $q_1 = q_2 = q$。

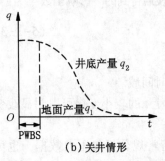

（b）关井情形

图 5-3-1　井筒储集效应示意图

对于关井情形，油井一关闭，地面产量 q_1 立即由 q 变为

0，但井底原油仍在不断地从地层流向井筒，井筒压力逐渐增加，最后与井筒周围的地层压力达到平衡，此时井底产量才为 0，即 $q_1 = q_2 = 0$，从而实现了井底关井，这种现象称为"续流效应"或叫"井筒储存效应"。$q_2 = 0$ 到 $q_2 = q$ 的那一段时间叫"纯井筒储集"阶段，简写为 PWBS。

通常用井筒储集常数表示井筒储集效应的强弱程度，用 C 表示。C 表示井筒靠原油的压缩储存原油或靠释放压缩原油的弹性能量排出原油的能力，即

$$C = \frac{\mathrm{d}V}{\mathrm{d}p} \approx \frac{\Delta V}{\Delta p} \tag{5-3-8}$$

式中 ΔV——井筒中储存原油的体积变化；

Δp——井筒的压力变化。

在关井条件下，C 的物理意义是：若使井筒压力升高 1MPa，必须从地层中流进 $\frac{1}{C}$ m³ 的原油；在开井条件下，当井筒压力降低 1MPa 时，靠井筒中原油的弹性能量可以排出 $\frac{1}{C}$ m³ 的原油。

试井过程中，应尽量消除或降低井筒储集效应。井筒储集常数 C 由下式计算：

$$C = VC_0 \tag{5-3-9}$$

式中 V——井筒体积，m³；

C_0——井筒原油的压缩系数。

式（5-3-9）计算出的 C 值表示"由完井资料计算的井筒储集"，记作 $C_{完井}$。$C_{完井}$ 是在井筒充满油、井筒周围无连通裂缝等条件下算得的，因此 $C_{完井}$ 是井筒储集常数的最小值。由于下列原因，C 通常大于 $C_{完井}$：

（1）井筒中有自由气时，由于气的压缩系数比油的压缩系数大得多，所以 C 值会增大；

（2）若封隔器不密封，井筒容积将大大增加，因而使得 C 值增大；

（3）在双重孔隙介质油藏情形，有效井筒容积将由于与井筒相连通的裂缝的影响而增大，因而 C 值会增大。

对于液面不到井口的情形，C 值将会更大。设油管面积为 S_u，则

$$C = \frac{S_u}{9.80665 \times 10^{-3} \rho} \tag{5-3-10}$$

如果在井筒储集阶段，井筒中发生相态改变的现象，则井筒储集常数也将发生变化。若在压降测试中，开始时井口压力稍高于饱和压力，井筒中原油呈单相状态，井筒储集常数 C 与原油的压缩系数成正比；开井后，井口压力很快下降到低于饱和压力，井筒中原油开始脱气，由于流体（油气）的压缩系数增大，井筒储集常数 C 也随之增大。反之，如果在压力恢复的井筒储集阶段，井口压力由稍低于饱和压力迅速上升到高于饱和压力，井筒储集常数 C 则变小。

10. 流动阶段

把压力降落或压力恢复的压差数据标在双对数坐标系中，称为"双对数曲线"，曲线可分为 4 个阶段（图 5-3-2）。

第四阶段，20 世纪 20 年代已开始研究这一阶段。把生产井关闭，下入压力计，由此获得平均地层压力，然后用物质平衡法估算油藏的储量。后来人们认识到所测的压力取决于

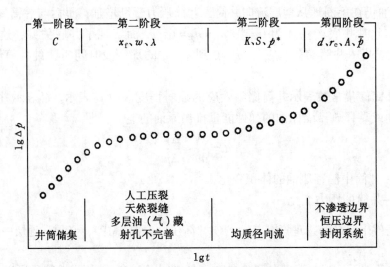

図 5-3-2　双対数曲線及流動阶段示意图

关井时间的长短，而油层的渗透率越低，达到平均地层压力所需的关井时间就越长。在现代试井解释中，把这一阶段称作第四阶段。从这一阶段的资料可以计算测试井到附近油层边界的距离 d、排油半径 r_e、排油面积 A 以及控制储量 N、平均地层压力 $\bar p$ 等。

第三阶段，均质径向流阶段。不稳定试井技术是在 20 世纪 50 年代发展起来的。这种方法是测量压力降落或压力恢复曲线，从而计算地层系数 Kh（或流动系数 Kh/μ 或渗透率 K）、表皮系数 S 和原始地层压力 p_i，但得不到有关测试井井筒周围的情况和有关油藏类型的信息。

第二阶段，井筒附近油层的情况，如井筒是否被裂缝切割、测试井是否完善以及油藏的类型（油藏均质非均质）等信息，只有从这一阶段的资料才能得到。从这一阶段的资料可以得到的参数有裂缝半长 X_f（井被裂缝切割情形）、储能比 ω（裂缝系统储油能力占总总储油能力的比例）和表征原油从基岩系统流到裂缝的难易程度的窜流系数 λ（双重介质情形）等。

第一阶段，刚开始开井或关井（压降或压力恢复）后的一段时间，分析这一阶段可以得到井筒储集常数 C。

要进行第一阶段和第二阶段的分析，必须使用高精度压力计测得早期资料，即刚开井或刚关井时的压力变化数据。

二、试井解释的理论基础

1. 基本微分方程和压降公式

单相弱可压缩且压缩系数为常数的液体在水平、等厚、各向同性的均质弹性孔隙介质中渗流，压力变化服从如下偏微分方程（扩散方程）：

$$\frac{\partial^2 p}{\partial r^2} + \frac{1}{r}\frac{\partial p}{\partial r} = \frac{\phi \mu C_t}{3.6K}\frac{\partial p}{\partial t}$$

或

$$\frac{\partial^2 p}{\partial r^2} + \frac{1}{r}\frac{\partial p}{\partial r} = \frac{1}{3.6\eta}\frac{\partial p}{\partial t} \qquad (5-3-11)$$

假定在无限大地层中有一口井，在这口井开井生产前，整个地层具有相同的压力 p_i，

从某一时刻 $t=0$ 开始，该井以恒定产量 q 生产，则满足以下定解条件：

$$\begin{cases} p\,|_{t=0}=p_i \\ p\,|_{r=\infty}=p_i \\ \left(r\dfrac{\partial p}{\partial r}\right)_{r=r_w}=\dfrac{q\mu B}{172.8\pi Kh} \end{cases} \tag{5-3-12}$$

$$C_t=C_r+C_oS_o+C_wS_w+C_gS_g$$

式中 $p=p(r,t)$ ——距离井 r 处在 t 时刻的压力，MPa；

p_i——原始地层压力，MPa；

r——离井的距离，m；

t——从开井时刻起算的时间，h；

K——地层渗透率，μm^2；

h——地层厚度，m；

μ——流体黏度，$mPa\cdot s$；

ϕ——地层孔隙度，无因次；

C_t——地层及其中流体的综合压缩系数，$(MPa)^{-1}$；

C_r、C_o、C_w 和 C_g——岩石、油、水和气的压缩系数，$(MPa)^{-1}$；

S_o、S_w 和 S_g——地层的含油饱和度、含水饱和度和含气饱和度；

q——井的地面产量，m^3/d；

B——原油的体积系数。

式(5-3-11) 中的 $\eta=K/(\phi\mu C_t)$ 称为导压系数，其单位是 $\mu m^2\cdot MPa/(mPa\cdot s)$。导压系数是表征地层和流体传导压力难易程度的物理量。假定一口井以某一固定产量 q 开井生产，在离这口井一定距离的地方压力下降到某一数值所需的时间因导压系数的不同而不同。导压系数越大，所需时间就越短；导压系数越小，所需时间越大。

方程式(5-3-11) 在定解条件式(5-3-12) 下的解为

$$p=p(r,t)=p_i-\frac{q\mu B}{345.6\pi Kh}\left[-E_i\left(-\frac{r^2}{14.4\eta t}\right)\right] \tag{5-3-13}$$

$$E_i(-x)=-\int_x^\infty \frac{e^{-u}}{u}du$$

当 $x<0.01$ 时， $E_i(-x)\approx \ln x+0.5772\approx \ln(1.781x)$

式中 E_i——幂积分函数。

由方程式(5-3-13) 可得井底流动压力：

$$p_{wf}(t)=-\frac{2.121\times10^{-3}q\mu B}{Kh}\lg t+\left[p_i-\frac{2.121\times10^{-3}q\mu B}{Kh}\left(\lg\frac{K}{\phi\mu C_t r_w^2}+0.9077+0.8686S\right)\right]$$

$$\tag{5-3-14}$$

方程式(5-3-14) 称为压差公式，它描述的是压力降落过程中井底压力的变化。该式还可以写成原始地层压力与井底流动压力之差的压差形式，具体过程请读者自己推导。

2. 压力恢复公式

应用叠加原理可以导出压力恢复公式。假定 A 井在以恒定产量 q 生产 t_p 后关井，关井时间用 Δt 表示，如图 5-3-3 所示。显然这时的定解问题是

$$\begin{cases} \dfrac{\partial^2 p}{\partial r^2}+\dfrac{1}{r}\dfrac{\partial p}{\partial r}=\dfrac{1}{3.6\eta}\dfrac{\partial p}{\partial(\Delta t)} \\[2mm] p\mid_{\Delta t=-t_{\mathrm{p}}}=p_{\mathrm{i}} \\[2mm] p\mid_{r=\infty}=p_{\mathrm{i}} \\[2mm] \left(r\dfrac{\partial p}{\partial r}\right)_{r=r_{\mathrm{w}}}=\dfrac{q\mu B}{172.8\pi Kh} \qquad (-t_{\mathrm{p}}\leqslant\Delta t\leqslant 0) \\[3mm] \left(r\dfrac{\partial p}{\partial r}\right)_{r=r_{\mathrm{w}}}=0 \qquad\qquad (\Delta t>0) \end{cases} \qquad (5\text{-}3\text{-}15)$$

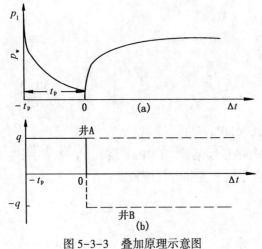

图 5-3-3　叠加原理示意图

假设以下条件成立：（1）井 A 在关井后继续以恒定产量 q 一直生产下去（即设想井 A 不关）；（2）有另一口井 B，它与井 A 同井眼，从井 A 关井的时刻开始，以恒定的注入量 q 注入，或以恒定产量 $-q$ 生产 [图 5-3-3(b)]。则从井 A 关井的时刻开始，井 A 和井 B 的产量之代数和为 $q+(-q)=0$，即相当于关井。因此定解问题式(5-3-15) 可分解为下面两个定解问题

$$\begin{cases} \dfrac{\partial^2 p_1}{\partial r^2}+\dfrac{1}{r}\dfrac{\partial p_1}{\partial r}=\dfrac{1}{3.6\eta}\dfrac{\partial p_1}{\partial(\Delta t)} \\[2mm] p_1\mid_{\Delta t=-t_{\mathrm{p}}}=p_{\mathrm{i}} \\[2mm] p_1\mid_{r=\infty}=p_{\mathrm{i}} \qquad (\Delta t>-t_{\mathrm{p}}) \\[2mm] \left(r\dfrac{\partial p_1}{\partial r}\right)_{r=r_{\mathrm{w}}}=\dfrac{q\mu B}{172.8\pi Kh} \end{cases}$$

$$(5\text{-}3\text{-}16)$$

和

$$\begin{cases} \dfrac{\partial^2 p_2}{\partial r^2}+\dfrac{1}{r}\dfrac{\partial p_2}{\partial r}=\dfrac{1}{3.6\eta}\dfrac{\partial p_2}{\partial(\Delta t)} \\[2mm] p_2\mid_{\Delta t=0}=0 \\[2mm] p_2\mid_{r=\infty}=0 \qquad (\Delta t>0) \\[2mm] \left(r\dfrac{\partial p_2}{\partial r}\right)_{r=r_{\mathrm{w}}}=-\dfrac{q\mu B}{172.8\pi Kh} \end{cases} \qquad (5\text{-}3\text{-}17)$$

由前述可得定解问题式(5-3-16) 与式(5-3-17) 的解为 p_1、p_2，应用叠加原理，可得定解问题式(5-3-15) 的解，若用对数表达式近似表示 E_{i} 函数，则解可写成

$$p_{\mathrm{ws}}(\Delta t)=p_{\mathrm{i}}-\frac{2.121\times10^{-3}q\mu B}{Kh}\lg\frac{t_{\mathrm{p}}+\Delta t}{\Delta t} \qquad (5\text{-}3\text{-}18)$$

或

$$\Delta p=p_{\mathrm{i}}-p_{\mathrm{ws}}(\Delta t)=\frac{2.121\times10^{-3}q\mu B}{Kh}\lg\frac{t_{\mathrm{p}}+\Delta t}{\Delta t} \qquad (5\text{-}3\text{-}19)$$

式中　p_{ws}——井底关井压力。

式(5-3-18)、式(5-3-19) 就是"压力恢复公式",叫赫诺（Horner）公式。结合式(5-3-14) 与式(5-3-18) 可得

$$p_{ws}(\Delta t)=p_{wf}(t_p)+\frac{2.121\times10^{-3}q\mu B}{Kh}\left[\lg\left(\frac{K\Delta t}{\phi\mu C_t r_w^2}\frac{t_p}{t_p+\Delta t}\right)+0.9077+0.8686S\right] \quad (5-3-20)$$

如果关井前生产时间 t_p 比最大关井时间 Δt_{max} 长得多，即 $t_p \gg \Delta t_{max}$，则

$$t_p+\Delta t\approx t_p \quad \text{或} \quad \frac{t_p+\Delta t}{t_p}\approx1$$

此时有

$$p_{ws}(\Delta t)\approx p_{wf}(t_p)+\frac{2.121\times10^{-3}q\mu B}{Kh}\left(\lg\frac{K\Delta t}{\phi\mu C_t r_w^2}+0.9077+0.8686S\right)$$

$$=\frac{2.121\times10^{-3}q\mu B}{Kh}\lg\Delta t+\left[p_{wf}(t_p)+\frac{2.121\times10^{-3}q\mu B}{Kh}\left(\lg\frac{K}{\phi\mu C_t r_w^2}+0.9077+0.8686S\right)\right]$$

$$(5-3-21)$$

式(5-3-21) 为简化的压力恢复公式，在形式上与压降公式(5-3-14) 相似，简称 MDH 公式。

3. 由压降曲线或压力恢复曲线求参数

若画出压力降落曲线（p_{wf}—$\lg t$ 曲线，称为 MDH 曲线）或压力恢复曲线（p_{ws}—$\lg\frac{t_p+\Delta t}{\Delta t}$ 曲线，称为 Horner 曲线），或在 $t_p\gg\Delta t_{max}$ 时，画出 p_{ws}—$\lg\Delta t$ 曲线，由前所述，在压力降落情形，这 3 条曲线均呈直线，若用 m 表示斜率的绝对值，则

$$m=\frac{2.121\times10^{-3}q\mu B}{Kh} \quad (5-3-22)$$

因此，只要量出其曲线中直线段部分的斜率，就可以算出流动系数：

$$\frac{Kh}{\mu}=\frac{2.121\times10^{-3}qB}{m} \quad (5-3-23)$$

并可得出地层系数 Kh 和有效渗透率 K。

由式(5-3-14) 可算出表皮系数，结合式(5-3-20) 可得压力恢复情形下的表皮系数为

$$S=1.151\left[\frac{p_{ws}(\Delta t_0)-p_{ws}(0)}{m}-\lg\left(\frac{K\Delta t_0}{\phi\mu C_t r_w^2}\frac{t_p}{t_p+\Delta t_0}\right)-0.9077\right] \quad (5-3-24)$$

如果 $t_p\gg\Delta t_0$，则式(5-3-24) 可进一步简化。

为简便起见，通常取 $t_0=1h$，$\Delta t_0=1h$，式(5-3-24) 可写成

$$S=1.151\left[\frac{p_{ws}(1h)-p_{ws}(0)}{m}-\lg\frac{K}{\phi\mu C_t r_w^2}-0.9077\right] \quad (5-3-25)$$

上面各式中，$p_{wf}(1h)$ 和 $p_{ws}(1h)$ 必须在压降曲线和压力恢复曲线的直线段上或它们的延长线上取值。取 $t_0=1h$，$\Delta t_0=1h$ 只是为了计算方便，也可取其他值。

由式(5-3-18) 可知，当关井时间 $\Delta t\to\infty$ 时，$(t_p+\Delta t)/\Delta t\to1$，$\lg[(t_p+\Delta t)/\Delta t]\to0$，$p_{ws}(\Delta t)\to p_i$。因此，把直线段延长，使它与 $(t_p+\Delta t)/\Delta t=1$ 相交，交点所对应的压力值就是 p_i。在实际资料解释中，这一压力值称为外推压力，用 p^* 表示。对尚未投入开发的油藏，p^* 就是原始地层压力；对已投入开发的油藏，则 p^* 表示油藏的平均压力。上述方法称为"半对数曲线分析法"，在我国油田已投入应用。

除了计算流动系数$\frac{Kh}{\mu}$、地层系数Kh、有效渗透率K、表皮系数S和原始地层压力p_i之外，试井资料还有许多用处。

前面定义了无因次量，如果用无因次量表示式（5-3-11）、式（5-3-12）、式（5-3-13）等方程，那么表示形式就大为简化，如

$$\frac{\partial^2 p_D}{\partial r_D^2}+\frac{1}{r_D}\frac{\partial p_D}{\partial r_D}=\frac{\partial p_D}{\partial t_D} \tag{5-3-26}$$

$$p_D=\frac{1}{2}(\ln t_D+0.80907+2S) \tag{5-3-27}$$

这些公式与实际物理参数如K、h、μ、q和ϕ等没有直接关系。由于使用的是无因次量，不受单位制的限制，这些公式的使用更为方便。用这些公式分析的无因次解适合于任意一口井，在得到最后结果后，再由无因次量与实际物理量之间的关系换算成我们需要的实际数值，这是非常容易的，基于这种原因，现代试井解释中用的无因次图版可以到处通用。

三、试井解释应用实例

1. 系统分析与试井解释

如前所述，试井解释就是根据试井中所测得的资料，包括压力和产量等，结合其他资料来判断油气藏类型、测试井类型和井底完善程度，并确定测试井的特性参数如渗透率、储量、地层压力等。20世纪50—60年代，普遍采用半对数曲线分析法（Horner、MDH）进行试井解释，这就是常规的试井解释方法。当测不到半对数直线段或半对数曲线从何开始难以判断时，常规试井解释的应用受到了局限。

20世纪70年代后，随着计算机和高精度压力计的应用，许多试井解释图版问世，图版拟合引起了人们的重视，特别是压力导数解释图版及拟合分析方法的创立，使试井解释进一步取得突破性的重大发展，这就是现代试井解释技术。现代试井解释有以下特点：

（1）运用了系统分析的概念和数值模拟方法。

（2）建立了双对数分析方法，确立了早期（第一、第二阶段）资料的解释，从过去认为无用的数据中得到了许多信息；通过图版拟合分析和数值模拟（压力史拟合），从试井资料的总体上进行分析研究。

（3）进一步完善了常规试井解释方法，可以判断是否出现了半对数直线段，并且给出了半对数直线段开始的大致时间，提高了半对数曲线分析的可靠性。

（4）不仅适用于油水井，也适用于气井，可以解释各种不稳定试井的资料，如中途测井（DST）、生产测井、压降测试、压力恢复的资料等。

（5）在用两种方法得到一致的结果之后，还要经过无因次赫诺曲线拟合检验和压力史拟合检验，保证了解释的可靠性。

现代试井解释方法已逐渐成为新的常用试井方法。国内外许多石油公司已将它列入试井解释的章程。

油藏和测试井可看作一个系统S，测试过程中，给S一个输入信号I（从测试井以恒定产量采出一定数量的原油），由此引起S中的压力发生变化（S的输出信号），见图5-3-4。试井的过程，就是计量产出的油量并测量井底压力的

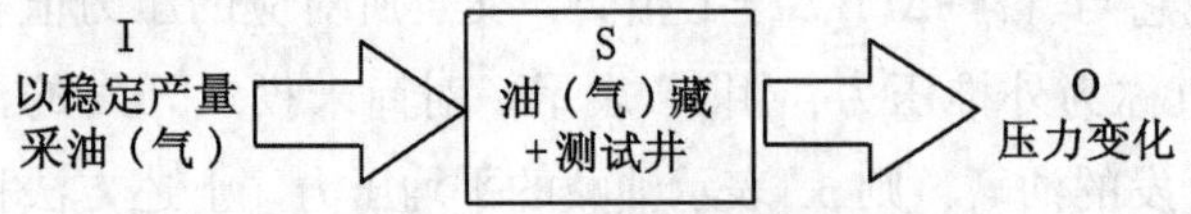

图5-3-4 试井分析示意图

变化，即获取系统的输入和输出信号。试井解释的任务，就是由这些资料加上初始条件和边界条件来识别系统 S，最终确定油藏的特性和参数。也就是说，试井解释是要解一个反问题。

2. 涡轮流量计在试井中的应用

把涡轮流量计和压力计同时下入井下，在稳定试井中，通过改变工作制度或抽油机井的冲次，可以测出多层油藏中每一层面上的压力和相应层的产量，至少做 3 次这样的改变并利用第一章中向井流动方程可以求出分层油层压力、采油指数及相应的地层参数。在不稳定试井中可以对井筒的续流效应进行校正，使直线段提前出现，达到提高试井效率的目的。

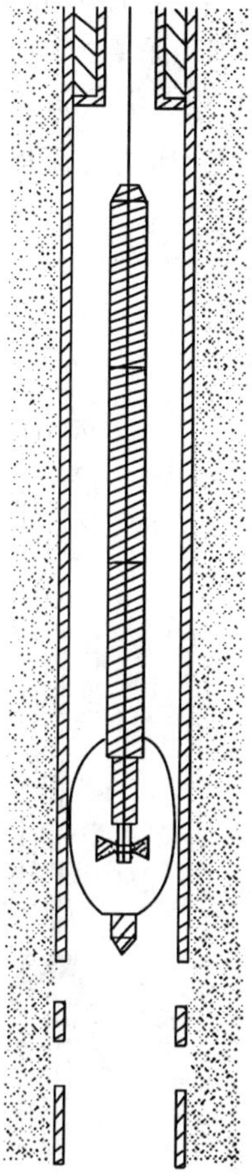

图 5-3-5 显示了流量和压力同时测量的测井仪结构示意图。测井仪也可同时测量井温、密度参数，把流量测井结果与压力降落或压力恢复结合起来，具有以下优势：

（1）可对初期试井资料进行分析。用流量和压力数据进行卷积（褶积）作早期分析，可以消除井筒续流效应的影响，揭示井筒附近的特征，同时可以缩短试井时间。

（2）消除续流效应。如果在井筒附近有一个边界，那么它可以在井筒续流（存储）效应之前就对压力特性曲线产生影响。在这种情况下，就不能采用常用的半对数解释方法。将测量到的流量和压力数据进行褶积，可以消除续流效应的影响，从而可以揭示无限大边界的作用并确定渗透率和表皮系数。

图 5-3-5　用于试井的生产测井仪

（3）在生产或注入的同时开展试井。由于生产井的产量和注入量难以稳定，所以压力会出现瞬时变化而难以解释。对流量和压力数据进行褶积，褶积后的压力数据很容易解释。涡轮流量计可以在不关井的情况下进行试井，避免因试井而影响生产，这一方法对于推测油藏边界特别有用。更重要的是，流量压力褶积解释可以避免因各种效应的叠加和仪器分辨率的缺陷造成错误确定油藏边界的现象。

（4）如果井筒压力低于泡点压力，井中会出现三相流动，此时续流效应的解释变得复杂化。使用流量数据，对井筒低于泡点压力之前采集到的压力数据进行分析，就可得到所要的答案。如果生产过程中，井下压力下降到泡点压力以下，可以通过减小地面产量的方式避免出现三相流动。

（5）定量确定流量及其分布。确定流量及射开层的厚度是试井的基础。如果在压力下降之前或在压力恢复结束时出现层间窜流，用常规分析会出现错误。如果用产出剖面确定的射开层厚度小于裸眼井求出的地层厚度，那么在分析中要考虑部分射开效应。

第四节　钻柱测试分析

一、测试原理

钻柱测试（试井）分析（drillstem testing）简称 DST 测试，是一种临时性的完井方法，它以钻柱作为油管,利用封隔器和测试阀把井筒钻井液与钻杆空间隔开,在不排出井内钻井液的前提下,对测试层段进行短期模拟生产。它的测试过程与自喷井生产过程类似,借助地层与井底流压之差将地层中流体驱向井底然后到地面,在测试过程中获取油、气、水产量及压力和流体样品资料。图5-4-1、图5-4-2分别为DST井下测试生产系统和结构示意图。

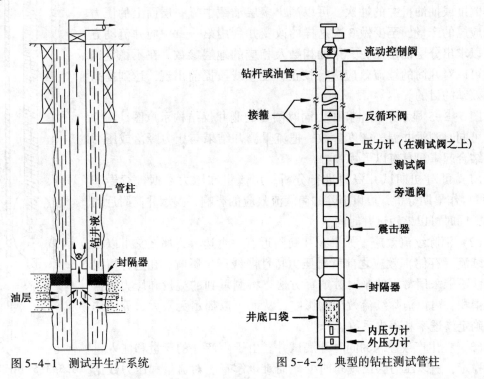

图 5-4-1 测试井生产系统   图 5-4-2 典型的钻柱测试管柱

测试层段的选择是根据裸眼井测井、录井和取心资料,由地质人员按照不同要求提出的,通常是测井解释的可疑层。DST测试的成功率较高,因为通常只有一个封隔器,且钻穿地层之后,钻井液的浸泡时间较短,滤液对地层的伤害最小。标准测试是由两次流动生产和两次关井组成,有时也需要三次流动生产和三次关井,每次的时间由现场经验确定。第一次开井的目的是排除口袋中的钻井液,大约为5min左右,时间拖长会出现游离气,从而导致更大的储集效应。

第一次关井时,可以得到无井底储存效应的井底压力恢复数据或原始地层压力,这时的测试时间应大于1h。由于开井时间短(5min),因此在一般的钻柱测试中,关井60~90min就可以满足半对数分析的要求。

第二次开井时,要生产一定数量的地层流体,然后关井,并在开关井过程中进行压力数据采集。

二、测试资料分析

DST测试要求有一套完整的流动期和恢复期,并且井口总是与大气相通的,一个DST试井的流动期可以作为一次段塞流试井。段塞流试井包括从储集层释放有限体积的流体,然后分析压力响应和确定储集层参数。假设在非自喷井上进行DST试井,如果一个流动期延续足够长的时间，流体就会不断地在井筒里聚集，直到液柱的回压平衡了储集层压力为止，这时我们从管柱中提出一部分液体，就会导致流体从储集层中流入管柱，从而产生压力干扰。应用 DST 流动期的分析方法分析这一压力响应，可得到有关储集层流动能力和原始地层压力参数。

密闭试井与 DST 试井类似，在流动期井口始终是关闭的。井口密闭试井与段塞流试井之间的主要差别是井筒储存，段塞流试井过程中的井筒储存始终是常数；井口密闭试井的井筒储存是随着液位上升而变化的。井口密闭试井是在井口安装压力计，并在流动期间保持井口关闭。当液体进入管柱中后，管柱中的气体受到压缩，故井口压力上升，上升速率与流入管柱中的流量有关，故基于井口压力确定流出地层的流量是可能的。一旦建立了流量与时间的关系，用常规的变流量试井分析方法去解释这类测试资料是可能的。

以前人们解释 DST 压力恢复数据一直用的是 Horner 法，Horner 法的基本假设是关井前以定流量生产。在井的流量随时间变化时，要么用叠加原理分析压力恢复资料，要么是定流量扩散方程的解给出的是随时间下降的流压。但大多数 DST 试井资料表明，流动期的井底压力是随时间增加的，这是由于流动期生产的流体一直都在生产管柱中，其结果是产生一个上升的回压，故使用 Horner 法会产生不正确的解释结果。但如果是一口流体能出流到井口的自喷井，那么，DST 试井资料可用常规的 Horner 法解释，具体参阅本章第三节。

三、DST 流动期的分析

如果流动进入了无限作用径向流阶段，Correa 等人 1987 年给出了以下分析方法，DST 试井流动期的井底压力可用下式近似表示：

$$p_{wf} = p_i - \frac{m}{t} \tag{5-4-1}$$

$$m = \frac{0.0221\mu C_f(p_i - p_o)}{Kh} \tag{5-4-2}$$

$$C_f = \frac{101.9716\pi r_p^2}{\rho} \tag{5-4-3}$$

式中　C_f——井筒储存系数，m^3/MPa；

$\quad\quad p_o$——位于测试工具下方压力计位置处管柱里的液柱所施加的压力，MPa；

$\quad\quad r_p$——管柱内半径，m；

$\quad\quad \rho$——井筒内液体密度，g/cm^3。

$p_{wf}(t)$ 与 $1/t$ 之间的关系在直角坐标上成一条直线，其斜率与流动系数成反比，外推这一直线到无限大生产时间（$1/t=0$）可得原始地层压力 p_i。

在测试仪器关闭开始压力恢复，井筒储存系数从 C_f 变到 C_s，这里 C_s 为

$$C_s = C_1 V_w \tag{5-4-4}$$

式中　C_s——井筒储存系数，m^3/MPa；

$\quad\quad C_1$——测试仪器下面的液体压缩系数，1/MPa；

$\quad\quad V_w$——封隔器以下的井筒的总容积，m^3。

一般情况下，C_f 比 C_s 大得多。这一方法只适用于非自喷测试井，不适用于高产水井和已产生消耗的储集层。如果 DST 的流动期测试在直角坐标中直线段出现之前结束（未达到

径向流)，此时的 DST 资料只能用典型曲线拟合法或非线性回归方法分析。

四、DST 恢复期资料分析方法

Correa 等人 1987 年提出了以下 DST 恢复分析方法：若流动期非常短或者关井时间比生产时间大得多，即 $\Delta t \gg t$，则

$$p_i - p_{ws} = m_c \frac{t}{t + \Delta t} \qquad (5\text{-}4\text{-}5)$$

$$m_c = \frac{9.21 \times 10^{-4} q B \mu}{K h} \qquad (5\text{-}4\text{-}6)$$

$$t = Q/q_1$$

$$\bar{q} = Q/t$$

式中　m_c——直线斜率，MPa；

　　　$\bar{q}$——测试期间的平均流量，m^3/d；

　　　q_1——关井前的流量，m^3/d；

　　　Q——总产出液量，m^3。

对式(5-4-5) 两边取对数得

$$\lg(p_i - p_{ws}) = \lg m_c - \lg \frac{t + \Delta t}{t} \qquad (5\text{-}4\text{-}7)$$

在井筒储存效应消失以后，式(5-4-7) 给出斜率为 -1 的直线，由截距可求得 Kh/μ，外推直线到 $t/(t + \Delta t) = 0$ 时可得到 p_i。表皮系数用下式计算：

$$S = \frac{p_i - p_o}{2 m_c} \frac{a}{q(t)} - 0.5 \lg \frac{K t}{\phi \mu C_t r_w^2} - 1.045 \qquad (5\text{-}4\text{-}8)$$

$$q(t) = q(\Delta t = 0)$$

式中　$q(t)$——关井时刻的流量，m^3/d。

一般由初始关井数据得到的 Kh/μ 不同于终点关井数据得到的值，这是由探测范围不同引起的。

前面介绍了常规试井解释分析方法和 DST 分析方法。关于现代试井分析的具体方法可参阅试井分析的专门著作。

第五节　电缆地层测试资料分析

试井是在下完套管的生产井中完成的；DST 测试在钻井过程中进行；而电缆地层测试是在完钻后，未下入套管之前利用电缆地层测试仪器对地层进行压力降落和恢复测试，主要用于多层油藏地层参数确定和产能预测。斯伦贝谢推出的重复式地层测试器称作 RFT（repeat formation tester），贝克阿特拉斯公司生产的与 RFT 功能类似的仪器称为 FMT（formatoin multi tester）。RFT 和 FMT 均在下套管前的裸眼井中进行测试，测试原理以压力扩散方程的特定解为基础。与试井和 DST 相比，电缆地层测试相当于一种微型试井。本节主要以 RFT 为基础，介绍这种仪器的原理、测试过程及资料处理方法。利用 RFT 资料，可以确定油层渗透率的纵向分布、压力纵向剖面，确定油水界面及地层的连通性，同时也可作为地层流体取样。从经济角度讲，RFT 测试比试井施工要便宜得多。

一、井下仪器工作原理及曲线定性分析

RFT 的井下仪器可耐高温高压，外壳用特殊钢材制造，图 5-5-1 是其工作原理图，仪器下部有两个取样筒，一个容积为 3780cm³，另一个容积为 10409cm³。需要采集流体时，将相应密封阀打开，使抽取到的流体样品进入取样筒。由于这两个取样筒中的流体要保存拿回到地面进行分析，所以一次下井要么在同一深度处取满两筒，要么在两个深度处各取一筒。取样时可以使用水垫及阻流器控制流速。

RFT 液压系统的压力由地面控制的电动泵提供，所以 RFT 可放到任何深度测试，与钻井液柱压力无关。即使在很浅的地层处，仍有足够的压力使封隔器与地层密封良好。

当仪器下到指定深度的地层后，封隔器

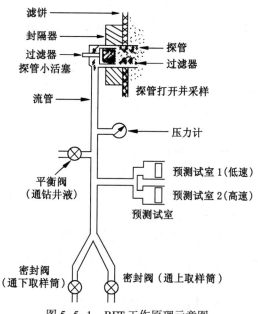

图 5-5-1　RFT 工作原理示意图

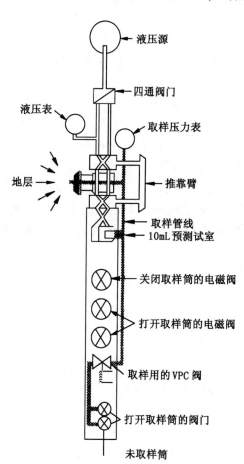

图 5-5-2　FMT 井下仪器结构示意图

向井壁的一侧伸出，同时推靠臂向井筒的另一边伸出，仪器主体与井壁不接触，以免遇卡。探头部分包括探管、过滤器、封隔器、活塞及流管。探管是一个外径为 2cm、直径为 1cm 的钢管，位于封隔器中央。探管内有过滤器及活塞，过滤器可防止地层中固体物质进入而堵塞探管。当完成一次抽吸预测试后，活塞复位时把过滤器清洗干净。图中的平衡阀与钻井液相连通，测量时关闭，使地层与钻井液隔绝，压力计记录地层流动压力。测量完毕后，平衡阀打开，保持仪器的压力平衡。压力计记录的是钻井液柱的静压力。

密封阀上部有两个预测试室，体积均为 10cm³，每次两个预测试室可抽取总量为 20cm³，且第二个预测试室的抽取速度比第一个预测试室的速度快 2~2.5 倍。预测试过程中，记录探头内压力的变化，为测试分析作准备。由于这两个预测试室的流体是不保存的，因此一次下井可以沿井筒纵向进行多次测量。在这两个预测试室和探头之间的流动管道上装有一个压力计（石英晶体压力计或应变压力计），记录预测过程中的压力降落和压力恢复。

FMT 与 RFT 的设计相类似，但只有一个预测试室，如图 5-5-2 所示，液压和控制电路位于

仪器上部，探头位于仪器中部，取样筒安装在仪器下部。取样筒的体积有 3875cm³、4000cm³、10000cm³ 和 20000cm³，可根据不同的地层情况进行选择。

仪器的具体测量过程如下：

（1）根据自然电位（SP）和自然伽马（GR）曲线并参考其他测井曲线选定放置仪器的深度。

（2）封隔器在弹簧压力作用下压在地层上，同时推靠臂推靠在对面的井壁上，使仪器居中。封隔器在探管周围形成液体分隔，探管被压入地层，随后地层中的液体经过过滤器进入管线，使地层通过过滤管与预测试室相连。

（3）当探管中的小活塞滑到探管根部停止运动时，封隔器继续向井壁压迫，一直到仪器完全固定于井壁为止，这时压力稍微升高，然后进行第一次预测试。此时，预测试室中的大活塞开始运动，流体以流量 q_1 充满第一预测试室，时间大约为15s。

（4）第一预测试室充满后，第二个预测试室开始工作，流体以流量 q_2 充满第二个预测试室，q_2 比 q_1 大 2~2.5 倍。第二组压力降落数据也同时被记录下来，充满10cm³ 所需的时间大约为7s。

（5）当活塞达到底部时压力便开始恢复，同时记录压力恢复数据。是否结束压力恢复测试可根据地面记录的曲线确定，一般记录到地层压力数据后，即可结束测试。

（6）若要进行地层取样，可根据曲线显示的形状确定仪器密封与地层的渗透性。若密封和渗透性良好，可打开取样阀取样。

（7）打开通向钻井液柱的平衡阀，再测一次钻井液柱压力。用活塞推出探头内的液体，过滤管同时被清洗干净；随后收回推靠臂、探管和封隔器，并使仪器移到下一个目的层进行测量。

对于低渗透率地层，测试前要选用口径较大的探管和封隔器；对于砂岩胶结很差、容易吸入砂粒的地层，测试前可使用抽吸液体较快的探管。图 5-5-3 是整个测试过程的模拟压力记录曲线（地层渗透率中等，约为 $1×10^{-3}μm^2$）。图中，a 段表示仪器下到目的层、打开平衡阀后记录的静液压（钻井液柱）曲线；b 段表示推靠臂（推力 1362kgf）推向井壁，封隔器压向井壁及滤饼、探管进入地层表面时的压力记录曲线，这时压力有一些增加；c 段表示探管中的小活塞抽吸，测试空间经过滤器与地层相连通时的压力记录曲线，此时流压下降、探头继续压迫井壁；d 点表示探管内的小活塞完成抽吸并停止运动时的压力记录，

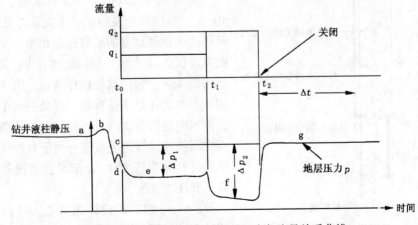

图 5-5-3　渗透率中等时理想的压力与流量关系曲线

此时压力稍微回升，这是封隔器向井壁继续施压造成的；e 段表示第一个预测试室大活塞工作时的压力记录，开始时间为 t_0，结束时间为 t_1，流量为 q_1，此时压力下降一小段，之后基本保持稳定（Δp_1），Δp_1 等于地层压力减去第一预测试阶段的稳定压力，活塞 1 达到终点时，压力有一个小尖峰，之后开始下降；f 段表示第二个预测试室工作时的压力记录，开始于 t_1，结束于 t_2，流量为 q_2，由于第二预测试室的抽液速度为第一预测试室的抽液速度的两倍以上，因此压力下降幅度更大；当第二个预测试室的活塞到达终点时，压力开始恢复，经过时间 Δt 后，恢复到原始地层压力，这段恢复曲线在图中用 g 表示，它从 f 结束开始先快速上升，之后平稳增大，以至达到地层压力，所用时间 Δt 主要取决于地层渗透率。

二、地层测试分析理论基础

1. 理论基础及压降分析

探头周围的流动方式可分为准球形流、半球形流、球形流、线性流和径向流 5 种，如图 5-5-4 所示。线性流中，流线平行，流动截面为常数；径向流中，流线向二维空间集中；球状流的流线向三维空间的中心集中；半球形流动中，流线向三维空间的中心集中，但流线来自半球。地层测试过程中，探头附近的流动为准半球形流动或准径向流动，地层较厚时为准半球状流；地层较薄时为准径向流。

电缆地层测试器在两次预测试室工作期间，由于探管半径很小，流动可看作球形流。因此，用地层测试过程中压降数据及球形流模型可估算渗透率的模型，由于流动状态有时为柱面，有时为准球状流等，考虑这些因素，需引入一流型校正系数 C，则得

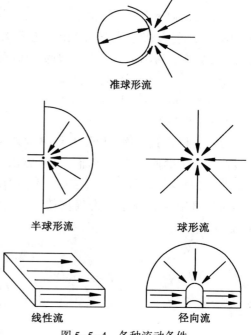

图 5-5-4　各种流动条件

$$K_d = \frac{C\mu q}{2\pi r_p \Delta p} \qquad (5\text{-}5\text{-}1)$$

式中　Δp——恢复后期压力减去下降后期压力，$\Delta p = p_i - p_{wf}$，psi。

球形流时 $C=0.5$（均质无限大地层），半球形流时 $C=1.0$（相当于井壁为平面），实际情况为准球形和柱形流、半球形流、柱形流和径向流的叠加，C 值在 0.5 和 1.0 之间，RFT 压降分析时 C 取 0.668，FMT 压降分析时 C 取 0.75。式（5-5-1）中，令 $F=C/2\pi r_p$，则

$$K_d = F\frac{q\mu}{\Delta p} \qquad (5\text{-}5\text{-}2)$$

常数 F 是与流动方式、井眼大小及探管半径相关的量，数值大小与采用的单位有关。对于斯伦贝谢公司生产的 RFT 仪器，井径为 8in，$r_p = 0.55$cm 时，$F = 5660$，此时

$$K_d = 5660\frac{q\mu}{\Delta p} \qquad (5\text{-}5\text{-}3)$$

式中 K_d——压降分析所得的渗透率，$10^{-3}\,\mu m^2$；

q——流量，cm^3/s，预测试室体积除以流体充满时间；

μ——流体黏度，cP，相当于钻井液滤液的黏度（0.5cP）。

F 值是采用三维稳定流动计算机模拟给出的数值。若采用半径比 0.55cm 大的探管或快速抽吸探管，$F = 2395$；若采用比常用封隔器更大的封隔器时，$F = 1107$。通常情况下，F 值取 5660。

采用贝克阿特拉斯公司的 FMT 仪器资料进行压降分析时，有

$$K_d = 1842\frac{Cq\mu}{d\Delta p} \tag{5-5-4}$$

式中 C——流动系数，井眼内径为 8in 时取 0.75；

d——探管直径，0.562in。

式（5-5-3）和式（5-5-4）是用 RFT 或 FMT 测试压降数据确定地层有效渗透率的两个基本关系式，可以采用第一次预测试所得的压降，也可以采用第二次预测试期间所得的压降，这一方法称为压降法。

由于液体抽吸引起的流动半径较小，因此由压降法所得的地层渗透率只反映了测试器探头附近几厘米处的渗透情况。由于进入探管的只是钻井液滤液，因此渗透率值受污染带表皮效应影响，所求出的值通常偏低。压降法求出的渗透率在同一口井纵向或同一油田相同岩性的地层对比中有较高的价值。

2. 影响压降分析的因素

1）表皮效应

压降法计算的渗透率值受井壁周围地层损害的影响很大：一方面，探管压迫地层可能会产生微裂缝使渗透率增加；另一方面，由于钻井液滤液的侵入、黏土分散、滤饼的存在及细颗粒堵塞等因素的影响，渗透率降低。这种井眼附近的渗透率测量值受井眼周围地层损害影响的现象称为表皮效应，其结果是在原压差的基础上又造成一个附加压降 Δp_S：

$$\Delta p_S = \frac{q\mu S}{4\pi K_d r_p} \tag{5-5-5}$$

总压降 Δp 表示为

$$\Delta p = \frac{Cq\mu}{2\pi K_d r_p} + \frac{q\mu S}{4\pi K_d r_p}$$

$$= \frac{q\mu}{4\pi K_d r_p}(2C+S) \tag{5-5-6}$$

式中 S——表皮系数；

Δp_S——由 S 引起的附加压降。

因此考虑 S 的影响后，压降渗透率表示为

$$K_d = \frac{q\mu}{4\pi r_p \Delta p}(2C+S) \tag{5-5-7}$$

实际测量过程中，S 值可采用压力恢复分析资料确定。

2）压降期间最大流量上限

在地层渗透率很高的情况下（接近 $1\mu m^2$），两次预测期间抽取 $20cm^3$ 导致的压降很小，压力不可能低于泡点压力；相反，当地层渗透率极低时，从地层中抽出的液体流量小于活

塞的体积流量，在这种情况下，抽取 $20cm^3$ 的流体可能导致压力已降到泡点压力之下，气体由此离析出来，导致流量不稳定，因而难以定量分析。所以，对于低渗透率地层，预测试室的抽动速度应有所限制，避免发生上述现象，可测出压降要求的抽取流量上限 q_{max} 为

$$q_{max} = \frac{K_d r_p (p_i - p_b)}{1170\mu(2C+S)} \qquad (5-5-8)$$

3）探测半径

压降过程中，流体主要以球形流方式进入探头。可以证明，约有一半的压降都发生在靠近探头的地方，这一份额大约占总压降的 50%，因此压力的降低主要受靠近探管的地层性质影响，所以压降法求的渗透率可能与地层深处的渗透率有较大的差异。

4）含水饱和度

压降法计算的渗透率反映的是可流动地层的有效渗透率。由于油水的相对渗透率随含水饱和度变化，侵入带中的含油饱和度往往接近残余油饱和度，因此侵入带中的总有效渗透率（RFT 测得的）可能明显低于绝对渗透率。

三、压力恢复分析

当两次预测试完毕后，预测试室内充满流体，地层流体停止向探头方向流动（相当于试井中的关井），此时压力很快开始升高，并逐步向原始地层压力恢复（图 5-5-3 中 g 段）。刚开始时，压力恢复以球形方式向外传播，传播到上下夹层（非渗透隔层界面）时，由球形变成径向或柱形传播。

压力开始恢复后，探头位置处的压力梯度接近于零，流压无变化，流动发生在离探头较远的地层中，因此由压力恢复分析可以得到油藏未被损害部分的信息。

1. 球形压力恢复

均匀无限大地层中，压力以探头为点源，以球状方式向外传播，利用球坐标系中压力扩散方程，可得球形压力恢复时间函数。

利用叠加原理，对于只有一个预测试室的情况，有

$$f_s(\Delta t) = \frac{1}{\sqrt{\Delta t}} - \frac{1}{\sqrt{t_1 + \Delta t}} \qquad (5-5-9)$$

对于有两个预测试室的仪器，利用叠加原理得

$$f_s(\Delta t) = \frac{1}{\sqrt{t_2 + \Delta t}} - \frac{1}{\sqrt{t_1 + t_2 + \Delta t}} + \frac{q_2}{q_1}\left(\frac{1}{\sqrt{\Delta t}} - \frac{1}{\sqrt{t_2 + \Delta t}}\right) \qquad (5-5-10)$$

式中　$f_s(\Delta t)$——球形时间函数；

q_1——第一次预测阶段的流量，cm^3/s；

q_2——第二次预测阶段的流量，cm^3/s；

t_1——第一次预测试流动时间，s；

t_2——第二次预测试流动时间，s；

Δt——预测试室关闭后的时间（关井时间），s。

这里得到的球形恢复有效渗透率包含着垂直方向上的 K_v 和水平方向上的渗透率 K_h，它们之间的大小是有区别的，这样考虑更接近地层各向异性的实际情况。

球形流动状态下的有效渗透率 K_s 为

$$K_s = 1856\mu\left(\frac{q_1}{m_s}\right)^{\frac{2}{3}}(C_t\phi)^{\frac{1}{3}} \tag{5-5-11}$$

K_s 与水平渗透率 K_h 和垂直渗透率 K_v 的关系为

$$K_s = K_h^{\frac{2}{3}}K_v^{\frac{1}{3}} \tag{5-5-12}$$

定义各向异性系数为

$$A = \frac{K_v}{K_h} \tag{5-5-13}$$

通常情况下 K_h 比 K_v 大，即 $A<1$。将式（5-5-13）代入式（5-5-12）得

$$K_s = K_h A^{\frac{1}{3}}$$

如果已知各向异性系数和 K_s，可用图 5-5-5 确定 K_h 和 K_v。通常用柱形压力恢复资料确定的渗透率接近水平渗透率，因此在不知各向异性的情况下，可用下文介绍的柱形压力恢复渗透率代替 K_h 来确定各向异性系数进行非均质性分析。

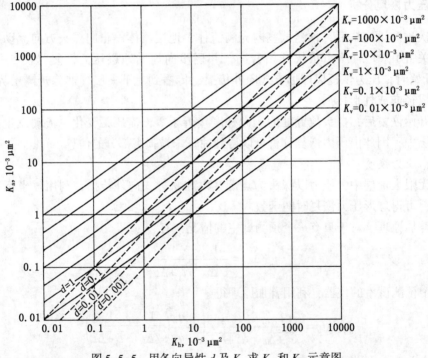

图 5-5-5　用各向异性 d 及 K_s 求 K_v 和 K_h 示意图

2. 柱形压力恢复

从探头向外传播的压力遇到上、下部的不渗透界面时，球形传播就会转变成径向柱形压力传播。

对于只有一个预测试室的仪器（FMT），柱形压力恢复时间函数 $f_c(\Delta t)$ 为

$$f_c(\Delta t) = \lg\left(\frac{t_1+\Delta t}{\Delta t}\right) \tag{5-5-14}$$

对于有两个预测试室的仪器（RFT），则

$$f_c(\Delta t) = \lg\left(\frac{t_1 + t_2 + \Delta t}{\Delta t}\right) + \frac{q_2}{q_1}\lg\left(\frac{t_2 + \Delta t}{\Delta t}\right) \qquad (5\text{-}5\text{-}15)$$

与前面提到的 Horner 公式相同，系数不同是由单位制差异造成的。以 $p_i - p_{ws}$ 为纵坐标、以 $f_c(\Delta t)$ 为横坐标在半对数坐标上得到一条曲线，曲线的斜率 m_c（单位为 psi/周期）为

$$m_c = 88.4\frac{q_1\mu}{K_c h} \qquad (5\text{-}5\text{-}16)$$

$$K_c = 88.4\frac{q_1\mu}{m_c h} \qquad (5\text{-}5\text{-}17)$$

3. 影响压力恢复分析的因素及其他相关参数

1）地层厚度及计算模型

由前所述可知，球状压力恢复和柱状压力恢复计算结果差异较大，这就存在一个用哪一种公式计算的问题。

通常压力刚开始恢复时，呈球形传播，然后遇到非渗透层后变成柱状传播。首先，弄清楚是否存在非渗透层及这些层离探头有多远，可以利用微电阻率测井曲线确定这些参数；其次，作压力测量值 p 与 $f_s(\Delta t)$ 和 $f_c(\Delta t)$ 的关系曲线，哪一条呈直线，则流动为相应的类型。实际上，呈球形还是呈柱状都是一种理想的假设，测量结果应是二者共同作用的结果。利用下式可以估算出地层的有效厚度，该方法适用于 RFT 和 FMT：

$$h = 1.2\left[\frac{VA}{4\pi(p_i - p^*)\phi C_t}\right]^{\frac{1}{3}} \qquad (5\text{-}5\text{-}18)$$

式中　h——有效地层厚度，ft；

　　　V——预测试期间流体的总体积，cm^3；

　　　p_i——原始地层压力，psi；

　　　p^*——由球形压力曲线外推得到的地层静压力，psi；

　　　ϕ——地层孔隙度，小数；

　　　C_t——地层流体总压缩系数，1/psi；

　　　A——各向异性系数，无因次。

式（5-5-18）是用压力匹配确定地层有效厚度 h，还可以用时间匹配法确定 h 值，即

$$h = \left(\frac{\Delta t^* K_v}{\phi\mu C_t}\right)^{\frac{1}{2}}\left(0.02956 - 0.007378\frac{\Delta t^*}{t^*}\right) \qquad (5\text{-}5\text{-}19)$$

式中　t^*——开始流动到球形压力恢复曲线上开始偏离直线对应的时间，s；

　　　Δt^*——t^* 减去流动时间，s；

　　　h——有效厚度，cm。

2）压力恢复法的探测深度和探测半径

由两种恢复得到的 K_s、K_c 是地层某一范围的平均值，即涉及 RFT 和 FMT 仪器的恢复探测半径。从理论上讲，压力的变化可能延伸至无限远，但实际上仪器无法测到。探测半径 r_i 的表达式为

$$r_i = \frac{h}{2} = 0.6\left(\frac{qT}{4\pi\delta_p\phi C_t}\right)^{\frac{1}{3}} \qquad (5\text{-}5\text{-}20)$$

式中 T——流动的总时间；

  δ_p——压力计的分辨率。

式(5-5-20)说明，r_i 定义为有效地层厚度的一半，δ_p 越大，r_i 就越深，r_i 与渗透率无关，单位为 cm。对于 $\delta_p=1\text{psi}$ 的地层，探测距离为几英尺；对于 $\delta_p=0.01\text{psi}$ 的石英晶体压力计，r_i 可达到几米。由压力恢复求得的 K_s 和 K_c 值反映的是距探头 r_i 处岩石的有效渗透性。

下面讨论压力作用的径向范围。定义流量最大值处距探头的距离为最大作用半径 r_{max}，2%总流量发生的部位距探头的距离为最小作用半径 r_{min}，则可按下列二式估算（RFT）：

$$r_{min}=0.0047\sqrt{\frac{K}{\phi\mu C_t}}\sqrt{\Delta t-T}\left(\frac{\Delta t}{T}\right)^{\frac{1}{3}} \tag{5-5-21}$$

$$r_{max}=0.0205\sqrt{\frac{K}{\phi\mu C_t}}\sqrt{\Delta t-T}\left(\frac{\Delta t}{\Delta t-T}\right)^{\frac{1}{5}} \tag{5-5-22}$$

式中，r_{min} 和 r_{max} 的单位是 cm。

对于 FMT 仪器，有

$$r_{max}=0.0205\left(\frac{K_s\Delta t}{\phi\mu C_t}\right)^{\frac{1}{2}}\left(\frac{T+\Delta t}{\Delta t}\right)^{\frac{1}{5}} \tag{5-5-23}$$

式中 T——流动时间；

  Δt——恢复时间。

通过上述分析可知，记录的压力响应变化主要发生在距离探头 r_{min} 至 r_{max} 的范围内。前面提到的 r_i 指距探头 r_i 处的岩石对测量的有效渗透率起主导作用。

3）测量渗透率的上限

由恢复法测出的渗透率的最大值与压力计的精度有关。现场应用表明，如果流动时间 $T=20\text{s}$，那么恢复 6s 左右时，在球形压力恢复中开始出现直线段，这时的测试时间为 26s，$t/T=26/20=1.3$。为了使球形压力恢复有合理的精度，要求压力计的分辨率 $\delta_p<0.1\Delta p$。把以上数据代入式(5-5-11)，整理得出可测量的渗透率的最大上限为

$$K_{max}=390\left(\frac{q\mu}{\delta_p}\right)^{\frac{2}{3}}\left(\frac{\phi\mu C_t}{T}\right)^{\frac{1}{3}} \tag{5-5-24}$$

由式(5-5-24)可知，抽取速度越快，所用时间越短，分辨率越高，则可测渗透率越大。实际上，T 不能任意缩短，以防脱气等现象发生。

4）钻井液滤液侵入的影响

钻井液滤液侵入的影响包括两个方面：一是侵入造成的超压作用；二是侵入带内多相流动的影响。

超压作用是指钻井液滤液侵入井眼附近地层后使其压力显示高于实际地层压力的现象。通常钻井液侵入地层有 3 种形式：短暂漏失（循环过程）、动态漏失（滤饼达到平衡厚度期间）和静态漏失（钻井液停止循环以后）。钻井期间钻井液循环会使所有的渗透层产生局部超压现象，滤饼形成后，大部分地层超压现象消失，低渗透层中，由于滤饼形成较慢，侵入现象仍然存在，这可能对测试结果产生影响。

若钻井液侵入动失水和静失水的流量恒定，地层为无限大，且只有单相流动，根据扩散方程和叠加定理，钻井液停止循环 Δt 时间后，超压的估算公式为

$$\Delta p'=44.62\frac{q''\mu}{K_h}\left(\frac{q'}{q''}\lg\frac{T'+\Delta t'}{\Delta t'}+\lg\frac{K_h}{\phi\mu C_t r_w^2+\lg\Delta t'-3.23}\right) \tag{5-5-25}$$

式中 $\Delta p'$——超压值，psi；

$\quad\quad q'$——钻井液动失水量，cm^2/min；

$\quad\quad q''$——钻井液静失水量，cm^2/min；

$\quad\quad K_h$——水平渗透率，$10^{-3}\mu m^2$；

$\quad\quad \mu$——滤液黏度，$mPa \cdot s$；

$\quad\quad C_t$——总压缩系数，psi^{-1}；

$\quad\quad r_w$——井眼半径，ft；

$\quad\quad T'$——钻井液循环时间，h；

$\quad\quad \Delta t'$——停止循环后的持续时间，h。

显然，$\Delta p'$值取决于 K_h 和钻井液失水量。计算表明，渗透率越大，超压越小，当 K_h 大于 100mD 时，影响几乎很小；相反，K_h 值越小，影响越大。由于 $\Delta p'$ 是一个稳定值，因此不影响压力恢复曲线的斜率，所以不影响由此计算的渗透率，如果地层的原始压力已确定，则要受到一定影响。

除超压现象之外，要考虑的第二个问题是钻井液滤液侵入地层后会改变流体成分和含水饱和度，使侵入带的流体及分布与原状地层不相同。由于仪器的探测深度有限，通常不能排除侵入带的影响。侵入带内流体分布的变化使压力分析复杂化，实际应用时应予以注意。

5）续流影响

由于流体具有压缩性，与试井类似，当预测试室停止抽吸后，流体不是立即停止流动，而是仍然持续向探头流动，直至探头压力与地层压力平衡，这就是续流效应。它影响压力数据的早期分析。

通常定义一个时间常数 τ，用于分析续流的作用，计算公式为

$$\tau = \frac{1170\mu(2C+S)V_tC_f}{Kr_p} \qquad (5\text{-}5\text{-}26)$$

式中 C_f——总流体压缩系数，1/psi；

$\quad\quad V_t$——仪器流道、压力计空腔和预测试室三者的体积之和，cm^3；

$\quad\quad r_p$——探管半径，cm；

$\quad\quad C$——流动系数，无因次；

$\quad\quad S$——表皮系数，无因次；

$\quad\quad \mu$——流体黏度，$mPa \cdot s$；

$\quad\quad K$——地层渗透率，$10^{-3}\mu m^2$；

$\quad\quad \tau$——时间常数，s。

通常情况下，预测试室关闭后，恢复时间 $\Delta t > 8\tau$ 时，续流的影响可以忽略不计。以 RFT 为例，系统总容积 $V_t = 60cm^3$，流体黏度 $\mu = 0.5cP$，压缩系数 $C_f = 3\times10^{-6}psi^{-1}$，$K = 1\times10^{-3}\mu m^2$，$S = 0$，则可以估算出 $\tau = 4s$，即 $\Delta t > 32s$ 后，续流的影响可以忽略不计。

如果流动系统中有气体存在，由于气体压缩系数 C_g 远大于液体 C_L，此时总的压缩系数 C_f 为

$$C_f = V_LC_L + V_gC_g \qquad (5\text{-}5\text{-}27)$$

式中 V_L、V_g——液体、气体所占的体积。

这种情况下，续流作用的时间会进一步延长。如果预测试期间未达到稳定流动，压降曲线上就不会出现平直段，此时可以考虑系统内有气体出现。从理论上讲，这时需要大约

8τ 的时间，续流的影响则可以忽略。对于双预测试室仪器，由于第一预测试室的测量时间是第二预测试室时间的两倍，因此第一次预测试更容易满足稳定流动的条件。若压降分析的 $K_{d1}>K_{d2}$，则可考虑可能有气体出现。由于第一次预测试对地层有清洗作用，因此也可能出现 $K_{d2}>K_{d1}$，所以需要按多相流动进行分析，这种情况比本节介绍的方法更为复杂，通常不太可能得出定量结果。

四、计算渗透率的必要参数

根据上述计算渗透率的基本公式，需要预先计算以下参数：

（1）压力，包括流动压力、预测试室关闭后的恢复压力、最后关井压力（地层静止压力）和刚关闭时的压力。

（2）流量 q，指单位时间流入预测试室流体的量，即预测试室体积 V 除以流动时间，$q=V/t$。

（3）压缩系数 C_t，表示岩石和流体总的压缩系数。

（4）黏度 μ，通常情况下，测试器在油层中取得的是油、气、水的混合物，总黏度是每一种流体黏度与其相对体积的乘积之和。实际条件下，测试器所吸取的流体基本上为钻井液滤液，钻井液滤液的黏度主要受钻井液滤液矿化度和温度的影响。因此对于水基钻井液，斯伦贝谢公司利用下面的经验公式计算 μ 值，即

$$\mu=(1+2.0833c_m\times10^{-6})e^{0.55-0.0243T+0.642\times10^{-4}T^2}$$

式中　c_m——钻井液滤液的总矿化度，mg/L；

　　　T——温度，℉。

五、确定渗透率方法的对比

由压降分析、球形压力恢复分析、柱形压力恢复分析3种方法，可以分别提供3种不同渗透率的值。通常来说，压力恢复法所求的渗透率更为可靠，但压力恢复法在渗透率较高（大于几个毫达西）的地层中应用时，由于压力恢复太快以致不能进行定量分析；另外，计算渗透率需要知道孔隙度、压缩系数和有效地层厚度，这些参数也影响计算精度；此外，前面提到的续流现象、表皮效应等都影响到所计算渗透率的精度，压降分析的探测半径大约为几厘米，压力恢复的探测半径约在一米至几米的距离。因此，所测的渗透率只反映了探测范围内的岩石的有效渗透能力。

除了电缆地层测试外，从岩心分析、试井分析和裸眼井测井分析中都可以得到渗透率值。

从实验室内的岩心分析结果可以得到所取岩心的绝对渗透率，在同一口井中，可以分辨井筒方向上的地层渗透特性。但岩心分析成本较高，不可能每一口井都进行岩心分析实验，且探测范围有限，这是其不足之处。

用裸眼井测井资料可以确定地层的绝对渗透率，其优势是进行过测井的井都可以确定其渗透率纵向和横向分布；不足之处是确定方法及结果依赖岩心分析结果，另外也受测井仪器探测范围及表皮效应的影响。因此，用测井分析确定渗透率的误差较大。

试井分析、DST测试探测范围较大，确定的是较大范围内地层的有效渗透率。目前其测试结果相对较为可靠；不足之处是纵向分辨能力较差，目前还不能完全解决多层油藏渗透率的确定问题。

六、RFT 测试的其他应用

除了确定地层的有效渗透率之外，利用测试所得的静液柱压力（钻井液柱压力）、地层

压力，也可以确定油藏中油、气、水界面，了解油藏的纵向和横向连通性，研究油层的生产特性等。

1. 静液柱压力分析（钻井液柱压力）

在测试前后都记录井筒内的钻井液柱压力，用于检查仪器的稳定性，尤其是温度的稳定性。当测试前后的压力差值不超过 1~2psi 时，可以认为仪器工作正常。

以深度为纵坐标、以钻井液压力为横坐标作图，能反映出钻井液密度的压力梯度变化：

$$\rho_m = \frac{压力梯度}{1.422}$$

计算压力梯度时，应使用垂直深度，不使用测井深度，因为井筒可能不是完全垂直的。井筒内钻井液柱的压力不稳定会导致梯度发生变化，井筒下部压力梯度逐渐增大是由钻井液中的重粒子沉淀到井底造成的。

2. 确定油、气、水界面及地层连通性

渗透率较高时，压力恢复很快，最后的恢复压力与地层压力相同。对于低渗透层，压力恢复较慢，需要用恢复曲线外推求地层静压力。把所有测点处的地层压力沿深度连线，即可确定地层的流体性质及界面位置。

地层压力实际上指孔隙中流体的压力，地层测试反映的是地层中可流动的流体的压力。地层压力梯度与地层中的流体压力梯度相同。流体密度与地层压力梯度的关系为

$$\rho = \frac{C(p_1 - p_2)}{(d_1 - d_2)\cos\theta} \tag{5-5-28}$$

式中　d_1、d_2——测井深度，m；

　　　p_1、p_2——对应于深度 d_1、d_2 的地层压力，psi；

　　　θ——井斜角；

　　　C——换算系数。

若 p 的单位用 psi，d 的单位用 m，则 $C = 0.7032$；若 p 的单位用 psi，d 的单位用 ft，则 $C = 2.3072$；若 p 的单位用 MPa，d 的单位用 m，则 $C = 101.97$。

3. 分析油藏生产动态

对不同时期的地层测试压力剖面与原始地层压力剖面进行比较，可以预测产层的流体性质变化，分析油层的递减或动态变化，估计井内层间干扰。对两口井之间压力变化进行比较，可以确定地层的连通性或不连续性。如果油藏开采过程中压力递减是均匀的，则所得的压力分布平行于原始流体梯度线；相反，若递减不均匀，这时压力不再是单一的压力梯度，油藏开采一段时间后，油藏压力已衰减，气油界面下移，油水界面上升，含水区段的不渗透层可能限制自然水驱或注水水驱的效率。

若一口井采用多层合采方式生产，且各层具有独立的压力系统，那么油井的生产特性会受压力分布的影响（图 5-5-6）。图中，该井中上层压力比下层压力递减大，若上层已衰竭，电缆地层测试求得的地层压力低于井筒内的流动压力，生产时该层不仅不会产油，而且会吸入下层产出的流体，这一现象称为"倒灌"。

4. 裂缝性储集层的生产特征

裂缝性储集层由渗透性的裂缝系统和低渗透性的岩块组成，岩块尺寸大小由裂缝密度控制。若岩石破碎构成网状裂缝，则近似于砂岩的储集层特征，但就一般裂缝性储集层而言，裂缝孔隙度虽小但渗透率很高，控制着储集层的生产特征。普通裸眼井资料主要是对

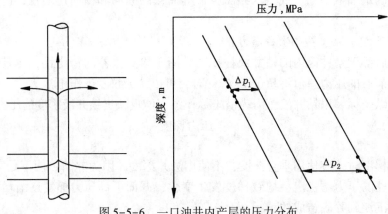

图 5-5-6 一口油井内产层的压力分布

岩块中流体的响应，因而可能对储集层中实际的流体性质作出错误的判断，尤其是在初期生产阶段。地层测试反映了裂缝性储集层中可动流体的响应，包括裂缝内的流体和岩块内的可动流体，因而可能对储集层的生产机理作进一步了解。

对于自然裂缝性储集层而言，当岩块的尺寸足够大时，其饱和度分布由毛管压力所控制。油在通过裂缝系统运移的过程中，首先驱走裂缝内的水，然后替代岩块内的水，直到重力—毛管压力平衡为止，因此岩块的底部往往全含水后，上部才可能含油，中间存在一个过渡带。在生产过程中，含水层水的膨胀或注入水会不断进入裂缝系统，因而裂缝系统的油气界面和油水界面以及岩块的含水饱和度将不断变化。由于每一岩块的地层水的压力和裂缝系统内，同一深度的流体压力相等，因此电缆地层测试得到的总的压力梯度对应于裂缝系统内的流体的压力梯度。如果测得的压力梯度按式(5-5-28)计算出的是油的密度，则裂缝系统内含油，储集层将产油；若计算出的是水的密度，那么裂缝系统内含水，储集层将产水。若能够测出基块内的压力分布，则基块下部的压力梯度对应于基块内水的密度。由于大部分自然裂缝性储集层的岩石基块渗透率较低，预测试的压力恢复能够有效地观察到，因此对压力恢复响应进行分析将增强对储集层生产机理的评价，除了可以确定岩石基本的渗透率之外，在有利条件下还可以估计岩块尺寸大小。

七、流体取样分析

除了压力分析之外，对地层测试器所取得的流体样品进行分析还可以确定流体的性质参数，预测产能和地层产液性质。

1. 确定地层流体性质参数

流体取到地面后，首先准确计量油、水和气的体积，然后采用分析仪器测定地层流体的黏度和油的密度。当所取样品超过 $1000cm^3$ 时，便能够进行准确的定量分析。

根据取样筒中回收的天然气的体积 V_g 和原油的体积 V_o 可以计算出气油比 GOR。若取样时地层中无游离气，则此时的 GOR 值表示溶解气油比 R_s。同理，可计算出气水比 GWR。

地层测试器回收的水一般是钻井液滤液和地层水的混合物。若回收的数量很小，则几乎是钻井液滤液；若回收的数量较大，则需要准确确定其中地层水的体积 V_{wf}。确定 V_{wf} 的方法是对回收的混合水测量电阻率 R_z 或分析确定总矿化度后换算出 R_z，根据测井资料或邻井测试资料确定地层水电阻率 R_w。钻井液滤液电阻率 R_{mf} 一般已知，假定混合水的电阻由

地层水和钻井液滤液两部分电阻并联构成，则

$$\frac{1}{R_z} = \frac{W}{R_w} + \frac{1-W}{R_{mf}}$$ (5-5-29)

$$W = W_{wf}/V_w$$

式中　W——地层水占混合水的相对体积。

由式(5-5-29)知

$$W = \frac{\dfrac{R_{mf}}{R_z} - 1}{\dfrac{R_{mf}}{R_w} - 1}$$ (5-5-30)

由此可得

$$V_{wf} = W V_w$$ (5-5-31)

计算过程中需要注意，R_z、R_w、R_{mf}应该换算到同一温度下。由于流体的体积是温度、压力的函数，所以地面条件下计量的体积并不代表地层条件下的体积。特别是回收的气体，在地层条件下可能是自由气，也可能是油中和水中的溶解气，必须考虑泡点压力和气体溶解性的影响。因此，要确定地层条件下的流体性质参数，需采用第一章第四节中给出的计算方法。

2. 判断地层流体性质

根据地层测试器取样得到的流体类型和体积可以判断地层的生产特性，判断方法分以下4种情况：

第一种情况是回收到的只有油和气，显然地层是油气层。若地层压力低于油的泡点压力，则地层内有自由气；若地层压力大于泡点压力，回收的则是溶解气。

第二种情况是回收的是油和水，此时需要区分水中钻井液滤液和地层水的含量。若全是钻井液滤液，则地层产纯油；若有地层水，且其含量超过回收流体体积的15%时，则地层产油和水，可按下式估算产水率：

$$F_w = \frac{V_{wf}}{V_{wf} + V_o}$$ (5-5-32)

这种判断对于高、中渗透性地层来说，一般是准确的；对低渗透地层，钻井液可能侵入特别深，回收的可能全是钻井液滤液，但地层也可能产水，此时产水率无法估算。

第三种情况是回收到的是气和水，若气量很少而地层水体积很大，地层将产水，这时的气只是水中的溶解气；若回收的气的体积较大而只有少量的钻井液滤液，则地层可能只产气，并且可能需要采取增产措施提高产气量；当回收到的气体体积较大且地层水的体积超过回收流体体积的15%时，地层可能产气和水。

第四种情况是回收到的既有油，又有水和气，地层产出的流体将主要取决于回收到的流体的数量。当用2.75gal的取样筒回收油的体积小于1000cm^{3}时，产液类型取决于回收气量和关闭压力。

八、套管井电缆地层测试器

RFT和FMT在裸眼井中完成压力测量。哈里伯顿公司生产的套管井地层测试器可以在套管井中完成压力测量。该仪器简称CWFT，测量结果可以用于确定地层压力、渗透率和流体参数等。CWFT的工作原则与RFT和FMT仪器相似，不同点是一旦将仪器定位且推靠以

后，就可以进行多次抽取与注入的地层测试，预测的体积可以从地面选择，从 $1cm^3$ 到 $22cm^3$。利用压力恢复分析技术，可以确定井壁堵塞层位，也可以指示产砂部位。

1. CWFT 仪器概况

CWFT 的探头极板上装有射孔弹，射孔弹的任务是打通仪器与地层之间的连通渠道。仪器借助液压的推力推靠在套管壁上，使井下仪器内腔与地层连通，且与井筒内的静液柱隔开。根据预测试抽取获得的压降测试曲线的形状可以判断仪器的工作状况，若压降幅度大，说明射孔可能没有穿透水泥环，仪器孔腔与地层不连通，这时应释放掉液压并使仪器重新定位、推靠、射孔和测量。测量时，CWFT 与自然伽马测井和套管接箍定位仪器组合下井，以保证测试深度的准确性。准确定位后，即可开始射孔使仪器与地层建立连通关系。射孔前，射孔弹周围的压力近似等于大气压，射孔后地层流体携带岩屑迅速冲入井筒，保证了连通通道内无堵塞现象发生。地层、射孔通道和仪器内腔三者之间连通后，即可进行测试，测试时可根据地层条件（渗透率、压力、流体类型）在地面面板上选择预测试室的大小，每次选择的增量为 1mL。测试记录完成后，打开取样阀，让流体流到取样筒并带到地面进行分析。套管井地层测试器的特点是取样较为顺利，套管直径为 13.97cm 时，取样室选取容积为 2 ~ 5gal 的取样筒；套管直径大于 13.97cm 时，可以选取容积更大的取样筒。

在进行 CWFT 测试时，应了解一下套管、水泥、地层三者之间的胶结及套管腐蚀的情况。通常情况下，在测试之前，要进行必要的生产测井。

2. CWFT 下井仪器

套管地层测试器是从裸眼井电缆地层测试器（哈里伯顿公司的 SFT）发展起来的，在原探头上加装射孔装置即构成新的仪器，如图 5-5-7 所示。当封隔器对着套管封隔后，射孔装置进行射孔。这种设计使用可靠，并且经过现场证实很有应用价值。封隔器处的仪器直径为 10.72cm，其他部位的直径是 8.89cm（3.5in）。仪器可在直径为 13.97cm（5.5in）~23.5cm（9.625in）的套管中进行操作。

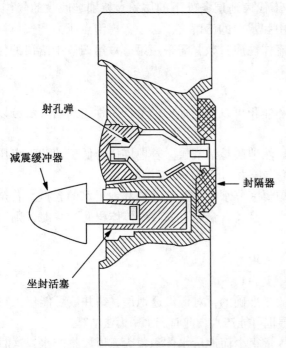

图 5-5-7　套管电缆地层测试器的探头部分

射孔弹

减震缓冲器

封隔器

坐封活塞

预测试室的容积可由地面控制，增量为 1mL，最大容积为 22mL。这种仪器可以通过预测试室把流体注入地层。仪器使用的是应变压力计，其精度为 5psi，分辨率为 1psi，应变压力计也可更换为石英晶体压力计（精度为 0.5psi，分辨率为 0.1psi）。

CWFT 使用一个 3g 射孔弹，该弹头放在直径为 0.61cm 的套管小孔中，穿透深度可达 15cm 左右，射孔栓用耐高温材料制作。仪器测试结束时，平衡阀自动打开，液压回到钻井液柱压力。

使用 CWFT 时应该注意以下事项：

（1）射孔枪使用的点火器对流体很敏感，若仪器提出钻井液暴露在空气中，则会发生短路现象，无法起爆。

（2）起爆的另一个条件是仪器必须推靠在井壁上，否则无法射孔。点火控制在地面完成。

第六节　组件式地层动态测试器

组件式地层动态测试器 MDT 是斯伦贝谢公司 1990 年推出的一种新型地层测试器，是 MAXIS-500 系统中一支重要的下井仪器。MAXIS 全称为"多功能数据采集和成像系统"，MDT（modular formation dynamics tester）全称为组件式动态测试器。

一、仪器结构和性能

图 5-6-1 是 MDT 的组件示意图，该测试器由电子电源组件、液压动力组件、单探测器组件、双探测器组件、泵出组件、封隔器组件、光学流体分析组件、多样品组件、1gal 样品组件、2.75gal 样品组件、6gal 样品组件等组成。6gal 的取样室可连接 6 个。

根据具体情况，MDT 可组合成不同方式进行测试。例如，可以只装一个取样桶，在距井底 46cm 的地方进行测试并取得流体样品，也可以多装几个取样筒进行多次取样，即一次下井可取多个样品。

用于特殊用途的组合方式有：各向异性渗透率和压力梯度测定的多探头组合、PVT 高压物性分析的多取样筒组合（该组合一次下井可采集不同地层的流体样品，最大取样体积可达 6gal）。每种组合的长度和质量不同，但都必须有电子电源、短节、液压动力、探测器和封隔器等组件，因为这些组件是井下仪器正常运转不可缺少的。用 MDT 测试结果可以直接作出渗透率剖面，且一次下井可取得多个样品，这是 RFT 和 FMT 测试不具备的。例如，MDT 一次下

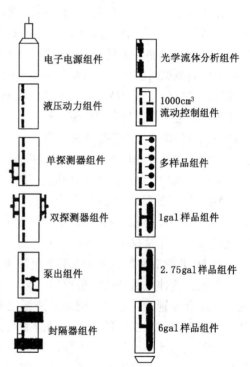

图 5-6-1　MDT 组件示意图

井可以在同一位置取 6 个样品或在 6 个位置各取一个样品。

MDT 模块化可以使仪器任意组合，减少测井费用，同时又使得井下仪器安装、调试、修理更为方便。MDT 通常有 5 种不同的组合，取样筒可以安装在井下仪器的任何部位。例如，在井下仪器同一侧安装 2 个探头，可以得到储集层的垂直渗透率，同时根据 2 个深度的距离计算压力梯度；又如，在同一部位安装 2 个探头，可以得到所测储集层的水平渗透率；若同时安装 3 个探头，即可测量储集层的非均匀性，相应的压力记录图上记录 3 条压力曲线，它们分别对应 3 个探头位置的压力变化。除了这些选择，MDT 可以组装有 4~10 个探头的井下仪器，从而可以得出比 RFT 更详细的储集层性质参数。MDT 井下仪器安装了

几个探头，就需要地面记录设备记录几条压力曲线，由于 MAXIS-500 使用光缆传输井下信息，可以满足上述测试信息传输的需要。为了测量到井底储集层，可以在底部装上探头组件，采样组件安装在仪器的上部，这解决了 RFT 取样筒太长、井底储集层无法测试的问题。MDT 可以测量距离井底 45.72cm 的储集层。

MDT 的模块式结构为用户提供了广阔的选择空间，必选组件分为电子电源组件和液压动力组件，可选组件包括单探测器组件、样品组件、泵出组件、双探测器组件和流动控制组件 5 种。可选组件中，单探测器组件和样品组件与 RFT 的探头和采样功能类似，只是将它们模块化；另外 3 种组件具有新的功能。泵出组件可以将取样筒中的流体排出井下仪器，进入钻井液，这样可以把取样筒中钻井液滤液或者测井工程师认为不好的样品放掉，再次采样；双探测器组件是在仪器径向上相对安装的两个探头，其中一个是抽吸探头，另一个是测试探头，可以测量井周上的地层渗透率，即地层的水平渗透率。流动控制组件可以控制测试时的流量和压力，是为了适应不同渗透率的储集层测试需要而设计的。对于高渗透性地层，由于流量太大，使 RFT 的预测试室的抽取量几乎不能产生压降；对于低渗透性地层，由于流量太小，RFT 的预测试室只能抽取到很少的流体，地层产生很大的压降且压力恢复得很慢，所需的测试时间很长。导致以上现象的主要原因是 RFT 的预测试室是常数，因此不能根据储集层的情况进行调整。MDT 的流动控制组件可以解决 RFT 遇到的这些问题，它可以控制测试时的压力、流量和体积。使用 MAXIS-500 测井车上的地面面板装置控制测试的流动，可以使压降保持在适当的范围而且在泡点压力以上，让活塞的排出量与流体的流入量相等，且可以保证只有单相流体流动，从而消除了多相解释的麻烦，并能保证样品的完整，由此得到良好的渗透率参数测量结果。MDT 只有一个预测试室，它的压力曲线形态与 RFT 不同，预测试室的容积是 1L，每次测试要小于这个容积，这一容积是 RFT 体积（20mL）的 50倍。另外，流动控制组件的这些功能可以防止井壁垮塌、管线堵塞和密封失败。

MDT 使用的是石英晶体压力计，分辨率为 0.02psi，分辨率提高了 50 倍，这使得用 MDT 资料研究储集层的高精度问题成为可能。例如，在高渗透性地层中，许多反映储集层性质的压力变化是在 1psi 变化之下。

在 MDT 的探测器组件中安装有电阻率与温度传感器，可以连续测量管线中的流体电阻率和温度，流体电阻率的测量可以区分出天然气、石油和水，当地层水与水基钻井液滤液的电阻率有差别时，也可以把钻井液滤液和地层水区分开。由于要保持连续流动，需要在井下仪器中安装泵出组件，它可以把抽取到的流体泵入钻井液中，直到获得测井工程师希望得到的地层流体样品。利用泵出组件，可以在监测流体电阻率的同时进行采样。操作工程师观察到正在采集未被污染的地层流体时就停止排出，让仪器开始采集纯的地层流体样品并装入采样筒，纯的地层流体通常位于钻井液滤液之后。

图 5-6-2 是 MDT 三个探测器的结构示意图，一个是插入探测器（也称抽吸探测器或测试探测器）；一个是水平观测探测器，用于确定水平渗透率；另外一个是垂直观测探测器，用于确定垂向渗透率。垂直观测探测器位于测试探测器以上 70cm 处，与水平观测探测器相对。垂直观测探测器也可作为插入探测器（测试探测器）使用。插入探测器工作时，其他两个探测器即可记录压力的瞬时变化。图 5-6-3 是 3 个探测器记录到的压力响应，下面一条曲线为插入探测器记录到的压力曲线，中间一条为水平观测探测器记录到的压力曲线，上面一条为垂直观测探测器记录到的压力曲线。对这些记录进行处理，即可得到相应地层渗透率数据。

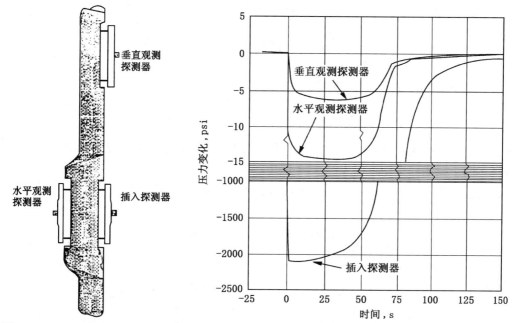

图 5-6-2　MDT 的多探测器结构图　　　　图 5-6-3　多探测器的压力响应

MDT 中设置的光学流体分析组件主要用于采集高质量的 PVT 流体样品。在油基钻井液的井中，尤其需要进行光学分析。该组件安装在抽吸测试器以下，使用光学分析技术识别管线中的流体性质，用接近红外线范围的光谱测定法区分油和水，通过用不同反射角的反射测量结果来探测天然气。图 5-6-4 是 MDT 的一种组合的测试曲线，记录出泵出滤量，右面倒数第二道为光学分析记录，并附有取样过程备注。

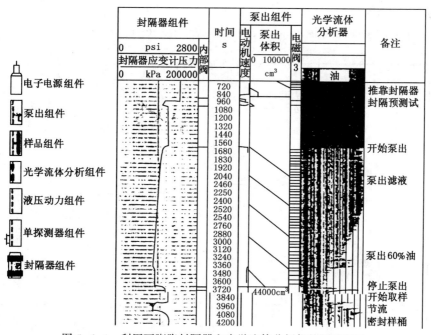

图 5-6-4　利用可膨胀封隔器和光学流体分析仪的测试记录

二、用 MDT 多探头测试结果计算渗透率的方法

MDT 的功能很多，相应的资料解释也较为复杂，下面讨论用相应的测试资料计算垂向和水平方向渗透率的方法。MDT 的 3 个探测器可以得到 3 个不同位置处的压力变化，这些变化分别反映了垂直方向和水平方向上的渗透率的变化。

1992 年，P. A. Goode 和 B. K. Michael 提出了计算垂直和水平渗透率的模型。

把插入探测器看作圆柱侧面上的一个点源，圆柱侧面模拟井筒，圆柱位于各向异性介质中，该介质径向无限延伸，在垂直方向上无边界。流体以常流量从插入探测器流出，忽略流体的重力影响，流动过程为恒温。

点源的位置为 $(r_w, 0, 0)$，流量为 q，在垂直、水平观测探测器 (r_w, θ, Z) 处的压力变化为

$$\Delta p = \frac{q\mu}{8\pi^{1.5}\sqrt{K_r K_z}r_w}\int_0^\tau \frac{\exp[-(Z^2/4\beta r_w^2)(K_r/K_z)]}{\beta^{1.5}}G(\theta,\beta)q(\tau-\beta)\mathrm{d}\beta \quad (5\text{-}6\text{-}1)$$

$$G(\theta,\beta) = \frac{8}{\pi^2}\sum_{n=-\infty}^{\infty}\cos(n\theta)\int_0^\infty \frac{\beta e^{-\alpha^2\beta}}{\alpha[J_n'(\alpha)^2 + y_n'(\alpha)^2]}\mathrm{d}\alpha \quad (5\text{-}6\text{-}2)$$

$$\tau = \frac{K_r t}{\phi\mu C_t r_w^2}$$

式中　K_r——水平渗透率，$10^{-3}\mu m^2$；

　　　K_z——垂直渗透率，$10^{-3}\mu m^2$；

　　　r_w——井径，cm；

　　　μ——流体黏度，$mPa \cdot s$；

　　　ϕ——孔隙度，小数；

　　　C_t——压缩系数，psi^{-1}。

对于水平方向上的探测器 $(r_w, \pi, 0)$，方程式 (5-6-1) 可简化为

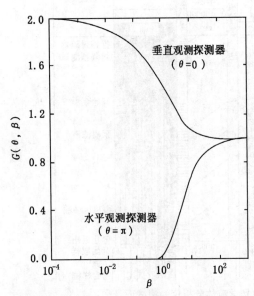

$$\Delta p_h(t) = \frac{q\mu}{8\pi^{1.5}\sqrt{K_r K_z}r_w}\int_0^\tau \frac{\mathrm{d}\beta}{\beta^{1.5}}G(\pi,\beta)q(\tau-\beta)$$

$$(5\text{-}6\text{-}3)$$

对于垂直方向上的探测器 $(r_w, 0, Z_{rp})$，则有

$$\Delta p_v(t) = \frac{q\mu}{8\pi^{1.5}\sqrt{K_r K_z}r_w}\times$$

$$\int_0^\tau \frac{\exp[-(Z_v^2/4\beta r_w^2)(K_r/K_z)]}{\beta^{1.5}}G(0,\beta)\mathrm{d}\beta$$

$$(5\text{-}6\text{-}4)$$

函数 $G(\theta, \beta)$ 综合了井眼影响，只需要计算 $\theta = 0$（插入探测器和垂直观测探测器）、$\theta = \pi$（水平观测探测器）时 $G(\theta, \beta)$ 的值。$G(\theta, \beta)$ 函数用图 5-6-5 表示。

图 5-6-5　$G(\theta, \beta)$ 及 $\theta=0$、$\theta=\pi$ 的关系曲线

图 5-6-6、图 5-6-7 分别表示水平、垂直观测探测器的压力响应，相应的流量为 $q=10\text{cm}^3/\text{s}$，地层参数列于表 5-6-1 中。图 5-6-7 表明垂直观测探测器的压力瞬变时间比水平观测探测器要长，这是由于垂直观测探测器到插入探测器的距离较远。在 $\Delta p_\text{v} \propto 1/K_\text{r}$ 时，该探测器的压力趋于稳定。

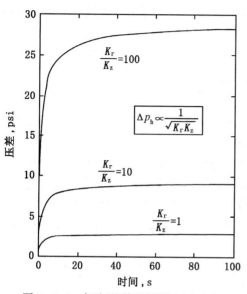

图 5-6-6　水平观测探测器的压力响应

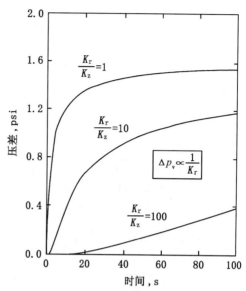

图 5-6-7　垂直观测探测器的压力响应图

表 5-6-1　地层流体和岩石特性

参数	单位	量值	参数	单位	量值
K_r	mD	100	C_t	psi^{-1}	2×10^{-5}
Z_v	cm	70	μ	cP	1
r_w	cm	10	ϕ	—	0.2
q	cm^3/s	10	r_p	cm	0.556

数学推导表明，垂直观测探测器和水平观测探测器的压力差分别为

$$p_\text{i} - p_\text{v}(t) = \frac{q\mu}{4\pi K_\text{r}}\left(\frac{1}{Z_\text{v}} - \frac{1}{\sqrt{t\pi n_\text{z}}}\right) \tag{5-6-5}$$

$$p_\text{i} - p_\text{h}(t) = \frac{q\mu}{8\pi\sqrt{K_\text{r}K_\text{z}}}\left(\frac{1}{r_\text{w}} - \frac{2}{\sqrt{t\pi n_\text{z}}}\right) \tag{5-6-6}$$

于是垂直、水平观测探测器的压力差为

$$p_\text{v}(t) - p_\text{h}(t) = \frac{q\mu}{4\pi\sqrt{K_\text{r}K_\text{z}}}\left(\frac{1}{2r_\text{w}} - \frac{1}{Z_\text{v}}\sqrt{\frac{K_\text{z}}{K_\text{r}}}\right) \tag{5-6-7}$$

式 (5-6-7) 说明了两个探测器的压力瞬变特性与时间无关。图 5-6-8 是两个探测器的压力相关关系图，可以看出，当两个探测器的压力不稳定时，压差保持稳定。

如果时间很长，式 (5-6-6) 和式 (5-6-7) 分别趋于稳定，即

$$\lim_{t\to\infty}\left[p_\text{i} - p_\text{v}(t)\right] = \frac{q\mu}{4\pi K_\text{r}Z_\text{v}} \tag{5-6-8}$$

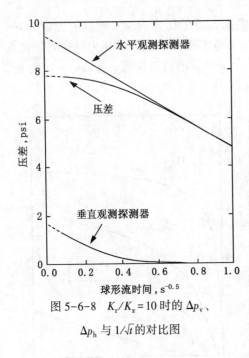

图 5-6-8 $K_r/K_z = 10$ 时的 Δp_v、

Δp_h 与 $1/\sqrt{t}$ 的对比图

$$\lim_{t \to \infty}\left[p_i - p_h(t)\right] = \frac{0.5117q\mu}{8\pi\sqrt{K_r K_z r_w}} \quad (5\text{-}6\text{-}9)$$

因为假定地层是均质的，因此可以将上面两个方程式联立，求解得到 K_r/μ 和 K_z/μ，由 $p(t)$ 与 $1/\sqrt{t}$ 关系曲线可以得出直线段的斜率，可以确定 ϕC_t。

达到稳定流动所需的时间是探测器到插入探测器距离的函数，因而水平观测探测器比垂直观测探测器要早些达到稳定状态。有时，需要用外推法根据 $\Delta p(t)$ 与 $1/\sqrt{t} = 0$ 的直线段确定探测器处压力稳定的状态，如图 5-6-8 中虚线所示。

这一分析方法的基础是流量恒定，否则需要对变流量进行反褶积运算。若存在薄互层影响，则压力就不会稳定，但是如果在边界影响之前就形成了球形流，方程式（5-6-8）、式（5-6-9）仍然成立。

课后习题

1. 简述应变压力计的测量原理及影响其测量结果的因素。
2. 简述石英晶体压力计的测量原理及仪器刻度过程。
3. 何为稳定试井和不稳定试井，它们的主要区别是什么？
4. 试井资料主要有哪些方面的应用？
5. 何为 DST 测试，其主要目的是什么？
6. 简述 RFT 的测量原理。它与试井、DST 测试有哪些主要不同点？

参 考 文 献

[1] 马建国，符仲金. 电缆地层测试器原理及其应用. 北京：石油工业出版社，1995
[2] 林梁. 电缆地层测试器资料解释理论与地质应用. 北京：石油工业出版，1994
[3] 郭振芹. 非电量电测量. 北京：中国计量出版社，1986
[4] 刘能强. 实用现代试井解释方法. 北京：石油工业出版社，1996

第六章
产出剖面测井信息综合分析

本章论述生产测井产液剖面的确定方法。把流量、含水率（持水率）、密度、温度、压力及其他参数（套管接箍、自然伽马）测井资料组合起来，可以综合分析生产井各产层油、气、水的产出量及各相的含量。产出剖面测井系列的选取是根据生产井的类型进行的。对于单相生产井，通常选用流量计、温度计、压力计即可；对于抽油井，由于仪器要通过油套环形空间下入产层，因此要选择外径小于1in的仪器。抽油井一般为低产井，若为油水两相流动，应选用集流式流量计，此外还要选用持水率计；若油、水密度差较大，可选用密度计、温度计、压力计；若流动压力小于泡点压力，则井下为油气水三相流动，此时必须测量集流流量、密度、持水率、压力、温度5个参数。在抽油机井中，若流量较高，可选用连续流量计。

自喷井中，对于高产井，可以选用连续流量计（流量通常应大于50m³/d），小于这一数值时，应选用集流式流量计。自喷井中，若为油水两相流动，可测量流量、密度、压力、温度4个参数，若油、水密度相差较小，则应用持水率计取代密度计。若为油、气、水三相流动，则必须测量全部5个参数（流量、密度、持水率、温度、压力），此外要测量自然伽马和套管接箍两个深度控制参数。

气田的生产井大都为自喷井，且井下一般为气水两相流动。由于气、水间的密度相差较大，所以气井中只需测量流量、密度、温度、压力4个参数即可，没有必要测持水率参数。由上述可知，在产出剖面测井中，选用什么测井系列要具体问题具体分析，对这些资料进行综合解释时根据不同的测井系列采用不同的解释方法。图6-0-1是斯伦贝谢CSU生产测井组合仪PLT的示意图，最下端为全井眼涡轮流量计。

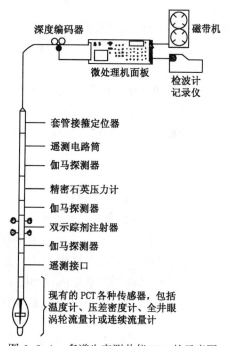

图 6-0-1　多道生产测井仪 PLT 的示意图

第一节　产出剖面测井解释程序

产出剖面测井包括油水两相、气水两相、油气两相和油气水三相流动。无论是自喷井、气举井，还是抽油井或电泵井，流量、持水率、密度、温度、压力5个或其中几个参数的综合处理过程如下。

一、定性评价与读值

产出剖面测井的目的主要是了解注采井网中采油生产井每个小层的产出情况，是产水还是产油或气，产水量有多高，高渗透层是否发生了注入水或气体突进，注入的水是否到达了生产井，是否起到了驱油的作用等。在解释之前，首先要了解所测井可能的井下生产状况，要了解所解释的井在井网构造上的部位和该井的生产史、相应构造上原始的油气分布状态、生产井的完井参数、地面油气水的产量、生产和射孔层位、喇叭口位置、管柱结构、套管尺寸等。

掌握以上信息后，对测井曲线综合图进行分析，初步掌握油水产出部位、产出量、油水含量，若有气产出，曲线的振动幅度较大，还要了解井下是油水两相流动还是三相流动。有的井上边解释层为三相流动，下边解释层为两相流动。通过定性分析，可以对该井产出剖面有个初步了解，做到心中有数，对进一步定量解释有较强的辅助作用；可以控制定量解释的结果，提高分层产量及各相含量的精度。若为定点测量，可通过各参数的定点记录值了解各层的产出情况。

生产测井定量解释的解释层段与裸眼井的解释层段划分不同。裸眼井是逐点解释的。套管井的读值解释层段是分段进行的，一般来说在生产着的射孔层之间为解释层段，该段可以是几米，也可以是十几米左右，取决于两个生产层的间隔。在同一解释层段上，流量、密度、持水、压力、温度等各参数基本不变或变化幅度很小。通常情况下，有几个生产层也就选几个解释层，解释层位于相应生产层的上方，同一生产层中可包含一个或几个射孔层。若射孔层间的距离较小不容易识别（入口效应），则划分解释层时同一生产层可包括两个或两个以上的射孔层。

气举井和自喷井在测井过程中的产量和压力相对稳定。对于抽油机井，仪器通过油套环形空间下入油管鞋以下的生产层段进行测井时，抽油泵在运动。由于常用的泵为单作用泵（上冲程抽液），所以通常将上冲程作为有效冲程，抽油泵工作时的瞬时流量 q 和活塞运动的速度 v_c 成正比：

$$q = KAv_c \tag{6-1-1}$$

式中　K——单位换算系数；

　　　A——活塞面积。

由式(6-1-1)可知，q 的变化和抽油泵活塞运动变化规律一样。活塞下冲程不抽液，故抽汲流量为零，但由于续流影响，井下流量不为零，而是逐渐减小，所以井下流量是随着抽油泵工作呈周期性变化的，如图 6-1-1 所示。实际测得的振荡曲线表明，其周期与抽油泵一个冲次的时间完全吻合，流量曲线的波峰在上冲程时出现。在下冲程时，抽油泵虽

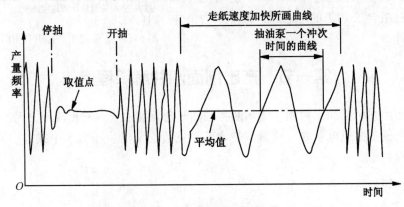

图 6-1-1　涡轮流量计测井曲线

停止工作，但动液面没有发生变化（生产压差没有变化），所以油井仍在生产，因此流量曲线不为零。实际应用表明，在抽油泵工作过程中，压力也存在一定的波动，波动幅度为0.03~0.07MPa。

在以上情况下，涡轮流量计曲线的读值方法通常分为3种：停抽法、面积法、平均取值法。

停抽法：测井时，使抽油机泵突然停止，由于动液面尚未恢复，所以此时压差仍为生产压差，因此认为停抽瞬间的油井产量与正常生产时基本相同，即瞬间停抽取得的流量就为抽油时的流量，如图6-1-2所示。具体方法是：抽油机停止工作后，在波动到平滑的拐点处取流量计的测量值。停抽法适用于生产压差大、采油指数小的井。这类井停抽后曲线下降较缓慢，停抽后曲线开始振荡，让其稳定后再取值也不会产生较大误差。图6-1-2中，停抽半小时后，流量计的读数从42Hz下降到40Hz，下降幅度很小，相对误差为5%。

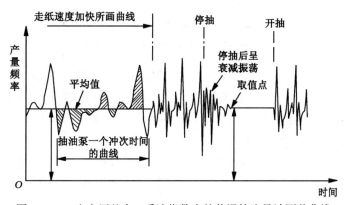

图6-1-2　生产压差大、采液指数小的井涡轮流量计测井曲线

面积法：对于生产压差小、采油指数大的井，停抽后曲线下降很快，取值很困难，不适宜用停抽法取值。面积法是取曲线上相间的两个波谷低点横向坐标轴作垂线，计算该段曲线与横轴围成的面积，然后用该段的面积除以两垂线间时间长度，将得到等面积矩形的高度，此高度对应的读数即为涡轮流量计的读数。图6-1-3即为面积法取值的一个实例。面积法计算公式为

$$h = \frac{A}{b} \tag{6-1-2}$$

式中　h——读数；

　　　A——阴影面积；

　　　b——时间长度。

平均取值法：该方法与面积法类似，在一定时间内记录了总频率累计频数，除以取值时间即可得到相应的涡轮流量计读数。由于波形曲线是不对称变化，因此要求取值时间是单个冲次的倍数。

二、油气水物性参数计算

在计算流量、持水率、滑脱速度、地表和井下流量换算解释过程中，需要油、气、水的高温高压物性参数。由于每个解释层的温度和压力不同，因此严格讲每一层都应对这些参数进行计算，而实践表明，由于产层通常分布在沿井筒几十米的层段上，所以实际计算

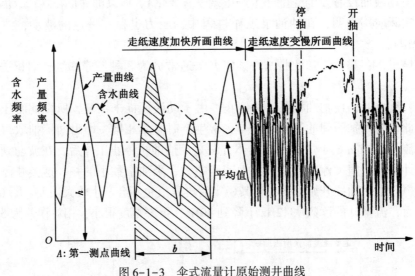

图 6-1-3　伞式流量计原始测井曲线

时，通常选择这些产层分布的中点进行压力、温度取值与计算。若最上部射孔层位的上端深度为 1000m，最下部射孔层下端的深度为 1040m，则中点的深度为 1020m，计算时以 1020m 深度处的压力、温度读值为依据进行计算，计算结果为该深度处的物性参数。应用时可在整个生产层段使用计算结果。

应用第一章中高压物性参数公式计算时需要已知的参数为：地面油、气、水的产量，地层水的矿化度，地面油的相对密度（单位为°API），地面天然气的相对密度（γ_g），射孔层段中点处的流体温度和流体压力。

计算结果包括：油、气、水的高压物性参数。

油相的参数包括：油的井下密度、油的泡点压力、油的地层体积系数、溶解气油比、地层油的黏度、油的压缩系数、游离气油比。若计算出的泡点压力小于读值点处的压力，则井下为油水两相流动；否则，为油气水三相流动。

气的参数包括：气体的偏差系数、气体的地层体积系数、气体的密度、气体的压缩系数。若为三相流动，还要计算井下全流量层位处气体的流量。

水的参数包括：溶解气水比、井下水的密度、水的地层体积系数、水的密度。

三、解释层总流量计算

解释层各相总流量的计算方法取决于采用流量计的类型。

若为集流式流量计，则可直接用查图版的方式计算出总流量。如图 6-1-4 所示，图中纵坐标为由曲线所得的涡轮转速，横坐标为流量，图版中的参数为仪器型号和流体黏度。不同仪器因涡轮的结构不同，响应曲线的斜率不同。

若为示踪流量计或连续流量计，首先要计算视流体速度，然后计算速度剖面校正系数，最后计算流量：

$$Q = \frac{1}{4}\pi(D^2 - d^2)C_v v_a = P_c C_v v_a \tag{6-1-3}$$

$$P_c = \frac{1}{4}\pi(D^2 - d^2) \tag{6-1-4}$$

式中　Q——某解释层的总流量；

　　　　D——套管内径；

　　　　d——仪器外径；

　　　　C_v——速度剖面校正系数；

　　　　v_a——视流体速度；

　　　　P_c——管子常数。

对于示踪流量计，视流体速度为

$$v_a = \frac{\Delta H}{\Delta t} \qquad (6-1-5)$$

式中　ΔH——示踪峰间的距离；

　　　　Δt——峰值间的时间差。

对于连续涡轮流量计，可分别对正转和反转数据分开拟合回归求取视流体速度 v_a：

$$v_a = \left| \frac{b_d}{k_d} \right| + \left| \frac{b_d}{k_d} - \frac{b_u}{k_u} \right| \frac{1}{1+k_c} \qquad (6-1-6)$$

$$k = \frac{N \sum v_{li} n_i - \sum v_{li} \sum n_i}{N \sum v_{li}^2 - (\sum v_{li})^2} \qquad (6-1-7)$$

$$b = \frac{\sum v_{li}(\sum v_{li} n_i) - \sum n_i \sum v_{li}^2}{(\sum v_{li})^2 - N \sum v_{li}^2} \qquad (6-1-8)$$

$$k_c = v_t'/v_t$$

式中　k_u、k_d——上、下测拟合线的斜率，由式（6-1-7）拟合得到；

　　　　k_c——上测与下测启动速度之比；

　　　　b_u、b_d——上、下测拟合线的截距，由式（6-1-8）拟合得到；

　　　　N——正转或反转资料点的个数；

　　　　v_{li}、n_i——第 i 次测量的电缆速度和涡轮转速。

对于 CSU 型连续流量计，作交会图时通常把 x 轴作为电缆速度，y 轴作为涡轮转速，求取视流体速度时，直接把在 x 轴（电缆速度轴）上的截距作为视流体速度。DDL 型连续流量计作交会图时，通常把涡轮转速作为横坐标，电缆速度作为纵坐标，计算时可直接把交会线与电缆速度轴的交点（截距）作为视流体速度（两相流动）：

$$v_a = \frac{\sum v_{li} \sum n_i^2 - \sum v_{li} \sum n_i}{N \sum n_i^2 - (\sum n_i)^2} \qquad (6-1-9)$$

对于 DDL 型连续流量计，在单相流动中视流体速度 v_a 表示为

$$v_a = v_a' + v_t \qquad (6-1-10)$$

$$v_t = 10^{\frac{|k|-15.5}{14.5}} \qquad (6-1-11)$$

式中　v_t——启动速度；

　　　　k——交会线的斜率。

视流体速度计算出后，要乘上一校正系数 C_v 才可得到平均流速，单相流动中计算 C_v 的方法是用流量计一章中的图版。当为层流时，C_v 值为 0.5；紊流时，C_v 值分布在 0.78 至 0.82 之间。DDL 型高灵敏度流量计计算 C_v 的公式为

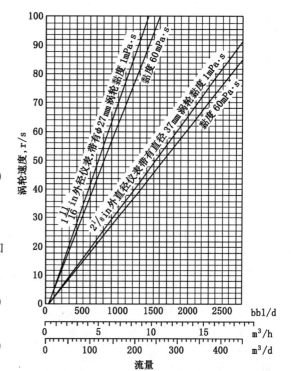

图 6-1-4　集流式流量计响应曲线

$$C_v = \frac{1}{1+0.7344e^{-0.14175v_a}} \quad \text{(3in 内径套管)}$$

$$C_v = \frac{1}{1+1.037e^{-0.1v_a}} \quad \text{(5in 内径套管)}$$

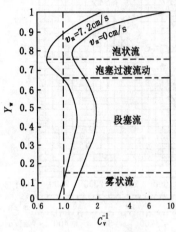

图 6-1-5 C_v^{-1} 与持水率和水
表观速度 v_m 的实验曲线图

多相流中，油气水在套管横截面上的分布不均，因此速度分布带有较大的随机性，图 6-1-5 是气水两相流动中 v_a/v_m （$1/C_v$）与持水率 Y_w 及水的表观速度的实验关系（DDL 型高灵敏度流量计）。纵坐标为持水率 Y_w，横坐标为 $1/C_v$，0cm/s、7.2cm/s 为水的表观速度（平均流速），图中 C_v 的变化范围为 0.1~1.44 之间，出现了 $C_v>1$ 的现象，说明套管中间流速小于平均流速，也说明流速分布的复杂性。把套管截面分成如图 6-1-6 中 A、B 两个区域，A 表示涡轮叶片覆盖区，对于不同的流型来说，这两个区域中油气水的浓度分布不同。对于段塞流，区域 A 中为气塞或油气水塞体，区域 B 中为油气水混合物；对于过渡流动，区域 A 和区域 B 中为不稳定的油气水混合体；对于雾状流，区域 A 和区域 B 的油气水分布相同。实际测量时，叶片落在区域 A 中，所测流速为区域 A 中心附近的平均速度。图 6-1-7 实验用的叶片覆盖面积为 9.2cm^2，套管截面面积为 126.6cm^2。

叶片覆盖面积占套管面积的 7.3%，因此所测流速只反映套管截面上区域的视流速，根据图示，把 C_v 与 Y_w 关系列于表 6-1-1 中。

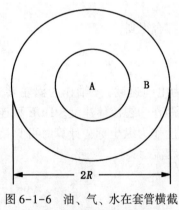

图 6-1-6 油、气、水在套管横截
面上的区域分布示意图

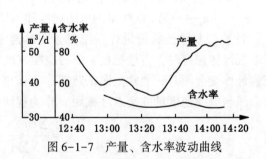

图 6-1-7 产量、含水率波动曲线

表 6-1-1 不同流型的持水率值和 C_v 的值

流型	持水率 Y_w	C_v^{-1}
泡状流	0.75	0.1~1.39
泡塞过渡流	0.65~0.75	1~1.39
段塞流	0.15~0.65	1~1.5
雾状流	0.15	1~1.1

由表中可知，对于不同的流型，C_v值不同。$C_v > 1$，说明中心流速小于平均流速，用单相流动理论无法解释，这一现象主要发生在泡状流向段塞流转变的区域，由液塞下落造成。

对于集流式涡轮流量计，由于涡轮的叶片覆盖了整个通道，所以可以认为$C_v = 1.0$。在多相流动中，考虑到油气水速度分布的不均匀性和电缆速度、叶片面积、流量波动及含水率波动等诸多因素的影响（环境影响），长江大学的研究人员提出了用井下刻度确定速度剖面的计算方法：

$$C_{vi} = \frac{Re_i}{Re_{100}} C_{v100} \tag{6-1-12}$$

$$C_{v100} = \frac{v_{a100}}{v_{m100}} = \frac{v_{a100} P_c}{v_{m100} P_c} = \frac{v_{a100} P_c}{Q_{100}} = \frac{v_{a100} P_c}{Q_o + Q_g + Q_w}$$

$$= \frac{v_{a100} P_c}{Q'_o B_o + Q'_g B_g + Q'_w B_w} \tag{6-1-13}$$

$$Re_i = \frac{\rho_{mi} v_{ai} D}{\mu_{mi}} \tag{6-1-14}$$

$$Re_{100} = \frac{\rho_{m100} v_{a100} D}{\mu_{m100}} \tag{6-1-15}$$

式中　C_{vi}——第i层的速度剖面校正系数的倒数；

$\quad\quad C_{v100}$——全流量层的速度剖面校正系数的倒数；

$\quad\quad Re_i$——第i层的雷诺数；

$\quad\quad Re_{100}$——全流量层雷诺数；

$\quad\quad v_{a100}$——全流量层的视流体速度；

$\quad\quad v_{m100}$——全流量层平均流速；

$\quad\quad Q_{100}$——全流量层的总流量；

$\quad\quad Q_g$——全流量层游离气的流量；

$\quad\quad Q_w$——全流量层水的流量；

$\quad\quad Q_o$——全流量层油的流量；

$\quad\quad Q'_g$——地面游离气的产量；

$\quad\quad Q'_w$——地面水的产量；

$\quad\quad Q'_o$——地面油的产量；

$\quad\quad \rho_{mi}$——第i层的油气水混合密度，由密度曲线取得；

$\quad\quad \rho_{m100}$——全流量层的混合密度，由密度曲线确定；

$\quad\quad v_{ai}$——第i层的视流体速度；

$\quad\quad \mu_{mi}$——第i层的混合黏度；

$\quad\quad D$——套管内径；

$\quad\quad P_c$——管子常数。

在利用式(6-1-12)至式(6-1-15)计算时，要把各参数的单位进行统一，计算混合黏度的常用公式为

$$\mu_m = \mu_w Y_w + \mu_o Y_o + \mu_g Y_g \tag{6-1-16}$$

式中　μ_o、μ_w、μ_g、Y_o、Y_w、Y_g——油、气、水的黏度和持率。

实际应用表明，利用上述方法计算 C_v 可以对测井环境的影响进行有效校正。若为两相流动，则上述计算中缺失的那一项为零，即若为油水两相流动，则 Y_g 为零。在油气水三相流动中，由于地面产出的气包括游离气、溶解在油中的气及溶解在水中的气，所以计算 Q'_g 时应采用以下公式

$$Q'_g = Q'_o(R_p - R_s - R_{sw}Q'_w/Q'_o) \tag{6-1-17}$$

即把游离气从地面产气的总量中单独分离出来。

四、油气水持率的计算

对于油水两相流动，采用密度计算持率时，可采用以下公式：

$$Y_w = \frac{\rho_m - \rho_o}{\rho_w - \rho_o} \tag{6-1-18}$$

$$Y_o = 1 - Y_w \tag{6-1-19}$$

类似的，可以得到气水、油气两相流动情况下的持率。气水、油气两相流动中，气水或油气之间的密度差较大，因此利用气水、油水两相流动情况下的持率公式计算出的 Y_w、Y_g、Y_o 值可靠性较高。

对于油水两相流动，由于 ρ_o、ρ_w 差别较小，故利用式(6-1-18) 和式(6-1-19) 计算出的 Y_w 和 Y_o 值误差较大，因此对于油水两相流动，常采用持水率计确定持水率和持油率。由于常用持水率计有电容持水率计、低能源持水率计等，因此可因仪器不同而采用不同方法计算持水率。若把电容持水率计的输出频率看作与持水率呈线性关系，则

$$Y_w = \frac{m - m_o}{m_w - m_o} = \frac{m - m_g}{0.86(m_w - m_g)} \tag{6-1-20}$$

$$Y_o = 1 - Y_w \tag{6-1-21}$$

式中　m_w、m_o——仪器在全水、全油中的刻度值。

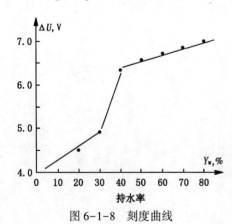

图 6-1-8　刻度曲线

由于气的介电常数与油相似，应用时常用空气的 m_g 代替 m_o，但要加一系数 0.86。m 表示测井响应值，这些参数在计算前要作压力、温度校正（见持水率测量一节）。由于当持水率从 0 变化到 1 时，流型将从乳状流变化到泡状流，所以输出频率与持水率间呈非线性响应。图 6-1-8 是一国产电容持水率计的刻度曲线，纵坐标为仪器响应的输出（电压或频率），横坐标为持水率。图中显示，$Y_w = 35\%$ 是流型的过渡点，即从油连续向水连续的过渡点。在该过渡点的两侧，响应为线性。在这种情况下，可直接用查图版的方法确定持水率，或者在持水率为 35% 的两侧用线性方法计算持水率，但此时 m_w 和 m_o 值应发生变化。

当 $Y_w < 35\%$ 时，

$$Y_w = \frac{m - m_o}{m_{35} - m_o} \times 0.35 \tag{6-1-22}$$

$$Y_o = 1 - Y_w$$

当 $Y_w \geqslant 35\%$ 时， $$Y_w = \frac{m-m_{35}}{m_w-m_{35}} \times 0.65 + 0.35 \tag{6-1-23}$$

$$Y_o = 1 - Y_w$$

式中 m_{35}——持水率为 35% 时的响应值。

由式(6-1-23)分析可知，式(6-1-20)只能作为近似计算 Y_w 的计算公式，推荐应用式(6-1-22)和式(6-1-23)计算持水率。对于不同的仪器，若知道其他相关的响应值，可以用该值取代 m_{35}，此时式(6-1-22)、式(6-1-23)中的 0.35、0.65 两个数值要变为相应已知点的数值。长江大学的研究人员提出用井下刻度方法计算取代 $Y_w = 0.35$ 拐点的方法，主要原因是不同厂家生产的仪器拐点不同，计算方法如下：

$$Y_w = \frac{m-m_{100}}{m_w-m_{100}}(1-Y_{w100}) + Y_{w100} \tag{6-1-24}$$

$$Y_{w100} = 1 - \frac{1}{2}\left[1 + \frac{v_m}{v_s} - \sqrt{\left(1 + \frac{v_m}{v_s}\right)^2 - \frac{4v_{so}}{v_s}}\right] \tag{6-1-25}$$

$$v_s = 1.53 Y_{w100}^n \left[\frac{g\delta(\rho_w-\rho_o)}{\rho_w^2}\right]^{0.25} \quad \text{(Nicolas 公式)} \tag{6-1-26}$$

$$n = 1.0 \sim 2.0$$

式中 Y_{w100}——全流量层的持水率。

式(6-1-25)是由滑脱速度模型得到的，即

$$v_{so} = Y_o v_m + Y_o(1-Y_o)v_s \tag{6-1-27}$$

$$v_s Y_o^2 - (v_m + v_s)Y_o + v_{so} = 0 \tag{6-1-28}$$

对方程式(6-1-28)求解，即可得式(6-1-25)，也可以采用漂移流动模型求 Y_{w100}：

$$Y_{w100} = 1 - \frac{v_{so}}{1.53 Y_w^2 \left[\frac{g\delta(\rho_w-\rho_o)}{\rho_w^2}\right]^{0.25} + 1.2 v_m} \tag{6-1-29}$$

以上计算的是泡状流情况。对于乳状流，$v_s = 0$，持水率与全含水率相等，此时

$$Y_w = \frac{m-m_o}{m_{100}-m_o} \times Y_{w100} \tag{6-1-30}$$

$$Y_o = 1 - Y_w$$

$$Y_{w100} = C_{w100} \tag{6-1-31}$$

式中 C_{w100}——全流量层的含水率。

对于油气水三相流动，要同时使用密度和持水率资料才能得到各相的持水率，由均流模型知

$$\begin{cases} Y_o + Y_g + Y_w = 1 \\ \rho_o Y_o + \rho_g Y_g + \rho_w Y_w = \rho_m \end{cases} \tag{6-1-32}$$

所以 $$Y_g = \frac{Y_w(\rho_w-\rho_o) + (\rho_o-\rho_m)}{\rho_o-\rho_g} \tag{6-1-33}$$

$$Y_o = 1 - Y_w - Y_g \tag{6-1-34}$$

式中的持水率 Y_w 用式(6-1-30)近似求取。

若采用低能源放射性持水率计，则

$$Y_w = \frac{\ln \dfrac{I}{I_o} + \mu_o \rho_m L}{(\mu_o - \mu_w) \rho_w L} \qquad (6-1-35)$$

$$\rho_m = \frac{\ln(I_{10}/I_1)}{\mu L} \qquad (6-1-36)$$

式中 I、I_o——源外和探头处的放射性强度度计数率；

L——探头长度；

μ_o、μ_w——油、水的伽马射线质量吸收系数；

ρ_w——水的密度；

ρ_m——混合密度，由低能源放射性密度计测得；

I_{10}、I_1——伽马射线能量在60keV以上时，源和探头处的伽马射线强度计数率；

μ——相应的质量吸收系数，此时油气水三者的质量吸收系数相等。

五、流型判断

判断是油水两相流动还是油气水三相流动的主要标准，是看流动压力是否大于泡点压力。在一口井中，通常可能是两相流动或者三相流动。地面产油气水的井，在泡点压力小于井下流动压力时，井下为油水两相流动；反之，井下呈油气水三相流动。一口井中的目的层段若压力变化较大，则可能存在下部为油水两相流动、上部为油气水三相流动这种复杂现象。若井口只产油水，则井下只可能为油水两相流动；若井口产气水，则井下也只可能是气水两相流动；若井口产油和气，则由于可能存在静水柱，因此井下可能是油水两相流动，或者为油气水三相流动；若井口只产油，则井下通常为存在静水柱的油水两相流动；对于井口产气和水的气井，则井下通常为气水两相流动，有的井会出现下部产水，上部产气的单相、气水两相流动情况，可以从密度曲线中识别是否为这一流动现象；若气井的井口只产气，由于静水柱存在，井下一般为气水两相流动；若井口只产水，由于水的密度比油和气的密度大，所以井下只可能是单相水流动。

由上述分析可知，井下是单相流动、两相流动还是三相流动，要根据井口产出流体性质、泡点压力和密度等测井资料综合分析确定。

生产井中常见的流动是油水、气水两相流动及油气水三相流动。对于油水两相流动，用测井资料判断其流型的主要方法是用持水率资料：

$Y_w \geqslant 0.4$ 泡状流

$Y_w = 0.25 \sim 0.4$ 段塞流

$Y_w < 0.25$ 乳状流（雾状流）

泡状流中，油水存在滑脱速度，水为连续相；乳状流中，油为连续相，水为分散相，滑脱速度为零，持水率与含水率相等。实际应用时，可把 $Y_w = 0.3$ 作为泡状流与乳状流的边界，段塞流不太明显（图6-1-9）。

对于气水两相流动，用测井资料判断流型的方法主要是利用持气率资料：

$Y_g < 0.25$ 泡状流

$Y_g = 0.25 \sim 0.85$ 段塞流

$Y_g > 0.85$ 沫状流

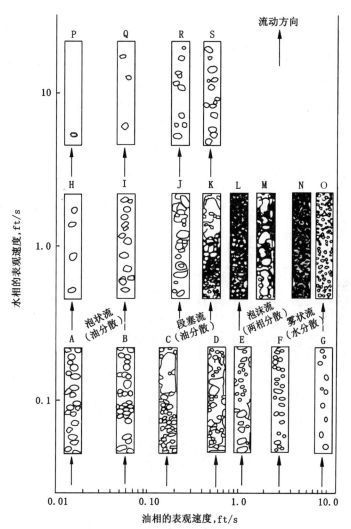

图 6-1-9　垂直流道中油水两相流型

或用密度测井资料判断:

$$\rho_m \geqslant 0.692 \text{g/cm}^3 \qquad \text{泡状流}$$

$$\rho_m = 0.692 \sim 0.5074 \text{g/cm}^3 \qquad \text{段塞流}$$

$$\rho_m < 0.5074 \text{g/cm}^3 \qquad \text{沫状流}$$

各流型如图 6-1-10 所示。气的流量发生变化后,流型从泡状流动逐步过渡到环雾状流动。实际应用中,可采用全流量层的气液流量判断气水井全流量层的流型,对 ROS 方程取 $\rho_w = 1 \text{g/cm}^3$, $\delta = 30 \text{dyn/cm}$, $D = 15 \text{cm}$, 得

$$Q_g \leqslant 202 + 0.175 Q_w \qquad \text{泡状流}$$

$$Q_g \leqslant 9938 + 5.7 Q_w \qquad \text{段塞流}$$

$$Q_g \geqslant 14708 + 23 Q_w \qquad \text{雾状流}$$

式中, Q_g、Q_w 的单位为 m^3/d。计算结果介于段塞流和雾状流之间时为过渡状流动。

对于油气水三相流动,传统的计算方法是把油水看作液相,用类似于气水两相流动的方法判断。若把油水分开看待,可采用在第三章三相流动一节中给出的方法近似判断。

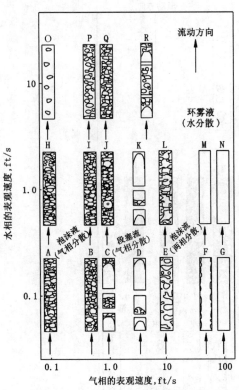

图 6-1-10　垂直流道气液两相流型

对于水平井中气水两相流动的流型，可按图 6-1-11 中 Govier—Omer 的流型图进行判断。图中，横坐标为气相的表观速度，纵坐标为水相的表观速度。由于采用了气水两相的表观速度，所以在产出剖面解释中只能用于判断全流量层的流型。其他解释层的流型可近似参照全流量层的流型。

六、油气水各相流量的计算

在解释层的平均流速、各相持率和油气水高压物性参数计算完成后，下一步就是计算油、气、水各相的平均速度（表观速度）和流量。

1. 油水两相流动

计算油水两相流动各相的表观速度的解释模型有 3 种：滑脱速度模型、漂移流动模型和实验图版模型。

1）滑脱速度模型

由于油水之间存在滑脱速度（图 6-1-12），所以可以得到基于滑脱速度计算油水平均速度的方法：

$$v_s = v_o - v_w = \frac{v_{so}}{Y_o} - \frac{v_{sw}}{Y_w}$$

$$= \frac{v_{so}}{1-Y_w} - \frac{v_{sw}}{Y_w} = \frac{v_m - v_{sw}}{1-Y_w} - \frac{v_s}{Y_w}$$

$$\begin{cases} v_{sw} = Y_w v_m - Y_w(1-Y_w)v_s \\ v_{so} = v_m - v_{sw} \end{cases} \tag{6-1-37}$$

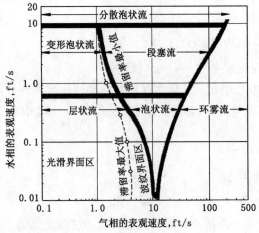

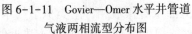

图 6-1-11　Govier—Omer 水平井管道
气液两相流型分布图

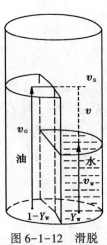

图 6-1-12　滑脱
速度模型示意图

计算滑脱速度 v_s 的方法有两种，一种是采用实验结果的方法，另一种是半经验方法。根据实验结果拟合得到的计算公式为

$$\begin{cases} v_s = 19.01(\rho_w - \rho_o)^{0.25} \exp\left\{ \left[-0.788(1-Y_w) \right] \ln \dfrac{1.85}{\rho_w - \rho_o} \right\} & (Y_w \geqslant 0.3, \text{泡状流}) \\ v_s = 0 & (Y_w \leqslant 0.3, \text{乳状流}) \end{cases}$$

(6-1-38)

式中 v_s 的单位为 m/min。

半经验方法是 Nicolas 提出的，适用于泡状流动，公式为

$$v_s = 1.53 Y_w^n \left[\frac{g\delta(\rho_w - \rho_o)}{\rho_w^2} \right]^{0.25} \qquad (n = 2 \sim 0.5)$$

(6-1-39)

乳状流中，油水的滑脱速度为零，持水率与含水率相同，即 $C_w = Y_w$，$v_{sw} = Y_w v_m$，$v_{so} = Y_o v_m$。

2）漂移流动模型

漂移流动模型认为，油泡在水中以一定的速度向上移动。泡状流中计算油相的表观速度的方法为

$$v_{so} = Y_o(1.2 v_m + v_t)$$

(6-1-40)

$$v_{sw} = v_m - v_{so}$$

(6-1-41)

$$v_t = 1.53 Y_w^2 \left[\frac{g\delta(\rho_w - \rho_o)}{\rho_w^2} \right]^{0.25}$$

(6-1-42)

3）实验图版模型

利用模拟井制作如图 6-1-13 所示的解释图版，即可从图中求出解释层的含水率。图中横坐标为总流量，由流量计资料取得；纵坐标为持水率，由电容持水率计资料取得。

将这两个数据代入图中后，即可得到该解释层的含水率 C_w，所以油、水的流量分别表示为

$$Q_w = C_w Q_m \qquad (6\text{-}1\text{-}43)$$

$$Q_o = Q_m - Q_w \qquad (6\text{-}1\text{-}44)$$

$$C_w = Y_w - \frac{Y_w(1-Y_w)v_s}{v_m}$$

(6-1-45)

图中对应的仪器是斯伦贝谢公司的集流式持水率计，对于不同的仪器，其曲线的形状不同。由图可知，持水率总大于含水率，这与理论分析相符合（滑脱速度模型）。

利用这一结论可以监测测井资料的质量。由图可知，总流量大于 40m³/d、持水率大于 0.3 之后，曲线分辨率降低并最后汇敛，这是泡状流中电容持水率计失去

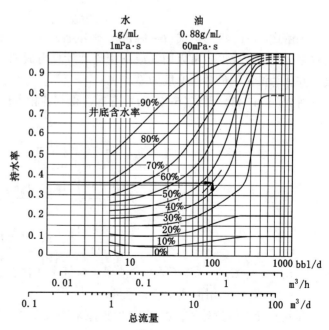

图 6-1-13　持水率与井底含水率的关系

分辨能力导致的现象。

实验图版模型既适用于集流式仪器，也适用于连续型综合仪，目前国内集流式仪器主要采用这种解释方法。

2. 气水两相流动

气水两相流动中气、水表观速度的计算主要采用漂移流动模型，公式为

$$v_{sw} = Y_g(Cv_m + v_t) \tag{6-1-46}$$

$$v_{sg} = v_m - v_{sw} \tag{6-1-47}$$

$$C = 1.2 \sim 2(\text{通常取 1.2})$$

$$v_t = 1.53\left[\frac{\delta_{gw}(\rho_w - \rho_g)g}{\rho_w^2}\right]^{0.25} \quad (\text{泡状流})$$

$$v_t = 0.345\left[\frac{gD(\rho_w - \rho_g)}{\rho_w^2}\right]^{0.5} \quad (\text{段塞流})$$

式中　C——气体分布系数；

　　　v_t——气泡在静水中的浮升速度；

　　　δ_{gw}——气水界面张力系数；

　　　D——套管内径。

对于油气两相流动，可采用式(6-1-46)、式(6-1-47)计算，计算时用油的参数替代水的参数即可。气水、气油两相流动的持水率采用密度测井资料计算。对于气水、气油两相流动，也可采用实验图版进行资料解释计算，这在下一节中还要详细介绍。

3. 油气水三相流动

三相流动中，计算油、气、水表观速度方法是采用滑脱速度模型，公式为

$$v_{so} = Y_o[v_m - Y_g v_{sgw} + (1 - Y_o)v_{sow}] \tag{6-1-48}$$

$$v_{sg} = Y_g[v_m + (1 - Y_g)v_{sgw} - Y_o v_{sow}] \tag{6-1-49}$$

$$v_{sw} = v_m - v_{sg} - v_{so} \tag{6-1-50}$$

采用式(6-1-48)至式(6-1-50)确定各相表观速度要解决的首要问题是确定油水、气水之间的滑脱速度，可以用气液两相流动计算滑脱速度的方法近似估计气水间的滑脱速度，并认为油水间的滑脱速度为零。

将式(6-1-48)至式(6-1-50)变形，得到各相含量与持率的关系为

$$C_o = Y_o + K_{ox} \tag{6-1-51}$$

$$C_g = Y_g + K_{gx} \tag{6-1-52}$$

$$C_w = 1 - C_o - C_g \tag{6-1-53}$$

$$K_{ox} = \frac{(1 - Y_o)v_{sow} - Y_o v_{sgw}}{v_m} \tag{6-1-54}$$

$$K_{gx} = \frac{(1 - Y_g)v_{sgw} - Y_o v_{sow}}{v_m} \tag{6-1-55}$$

式中　C_o、C_g、C_w——解释层的含油率、含气率和含水率；

　　　K_{ox}、K_{gx}——滑脱速度校正系数。

采用集流式流量计后，由于 v_m 值比原来增大 20 倍以上，所以 K_{ox}、K_{gx} 值大幅度减小，此时可近似认为 $K_{ox} \approx K_{gx} \approx 0$，所以

$$C_w \approx Y_w$$
$$C_o \approx Y_o$$
$$C_g \approx Y_g$$

即采用集流式仪器时，可以认为油、气、水含量与油、气、水持率近似相等。

七、产层各相产量计算

油、气、水的表观速度计算出后，即可得到该解释层油、气、水各相的流量，即

$$Q_o = P_c v_{so}$$
$$Q_g = P_c v_{sg}$$
$$Q_w = P_c v_{sw}$$

若有 N 个解释层（从上至下），则相邻两个解释层各相的产量表示为

$$P_{oi} = Q_{oi} - Q_{o(i+1)}$$
$$P_{gi} = Q_{gi} - Q_{g(i+1)}$$
$$P_{wi} = Q_{wi} - Q_{w(i+1)}$$
$$i = 1, \cdots, N$$

式中　Q_{oi}、Q_{gi}、Q_{wi}——各解释层油、气、水的流量；

　　P_{oi}、P_{gi}、P_{wi}——第 i 个解释层与第 $i+1$ 个解释层之间油、气、水的产量。

各产层各相的产率表示为

$$C_{poi} = \frac{P_{oi}}{P_{oi} + P_{gi} + P_{wi}} \tag{6-1-56}$$

$$C_{pgi} = \frac{P_{gi}}{P_{oi} + P_{gi} + P_{wi}} \tag{6-1-57}$$

$$C_{pwi} = \frac{P_{wi}}{P_{oi} + P_{gi} + P_{wi}} \tag{6-1-58}$$

式中，C_{poi}、C_{pgi}、C_{pwi} 分别为第 i 个解释层与第 $i+1$ 个解释层之间油、气、水的含量。C_{poi}、C_{pgi}、C_{pwi} 与 C_o、C_g、C_w 的主要差别为：前者是产层中的油气水含量，反映了地层中的油气水含量分布；后者为各解释层中的油气水含量，反映套管中各相的分布情况。

若为两相流动，只计算三相中的两相即可，计算结束后，利用 Q_{oi}、Q_{gi}、Q_{wi} 与 P_{oi}、P_{gi}、P_{wi} 可绘制出三相流成果图。

第二节　DDL 型生产测井产出剖面解释

上一节描述了产出剖面资料解释的基本过程，无论是国产仪器还是引进仪器，对于不同类型的仪器，综合解释程序都可归纳为这一过程。DDL 型仪器是由哈里伯顿公司生产的用于测量产出剖面的生产测井仪器，包括 DDL-Ⅱ、DDL-Ⅲ、DDL-Ⅴ 及 Excell-2000 型等多种型号，主要用于自喷井测量，井下仪器包括高灵敏度连续涡轮流量计、电容持水率计、放射性密度计、温度计、石英晶体压力计等。解释方法采用实验图版，把仪器下入地面模拟井中，采集实验数据，然后制作解释图版，利用该图版对测井数据进行解释。

一、单相流动

单相流动中，计算 C_v 的图版如图 2-2-9、图 2-2-10 所示。涡轮转速与电缆速度的交

会图如图 6-2-1 所示。启动速度 v_t 的计算公式为

$$v_t = 10^{\frac{|kl|-15.5}{14.5}}$$

管子常数 P_c 为

$$P_c = 1.7811\left(\frac{1}{4}\pi D^2 - 0.2541\right) \tag{6-2-1}$$

式中　0.2541——涡轮所占的等效面积，in^2；

　　　D——套管内径，in。

实际应用时，应对公式中各量的单位进行转化。

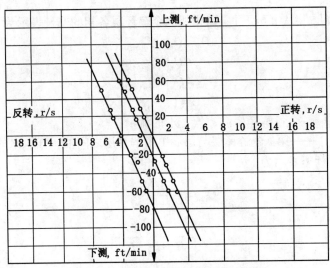

图 6-2-1　涡轮转速与电缆速度交会图

二、气水两相流动

气井通常以气水两相流动自喷方式生产。DDL 型解释模型及过程主要通过 3 张解释图版完成的，如图 6-2-2、图 6-2-3、图 6-2-4 所示。

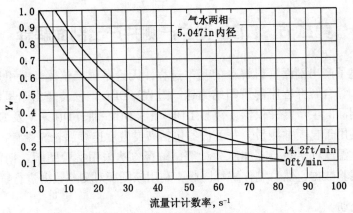

图 6-2-2　气水两相流动速度校正模数选择

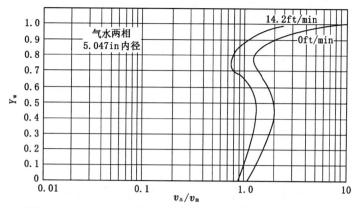

图 6-2-3　气水两相流动速度剖面校正系数与持水率的关系

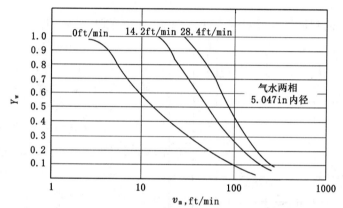

图 6-2-4　气水两相流动表观速度与持水率的关系

图 6-2-2 中，横坐标是解释层位处的定点每秒计数率，纵坐标为由密度测井资料得到的持水率，图中上面一条曲线表示水的拟表观速度为 14.2ft/min，下面一条表示水的表观速度为 0ft/min。利用该图，将流量计计数率和 Y_w 数据代入，可以估计水的表观速度。若交会点落在两条曲线之间或 0ft/min 的曲线之下，则水的表观速度估算为 0ft/min；若交会点落在 14.2ft/min 的曲线之上，则水的表观速度为 14.2ft/min。用图 6-2-2 确定了水的表观速度之后，图 6-2-3、图 6-2-4 就采用对应于水的表观速度曲线进行解释，这 3 张图版适用于内径为 5.047in 的自喷井。

估计并确定水的表观速度后，用选定的表观速度曲线代入图 6-2-3，图中横坐标表示速度剖面校正系数的倒数（$1/C_v = v_a/v_m$），纵坐标表示持水率。将已知的持水率值代入，并与已确定的水的表观速度曲线相交，在横坐标上即可得到速度剖面校正系数，因此，$v_m = C_v v_a$。图中曲线在持水率为 0.7 左右发生弯曲，是流型从泡状流向段塞流过渡引起的；在持水率为 0.4 左右，曲线发生第二次弯曲变化，同样是由流型从段塞流向沫状流过渡引起的。解释过程流型的变化隐含在实验图版中。

确定 C_v 和 v_m 后，把持水率 Y_w 和 v_m 代入图 6-2-4，就可求出水的表观速度。图中有 3 条曲线，分别表示水的表观速度为 0ft/min、14.2ft/min、28.4ft/min 的相关关系。若（v_m，Y_w）交会点落在 3 条线上，则对应的就是相应的表观速度；若落在 0ft/min、14.2ft/min 的曲线之间，则需要用内插方法确定水的表观速度；若交会点落在 14.2ft/min、28.4ft/min 的曲线之间，通过该点作 Y_w 的水平线并与 14.2ft/min、28.4ft/min 的曲线相交，对应交点的横坐标分别为 v_{m1} 和 v_{m2}，所以

$$\frac{28.4-14.2}{\lg v_{m2}-\lg v_{m1}}=\frac{v_{sw}-14.2}{\lg v_m-\lg v_{m1}} \tag{6-2-2}$$

$$v_{sw}=\frac{28.4-14.2}{\lg v_{m2}-\lg v_{m1}}(\lg v_m-\lg v_{m1})+14.2 \tag{6-2-3}$$

$$v_{sg}=v_m-v_{sw} \tag{6-2-4}$$

$$Q_w=P_c v_{sw} \tag{6-2-5}$$

$$Q_g=P_c v_{sg} \tag{6-2-6}$$

若交会点落在 28.4ft/min 或 0ft/min 的曲线之外，则需要用外插法求 v_{sw}。

三、油气两相流动

油气两相流动的测量与解释和气水两相流动相似，测井时采用涡轮流量计、流体密度计、井温仪和压力计即可。由于气与油的介电常数近似相等，所以电容响应输出频率大致相同。因此，油气两相流动测量中，不采用电容持水率计。

图 6-2-5、图 6-2-6、图 6-2-7 是由模拟实验井中得到的实验解释图版。

图 6-2-5 有 3 条曲线，分别对应于油的表观速度 0ft/min、14.2ft/min、28.4ft/min，纵坐标为油的持率，横坐标为解释层涡轮流量计的定点计数率，持油率 Y_o 表示为

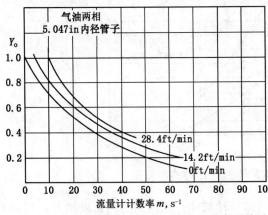

图 6-2-5 气油两相流动中持油率与计数率的关系

$$Y_o=\frac{\rho_m-\rho_g}{\rho_o-\rho_g}$$

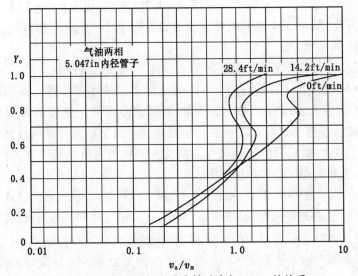

图 6-2-6 气油两相流动中持油率与 v_a/v_m 的关系

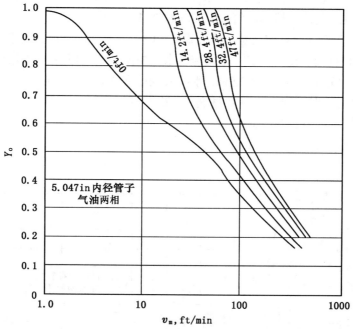

图 6-2-7　气油两相流动中持油率与 v_m 的关系

应用时，若（m，Y_o）交会点落在 28.4ft/min 的曲线之上，则选用 v_{so} = 28.4ft/min 的曲线进入图 6-2-6；若交会点落在 28.4ft/min 和 14.2ft/min 的曲线之间，则选用 v_{so} = 14.2ft/min 进入图 6-2-6；若交会点落在 14.2ft/min 曲线和 0ft/min 曲线之间或者落在 0ft/min 曲线之下，则选用 v_{so} = 0ft/min 进入图 6-2-6。

v_{so} 选定后，进入图 6-2-6，从 Y_o 处作水平线与选定的 v_{so} 线相交，读取对应的横坐标 v_a/v_m（$1/C_v$），并由此得到 $v_m = C_v v_a$。

v_m 得到之后，进入图 6-2-7，用（v_m，Y_o）作交会点，然后采用与气水两相流动相似的内插或外插方法求取 v_{so}、v_{sg} 及 Q_o、Q_g、P_o、P_g、P_o'、P_g'，最后作出相应的成果图。

与气水两相流动不同的是，图 6-2-7 中有 5 条曲线，分别对应于油的表观速度为 0ft/min、14.2ft/min、28.4ft/min、32.4ft/min 和 47ft/min。

四、油水两相流动

确定油水两相流动产出剖面所需的测井参数通常应包括流量、含水率、流体密度、压力和井温，但由于油与水的密度相近，用密度资料识别持水率的分辨率降低，所以通常不测流体密度。

DDL 型系列仪器的油水两相流动资料处理模拟井实验图版如图 6-2-8、图 6-2-9、图 6-2-10 所示。图 6-2-8 中横坐标为视流体速度 v_a，纵坐标为持水率 Y_w，Y_w 的计算方法为

$$Y_w = 1 - \frac{m - m_w}{0.86(m_g - m_w)} \qquad (6-2-7)$$

式中　m——测井值；

m_w、m_g——水和气的标定刻度值，如图 6-2-11 所示；

0.86——油与气之间持率的倍数，如图 6-2-12 所示。

图 6-2-8 中的 v_a 的计算方法是采用公式(6-1-9)。v_a 和 Y_w 计算出来后，用 (v_a, Y_w) 进入图 6-2-8，根据交会点的位置，采用与气水两相流动相类似的方法确定水的表观速度。当交会点落在 28.4ft/min 的曲线上方时，水的表观速度选为 28.4ft/min；落在 28.4ft/min 和 14.23ft/min 曲线之间时，水的表观速度选 14.23ft/min；落在 14.23ft/min 和 8.54ft/min 之间时，水的表观速度选为 8.54ft/min；落在 3.85ft/min 和 8.54ft/min 之间或者落在 3.85ft/min 之下时，水的表观速度选为 3.85ft/min。

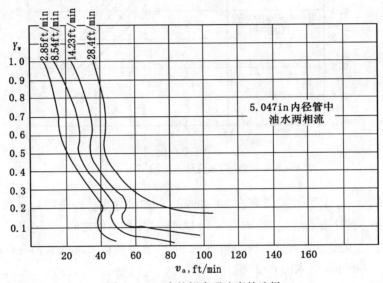

图 6-2-8　水的拟表观速度的选择

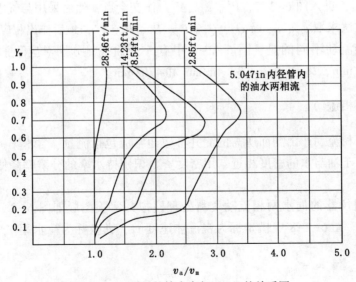

图 6-2-9　测量的持水率与 v_a/v_m 的关系图

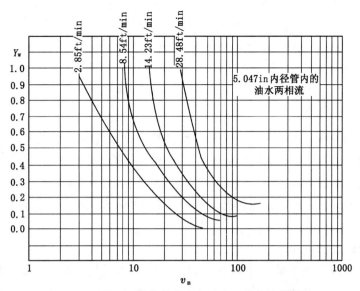

图 6-2-10　测量的持水率与总表观速度的关系

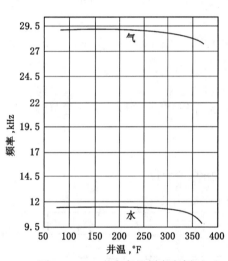

图 6-2-11　含水率的刻度实例

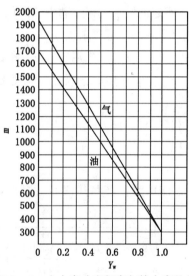

图 6-2-12　含水率响应频率与持水率的关系

水的表观速度确定后，进入图 6-2-9，用 Y_w 作水平线与所选定的水的表观速度曲线相交，通过交点作垂线，在横坐标上得到 v_a/v_m（$1/C_v$），从而可以计算

$$v_m = C_v v_a$$

$v_m(v_t)$ 确定后，用（v_m，Y_w）进入图 6-2-10，作水平线，利用与式（6-2-2）、式（6-2-3）、式（6-2-4）、式（6-2-5）、式（6-2-6）类似的方法确定 v_{sw}、v_{so}、Q_w、Q_o。

归纳起来，DDL 型仪器油水两相流动解释步骤为：

（1）曲线定性分析；

（2）曲线数字化并作交会图，计算 v_a；

（3）计算 Y_o、Y_w；

（4）利用图6-2-8、图6-2-9、图6-2-10计算水、油的表观速度；

（5）计算管子常数P_c及解释层的流量；

（6）对于每一个解释层，重复步骤（1）~（5）；

（7）计算分层产量。

五、油气水三相流动

DDL型产出剖面解释模型目前还没有直接计算油气水各相流量的解释图版，处理方法是将油气水三相流动看作气液两相流动，然后采用加权平均方法计算出油气水各自的流量。具体方法是首先把油看作为水，按气水两相流动的图版进行解释，然后再把水看作油，按气油两相流动的图版进行解释，最后把气水、气油两相流动的解释结果进行加权平均处理。下面是具体步骤。

1. 两相流动校正

首先假定油气水三相流动中的液体（油、水）为水（$Y_L = Y_w$），此时根据图6-2-2、图6-2-3、图6-2-4可以求出v_m和v_{sw}，求出的v_{sw}即为液体全为水时的液相表观速度，用v_{Lw}表示，此时，v_m用v_{tw}表示。

同样，假定油气水三相流动中的液体（油、水）全为油（$Y_L = Y_o$），此时利用图6-2-5、图6-2-6、图6-2-7可以求出v_o和v_{Lo}。

v_{tw}、v_{to}、v_{Lw}、v_{Lo}求出后，在v_{tw}和v_{to}之间用Y_w/Y_L内插求出v_m，在v_{Lw}和v_{Lo}之间内插求出v_L。v_m、v_L求出后，气的表观速度v_{sg}表示为

$$v_{sg} = v_m - v_L$$

用v_L和Y_w代入图6-2-13中可以求出v_L中水的百分含量，即v_{sw}/v_L，这样就可以求出v_{sw}值，所以

$$v_{so} = v_L - v_{sw}$$

以上是DDL型生产测井仪器三相流动产出剖面解释的思路。

$5\frac{1}{2} \sim 9\frac{5}{8}$ in套管中含水率计的刻度

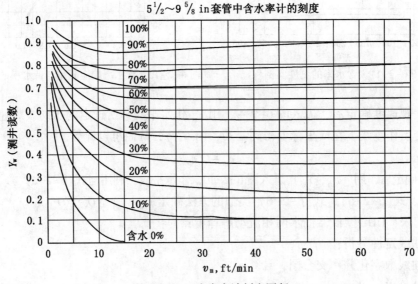

图6-2-13　含水率计刻度图版

2. 计算方法

（1）计算油气水的物性参数 ρ_o、ρ_g、ρ_w、B_o、B_g、B_w。

（2）计算 v_a 及 n 和电缆速度交会线的斜率。

（3）计算 Y_{w1}。利用含水率测井图上的油水刻度求 Y_{g1}：

$$Y_{g1}=\frac{\rho_m-\rho_w Y_w+\rho_o Y_{w1}-\rho_o}{\rho_g+\rho_o}$$

（4）利用含水率测井图上的气（水）刻度求 Y_{w2}。

（5）$Y_w=(Y_{w2}-Y_{w1})Y_{g1}+Y_{w1}$。

（6）$Y_g=\dfrac{\rho_m-\rho_w Y_w+\rho_o Y_w-\rho_o}{\rho_g-\rho_o}$。

（7）$Y_o=1-Y_g-Y_w$。

（8）$Y_L=Y_o+Y_w$ 或 $Y_L=1-Y_g$。

（9）用 m 和 Y_L 代入图 6-2-2 确定是使用 0ft/min 曲线还是使用 14.2ft/min 曲线。

（10）在图 6-2-3 中，用 Y_L 和对应曲线确定 v_a/v_{tw}，$v_{tw}=v_a(v_a/v_{tw})$。

（11）在图 6-2-4 中，用 Y_L 和 v_{tw} 确定 v_{Lw}。

（12）利用油气两相流动解释图版中的图 6-2-5 确定是使用 0ft/min 曲线还是 14.2 ft/min 曲线，代入值为 m 和 Y_L。

（13）利用图 6-2-6 确定 v_a/v_{to}，计算 $v_{to}=v_a(v_a/v_{to})$。

（14）利用图 6-2-7，代入 Y_L 和 v_{to} 确定 v_{Lo}。

（15）计算 $v_m=v_{to}-\dfrac{Y_w}{Y_L}(v_{to}-v_{tw})$。

（16）计算 $v_L=v_{Lo}-\dfrac{Y_w}{Y_L}(v_{Lo}-v_{Lw})$。

（17）$Q_t=P_c v_m$，$Q_L=P_c v_L$。

（18）用图 6-2-13，代入 v_L 和 Y_w，计算液相中的含水率 C_w。

（19）$Q_w=Q_L C_w$，$Q_o=Q_L-Q_w$。

（20）对所有深度重复以上步骤。

第三节　抽油机井油水两相流动

抽油机井油水两相流动生产井在我国油田上最为常见，主要特点是含水率高（通常大于80%），产量偏低（产液量小于40m³/d），同时抽油机的上下运动使测井曲线出现周期性波动。由于这一问题的普遍性和特殊性，本节主要讨论这类井的解释方法。

图 6-3-1 是抽油机井过环空测井仪器下入示意图，仪器外径通常为 25.4mm，通过油管和套管之间的环形空间下入目的射孔层段，通常采用集流定点方法进行测量，即在射孔层之间打开集流伞定点记录，然后收伞进入下一个测点，测点一般确定在两个射孔层之间及最上面一个射孔层的上部。

图 6-3-2 是江汉油田 JLS-ϕ25 分测仪结构原理示意图，该仪器主要用于抽油机井油水两相流动产出剖面定点测试。仪器由电缆头、接箍定位器、检测电路、持水率仪、产量计和集流器组成。持水率仪为电容持水率计。流量计（产量计）采用涡轮方式测量。集流器

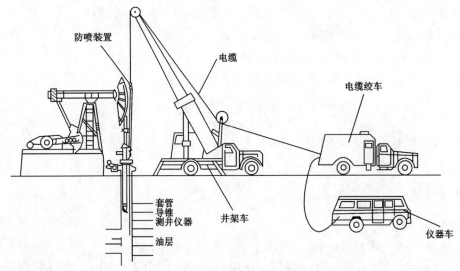

图 6-3-1　过环空测井仪器下入示意图

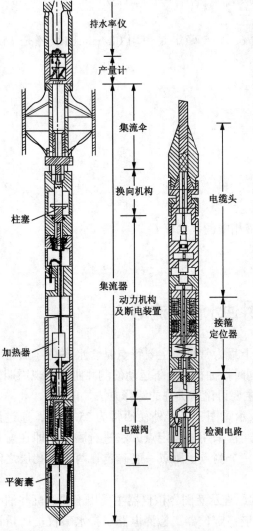

图 6-3-2　JLS-ϕ25 分测仪结构原理示意图

主要由动力机构、换向机构及断电装置、集流伞、电磁阀组成。动力机构包括加热器、平衡囊、柱塞等，用于撑伞和收伞的动力。换向机构用于改变伞的撑收状态。断电装置可以判断集流伞是否完成撑收动作。电磁阀的作用是下井过程中防止温度升高使伞撑开，仪器下井时电磁阀打开，撑伞时关闭。

　　图 6-3-3 和图 6-3-4 是仪器在油水两相流动模拟井中的实验图版。图 6-3-3 中横坐标为流量（Q_m），纵坐标为涡轮流量计的频率响应（f），流量小于 15m³/d 时，曲线散射。低流量时，涡轮受到流体黏度影响较大，图版中用含水率体现出来。利用涡轮流量计频率计数在图中可以确定解释层的总流量。若总流量小于 15m³/d，则需要与图 6-3-4 结合起来，确定总流量及相应的含水率。

　　总流量确定出来后，利用图 6-3-4 可以确定每一层的含水率。对于总流量小于 15m³/d 的情况，则应与图 6-3-3 结合采用迭代法求出相应的含水率。图 6-3-4 中，横坐标为总流量，图版参数为含水率，纵坐标是用线性刻度得到的持水率：

$$Y_w = \frac{m_o - m}{m_o - m_w} \qquad (6\text{-}3\text{-}1)$$

式中　m_o、m_w、m——持水率在油、水中的标定值和实际测量值。

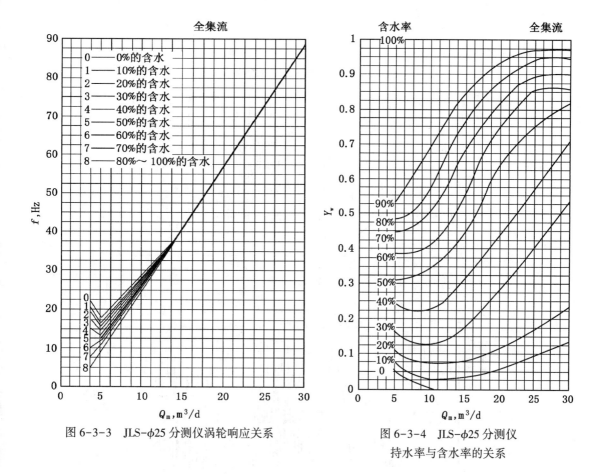

图 6-3-3　JLS-φ25 分测仪涡轮响应关系

图 6-3-4　JLS-φ25 分测仪
持水率与含水率的关系

查图版时，输入的涡轮流量频率响应值采用停抽法或平均法读取。对于不同的仪器，制作的图版不同，但在形状上相似。为了说明这一点，把油水两相流动滑脱速度重写如下：

$$Y_w = C_w + \frac{Y_w(1-Y_w)v_s P_c}{Q_m} \tag{6-3-2}$$

$$v_s = 1.53 Y_w^n \left[\frac{\delta g(\rho_w - \rho_o)}{\rho_w^2} \right]^{0.25} \tag{6-3-3}$$

把 Q_m 作为自变量，Y_w 作为因变量，C_w 作为图版参数，就可以模拟出与图 6-3-4 在形状上相近的图版。读者可以在计算机上完成这一工作。

图 6-3-5 是该仪器实测一口井的实例。该井对 3 个层进行了点测，测井曲线随抽油泵作用上下振荡，解释读值采用面积法（也可采用停抽法、累计频率平均值法和曲线面积取值法）。将曲线中两个波谷的顶点对时间坐标轴作垂线，计算此段曲线与时间轴所围绕的面积，量出两垂线的时间长度后，即可算出该面积的平均高度，由此高度可得出相应的流量频率值。各测点的读值见表 6-3-1。把读值代入图 6-3-3 和图 6-3-4 中可以得到相应射孔层的含水率和油水产量。

解释结果表明，3 个层均见水，上面两层产水量为 80%，下面一层含水率较低，第二层是主要产油层。

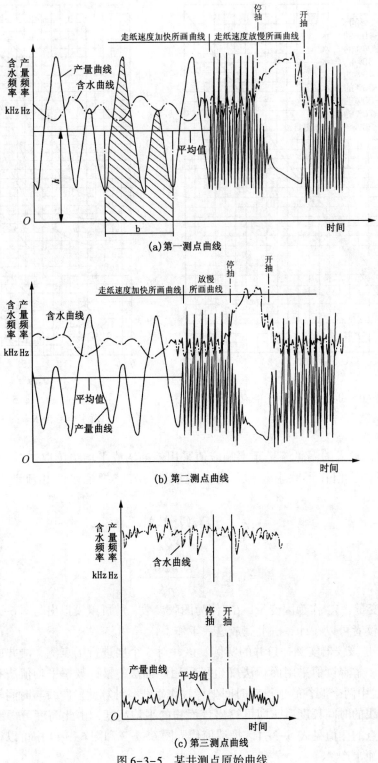

图 6-3-5 某井测点原始曲线

表 6-3-1　定点测量数据

产量频率，Hz	49	44	8
含水频率，kHz	3.1	3.3	5.5
含水指数	0.91	0.87	0.46
产液量，m^3/d	71	65	6
含水率，%	80	79	30
产油量，m^3/d	14.2	13.7	4.2
产水量，m^3/d	56.8	51.3	1.8

第四节　油水两相流动井下刻度解释方法

在实际应用过程中，无论是采用滑脱速度模型、漂移流动模型，还是采用实验图版模型，由于与实际井下井况有较大差异，均会产生一些计算误差。这些差异主要包括温度、压力、流体性质（黏度、密度、矿化度）、生产状况（抽油、自喷）等。为了消除实验及理论模型的差异，可以利用全流量层和零流量层已知的油水流量和测井信息，对实验模型和理论模型进行标定，然后再用标定后的模型确定其他解释层的油水流量。

全流量层指介于油管鞋和最上面一射孔层间的井段，所有射孔层中产出的流体都要通过该层段流向地面，该层的油水和气的流量可以采用换算井口产量的办法得到：

$$Q_o = B_o Q'_o$$
$$Q_w = Q'_w B_w$$
$$Q_g = \left(R_p - R_s - \frac{Q_w R_{sw}}{Q_o}\right) Q_o$$

式中 Q_o、Q_g、Q_w 为全流量层油、气、水的流量，油水两相流动中 Q_g 项为零。

零流量层指下面射孔层的下部井筒，也叫鼠洞或口袋。每一口井在钻达目的层段后，都要再钻几十米的深度，由于生产时该层没有流体流动，所以称为零流量层，生产过程中产层冲出的砂子和施工中下落的工具均可在零流量层中排除。由于油水重力分异，零流量层通常被水填充，即持水率为1。一般情况下，该层水的性质与该井其他层水的性质相同，利用这一特点可以找出持水率为1时的刻度点。

井下刻度就是利用全流量层和零流量层的测井信息和已知的流量、持水率信息对流量计、持水率计及实验模型进行标定的方法。通过这一标定，达到降低环境影响、提高解释精度的目的。

一、流量计的井下刻度

1. 连续流量计速度剖面校正系数

速度剖面校正系数的确定是流量计校正要解决的主要问题。每个解释层的速度剖面校正系数用式（6-1-12）表示，这里重写为

$$C_{vi} = \frac{Re_i}{Re_{100}} C_{v100} \tag{6-4-1}$$

$$C_{v100} = \frac{v_{a100}P_c}{Q_o'B_o + Q_g'B_g + Q_w'B_w} \tag{6-4-2}$$

式中　v_{a100}——涡轮转速与电缆速度交会所得的全流量层视流体速度；

　　　C_{vi}——涡轮流量计的速度剖面校正系数。

2. 示踪流量计

对于示踪流量计，校正系数与式（6-4-1）和式（6-4-2）相同，不同的是 v_{a100} 应表示为

$$v_{a100} = \frac{\Delta H_{100}}{\Delta t_{100}} \tag{6-4-3}$$

式中　ΔH_{100}——全流量层中示踪峰值偏移的距离；

　　　Δt_{100}——偏移 ΔH_{100} 所用的时间。

3. 集流式涡轮流量计

对于集流式流量计，若涡轮转速与 Q 的响应关系为

$$n = k(Q - Q_t) \tag{6-4-4}$$

在全流量层　　　　　$n_{100} = k(Q_{100} - Q_t)$

$$Q_{100} = \frac{n_{100}}{k} + Q_t \tag{6-4-5}$$

引入校正系数 Q_c　　　$Q_c = \frac{Q_w B_w + Q_o B_o + Q_g B_g}{\left(\dfrac{n_{100}}{k} + Q_t\right)} \tag{6-4-6}$

对于其他解释层　　　$Q = \left(\dfrac{n}{k} + Q_t\right)Q_c \tag{6-4-7}$

引入 C_{v100} 和 Q_c 校正系数后，温度、压力、流体性质、仪器结构、生产方式对仪器响应的影响可以在较大程度上得以降低。

二、持水率响应的井下刻度

对于持水率的井下刻度，前面已讨论过。对于泡状流，可用式（6-1-24）至式（6-1-29）计算持水率：

$$Y_w = \frac{m - m_{100}}{m_w - m_{100}}(1 - Y_{w100}) + Y_{w100} \tag{6-4-8}$$

$$Y_{w100} = 1 - \frac{1}{2}\left[1 + \frac{v_m}{v_s} - \sqrt{\left(1 + \frac{v_m}{v_s}\right)^2 - \frac{4v_{so}}{v_s}}\right] \tag{6-4-9}$$

$$v_s = 1.53 Y_{w100}^n \left[\frac{g\delta(\rho_w - \rho_o)}{\rho_w^2}\right]^{0.25} \tag{6-4-10}$$

$$n = 1.0 \sim 2.0$$

对于乳状流动，采用下式确定持水率：

$$Y_w = \frac{m - m_o}{m_{100} - m_o} Y_{w100} \tag{6-4-11}$$

三、解释模型的井下刻度校正

对于油水两相流动，引入校正系数要根据具体采用的解释模型。

若采用滑脱速度模型，则需引入滑脱速度校正系数 C_{vs}：

$$C_{vs} = \frac{v_{s100}}{v_s} \tag{6-4-12}$$

$$v_{s100} = \frac{Q_o B_o}{P_c Y_o} - \frac{Q_w B_w}{P_c Y_w} \tag{6-4-13}$$

v_s 用式（6-1-38）或式（6-1-39）求取。

校正后的滑脱速度模型为

$$v_{sw} = v_m Y_w - Y_w (1 - Y_w) v_s C_{vs} \tag{6-4-14}$$

若采用漂移流动模型式（6-1-40），则需要引入漂移速度校正系数 C_{vt}：

$$C_{vt} = \frac{\dfrac{Q_o B_o}{P_c Y_o}}{Y_{o100}(1.2 v_{m100} + v_{t100})} \tag{6-4-15}$$

式中　Y_{o100}——全流量层的持油率；

$\quad\quad v_{m100}$——全流量层的总平均速度；

$\quad\quad v_{t100}$——全流量层的漂移速度，用式（6-1-42）计算。

如果采用实验图版模型（图6-3-4），引入校正系数采用的办法是：在全流量层，利用（Q_{m100}，Y_{w100}）进入图版确定一含水率值 C_{w100}，此时校正系数为

$$C_{wx} = \frac{\dfrac{B_w Q_w}{B_o Q_o + B_w Q_w}}{C_{w100}} \tag{6-4-16}$$

校正系数确定后，对于其他解释层，在查图版后，用查得的含水率值 C_w' 乘 C_{wx} 即得对应的 C_w 值，即

$$C_w = C_{wx} C_w' \tag{6-4-17}$$

上面提出的油水两相流动井下刻度解释方法适用于自喷井和抽油机井，从整个解释过程看，要求井口提供油气水各相产量的准确数据，如果测井时不能得到有效的产量计量，可采用周平均或月平均油气水计量数据。

第五节　三相流动产出剖面测井资料解释

前面提到的油气水三相流动解释方法是将油气水三相流动分别作为气水、气油两相流动处理，然后进行加权平均后得到油气水各相的产量，这样不可避免地要产生一些误差，现场采用的方法主要有以下两种。

一、滑脱速度模型

把滑脱速度模型式（6-1-48）、式（6-1-49）、式（6-1-50）改写为

$$C_o = Y_o \left[1 - \frac{Y_g v_{sgw} - (1 - Y_o) v_{sow}}{v_m} \right] \tag{6-5-1}$$

$$C_g = Y_g \left[1 - \frac{Y_o v_{sow} - (1 - Y_g) v_{sgw}}{v_m} \right] \tag{6-5-2}$$

$$C_w = Y_w \left(1 - \frac{Y_g v_{sgw} - Y_o v_{sow}}{v_m}\right) \qquad (6-5-3)$$

观察式(6-5-1) 至式(6-5-3)，可以发现右侧第二项的分母都是 v_m，当 v_m 与分子相比大于某一数值时，右侧括号中第二项可以忽略不计，即

$$C_w \approx Y_w$$
$$C_o \approx Y_o$$
$$C_g \approx Y_g$$

这样就可以省去 v_{sow}、v_{sgw} 难以确定这一难题，使解释过程得以简化。采用集流式仪器可以使 v_m 值在集流后比集流前提高 20 多倍。譬如，套管内径为 127mm，集流通道内径为 24mm，根据连续性原理

$$\frac{1}{4}\pi \times 12.7^2 v_{m1} = 2.4^2 \times v_{m2} \times \frac{1}{4}\pi$$

$$v_{m2} = 28 v_{m1}$$

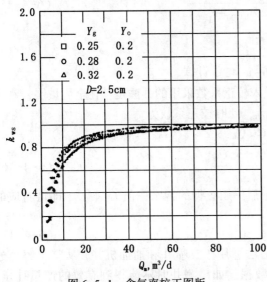

图 6-5-1　含气率校正图版

上式说明，集流后的流速 v_{m2} 是集流前的流速 v_{m1} 的 28 倍，滑脱速度的影响逐渐减小，C_o、C_g、C_w 与 Y_o、Y_g、Y_w 逐渐接近。图 6-5-1 是计算得到的 Q_m 与 k_{ws} 关系图版，图中横坐标为总流量，单位为 m^3/d，纵坐标为式(6-5-2) 中右侧括号中的计算结果，用 k_{ws} 表示，集流通道内径 D 为 2.5cm。由图可知，当流量 Q_m 大于 15m^3/d 时，k_{ws} 大于 0.8 并逐渐趋近于 1。

下面给出的是这一方法的应用实例。已知 W14 井地面每天产油 71.8m^3/d，产水 17.8m^3/d，产气 5664m^3/d。地面原油密度为 0.83g/cm^3，泡点压力为 9.6MPa，天然气相对密度为 0.7，流动压力为 8.5MPa，流动温度为 93℃，地层水密度为 1.125g/cm^3。

利用 PVT 计算公式得到该井游离气的流量为 16.7m^3/d；气和油地层体积系数分别是 0.011 和 1.16；气和油的密度分别为 0.077g/cm^3 和 0.76g/cm^3。该井自上而下有 3 个射孔层，自上而下对应解释层的涡轮转速分别为 191r/s、53r/s 和 29r/s。由井下刻度方法得到 3 个解释层的 Q_m 值分别为 116.8m^3/d、31.8m^3/d 和 18.3m^3/d。3 个层的混合流体相对密度分别为 0.75、0.94 和 1.125，相应的持水率值为 0.175、0.675 和 0.99，利用本节给出的方法，解释结果列于表 6-5-1。

表 6-5-1　解释结果

层段	Q_m, m^3/d	Y_w	Y_o	Y_g	k_{os}	k_{gs}	k_{ws}	C_w	C_o	C_g
1	116.8	0.175	0.695	0.13	1	1	1	0.175	0.655	0.13
2	31.8	0.675	0.284	0.041	0.95	1.1	0.95	0.64	0.31	0.039
3	18.3	0.99	0.01	0.0	0.9	1.15	0.9	1	0.011	0.0

二、井下刻度方法

这一方法主要适用于阿特拉斯公司生产的产出剖面测井仪器，采用集流式涡轮流量计、电容持水率计。该仪器主要在自喷井中测量，具体刻度方法如下。

1. 涡轮流量刻度

$$q_t = q_o + q_w + q_g \tag{6-5-4}$$

$$k = n_{100} / q_t \tag{6-5-5}$$

$$q_i = k n_i \tag{6-5-6}$$

式中 q_o、q_w、q_g——全流量层的油、气、水流量；

q_t——全流量层的总流量；

n_{100}——全流量层的涡轮流量计测量值；

q_i、n_i——其他解释层的总流量值和涡轮流量计测量值。

2. 电容持水率计刻度

$$C_{w100} = q_w / q_t$$

式中 C_{w100}——全流量层中的含水率。

3. 流体密度计刻度

$$Y_o = x(\rho_m - \rho_w) + y(Y_w - 1) \tag{6-5-7}$$

$$Y_g = -A(\rho_m - \rho_w) + z(Y_w - 1) \tag{6-5-8}$$

式（6-5-7）和式（6-5-8）是在点 $\rho_m = \rho_w$、$Y_w = 1$ 附近持油率和持水率的线性展开式，其中的 x、y、z 值的确定方法如下：

（1）计算 $1/(\rho_g - \rho_w)$ 的值，令 $1/(\rho_g - \rho_w) = x/y$。

（2）确定 C_{o100}：

$$C_{o100} = q_o / q_t$$

式中 C_{o100}——全流量层的含油率。

（3）确定 y 值：

$$C_{o100} = \frac{y(\rho_{m100} - \rho_w)}{\rho_g - \rho_w} + y(C_{w100} - 1)$$

式中 ρ_{m100}——全流量层的流体密度值。

（4）确定 x：

$$x = \frac{y}{\rho_g - \rho_w}$$

（5）确定 z：

$$z = -1 - y$$

x、y、z 确定后，式（6-5-7）、式（6-5-8）可以用于持率的计算。需要说明的是，计算出的 Y_o、Y_g、Y_w 值实际上就是 C_o、C_g、C_w 值，所以每个解释层的油气水流量 Q_{oi}、Q_{gi}、和 Q_{wi} 分别为

$$Q_{oi} = C_{oi} q_{ti}$$

$$Q_{gi} = C_{gi} q_{ti}$$

$$Q_{wi} = C_{wi} q_{ti}$$

式中 C_{oi}、C_{gi}、C_{wi}——第 i 个解释层的含油率、含气率和含水率;

　　　　q_{ti}——第 i 个解释层的总流量。

以上三相流动的井下刻度方法是以阿特拉斯公司生产的集流式仪器为基础提出的,中间采用刻度曲线的方法避开了滑脱速度的直接计算。这一方法可以推广到其他集流式仪器测井资料的解释中,具体响应刻度参数的确定可以根据仪器响应的曲线形状决定。

第六节　油气水三相流动最优化处理方法

上一节提出的处理方法主要适用于集流式生产测井仪器,通过集流降低滑脱速度的影响。实际上流量较低时,滑脱速度的影响是不能忽略的。本节介绍的油气水三相流动最优化处理方法由长江大学生产测井研究工作者提出,适用于自喷井和抽油井,同时既适用于集流式仪器,也适用于非集流仪器,对于水平井、斜井也可采用文中给出的方法。

一、优化处理方法的思路

处理方法的核心内容是建立测井仪器响应方程与测井曲线之间的误差非相关函数(目标函数),其次是用数学方法寻找使该目标函数达到极小时的解,该解即为解释层的油气水流量。

这一求解过程的响应方程为

$$f(\boldsymbol{x}) = \frac{\sum C_i \, | \, M_i - T_i \, |}{R_i N} \tag{6-6-1}$$

式中 $f(\boldsymbol{x})$——误差非相关函数;

　　　　C_i——仪器及模型的可信度系数;

　　　　R_i——该仪器的分辨率;

　　　　M_i——第 i 支仪器的测量值,由测井曲线上读取;

　　　　T_i——第 i 支仪器的响应方程,响应方程与油气水各相的流量相关;

　　　　i——1 到 N,表示下井仪器的总数,三相流动中通常 N 的数值为 5,分别是 n、Y_w、

　　　　　　ρ_m、T、P。

三相流动优化处理的过程就是使 $f(\boldsymbol{x})$ 最小时,目标函数式(6-6-1) 的解就是相应解释层的流量。此时,可以得到几个测井参数的模拟曲线,这些曲线与实测曲线最为相似。

二、响应方程的建立

方程式(6-6-1) 中的 M_i 值从每一条测井曲线上读取;T_i 值是仪器响应方程,三相流动中要建立的响应方程包括流量、流体密度、持水率、温度、压力 5 个参数,不具备这几个参数时,可选用其中几个参数。

1. 流量计的响应方程

对于集流式涡轮流量计或连续式涡轮流量计,响应方程为

$$n = k(Q_m - Q_t) \tag{6-6-2}$$

$$Q_m = Q_o + Q_g + Q_w \tag{6-6-3}$$

式中 Q_t——启动流量;

　　　　Q_m——总流量;

Q_o、Q_g、Q_w——油、气、水的流量；

k——响应关系式的斜率。

大庆油田用的 75 型找水仪中涡轮流量计的 k 值的实验关系为

$$k=4.62615+234.6\rho_m-702.7\rho_m^2+1253\rho_m^3$$

对于连续型涡轮流量计，若测量值用视流速度表示，则 v_a 的响应方程为

$$v_a=\frac{Q_o+Q_g+Q_w}{C_v P_c} \tag{6-6-4}$$

对于放射性示踪流量计，响应方程也可用式（6-6-4）表示，此时相应测量值的表达式应为

$$v_a'=\frac{\Delta H}{\Delta t} \tag{6-6-5}$$

式中　v_a'——示踪流量计的测量值；

ΔH——峰值的偏移距离；

Δt——偏移时间。

2. 密度计的响应方程

根据加权平均方法可以得到密度计的响应方程为

$$\rho_m=\frac{v_{so}}{v_m-Y_g v_{sgw}-Y_o v_{sow}}\rho_o+\frac{v_{sg}}{v_m+(1-Y_g)v_{sgw}-Y_o v_{sow}}\rho_g+\frac{v_{sw}}{v_m-Y_g v_{sgw}-Y_o v_{sow}}\rho_w \tag{6-6-6}$$

这里用到了滑脱速度模型。ρ_m 值从曲线上的读值方法为

$$\rho_m=\frac{\ln\dfrac{m_g}{m}}{\mu_L L} \tag{6-6-7}$$

式中　m_g——空气的高道计算率；

m——密度计的测井读值；

μ_L——放射性密度计在能量为 88keV 处的油气水混合物质量吸收系数；

L——放射源到探测器的距离。

实际计算时，首先用标定状态下的纯水刻度计算 μ_L 的值，然后再计算 ρ_m 的值。如果采用的是压差密度计，要采用伯努利方程计算 ρ_m 的理论响应。

3. 持水率的理论响应方程

持水率的理论响应方程由式（6-1-18）表示。电容持水率计的测井值由井下刻度方法得到或者采用下列方法计算：

$$Y_w=\frac{m-m_o}{m_w-m_o} \tag{6-6-8}$$

对于低能源放射性持水率计，持水率计测井值表示为

$$Y_w=\frac{\ln\dfrac{m_g}{m}-\mu_2\rho_m L}{(\mu_{2w}-\mu_2)\rho_w L} \tag{6-6-9}$$

式中　m_g——能量为 22keV 时源处的计数率；

m——探头处的计数率；

μ_{2w}——水的质量吸收系数；

μ_2——油气的质量吸收系数。

4. 温度的理论响应方程

温度仪的响应方程可由热平衡方程导出。在射孔层以下，总的热焓 H_{qtr} 由下式计算：

$$H_{qtr} = (Q_w \rho_w C_w + Q_o \rho_o C_o + Q_g \rho_g C_g) t_r \qquad (6-6-10)$$

式中 Q_o、Q_g、Q_w——射孔层以下部位油、气、水的流量；

t_r——相应的流体温度；

C_o、C_g、C_w——油、气、水的比热。

射孔层中由于流体的进入增加的热焓 ΔH_q 为

$$\Delta H_q = (q_o \rho_o C_o + q_g \rho_g C_g + q_w \rho_w C_w) t_f \qquad (6-6-11)$$

式中 q_o、q_g、q_w——由射孔层进入的油、气、水的流量；

t_f——进入流体的温度。

在整个热平衡系统内，由于焦耳—汤姆孙效应，对于液体来说，由该效应引起的热焓损失可以忽略，而气体的焦耳—汤姆孙效应影响较大，不能忽略。损失热焓 H_{qjt} 由下式计算：

$$H_{qjt} = q_g \rho_g C_g \Delta t_{jt} \qquad (6-6-12)$$

$$\Delta t_{jt} = C_{jt} \Delta p_{jt} \qquad (6-6-13)$$

式中 Δt_{jt}——温度损失；

Δp_{jt}——压力梯度变化，数值上大约为井眼附近压力梯度的一半；

C_{jt}——比例系数，随 t 的增大而减小，取值如表 6-6-1 所示。

表 6-6-1 t 与 C_{jt} 的取值关系

t, ℉	300	250	200	150
C_{jt}, ℉/psi	0.02	0.025	0.03	0.04

上述关系计算出来后，温度仪的理论响应关系为

$$t = \frac{H_{qtr} + \Delta H_q - H_{qjt}}{Q_o \rho_o C_o + Q_w \rho_w C_w + Q_g \rho_g C_g} \qquad (6-6-14)$$

5. 压力的理论响应方程

压力的理论响应方程由多相流伯努利方程导出，形式如下

$$\left(\frac{dp}{dz}\right)_t = \left(\frac{dp}{dz}\right)_e + \left(\frac{dp}{dz}\right)_f + \left(\frac{dp}{dz}\right)_a \qquad (6-6-15)$$

方程式(6-6-15) 说明，沿井筒总的压力梯度由 3 部分组成：重力项、摩擦项和加速度项，一般来说，加速度项可以忽略。

经过推导可得压力的理论响应方程为

$$p = p_o + \frac{dp}{dz} \Delta z - \rho_m g \cos\theta \Delta z - \frac{2 f v_m^2 \rho_m^2}{D} \Delta z \qquad (6-6-16)$$

式中 Δz——测点到参考点的垂直距离。

上面各测井参数的理论响应方程列出后代入到式(6-6-1) 中，式(6-6-1) 就成了变量为 (Q_o、Q_g、Q_w) 的复杂的二次目标函数。下面的工作即是采用数学方法，找到一个最合适的 Q_o、Q_g、Q_w 值，使得该目标函数的值最小，找到以后，实际上也就模拟出了 5 条理论测井曲线，这 5 条曲线与 n、ρ_m、Y_w、T、p 曲线最为相似。目前有几种寻找最优点的优

化方法，经过研究采用 SUMT—POWELL 方法可以对目标函数式（6-6-1）进行搜索求解。该方法的主要优势是不需要求导即可进行最优搜索，因此对目标函数的连续性无苛刻要求。

三、SUMT—POWELL 方法的基本原理

SUMT—POWELL 是用于求解带约束的函数极小值的一种优化方法，主要适用于如下形式的约束最优问题：

$$f(\boldsymbol{x}) = \sum_{i=1}^{FK} W_i f_i(\boldsymbol{x}), \quad \boldsymbol{x} \in E^n$$

约束条件为

$$\begin{cases} G_i(\boldsymbol{x}) \geq 0, & i = 1, 2, \cdots, m \\ H_j(\boldsymbol{x}) = 0, & j = 1, 2, \cdots, P \end{cases} \tag{6-6-17}$$

油气水三相流动最优目标函数式（6-6-1）满足上述条件。

1. 方法概述

1）罚函数的构造

由于存在约束条件，所以要构造罚函数。本方法是利用内点法构造不等式约束 $G_i(\boldsymbol{x})$ 的惩罚项，等式约束 $H_j(\boldsymbol{x})$ 则用外点法构造惩罚项，具体形式如下：

$$P(\boldsymbol{x}, r^{(k)}) = f(\boldsymbol{x}) + r^{(k)} \sum_{i=1}^{m} \frac{1}{t_i G_i(\boldsymbol{x})} + \frac{1}{\sqrt{r^{(k)}}} \sum_{j=1}^{P} \left[q_j H_j(\boldsymbol{x}) \right]^2 \tag{6-6-18}$$

$$r^{(k)} = r^{(k-1)} C$$

式中 r——惩罚因子；

       C——递减系数。

r 为一递减无正数数列中的一个元素。当 k 充分大时，$r^{(k)} \to 0$，等式与不等式惩罚项均趋于零，使得罚函数 $P(\boldsymbol{x}, r^{(k)})$ 与非相关函数收敛性一致，收敛于 $f(\boldsymbol{x})$ 极小值的近似点。

2）用 Powell 法求最优搜索方向

Powell 法实际上是共轭法，目的是搜索得到共轭方向。

给定初始点 x^0，沿 n 个初始方向 $S_i^{(0)}$（$i=1, 2, \cdots, n$）依次进行一维搜索，每次获得新方向 S 后，根据"最接近共轭"的原则决定是否替换原来的 n 个搜索方向中的某个方向以及替换原则，使新成立的 n 个方向尽可能共轭。

3）一维二次插值求最佳步长 λ^*

用 Powell 法搜索方向时，需求得某一方向 S_i 的最佳步长 λ^*，可以采用一维二次插值求 λ^* 值，基本原理如下：

由初始步长获得 x_1、x_2、x_3 三点，构造 $\varphi(x)$：

$$\varphi(x) = \frac{(x-x_2)(x-x_3)}{(x_1-x_2)(x_1-x_3)} f(x_1) + \frac{(x-x_1)(x-x_3)}{(x_2-x_1)(x_2-x_3)} f(x_2) + \frac{(x-x_1)(x-x_2)}{(x_3-x_1)(x_3-x_2)} f(x_3)$$

$$\tag{6-6-19}$$

令 $\varphi'(x) = 0$，得 $\varphi(x)$ 的极值点：

$$\boldsymbol{x} = \frac{1}{2} \frac{f(x_1)(x_2^2-x_3^2) + f(x_2)(x_3^2-x_1^2) + f(x_3)(x_1^2-x_2^2)}{f(x_1)(x_2-x_3) + f(x_2)(x_3-x_1) + f(x_3)(x_1-x_2)} \tag{6-6-20}$$

当 $\dfrac{f(x_1)(x_2-x_3) + f(x_2)(x_3-x_1) + f(x_3)(x_1-x_2)}{(x_2-x_3)(x_3-x_1)(x_1-x_2)} < 0$ 成立时，$\boldsymbol{x}$ 为 $\varphi(x)$ 的极小值点。

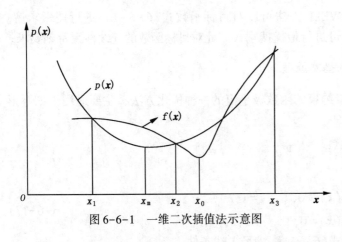

图 6-6-1 一维二次插值法示意图

因此，只要找到当 $x_1 < x_2 < x_3$ 且 $f(x_1) \geqslant f(x_2) < f(x_3)$ 成立的点，就能确保式（6-6-20）成立，从而 x 就可作为 $f(x)$ 的极小值点的一个近似点。为使 x 成为 $f(x)$ 的极小值点，还需第二次插值，即在 x_1、x_2、x_3 和 x 中，按"弃大留小"的原则，留下 3 个点，再按式（6-6-19）和式（6-6-20）进行第二次插值，如图 6-6-1 所示，具体的基本步骤如下：

（1）根据给定初始点及初始步长，选择满足 $x_1 < x_2 < x_3$ 且 $f(x_1) \geqslant f(x_2) < f(x_3)$ 的 3 点。

（2）由式（6-6-19）和式（6-6-20）求出 $f(x)$ 的近似极小值点，设为 x。

（3）当 $|f(x_2)| \leqslant \varepsilon_2$ 时 $|f(x_2) - f(x)| \leqslant \varepsilon_1 |f(x_2)|$，或者当 $|f(x_2)| \leqslant \varepsilon_2$ 时 $|f(x_2) - f(x)| \leqslant \varepsilon_1$，则迭代终止。此时 $f(x)$ 的极小值点为：当 $f(x) \leqslant f(x_2)$ 时为 x，否则为 x_2。若不满足以上条件，则将收敛区间缩小，重新选择 x_1、x_2、x_3 和 x 中的一点，再去执行步骤（2）。

2. 对 SUMT—POWELL 方法的评价

三相流动优化处理的目标函数式（6-6-1）中，存在三个变量 Q_o、Q_g、Q_w，且书写方式复杂，不能直接表达，因此不能用求导的方式求梯度，只能用差分法求取。该算法对于多变量、多目标的函数处理效果良好。Powell 法具有强大的搜索最优收敛方向的功能，该算法不用求导，自动用中值差分法确定下一次迭代变量的大小。迭代中，该方法由快到慢，有利于提高求解值的精确度，在搜寻过程中，用变步长办法提高收敛速度和效果，在函数达到极小值之前，加倍步长；在超过极小值点以后，减半反向步长。约束条件用 $G_i(x) < \varepsilon_g$ 判断，当该式成立时，意味着约束接近边界，则减半反向步长；否则按原步长进行。

目标函数是一个多元高次函数，存在多个极小值点，通常求取全局最小点采用"模拟退火"方法，但该方法计算量大且过程繁琐，本研究采用常规优化组合方法选取初值。

实际处理过程中，遇到的求解是一个带约束的问题，如油气水的持率都小于 1.0 大于零，油气水的相对密度也是都小于 1.0 并大于零，油气水的流量都应大于零等。因此应借助专家系统建立一个约束库。简化示意图如 6-6-2 所示。初值点和约束库建立后即可对实际资料进行处理。

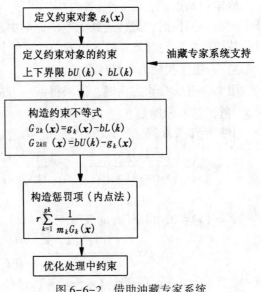

图 6-6-2 借助油藏专家系统
建立约束库的简化模式

第七节　产出剖面测井人工智能解释

人工智能（artificial intelligence，AI）这一概念最早诞生于 1956 年的达特茅斯会议上，约翰·麦卡锡等学者将"使用机器模拟人类认知能力"的技术命名为"人工智能"。1980 年，机器学习方法被提出，机器学习是一种实现人工智能的方法。深度学习出现在 2010 年，深度学习是一种实现机器学习的技术，是当今人工智能大爆炸的核心驱动。

测井数据具有数据体量大和多源异构等特点，测井处理解释过程中面临多解性、不确定性等难点，油气判识难度越来越大，亟须利用人工智能等技术来提高工作效率和解释符合率。在生产测井中，产出剖面测井人工智能解释是利用深度学习、专家系统、关联分析等算法，寻找生产测井多相流流型、滑脱速度或表观速度与测井曲线之间的关联性，将生产测井模拟实验或专家解释处理完的数据作为训练样本，利用人工智能算法构建基于生产测井曲线的智能化产出剖面解释模型，所用到的人工智能算法包括神经网络、组合学习算法、聚类算法、支持向量机回归等。

一、基于人工神经网络的产出剖面解释

1.人工神经网络方法概述

根据学习过程中的不同经验，机器学习算法可以大致分为无监督学习算法和有监督学习算法。有监督学习算法是给定一组输入 x 和输出 y 的训练集，学习如何关联输入和输出。神经网络技术使用最为广泛的就是 BP 网络。BP 网络是人工神经网络中有监督学习算法的前馈神经网络里流传最广泛的一种，其得名是源于采用了误差反传算法。它是由非线性变换单元组的一种前馈型网络，一般由 3 个神经元层次组成，即输入层、输出层和隐含层。各层的神经元之间形成全互连连接，各层次内的神经元之间没有连接。利用人工神经网络进行计算主要分两步：首先对网络进行训练（网络的学习过程），再利用训练的网络求解问题（网络的检验过程）。BP 网络的基本原理是利用最陡坡降法的概念，将误差函数予以最小化。误差反向传播可以说是 BP 网络的精髓所在，它把网络输出现的误差归结为各连接权的"过错"，通过把输出层单元的误差逐层向输入层反向传播以"分摊"给各层神经元，从而获得各层单元的参考误差，以便调整相应的连权，直到网络的误差达到最小。理论研究表明，具有足够多的隐层神经元数的 3 层 BP 网络具有逼近任何复杂函数的能力。BP 网络属于有监督学习式的学习网络，适合诊断、预测、评价等应用。图 6-7-1 给出了一个多层感知器网络结构图，其中包括输入层、隐含层、输出层。

将代表待识别模式的输入矢量输入至输入层，并传至后面的隐含层，最后通过连接权输出到输出层。该网络中每个神经元通过求输入权值和经过非线性兴奋函数传递结果来工作，其数学描述如下：

$$\text{out}_i = f(\text{net}_i) = f\left(\sum_j W_{ij}\text{out}_j + \theta_i\right) \tag{6-7-1}$$

式中　out_i——所考虑层中第 i 个神经元的输出；

　　　out_j——前一层第 j 个神经元的输出。

对非线性兴奋函数 $f(\text{net}_i)$ 的使用有几种常用的形式，其中经常采用的是 sigmoid 函数：

$$f(\text{net}_i) = \frac{1}{1+e^{-\text{net}_i/Q_o}} \qquad (6-7-2)$$

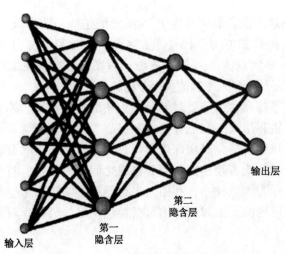

图 6-7-1　多层感知器网络结构图

式中，Q_o 代表神经元温度，温度越高，sigmoid 函数变化越趋平缓。在非常低的温度下，它接近于阶跃函数。

训练开始时，提供的训练集由输入样本和与之对应的代表正确分类的输出组成。训练集中的任意矢量是否具有特定的期望输出，就是所谓有监督学习和无监督学习的区别。把输入的模式映射到相应的分类器所需知识由网络权值来体现，而训练过程就是寻找有效权值集合的过程。训练得到的权值集合在误差范围内，至少能对训练集合进行准确分类。如果合理选择训练集，并且训练算法有效，那么网络应该能够对不属于训练集的样本进行正确分类。

网络误差度量了网络收敛到其期望值的程度。对于误差反传算法，通常使用的网络误差是熟知的均方差误差，当然也可以采用其他的连续可微误差函数。不管采用什么误差函数，必须在网络输出期望值与实际值之间提供一个有意义的度量变量——距离。均方差定义如下：

$$E_p = \frac{1}{2}\sum_{j=1}^{n}(t_{pi}-O_{pi})^2 \qquad (6-7-3)$$

式中　E_p——第 p 个表征矢量的误差；

t_{pi}——第 i 个输出神经元的期望值（即训练集值）；

O_{pi}——第 i 个输出神经元的实际值。

式(6-7-3) 中每一项都反映了单个输出神经元对整个误差的影响。取绝对误差（期望值和实际值之差）的平方，可以看出远离期望值的哪些输出对总误差影响最大。

2. 产出剖面测井人工神经网络模型

在 BP 人工神经网络拓扑结构中，输入节点与输出节点是由问题本身决定的，关键在于隐含层的层数与节点的数目。根据产出剖面测井仪器系列设置对应的输入单元和相关隐含层的非线性单元。

输入层即产出剖面测井仪器系列设置输入单元，包括流量计测井响应值、持水率计测井响应值、密度计测得的密度值、温度、压力、井斜角度等。

隐含层由相关非线性单元组成。隐含层中的非线性兴奋函数可以根据对应关系适当选取。

输出层由一个单元组成，该输出表示油气水的测量总流量。

隐含层与输出层的权值为 W_{ij}，输出层节点的阈值为 θ_j。输出层传递函数为线性激励函数。

二、基于支持向量机的产出剖面解释

支持向量机（support vector machine，SVM）是 Cortes 和 Vapnik 于 1995 年首先提出的，它是一种监督学习的方法。根据 Vapnik 与 Chervonenkis 的统计学系理论，支持向量机为了使机器的实际输出与理想输出之间的偏差尽可能最小，遵循结构风险最小化，而不是经验风险最小化原理，通俗地说，就是使错误概率的上界最小化。与神经网络相比，支持向量机不仅结构简单，而且各种技术性能尤其是泛化能力明显提高。

支持向量机属于一般化线性分类器。这种分类器的特点是能够同时最小化经验误差与最大化几何边缘区。因此支持向量机也被称为最大边缘区分类器。在统计计算中，最大期望（EM）算法是在概率模型中寻找参数最大似然估计的算法，其中概率模型依赖于无法观测的隐藏变量。最大期望经常用在机器学习和计算机视觉的数据集聚领域。最大期望算法经过两个步骤交替进行计算：第一步是计算期望（E），也就是将隐藏变量像能够观测到的一样包含在内从而计算最大似然的期望值；另外一步是最大化（M），也就是最大化在 E 步上找到的最大似然的期望值，从而计算参数的最大似然估计。M 步上找到的参数然后用于另外一个 E 步计算，这个过程不断交替进行。

支持向量机的基本思想可以概括为：首先，它是针对线性可分情况进行分析，对于线性不可分的情况，通过使用非线性映射算法将低维输入空间线性不可分的样本转化为高维特征空间使其线性可分，从而使得高维特征空间采用线性算法对样本的非线性特征进行线性分析成为可能；然后，在这个新空间求取最优化线性分类面，它基于结构风险最小化理论之上在特征空间中建构最优分割超平面，使得学习器得到全局最优化，并且在整个样本空间的期望风险以某个概率满足一定上界。

支持向量机求得的分类函数在形式上类似于一个人工神经网络，其输出是若干中间层节点的组合，而每一个中间层节点对应于输入样本与一个支持向量的内积，因此又称支持向量网络，如图 6-7-2 所示。

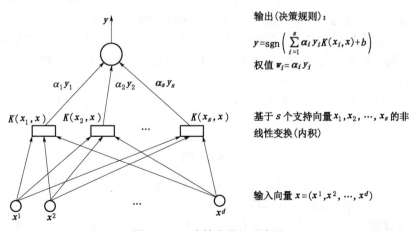

输出（决策规则）：

$$y = \text{sgn}\left(\sum_{i=1}^{s} \alpha_i y_i K(x_i, x) + b \right)$$

权值 $w_i = \alpha_i y_i$

基于 s 个支持向量 $x_1, x_2, \cdots, x_s$ 的非线性变换（内积）

输入向量 $x = (x^1, x^2, \cdots, x^d)$

图 6-7-2　支持向量机示意图

产出剖面测井中，一段时间或一段距离的仪器测量信号中蕴含着井筒中过流截面的流型及流量参数信息。以这些产出剖面测井组合仪器各自的测量信号作为支持向量解释及预测模型的输入信号源，为建立基于支持向量机的产出剖面测井解释流型识别及持水率分析模型提供数据基础。同时，结合涡轮流量计测量的总流量信息，可以进一步获取各项流量信息。

三、基于聚类分析法的产出剖面解释

聚类算法能够快速、准确地解决各种分类问题，近年来受到了学者们的广泛关注。聚类分析是研究"物以类聚"的一种科学有效的方法。进行聚类分析时，出于不同的目的和要求，可以选择不同的统计量和聚类方法。所谓聚类分析，就是根据事物间的不同特征、亲疏程度和相似性等关系，对它们进行分类的一种数学方法，其数学基础是数理统计中的多元分析。

聚类分析的内容十分丰富，按其分类对象的不同分为 Q 型聚类分析（对样品分类，它是根据被观测的样品的各种特征，将特征相似的样品归并为一类）、R 型聚类分析（对指标或变量分类，它是根据被观测的变量之间的相似性，将特征相似的变量归并为一类）。聚类分析按其分类方法又分为系统聚类、动态聚类等。系统聚类也称为分层聚类（hierarchical cluster），它是聚类分析中应用最广泛的一种方法。分层聚类的思想是：开始将样品或指标各视为一类，根据类与类之间的距离或相似程度将最相似的类加以合并。再计算新类与其他类之间的相似程度，并选择最相似的类加以合并。这样每合并一次就减少类，不断继续这一过程，直到所有样品（或指标）合并为一类为止。动态聚类也称为快速聚类或 K 均值聚类法（K-Means Cluster）。快速聚类的思想是：开始按照一定方法选取一批聚类中心（cluster center），让样品向最近的聚类中心凝聚，形成初始分类，然后按最近距离原则不断修改不合理分类，直至合理为止。

产出剖面测井解释中流型识别和持水率计算是非常关键的步骤，同一工况或相同流型情况下，产出剖面测井组合测井仪器的测量信号有着特征亲疏程度和相似性等关系。

基于聚类分析的产出剖面测井解释方法是基于生产测井动态模拟实验数据或工区品质高的生产数据。在工区内优选一批生产井的生产数据或地面生产测井动态模拟实验数据，要求该批数据各种产出剖面测井曲线资料齐全、品质高，能够真实地反应井筒流体相态分布和流动状态的实际情况，并且相态分布和流动状态具有代表性。利用聚类分析产出剖面测井解释时，需要先对流型和持水率值与工区品质高的生产井的生产数据或地面生产测井动态模拟实验测井数据进行聚类分析，经过分析可以得到产出剖面组合测井系列的测井曲线与其相关联曲线的对应关系；再利用这个得到的对应关系外推到需要解释评价的目标井中，即以需要解释评价的目标井相关联的产出剖面测井曲线为基础，再根据对应关系，来获得需要解释评价的目标井出产剖面信息。

课后习题

1. 七参数测井系列产出剖面测井测量的项目有哪些，各项目的主要作用是什么？
2. 简述产出剖面测井资料一般解释程序。
3. 产出剖面资料定性分析的重点是什么？
4. 产出剖面资料处理中如何划分解释层，它与完井资料处理的解释层划分有何不同？
5. 试讨论井下刻度处理的本质意义。
6. 试用油水两相滑脱模型 $\left[v_s = 1.53 Y_w \left(\dfrac{g\delta(\rho_w - \rho_o)}{\rho_w^2} \right)^{\frac{1}{4}} \right.$, $g = 980\mathrm{cm/s}^2$, $\delta = 40\mathrm{dyn/cm}$,

$\rho_w = 1g/cm^3$，$\rho_o = 0.8g/cm^3$，套管内径为 12.5cm，取 $C_v = 0.8$］与 DDL 油水两相解释图版相比较，举例说明：

（1）高含水情况下，高低流量井含水率解释结果的差别。

（2）低流量情况下，高低含水井总流量解释结果的差别。

（3）从以上结果，讨论 DDL 解释图版用于我国生产井资料解释存在哪些问题，并总结其规律。

参 考 文 献

［1］ 匡立春，刘合，任义丽，等. 人工智能在石油勘探开发领域的应用现状与发展趋势. 石油勘探与开发，2021，48（1）：1-11

［2］ 庆伟，王祝文，欧希阳，等. 聚类分析方法在测井曲线重构中的应用. 世界地质，2015，34（3）：807-812

［3］ 边肇祺，张学工. 模式识别. 2 版. 北京：清华大学出版社，2000

［4］ 邹文波. 人工智能研究现状及其在测井领域的应用. 测井技术，2020（4）：323-328

［5］ 沈平平，等. 石油勘探开发中的数学问题. 北京：科学出版社，2002

［6］ 郭海敏，等. 抽油井三相流动优化解释处理方法. 石油学报，1996（1）

［7］ Guo Haimin. An Interpretative Method for Prodction Logs in Three-Phase Flows. SPE22970，1991

［8］ 姜文达. 油气田开发测井技术与应用. 北京：石油工业出版社，1995

［9］ 汪仕忠. 江汉油田典型测井解释图集. 北京：石油工业出版社，1997

第七章
水平井生产测井技术

水平井钻井的主要目的是提高原油的采收率或者降低油田开发成本，有时是为了避开地面重要建筑物。水平井与垂直井的主要区别是井筒中的流型发生了较大变化，另外井眼倾斜导致下井方式、测井手段及测井方法都相应发生了很大变化。本章主要描述水平井的完井方式、水平井流型、仪器响应及资料处理方法。

第一节　水平井完井技术

水平井钻井的目的是尽可能多地钻穿油层，提高油井单井产量或注入量，从而获得更高的采收率。一般情况下，水平井平行于油藏层面，但对大倾角油层和垂直裂缝的油层来说，水平井要横穿这些油层。

一、水平井应用

水平井技术早在 1928 年就已提出，1940—1970 年，美国、苏联等国钻成了一批水平试验井。20 世纪 70 年代后，随着新技术的发展，水平井技术取得了重要进展，水平井油藏工程、钻井、完井、测井、射孔、增产措施等技术日臻完善，钻井数量日益增加。水平井完井方式通常采用下套管注水泥射孔完井、裸眼井完井或割缝衬管完井，完井方式主要取决于油藏物性和该地区的实际经验。水平井主要适用于以下油田：

（1）在近海地区、边远地区及环境敏感区域，钻水平井既可以提高产量，也可以节约钻井费用。如海上钻井，在一个平台上可以向不同的方位、深度钻成多口油井，达到提高产量、节约成本的目的。

（2）提高采收率，特别是在热采提高采收率开采时，水平井段可与油藏大面积接触，因此注汽井可提高采收率。在裂缝性油气藏中，钻几口适当定向的水平井，可以增大波及面积。

（3）水平井可用于低渗气田开采，也可用于高渗气藏开采。低渗气藏中水平井可增加泄气面积，减少生产井数。在高渗气层中，直井近井地区产气速度高，水平井则可降低近井地区的产气速度，降低近井地区的紊流现象，改善高渗气层的产能。

（4）对于底水气顶油藏，水平井可减少水、气锥问题，从而可以提高产气量。

（5）对于天然裂缝油藏，水平井可钻穿多条裂缝，多条裂缝都可出油。

二、水平井的几个基本概念

水平井的形成可分为两类：一是从地面新钻的井，通常水平井段长度为 300~1300m；另一类井为侧钻井，是从现有的井，横向侧钻出来，长度为 30~210m。

水平井和侧钻井技术可分为超短曲率水平井、短曲率水平井、中曲率半径水平井、长曲率半径井 4 类，主要取决于曲率半径。曲率半径即由直井过渡到水平井的半径，如

图 7-1-1 所示。

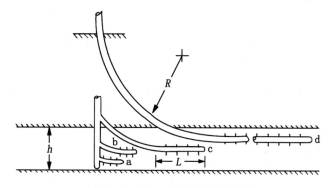

图 7-1-1 不同的钻井技术示意图

a—超短曲率（$R=1\sim2ft$，$L=100\sim200ft$），造斜角为（$60°\sim300°$）/100ft；

b—短曲率（$R=20\sim40ft$，$L=100\sim800ft$），造斜角为（$20°\sim60°$）/100ft；

c—中等曲率（$R=300\sim800ft$，$L=100\sim4000ft$），造斜角为（$6°\sim20°$）/100ft；

d—长曲率（$R\geqslant1000ft$，$L=1000\sim4000ft$），造斜角为（$2°\sim6°$）/100ft

三、水平井完井技术

如前所述，水平井可选裸眼完井、衬管完井、衬管管外分段封隔完井、注水泥射孔衬管完井，如图 7-1-2 所示。完井方式的选择对油井的生产动态有重要影响。

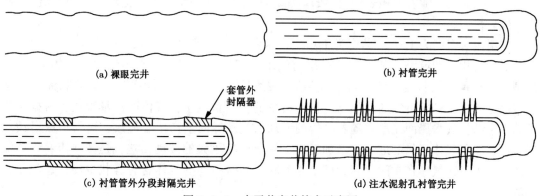

(a) 裸眼完井 　　　　　　　　　　　(b) 衬管完井

(c) 衬管管外分段封隔完井 　　　　　　(d) 注水泥射孔衬管完井

图 7-1-2 水平井完井技术示意图

在致密岩石地层中，可采用裸眼完井。裸眼完井的缺点是不能实施增产措施，难以控制注入量和产量。

衬管完井的主要做法是在水平井段下入割缝衬管以防止井眼坍塌。通常使用的 3 种衬管是穿孔衬管、割缝衬管和砾石充填衬管。衬管完井的主要缺点是难以进行有效的增产措施。

衬管管外分段封隔完井是将衬管与管外封隔器一起下，将长水平段分割成若干段。此方法将提供有限的分隔段，这样可沿着井段进行增产措施和生产控制。这一完井方式可以进行增产措施。大多数水平井并非都是水平的，有许多弯曲段并呈曲线状，一口井可能有几个拐弯。在这种情况下，下多个管外封隔器较为困难。

注水泥射孔衬管完井只可能在中、长曲率半径的水平井中实施。

四、水平井完井的几个问题

1. 地层的岩性

对于致密的地层，如致密的石灰岩地层，可以考虑裸眼完井。

2. 钻井方法

用短曲率半径钻成的井可采用裸眼完井或衬管完井；对于采用中长曲率半径的水平井，既可采用裸眼完井，又可采用衬管完井或注水泥射孔衬管完井。

3. 钻井液

水平井钻井过程中，钻井液对地层的伤害较大，主要原因是地层暴露在钻井液中的时间较长。为了减少钻井时的地层伤害，可以采用负压钻井，同时也可以用一些特殊的钻井液，如低固相或无固相的聚合物钻井液。

除了以上 3 点外，也要考虑增产措施、生产机理、井下作业及修井等可能发生的井下作业工作。

第二节　水平井中的流型

在水平井和斜井中，由于轻质相与重质相的分离，流型与垂直井中有较大差异。下面以气水两相流动为例，说明水平井中的流型（斜井与水平井相似）。

Russell 等 1961 年在 1in 管中观察了油水两相流型：水的表观速度较低（小于 0.1ft/s），为均质泡状流动；随着油相表观速度的增加，油泡开始聚集形成大油泡流动（段塞流），最后形成雾状流。

采用相对密度为 1.02、黏度为 1.0mPa·s 的水，管子内径为 12.6mm，Hasson 等人观察了气水两相流动流型，观察到的结果与油水两相流动相似。在水相流动较低的情况下，流型分为 4 种：层状流（气水界面光滑）、波纹层状流（界面呈波纹状）、波状流和环雾流，流型的过渡是随着气的流量增大依次转变的。层状流中，气体的流量很低，占据了管子的上半部，气水界面光滑；随着气体的增加，气水界面上产生了波纹，这就形成了波纹层状流；随着气体流量的进一步增加，气水界面产生了大的波动，这就是波状流；气体流量继续增大时，气体在中间，套管壁上为液膜，同时中间的气体含有雾状水滴，这就是环雾流。

在水相流量中等的情况下，层状流和波状流均变形，此时的流型称为变形泡状流和段塞流。此时，气体流速较低，不连续的变形气泡浮在管子上部；气体流速增加时，这些气泡聚集形成气体段塞，称为段塞流，这一流型是从泡状流向环雾流过渡的一种流型；气体的流量进一步增加时，形成环雾流。泡状流和段塞流中，气液之间存在着较大的滑脱速度；环雾流中，气体和雾滴的流速近似相等。

在液相水的流速较高时，气泡较为均匀地分散在液体当中，浓度分布上下不大对称，这就是分散状泡状流。实际应用中，应根据液相和气相的流速大小具体划分流型。

美国 Tulsa 大学 H. D. Beggs 对水平井中的流型进行了分析，把流型分为 3 种，即分相流、间断流和均布流。分相流包括层状流、波状流和环状流；间断流包括段塞流和段状流；均布流包括泡状流和雾状流。当气体的流量较小时，气体和水分层流动，气体在上半部，水在下半部，界面为平面接触；随着气相流量的逐渐增加，气体使水面形成波动；气体流量进一步增加形成段塞流和段状流；之后随着气体流量的进一步增加，依次形成泡状流、环状流和雾状流。同一口井中不可能同时出现上述各类流型，具体情况取决于气和水的流量。

一、流型实验

Beggs 利用实验模型进行了水平井流型实验，装置由内径为 1in 和 1.5in、长度为 90ft 的聚丙烯管组成。管子可以按任意角度倾斜。所用的流体是空气和水，改变气和水的流量及管子的倾斜角，角度为 5°、10°、15°、20°、35°、55°、75° 和 90°，观察相应流体的流型并测量持水率，共进行了 584 次测量。测量时各参数的变化范围为

（1）气体流量：$0 \sim 300 \times 10^6 \text{ft}^3/\text{d}$。

（2）水的流量：$0 \sim 30 \text{gal/min}$。

（3）平均系统压力：$35 \sim 95 \text{psi}$。

（4）管子直径：1in 和 1.5in。

（5）持水率：$0 \sim 0.87$。

（6）压力梯度：$0 \sim 0.8 \text{psi/ft}$。

（7）倾斜度：$-90° \sim 90°$。

（8）水平流型。

在实验基础之上，Beggs 对于每一种流型都给出了不同的计算持水率的关系式。实验给出的流型图如图 7-2-1 所示，图中实线为原始流型分界线，虚线为作了修正的流型分界线，修正后的流型包含了分相流和间断流之间的过渡流。图中 λ_L 为含液率（含水率），Fr 为弗劳德数。

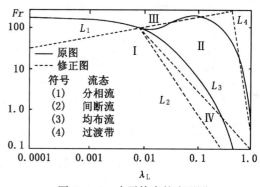

图 7-2-1　水平管中的流型图

二、流型边界确定

前述的各种流动类型的范围为：

（1）分相流：$\lambda_L < 0.01$ 及 $Fr < L_1$ 或 $\lambda_L \geqslant 0.01$ 及 $Fr < L_2$。

（2）过渡流：$\lambda_L \geqslant 0.01$ 和 $L_2 \leqslant Fr \leqslant L_3$。

（3）间断流：$0.01 \leqslant \lambda_L \leqslant 0.4$ 和 $L_3 < Fr \leqslant L_1$，或 $\lambda_L \geqslant 0.4$ 和 $L_3 < Fr \leqslant L_4$。

（4）均布流：$\lambda_L < 0.4$ 和 $Fr \geqslant L_1$ 或 $\lambda_L \geqslant 0.4$ 和 $Fr > L_4$。

三、持液率（持水率）H_L 的确定

从水平位置开始，角度为 ϕ 的持液率等于水平管子的持液率乘以校正管子倾斜角度的因数 y

$$H_L(\phi) = H_L(0)y \tag{7-2-1}$$

首先根据下列公式求出 $H_L(0)$：

$$H_L(0) = \frac{a\lambda_L^b}{Fr^c} \tag{7-2-2}$$

根据适当的水平流动类型，从表 7-2-1 中得出参数 a、b 和 c 的值。如果 $H_L(0) < \lambda_L$，则令 $H_L(0) = \lambda_L$；反之，使用式（7-2-2）中计算出的 $H_L(0)$ 的值。

表 7-2-1　不同流动类型时 a、b 和 c 的值

水平流动类型	a	b	c
分相流	0.98	0.4846	0.0868
间断流	0.845	0.5351	0.0173
均布流	1.065	0.5824	0.0609

校正系数可以根据下列公式计算：

$$y = 1 + c\{\sin(1.8\phi) - 0.333[\sin(1.8\phi)]^3\} \tag{7-2-3}$$

对于垂直井的流动，有 $\qquad\qquad y = 1 + 0.3c$

$$c = (1 - \lambda_L)\ln[d(\lambda_L)^e(N_{LV})^f(Fr)^g] \tag{7-2-4}$$

表 7-2-2 给出了不同流型和流动方向的情况下，式（7-2-4）中 d、e、f 和 g 的取值方法。计算出 c 值后，若 $c<0$，则令 $c=0$。

表 7-2-2　不同流型和流动方向情况下 d、e、f 和 g 的值

水平流动类型	流动方向	d	e	f	g
分相流	向上	0.011	−3.768	3.539	−1.614
间断流	向上	2.96	0.305	−0.4473	0.0978
均布流	向上	无校正	$c=0$	$H_L \neq f(\phi)$	$\phi = 1$
全部流体流动类型	向下	4.70	−0.3692	0.1244	−0.5056

四、摩擦系数的确定

两相流体间的摩擦系数 f_{tp} 是用无滑动摩擦系数 f_n 与校正因数 e^s 相乘得出来的，即

$$f_{tp} = f_n e^s \tag{7-2-5}$$

式中，s 值与 λ_L 及 $H_L(\phi)$ 相关。

（1）计算 f_n。首先，需要计算 λ_g、λ_L：

$$\lambda_g = 1 - \lambda_L \tag{7-2-6}$$

$$\rho_n = \rho_L \lambda_L + \rho_g \lambda_g \tag{7-2-7}$$

式中　ρ_L——井内条件下的液体密度，lb/ft^3；

$\qquad \rho_g$——井内条件下的气体密度，lb/ft^3。

λ_g、λ_L 求出后，可以计算 μ_n：

$$\mu_n = \mu_L \lambda_L + \mu_g \lambda_g$$

式中　μ_L——井内条件下的液体黏度，mPa·s；

$\qquad \mu_g$——井内条件下的气体黏度，mPa·s。

μ_n 求出后，可以确定 Re_n：

$$Re_n = 124 \frac{\rho_n V_m D}{\mu_n} \tag{7-2-8}$$

式中　ρ_n 和 μ_n——无滑动混合密度和混合黏度；

$\qquad Re_n$——无滑动雷诺数；

$\qquad D$——管子内径。

Re_n 求出后，可利用下式求出 f_n 值：

$$f_n = 0.0056 + 0.5 Re_n^{-0.32} \tag{7-2-9}$$

（2）计算校正因素 e^s：

$$s = \frac{X}{-0.0523+3.182X-0.8725X^2+0.01853X^4} \tag{7-2-10}$$

$$Y = \frac{\lambda_L}{[H_L(\phi)]^2} \tag{7-2-11}$$

$$X = \ln Y \tag{7-2-12}$$

（3）计算压力降落：

$$\frac{\mathrm{d}p}{\mathrm{d}Z} = \left(\frac{\mathrm{d}p}{\mathrm{d}Z}\right)_e + \left(\frac{\mathrm{d}p}{\mathrm{d}Z}\right)_f \tag{7-2-13}$$

$$\rho_s = H_L(\phi)\rho_L + [1-H_L(\phi)]\rho_g \tag{7-2-14}$$

$$\left(\frac{\mathrm{d}p}{\mathrm{d}Z}\right)_e = \frac{g}{g_c}(\rho_s) \tag{7-2-15}$$

$$\left(\frac{\mathrm{d}p}{\mathrm{d}Z}\right)_f = \frac{6f_{tp}\rho_n v_m^2}{g_c D} \tag{7-2-16}$$

式中　g_c——重力常数，32.2ft/s^2；

　　　g——当地重力加速度，ft/s^2。

第三节　水平井产出剖面

水平井中，由于油气水呈层状分离流动，因此流量计、持水率计的响应结果具有一定的纵向片面性。对于高含水率情况，涡轮和持水率计主要暴露在下部的水中，反映水的流动情况，因此在水平井中建议采用集流式涡轮流量计，如图 7-3-1 所示。测量时，油气水必须通过金属集流伞，然后进入集流通道，所以涡轮测得的转速值反映了油气水总的流动情况。

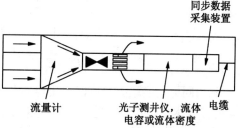

图 7-3-1　水平井生产测井组合仪示意图

一、涡轮流量计和密度计的响应

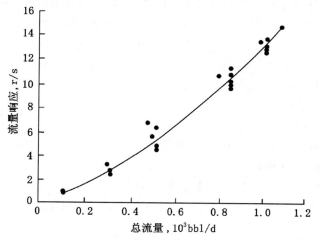

图 7-3-2　内径为 4in 的水平管内集流伞式流量计对油水两相流的响应

利用如图 2-1-11 所示的模拟井装置，把伞式流量计和放射性密度计下入测试管中。改变总流量，在每一个流量点处从 10% 至 90% 更换不同的含水率，得到如图 7-3-2 所示的集流伞式流量计在水平井中（内径为 4in）的响应曲线，尽管含水率和流量的变化范围很大，但响应的线性关系良好。

实验中采用自来水模拟地层水，用密度为 0.82g/cm^3 的

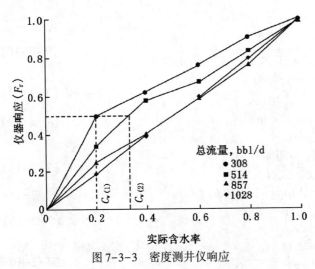

图 7-3-3　密度测井仪响应

柴油模拟原油，试验中观察到，总流量小于 900bbl/d（143m³/d）时，油水是分离的；大于这一流量时，油水混合在一起流动。实验说明，在水平井中，用集流伞式流量计不管油水是否分离，都可以取得有效的测量结果。

图 7-3-3 是放射性密度计与伞式流量计同时测量时的实验结果，纵坐标表示仪器响应（F_r）：

$$F_r = \frac{f_m - f_o}{f_w - f_o} \qquad (7-3-1)$$

式中　f_w、f_o——水、油的频率响应。

图 7-3-3 的横坐标表示含水率，4 条曲线对应着 4 种不同的总流量：308bbl/d、514bbl/d、857bbl/d 和 1028bbl/d。随着流量的增加，曲线逐渐接近 45°线，说明大于这一流量时，油水呈乳状混合流动状态；低于这一流量时，油水呈层状分离状态。

若由伞式流量计测得的涡轮转速值为 3.95r/s，由图 7-3-2 知流量为 400bbl/d，同时已知 $F_r = 0.5$，图 7-3-3 中示出了确定这一响应条件下确定含水率（C_w）的方法。在 $F_r = 0.5$ 处画一条水平线与流量分别为 308bbl/d、514bbl/d 的两条曲线相交，通过交点作垂线与横坐标的交点对应着两个含水率值 $C_{w(1)}$ 和 $C_{w(2)}$，利用内插值方法可以计算出 $F_r = 0.5$ 时的含水率：

$$C_w = C_{w(1)} + \frac{C_{w(2)} - C_{w(1)}}{514 - 308}(400 - 308) \qquad (7-3-2)$$

利用同样的实验方法可以得出电容持水率计响应与含水率之间的关系。当含水率小于 0.4 时，含水率与仪器响应之间呈线性关系；当含水率大于 0.4 时，随着含水率增加，仪器响应值 F_r 增长缓慢，灵敏度降低，说明响应曲线与垂直井的响应相似。

二、斜井中的仪器响应及图版制作

解释图版在模拟井中制作完成。模拟井筒内径为 2.5in，倾斜角为 45°。把流体电容持水率计、流体密度计和伞式流量计下入倾斜的模拟井筒中（图 7-3-4）。伞式流量计的响应与图 7-3-2 相似，但响应直线的斜率为 0.025(r/s)/(bbl/d)。流体密度、流体电容的响应如图 7-3-5 和图 7-3-6 所示。图 7-3-5 中纵坐标为持水率，横坐标为真实的含水率，每一条曲线都与一个流量值对应，分别为 308bbl/d、514bbl/d、857bbl/d、1028bbl/d、1543bbl/d 和 2055bbl/d，Y_w 的值用测得的混合密度和油、水密度确定：

$$Y_w = \frac{\rho_m - \rho_o}{\rho_w - \rho_o} \qquad (7-3-3)$$

若油、水的密度 ρ_o 和 ρ_w 差别不大，则要改用电容持水率计确定含水率值（图 7-3-6），图 7-3-6 中，纵坐标 F_r 与式(7-3-1) 相同。

在使用这些图版进行实际资料解释时，分以下两个步骤。

第一步，把测得的涡轮转速值通过斜率为 0.025(r/s)/(bbl/d) 的实验结果转换为总流量 Q_t。

第二步，把持水率值（Y_w）或 F_r（电容持水率计测得）转换为含水率值。这一步可通过内插完成，具体过程如下：

（1）在图 7-3-5 中，以特定的 Y_w 值为出发点，作水平线，该直线与流量值 308bbl/d、514bbl/d、857bbl/d、1028bbl/d、1543bbl/d、2055bbl/d 对应的曲线相交。

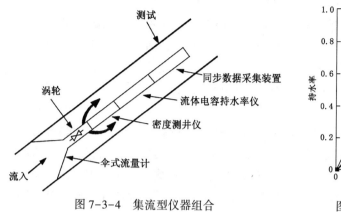

图 7-3-4　集流型仪器组合

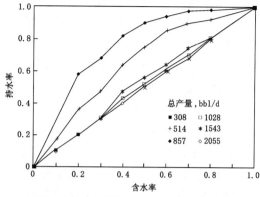

图 7-3-5　内径为 2.5in、倾角为 45°的
管内油水两相流中流体密度响应

（2）找到两个包含 Q_t 值的曲线流量值 $Q_{t(1)}$ 和 $Q_{t(2)}$，相应的含水率用 $C_{w(1)}$ 和 $C_{w(2)}$ 表示。

（3）计算含水率 C_w：

$$C_w = C_{w(1)} + \frac{[C_{w(2)} - C_{w(1)}][Q_t - Q_{t(1)}]}{Q_{t(2)} - Q_{t(1)}} \qquad (7-3-4)$$

同理，也可采用图 7-3-6 利用电容持水率计测得的信息确定含水率值，即采用两种方法都可计算出含水率，但流体密度计在低流量和高含水率的情况下，因误差较大不宜采用（图 7-3-5），由图中可知相应的斜率较小（灵敏度低）；同理，由图 7-3-6 可知，在高含水、高流量的情况下，响应灵敏度太低又不适宜计算含水率。实验表明，在大多数情况下，两种响应曲线都可用于估算含水率，当总流量和含水率变化较小时，使用电容持水率计的测

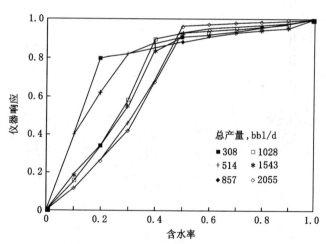

图 7-3-6　内径为 2.5in、倾角为 45°的
管内油水两相流中电容持水率计的响应

量结果更精确些；若油的密度趋近水的密度时，则必须使用电容持水率计。

第四节　水平井现场测井

一、仪器下入方法

在直井或倾斜角不大的斜井中，仪器通常靠重力下放进行测井，而在水平井中，重力

已不能使仪器下入井底。生产测井中常用下入仪器的方法有两种：泵送刚性挺杆技术和连续油管传送测井。

1. 泵送刚性挺杆

用泵送刚性挺杆技术测井时，通过钻杆或油管将下井仪和挺杆下入井中（图7-4-1），通过预先穿有电缆的刚性挺杆把仪器推出钻杆。挺杆是由多个管子拧在一起组成的，推进器把挺杆和电缆连在一起，测井仪器连接在挺杆的尾部。推进器的活塞通过钻杆向下泵送测井，上提电缆可回收仪器。由于用挺杆传送仪器测量时，流体无法顺利向上流动，因此该方法无法在正常生产条件下测井。目前水平井生产测井通常用连续油管传送仪器。

2. 连续油管传送测井

如图7-4-2所示，测井仪直接安装在连续油管的下端，油管内下入电缆并与仪器连接。仪器结构如图7-4-3所示，仪器与油管之间有一个接口，保证了机电的有机连接。流体流动过程中可采用这一方法测井。该方法在上提和下放过程中均可进行测井记录；主要缺点是组合的仪器不能过重，过重时连续油管传送测井的进入受到局限。连续油管是直径为1.25in的钢管，其柔性较好，可以像电缆一样缠绕在一个电缆车上，若仪器过重，容易损坏连续油管。连续油管传送测井的另一个优势是可以在大、中、小曲率半径的井中测井。通常，当水平井段大于1500ft时，仪器和管子会与井壁发生摩擦而使管子弯曲，可能会使管子发生断裂。

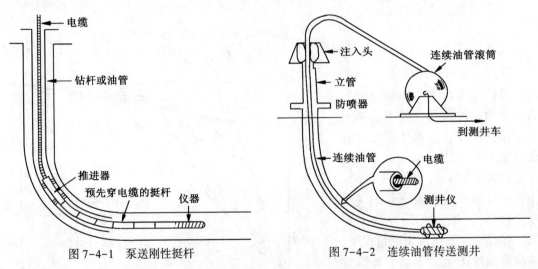

图 7-4-1　泵送刚性挺杆　　　　　　　　图 7-4-2　连续油管传送测井

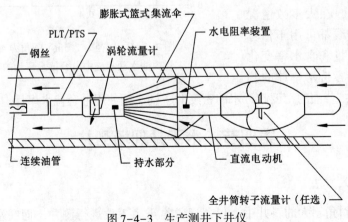

图 7-4-3　生产测井下井仪

二、测井仪器在井筒中的测量

前面提到，水平井中因密度差异油气水呈层状分离状态，上部为气，中部为油，下部为水，其速度差异很大。另外，由于分离作用，钻井碎屑和水泥胶结期间会导致套管外下部沉淀钻井碎屑或其他重矿物，而在套管外上部出现水泥胶结的渗透水，导致水泥胶结失效，可能出现窜槽通道。实际上水平井可能有的井段倾角大，有的地方倾角小，大于90°时，井筒向上倾斜；小于90°时，井筒向下倾斜，此时在水平井段的最高处为气，形成气堵，而在最低处为水，因此会形成压力台阶。图7-4-4是压力和连续涡轮流量计记录的定点数值，点表示实测值，实线为平均值，横轴表示时间，测点的波动表示流动极不稳定。图7-4-5是该井中用涡轮流量计测得的流量曲线。由于该井采用割缝衬管完井，所以井径变化较大，第一道中是裸眼井井径，曲线显示井径的变化幅度较大，标号为3的地方井径扩大，转数减少；标号为2的地方，井眼扩大，转数减少；标号为1的地方井径扩大，但转数增大，说明其下部有较多的流体产出。由于水平井筒弯曲较多，井筒扩径较严重，导致流量曲线变化较为复杂，解释起来也较为困难。

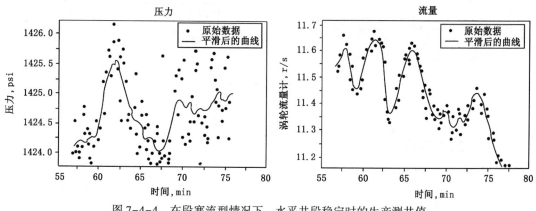

图7-4-4 在段塞流型情况下，水平井段稳定时的生产测井值

图7-4-6是一口水平井的实测曲线。该井是意大利的一口海上水平井，垂直井深1350m，穿过油层600m，其中370m的井段井斜角超过90°，该井的结构如图7-4-7所示。油层顶部下有长度为9.625in的套管并用水泥固井，水平井段裸眼井径为8.5in，下入7in的割缝衬管。

井眼采用双管完井，杆式抽油泵安放在长度为4.5in的短管内，长度为2.375in的长管下至油层顶部，长管用于试井和生产测井。长管上装有内径为1.81in的坐放短节，油管鞋之上为割缝油管。该井原油密度为0.933g/cm³，黏度为250mPa·s（井底），产液量为220m³/d（自喷），采用抽油机后，产液量达到600m³/d。采用刚性挺杆进行生产测井，测井目的是寻找出水层位。

由图7-4-6可知，压力分布剖面非常独特，从井底至1950m深处压力一直上升，说明最下面的井段井筒向上翘。温度曲线有两个拐点，分别对应于两个流体进入点的深度，即1935m和1770m。垂直井中，上部流体进入点的温度比下部流体进入点的温度低，但在水平井中，由于所有进入点的高度相同，所以温度相同（地层温度相同）。1935m处，温度降低，说明流体从管外上方进入。在1770m处温度升高，说明流体来自下面。该井所用温度

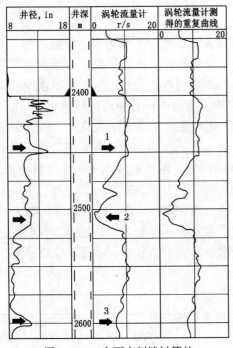

图 7-4-5 在下有割缝衬管的
水平井中测得的流量计曲线

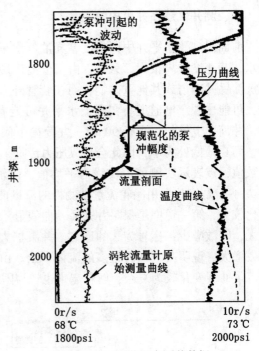

图 7-4-6 RM 井生产测井数据

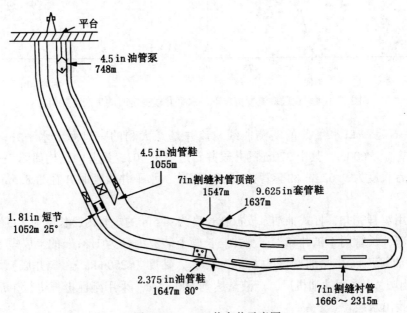

图 7-4-7 RM 井完井示意图

计是铂丝热敏温度计；压力计为应变压力计；流量计为全井眼流量计，叶片展开直径为
2.75in。图 7-4-6 中的流量曲线解释起来较为困难，主要原因是割缝衬管完井，另一方面
是抽油机泵冲引起的周期性波动，图中给出了近似的产出剖面，解释说明，2000m 处没有
产油，1800m 处的地层贡献将近一半的产液量。

三、水平井生产测井资料解释注意事项

前面已经提到，水平井中的重力作用使流动呈层状分布，若井眼倾斜差异较大，上部容易形成气塞，下部容易形成水塞。同时，采用割缝衬管完井时，割缝衬管和地层之间的环形空间中容易发生窜流。

如果采用连续涡轮流量计，进行资料解释时，要首先比较测井曲线与井眼轨迹角度图，下测时如果流量突然下降然后上升，说明可能下部为水塞、上部为气塞，此时在井眼轨迹角度图上，水塞应位于井眼低凹处。

对于井眼很复杂的井段，可采用氧活化测井（参阅第八章）确定出水层位。氧活化测井没有机械转动部分，不会出现测量过程中机械损伤现象。

确定产出剖面时，要同时测量井径曲线。井径扩大，会使转数值减小；井径缩小，流量增大，在这种情况下，应以井眼规则处为解释层段计算流量。另外，在割缝衬管中，不推荐使用集流式流量计，主要原因是流体会通过环形空间旁通。

在斜度较大的井段，可能会导致水沿下侧倒灌现象，另外若割缝衬管外侧泥岩垮塌，井眼会严重扩大，流量下降（转数减小）。在这种情况下，可以采用示踪流量测井，示踪剂应选用油溶性示踪剂。选用水溶性示踪剂时，由于水在下部流动，容易发生示踪剂聚集现象。

第五节　水平井流动成像测井

1990 年，加拿大卡尔加里大学的地球物理学教授 Feter Gretener 就曾预言：水平井的影响是多方面的，也会越来越为人们所接受，未来的钻井类型中，大部分钻井都将会是水平井。由于大斜度井和水平井中的流体流型和其本身井眼轨迹较传统垂直井而言要更为复杂多变，因此传统垂直井中的测井仪器在水平井中并非全都适用。为了提高在国际石油服务行业中的竞争力并更加精确地反映井下流体分布信息等，国内外的研究机构和油田技术服务公司均研发出了适合水平井和大斜度井的生产测井仪器。本节将就 GE 公司的 MAPS 多阵列成像测井技术的仪器结构、数据处理方法和井筒截面成像算法研究等进行简要概述。

Sondex 公司（已被 GE Energy 公司收购）于 2008 年推出了新型阵列测井仪器组合 MAPS（multiple array production suite）组合阵列成像测井技术，为大斜度井水平井中多相流态的检测分析提供先进的方案。MAPS 主要由阵列式电容持水率计（CAT）、阵列式电阻率持水率计（RAT）和阵列式涡轮流量计（SAT）等组合而成，如图 7-5-1 所示。

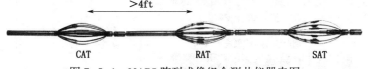

图 7-5-1　MAPS 阵列成像组合测井仪器串图

MAPS 井下仪器在井筒中沿着一定半径的圆周上配置测量传感器，实时测量记录井中各相流体流动形态，并能很好地解决常规仪器只能中心采样不能探测到全截面流体的问题，通过数据处理可以较好地重构井筒内流动的流动形态。对于水平井近水平段的油气水的多相流，根据油气水各相性质的差异，均匀分布在井眼中阵列电容和电阻传感器可以反映各相流体的性质，阵列涡轮可以记录井筒不同位置流体的流速，通过配套的测井解释软件可

以还原油气水各相的流量和持率等信息；根据 MAPview 软件可以绘制出三维井下图像，直观地反映井筒中油气水的流动形态。

一、MAPS 组合仪器简介

1. 阵列式电容持水率计

阵列式电容持水率计（capacitance array tool，CAT）仪器长度为 1.306m，主要由安装在柔性伞形弹簧探臂上的 12 个微型电容传感器组成，微电容传感器非常小。每一个探测臂都有独立的电路，分别测量、记录和传输各自的频率信号。

CAT 进入套管时探测臂会向外张开。每个传感器与一个弓形弹簧片内部连接，夹角约为 0.5"，阵列中的每个传感器测量靠近套管的流体周围的电容。12 个测量值同时传递到地面或者存储设备中。

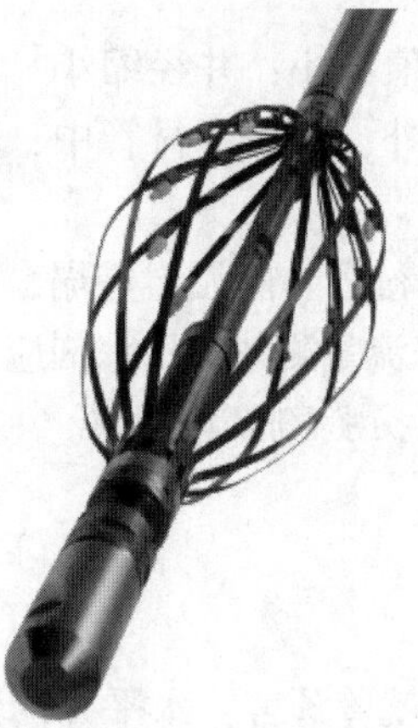

CAT 工作原理与传统的电容持水率计类似，创新之处在于环形测量的方式，采用同样的原理用 12 个局部位置的传感器测量电容。在油/水中刻度曲线就可以分析测量结果，从而明确每个探头附近液体的相态。定性上，气体具有较高响应频率，油的响应频率与气体相比较低，水的响应频率只有空气的 1/3。

每个探头顶部均具有微型的电容传感器，每个传感器与测量电路连接，输出周围液体介电常数等相关信号。因此，每个传感器附近的流体（油气水）的相态可以被确定下来。从而油气水三相占整个井筒截面的百分比也可计算出来。

图 7-5-2　CAT 实物图

解释中的第一步是将每个传感器的读数进行标准化，例如油的响应值固定为 0.2。这样产生的标准读数是在 0~1 之间，其中气的读数是 0，油的 0.2，水的是 1。如果原始数据大于等于油的刻度值，且解释为气油两相，正常读数 $= 0.2(R_g - R_a)/(R_q - R_o)$；如果原始读数小于油的刻度值，且解释为油水两相，正常读数 $= 0.2 + 0.8(R_o - R_a)/(R_o - R_w)$。$R_a$ 为测量值，R_g、R_o、R_w 分别为气、油、水中的刻度值。

有两种可能的方式将标准读数转化为油气水的比例：

（1）两种或以上的临界值可以应用于标准化读数的处理，如图 7-5-3 所示。这种方法应

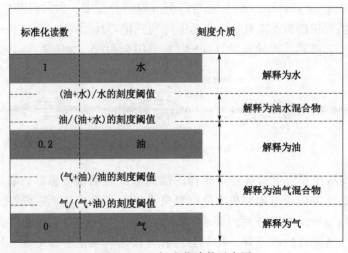

图 7-5-3　标准化读数示意图

用于一些测井软件的 CAT 工具模块中，将标准化的值转化为 5 种屏幕颜色之一（图 7-5-4）。

（2）当原始数据在水与油的响应值之间，刻度好的油水曲线可以用来确定水占的比例。当读数在油和水的读数之间时，油和水的读数可以认为是线性关系。这种方法和第一种方法相比更加普遍，它被用于 CATview 软件中。需要指出的是，当油水两相流体形成较好的油相占主导的乳状流时，标准化曲线的精确度仅供参考。如果已知该工具在油水两相流中使用（即不存在气体），它可能在油的比例中添加一部分计算的气相比例。

CAT 主要应用于在水平井和大斜度井中的相态的识别、计算每种相态的百分比、绘制沿井眼的相态图、识别产水层、研究井眼中流体受时间与不同生产速度的变化。

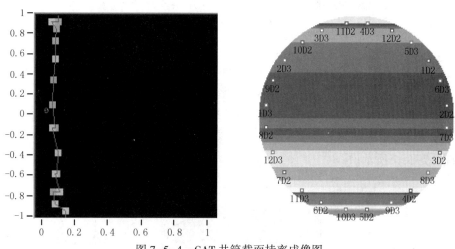

图 7-5-4　CAT 井筒截面持率成像图

2. 阵列式电阻率持水率计

阵列式电阻率持水率计（resistance array tool，RAT）的结构与工作方式与 CAT 相同，长 1.306m，所不同的是，传感器为 12 个微电阻率传感器，这些传感器安放在配套的弓形弹簧片内。每个传感器测量井筒内不同位置液体的电阻信息并监测其随时间的变化。监测电阻（其随时间和位置的变化）可以更清楚地认识管中流体的形态。由于 RAT 在穿过井眼直径的一个平面上进行测量而非沿着直径间隔分布，所以该仪器同样可以绘制准确的井筒截面图像，也可以选择 MAPview 软件来绘制沿着井筒的 3D 相态图。

水和碳氢化合物（气和油）通常不会溶解在一起。相反，较少的组分在主要相态中会出现"泡"，如图 7-5-6 所示。这种"泡"可能非常小（在乳状流中），也可能变得非常大，从而导致整体的分层。通常油气水进入管中，当管不垂直时，较轻的液体更多地集中在管子上部，且其流动速度相比较重的也

图 7-5-5　阵列式电阻持水率计示意图

会较快。有时，在特殊的情况下，流体也会向与整体流动方向相反的方向流动。

RAT 包含 12 个传感器，它们排列在一起，使用弓形弹簧片部署在管子的内表面附近。

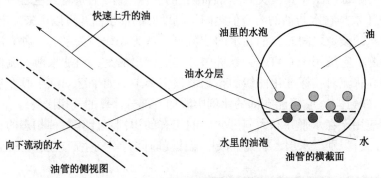

图 7-5-6 管中油水流动示意图

通过将传感器放置在管子横截面的不同位置，可以监测流体内部的变化。该工具在井眼中移动开始时是关闭的，当它离开油管进入直径更大的套管时会自动打开。无论仪器在上测和下测中遇到任何阻碍，弓形弹簧片会变形塌陷来防止外界对传感器的伤害。

传感器主体被夹在弓形弹簧片上，其主要结构包括：一个传感器电极，其顶端连接着传感器的电子设备输入；一个参考电极，通常采用大地电位，传感器的电极被放置在保护罩内，如图 7-5-7 所示。

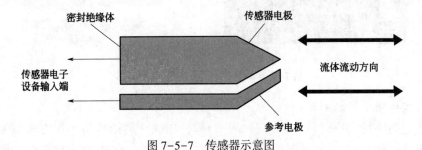

图 7-5-7 传感器示意图

每个传感器每 4.8ms 取样两次。遥感技术有两种方式来呈现结果信息。第一种方式提供一个平均值和一个标准差。这组数据根据测井软件的配置通常每个传感器每秒提供 6 次。在每分钟测量 30ft 的情况下，仪器测量的分辨率是 1in。第二种方式是提供每个传感器测量结果的分布图。那些数据在测量期间将平均值和标准差记录 12 次，这种方式提供了测量结果分布的更多细节，如图 7-5-8 所示。

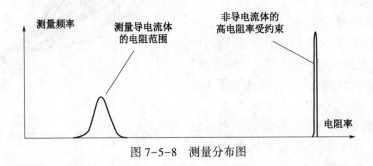

图 7-5-8 测量分布图

有关传感器资料的更多详细信息可以通过柱状图来呈现。数据的范围和分类被定义，当有样点的值在所定义的范围内就会被统计进去，如图 7-5-9 所示。柱状图数据可以提供脉冲间隔的信息或者产生整体的平均值或标准差。当导电液体分布在液体中时，根据传感器的数据通过柱状图更容易得到持水率的信息。

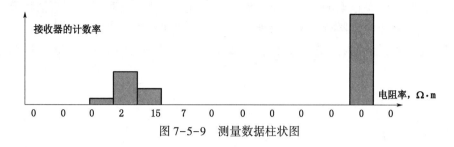

图 7-5-9　测量数据柱状图

综上所述信息，阵列式电阻持水率计用于水平井和大斜度井中的相态识别，计算每种相态的百分比，绘制沿着井眼的相态组分图，识别产水层，研究井眼中流体受时间与不同生产速度的变化。

3. 阵列式涡轮流量计

阵列式涡轮流量计（spinner array tool，SAT），仪器长度为 1.252m，由安装在弓形弹簧臂上有 6 个钛合金微型涡轮转子流量传感器组成。6 个传感器涡轮均匀安装在弹簧周围。涡轮应用了低摩擦宝石轴承，可以有效降低转子的摩擦力，具有较高的灵敏度。它通过弓形弹簧片安置在管子内径中。

该工具在油管中呈关闭状态，当其离开油管进入直径更大的套管中时会自动打开。弓形弹簧片可以保护涡轮在上测和下测时免受损伤。传感器整体附在弓形弹簧片上并和传感器元件连接，包括磁通角传感器与温度传感器。叶轮安装在两个枢纽之间，安有轴承，在每个叶轮中间安有磁体。磁通角传感器根据磁通角度输出响应的正弦波和余弦波。当磁极轮流经过传感器的一边时磁通角会发生变化，可以用这个现象来计算流体流动速度与流动方向。SAT 如图 7-5-10 所示。

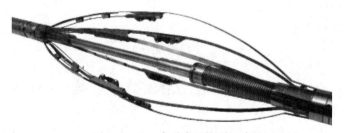

图 7-5-10　阵列式涡轮流量计

SAT 测量原理与常规涡轮流量计测量原理类似，其基本元件都是涡轮，因此基本响应原理相似。实际测量中，爬行器带动仪器向下爬行时 SAT 无响应，仅上向上提时分别记录了各微型涡轮的转子转速（SPIN1，SPIN2，…，SPINn）和阵列涡轮仪方位（SATROT）。

二、阵列电容与阵列电阻资料处理方法

1. 阵列电容资料处理方法

气为低电容（相对介电常数为 1）；水为高电容（相对介电常数为 80）；油的电容介于两者之间，取决于油本身的性质，但一般约等于 80。因此，每个探头附近的相态可以根据振荡频率识别出来。需要说明的是，因为电容器的偏离和存在其他物质，水中的振荡频率和空气中相比并不是少 80 次。实际上，水的振荡频率是空气的 20% 左右，油的振荡频率是空气的 80% 左右。

实际测量中，CAT 记录的是各微型探针的归一化值（R_n）。利用其测量值计算持率时，应先将归一化值还原为仪器响应值，再根据仪器在油气水中的刻度值计算持率。

将归一化值 R_n 还原为测量值 R_a 的方法如下：如果归一化值 R_n 大于等于 0.2，则其测量值 R_a 为

$$R_a = R_g - \frac{R_n(R_g - R_o)}{0.2} \tag{7-5-1}$$

如果归一化值 R_n 小于 0.2，则其测量值 R_a 为

$$R_a = R_o - \frac{(R_n - 0.2) * (R_o - R_w)}{0.8} \tag{7-5-2}$$

式中 R_o、R_g、R_w 分别是探针在油气水中的刻度值。

同中心电容持率计一样，假定阵列式电容持水率计响应值与持水率呈正比，则持水率为

$$Y_w = \frac{R_a - R_o}{R_w - R_o} \tag{7-5-3}$$

2. 阵列电阻测井资料处理方法

阵列电阻仪器中对于每一个传感器，电阻值在汇总期间要测量很多次，平均值用下式计算：

$$m = \frac{\sum R}{n} \tag{7-5-4}$$

式中 m——平均值；

R——测量值；

n——选取的样点数。

标准差可以用下式计算：

$$S = \sqrt{\frac{\sum (R - m)^2}{n}} \tag{7-5-5}$$

实际测量中，RAT 记录的是记录了各微型探针的响应平均值 RATMN 和标准差 RATSD，可利用两种测量值计算持率。

第一种将流体分为绝缘与导电两类，若 R_c、S_c 分别为导电流体的电阻率及其标准差，R_i、S_i 分别为绝缘流体的电阻率及其标准差，则持水率 Y_w 为

$$Y_w = \frac{RATSD^2 - S_i^2}{S_i^2 - S_c^2 + (R_i - R_c)^2} \tag{7-5-6}$$

其中标准差 S 为

$$S = \sqrt{(hS_c^2) + (1-h)S_i^2 + h(1-h)(R_i - R_c)^2} \tag{7-5-7}$$

式中 S——标准差；

h——持水率；

S_c——导电流体电阻率的标准差；

S_i——绝缘流体电阻率的标准差。

联立上述公式，可以得到持水率和测量平均值、标准差与电阻 R_i 的关系：

$$h = \frac{x}{x+S^2} \qquad (7-5-8)$$

其中 $x = (R_i - m)^2$。

三、MAPS 阵列持率计成像方法研究

1. 距离反比加权插值算法

针对流体成像测井仪来说，流体成像算法实际上是反映井眼附近局部持率分布规律的插值模型，在还不确定区域内数据的分布规律或没有事先验证信息的状态下，通常是依据已知点的数据来对其他区域根据距离反比法来进行插值来计算其持率。假定井截面上局部持率的分布连续变化是正确的，那么随着距离的增大，点和点之间的关联会逐渐变小，源点对其他点的影响会随着两点距离增大而变小，这就是距离反比加权插值的基本思路。在绝大多数状况下，这个设想较为合理，而且模型简单，易于实现，因此距离反比加权插值模型有一定的研究价值。

假设 $P_i(x_i, y_i)$ 为井截面上的点坐标，D_{ij} 是第 i 个仪器探头点距离井截面上第 j 个非探头点 P_j 距离的倒数值，W_k 是非探头点处的测井响应预测值，T_i 为仪器第 i 个仪器探头的仪器响应值（$i, j = 1, 2, 3, \cdots, 12$），则

$$\overline{T_k} = \sum_{i=1}^{12} D_{ik} T_i \qquad (7-5-9)$$

在给定了井截面的网络系数和权值计算方法的条件下，所有的插值算法都将对应一个矩阵（插值矩阵），下面定义为矩阵 I：

$$I = \begin{bmatrix} D_{1,1} & \cdots & D_{5,1} \\ \vdots & \ddots & \vdots \\ D_{1,549} & \cdots & D_{5,549} \end{bmatrix} \qquad (7-5-10)$$

对于距离反比加权的简单算法来说，D_{ik} 的计算公式为

$$D_{ik} = \frac{1}{\sqrt{\sum_i (x_i - y_i)^2}} \qquad (7-5-11)$$

为了确保插值的无偏性（即保守插值），矩阵 I 每行的和都为 1。在距离反比加权算法中，矩阵 I 对每一个仪器探头来说也是固定不变的，因此可事先在插值前计算好将矩阵 I 的值，并保存成文件，便于在需要矩阵 I 的时候可以直接读出此文件，从而可以极大程度提高计算效率；插值矩阵 I 的确定对插值算法的改进和评价都提供了巨大的便利。

基于简单距离反比加权插值的原理，假定井筒内的持率的分布处于连续变化的状态，且已知 12 测点的持率信息，各点的坐标值为 (x_i, y_i)（$i = 1, 2, 3, \cdots, 12$），则井筒截面内任意未知数据点 $P(x_p, y_p)$ 的持水率值 Y_{wp} 应为

$$Y_{wp} = \sum_{i=1}^{12} r_i^2 Y_{wi} \Big/ \sum_{i=1}^{12} r_i^2 \qquad (7-5-12)$$

$$r_i = \frac{1}{\sqrt{(x_p - x_i)^2 + (y_p - y_i)^2}} \qquad (7-5-13)$$

式中　Y_{wp}——待插值点的持水率值，小数；

Y_{wi}——第 i 个测点的持水率，小数；

r_i——未知数据点与已知测点之间的距离的倒数。

2. 克里金插值算法

普通克里金插值原理是假设在某一研究区域内有一系列具有不同特征参数值的已知样本点 $x_1,x_2,x_3,\cdots,x_n$，各自的观察值分别可以表示为 $z(x_1),z(x_2),z(x_3),\cdots,z(x_n)$，按照克里金插值的基本思想可以插值预测出该区域内任意未知点的特征参数值 $z^*(x_0)$，其为各个已知数据点特征参数值的不同系数的加权和：

$$z^*(x_0) = \sum_{i=1}^{n} [\lambda_i z(x_i)] \quad \lambda_i(i=1,2,\cdots,n) \tag{7-5-14}$$

根据无偏条件的本征假设，可知 $E[Z(x)]$ 为常数，则有

$$E[Z^*(x_0) - Z(x_0)] = 0 \tag{7-5-15}$$

$$E\left\{\sum_{i=1}^{n} [\lambda_i Z(x_i)] - Z(x_0)\right\} = \sum_{i=1}^{n} \lambda_i m - m = 0 \tag{7-5-16}$$

因此可也得到

$$\sum_{i=1}^{n} \lambda_i = 1 \tag{7-5-17}$$

根据最优条件，让估计方差最小：

$$\text{var}[Z^*(x_0) - Z(x_0)] = \min \tag{7-5-18}$$

$$\sigma^2 = E\left\lfloor \{[Z^*(x_0) - Z(x_0)] - E[Z^*(x_0) - Z(x_0)]\}^2 \right\rfloor = E\{[Z^*(x_0) - Z(x_0)]^2\}$$

$$\tag{7-5-19}$$

依据拉格朗日乘数法，对条件极值进行求解：

$$\frac{\partial}{\partial \lambda_i}\left\{E\{[Z^*(x_0) - Z(x_0)]^2\} - 2\mu \sum_{i=1}^{n} \lambda_i\right\} = 0 \tag{7-5-20}$$

式中 μ——拉格朗日乘法因子；

λ_i——拉格朗日乘子。

通过数学推导，可以得到求解权系数 λ_i 的方式组，依据该方法求出权系数，根据式（7-5-21）就可以求出未知数值点的预测参数值：

$$\begin{cases} \sum_{i=1}^{n} \lambda_i \text{Cov}(x_i,y_j)\lambda_i - \mu = \text{Cov}(x_0,y_j) \\ \sum_{i=1}^{n} \lambda_i = 1 \end{cases} \tag{7-5-21}$$

当其随机函数不满足二阶平稳，但满足内蕴假设或本征假设时，待求解的数据点与已知数据点之间的差变函数 $\gamma(x_i, x_j)$ 应该满足

$$\begin{cases} \sum_{i=1}^{n} \lambda_i \gamma(x_i,x_j) + \mu = \gamma(x_0,y_j) \\ \sum_{i=1}^{n} \lambda_i = 1 \end{cases} \tag{7-5-22}$$

差变函数又称变异系数或变程方差函数，是一种可以描述区域化变量空间结构性和随机性变化的地质统计学工具。变异函数是 Kriging 插值算法的基础，因此在预测一个区域的

未知参数时，需要确定研究区域变量的差异函数。

假设研究空间 x 点处的区域特征参数为 $Z(x)$，则在 x_i 点和 x_j 点的区域参数值 $Z(x_i)$ 和 $Z(x_j)$ 应用在所研究的井筒截面成像中表示在 x 点和 $x+h$ 点所计算出的该点的持水率值，将所在这两点的持率值之差的方差的一半定义为 $Z(x)$ 的差异函数，可表示为

$$\gamma(x,h) = \gamma(x-h) = \frac{1}{2} E[Z(x) - Z(x+h)]^2 \qquad (7-5-23)$$

式中 h——两个测量数据点之间的距离。

当 $Z(x)$ 满足二阶平稳假设或者作本征假设时，则差异函数的离散计算公式为

$$\gamma(h) = \frac{1}{2N(h)} \sum_{i=1}^{N(h)} E[Z(x) - Z(x+h)]^2 \qquad (7-5-24)$$

根据已知测点的数据计算出不同变程距离的半方差值，绘制变程距离为横坐标、半方差为纵坐标的半方差图，并选定模型进行拟合。以球形模型为例，计算出拟合模型的块金值 c_0 和拱高 c 以及变程 a，形式如 $y = ax^3 + bx + c$，再用拟合的球形模型来预测出未知点的特征参数值。

由于普通克里金插值的矩阵形式为式（7-5-25）所示，因此可求出系数矩阵 $[\lambda]$：

$$[K][\lambda] = [M] \qquad (7-5-25)$$

$$[\lambda] = [K]^{-1}[M] \qquad (7-5-26)$$

$$\begin{pmatrix} \lambda_1 \\ \lambda_2 \\ \vdots \\ \lambda_{12} \\ -\mu \end{pmatrix} = \begin{pmatrix} \gamma_{11} & \gamma_{12} & \cdots & \gamma_{112} & 1 \\ \gamma_{21} & \gamma_{22} & \cdots & \gamma_{212} & 1 \\ \vdots & \vdots & & \vdots & \vdots \\ \gamma_{121} & \gamma_{122} & \cdots & \gamma_{1212} & 1 \\ 1 & 1 & \cdots & 1 & 0 \end{pmatrix}^{-1} \begin{pmatrix} \gamma_{10} \\ \gamma_{20} \\ \vdots \\ \gamma_{120} \\ 1 \end{pmatrix} \qquad (7-5-27)$$

从而计算出待插值点的持水率值：

$$Y_{wp} = \sum_{i=1}^{12} \lambda_i Y_{wi} \qquad (7-5-28)$$

式中，γ_{ij} 为 $\gamma(x_i, x_j)$ 的简写。

3. 高斯径向基函数插值算法

在距离反比加权算式中，由于欧式距离的反比函数存在一个距离为 0 的奇点，代入计算过程中，仪器探头在井眼的井筒截面上处的节点距离自身为 0，因此通过距离反比求得权系数在这个点处的值为无穷大的。为了让整个井眼井筒截面上对任意节点而言，它的系数都能使用同一个算法，就要求在任何与距离相关的权系数上要重新设计较为合适的计算函数。所以我们应该选择对在 0 点特征性相对也不错的径向基函数，例如高斯函数。通常径向基函数有如下几种：

克里金方法的高斯分布函数：

$$\phi(r) = e^{-r^2/\sigma^2} \qquad (7-5-29)$$

Duchon 的薄板样条函数：

$$\phi(r) = r^{2k}\ln r; \phi(r) = r^{2k+1} \qquad (7-5-30)$$

Hardy 的 Mutil-Quadric 函数：

$$\phi(r) = (c^2 + r^2)^{\beta} \qquad (7-5-31)$$

研究主要使用的是高斯径向基函数，该高斯径向基函数具备连续的一阶和二阶导数，分别为

$$\phi'(r) = -r/\sigma^2 e^{-r^2/\sigma^2} \tag{7-5-32}$$

$$\phi''(r) = (r^2 - \sigma^2)/\sigma^4 e^{-r^2/\sigma^2} \tag{7-5-33}$$

通过引入归一化之前的权系数来对距离反比加权算法改进：

$$D_{ij} = e^{\frac{-[(x_i - x_j)^2 + (y_i - y_j)^2]}{\sigma_{ij}^2}} \tag{7-5-34}$$

式中　　D_{ij}——第 i 号探头距离上第 j 号节点的权系数；

　　　　σ_{ij}——i、j 两点之间的递减控制系数。

课后习题

1. 与垂直井相比，水平井完井技术有何不同？

2. 在水平井和斜井中，由于轻质相与重质相的分离，其流型与垂直井中有较大差异。以气水两相流动为例，说明水平井中的主要流型。

3. 试讨论水平井生产测井及其资料解释应注意的事项。

参 考 文 献

［1］ Capacitance Array Tool Operational & Maintenance Manual ［M］. GE Oil & Gas，2009

［2］ Resistance Array Tool Operational & Maintenance Manual ［M］. GE Oil & Gas，2012

［3］ Spinner Array Tool Operational & Maintenance Manual ［M］. GE Oil & Gas，2010

［4］ 戴家才，郭海敏，刘恒，等. 电容阵列仪测井资料流动成像算法研究 ［J］. 测井技术，2010，34 (1)：27-30.

［5］ 宋红伟，郭海敏. 水平井阵列持水率测井资料成像插值算法分析 ［J］. 石油天然气学报，2016 (1)：24-32.

［6］ Toshi S D. A Review of Horizontal Well and Drainhole Technology. SPE16868，1987

［7］ 何百平，等. 水平井开采技术译文集. 北京：石油工业出版社，1993

［8］ 杨春胜，等. 水平井测井技术译文集. 北京：石油工业出版社，1994

第八章
注入剖面测井

注入剖面通常包括注水剖面、注蒸汽剖面、注聚合物剖面等测井方法，此外还有注 CO_2 剖面、注 N_2 剖面等。注水通常在二次采油中使用，在我国较为常见；稠油开采通常采用注蒸汽等方法；注聚合物是三次采油中常见的方法。注入剖面主要用于确定注入水、蒸汽、聚合物等流体的去向和注入量，了解油气田开发的动向。

我国油田大都采用分层注水方式保持油层压力，因此除了钻采油井之外，还要钻一批注水井。为了及时了解注水井或生产井各层油气水的动态，应及时掌握各层的注入量以及生产井的油气水产量，前者称为注水剖面，后者称为产出剖面。

第一节　注水剖面测量原理

一、我国注水剖面测量回顾

1950—1970 年，我国主要采用井温法定性确定注水剖面，之后采用涡轮流量计和放射性同位素示踪测井测注水剖面资料。实践证明，示踪测井是确定注水剖面的有效方法。示踪注水剖面测井的原理是在注水井正常注水的情况下，将放射性同位素示踪剂注入井内。随着注入水的流入，示踪剂滤积在注水层的岩石表面上，然后用自然伽马测井仪测取示踪曲线，曲线上显示出的放射性活度差异显示了注入量的大小，通过对比注入示踪剂前后测得的自然伽马曲线，即可得出各注水层的注水量。

20 世纪 50 年代，玉门油田开始用锌（^{65}Zn）放射性同位素进行示踪测井。到了 60 年代，大庆油田先用 ^{65}Zn、^{110}Ag 等 8 种放射性同位素示踪剂（即放射性同位素吸附在活性炭载体上）测注水剖面。70—80 年代，示踪注水剖面测井得到了迅速发展，胜利油田率先使用半衰期为 8.05d 的放射性同位素 ^{131}I 替代了一直沿用的半衰期为 245d 的 ^{65}Zn。90 年代后，吉林油田选用半衰期为 99.8min 的放射性同位素铟（$^{113}In^m$）作为示踪剂，成功地测出了注水剖面资料，这项技术的使用减少了放射性污染，特别是使得一些注入水与地面连通的浅水井中测注水剖面成为可能。

对于长期注水开发的油田，一般采用油井采出的污水回注到注水井中。这种矿化度较高的污水，容易冲洗掉吸附在活性炭表面的 ^{131}I 离子，使 ^{131}I 离子被注入水带到地层深处，产生"失踪"现象，此时测得的示踪测井曲线异常幅度明显减少甚至消失。1984 年，大庆油田研制了 ^{131}Ba—GTP 微球示踪剂（粒径为 $100\sim300\mu m$），解决了放射性同位素易从载体上"脱附"的问题；此后又研制了粒径为 $100\sim2500\mu m$ 的 ^{131}Ba—GTP 微球示踪剂，用于解决不同孔隙和裂缝的注水问题。

注水测井资料主要用于解决以下地质问题：

（1）各注水层的自然注水情况和配注后分层段及分小层的注水情况，揭示各吸水层之间的矛盾。

（2）同一注水层不同部位的注水情况。

（3）注水资料还能有条件地反映油水井套管外固井水泥环窜槽的情况。

对产液剖面和注水剖面进行综合分析，可为油田开发提供重要依据：

（1）在层位连通较好的情况下，注水井的注水剖面可以反映产出剖面。有什么样的注入剖面，就应有相应的产出剖面。对于注水效果不好的层位，需要加强注水或采取改造措施（如压裂、酸化），改善注水剖面，达到改善产出剖面及增加油井产量的目的。

（2）对于渗透性好的注水层位，单层突进快，油层过快水淹，就要控制注水，进行分层配注或封堵，使注入水在各个层位及层内的各个部分均匀推进，扩大油层水驱的波及体积，提高生产井相应层位的原油产量，降低产出量，达到控水稳油、提高采收率的目的。

目前注入剖面存在的主要问题有两个：一个是^{131}Ba—GTP微球的"沾污"和"下沉"问题；二是随着射孔孔眼深度的加大，示踪剂滤积在射孔孔眼的入口和底部，分布不均，给解释会造成一定的困难。

二、注水方式及施工方法

1. 注水方式

注水通常采用笼统注水和分层配注两种方式，不同的注水方式应配以不同的注水管柱。

1）笼统注水

笼统注水是注水井各层在同一井口注水压力下，不细分层段。注水时，油管可下到油层顶部，也可下到油层底部，这要根据注水井主力注水层的位置而定。一般情况下，主力注水层位于射孔井段顶部，则油管下到射孔井段底部；反之，则下到射孔井段顶部。笼统注水时，渗透率大的层注水量大，渗透率差的层注水量小，甚至不进水。若长期对多个油层进行笼统注水，就会加剧层间矛盾，影响注水效果，因此多数油田都采用分层配注方式注水。

2）分层配注

分层配注就是把性质和特征相近的油层合为一个注水层段，用封隔器把所需分开的层段隔开。在同一层段，各层注水量不同而需要控制时，在各层位装上配水器，用不同直径的水嘴来控制各层的注入量。分层配水管柱主要由油管、封隔器及各种类型的配水器组成，如图8-1-1所示。此外，根据需要还包括阀门、撞击筒、球座、筛管及丝堵等其他辅助装置。以分层配注方式注水时，油管通常要下到油层底部。

2. 施工方法

注水施工分正注和反注两种，正注是将水从油管中注入的方式，反注是将水从油套环形空间注入的方式。注入过程中使示踪剂随注入水进入井内，滤积在注水层的表面，通过测示踪剂的放射性强度确定注入剖面。因此，示踪剂测井可分为正施工和反施工两种。

1）正施工

正施工主要用于分层配注井的施工。

测井时，仪器下放到目的层以下，上提测出基线。测量完成后，仪器继续上提至适当深度，打开释放器，释放示踪剂。示踪剂随注入水在油管中向下运行至各配水器，通过水嘴进入油套环形空间，然后滤积在注水层的表面上。待注水量达到设计要求后，下放仪器串到油层底部，上提测井，即可得到放射性同位素的放射性强度，如图8-1-2所示。

对于油管下至油层顶部的笼统注水井，也可采用正施工方法测井，如图8-1-3所示。

2）反施工

反施工时油管要下至油层底部，然后封堵油管底部，在油套环形空间注水。施工时，首先在油管中测基线，然后把示踪剂从水表接口释放，开注水阀门，示踪剂随注入水进入油套环形空间，最后滤积在注水层表面上，再注入一段时间后，下放仪器在油管中进行测井，如图 8-1-4 所示。该方法施工工艺简单，但注水开发效果不好，目前较少应用。

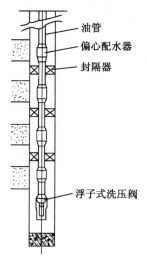

图 8-1-1　分层配注管柱结构示意图

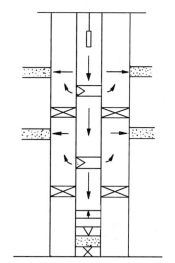

图 8-1-2　分层配注井正施工测井示意图

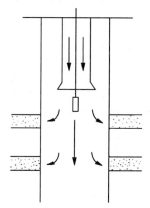

图 8-1-3　笼统注水正施工测井示意图

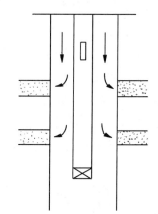

图 8-1-4　笼统注水反施工法测井示意图

三、注水量与滤积示踪剂的关系

设示踪剂载体均匀地滤积在射孔井段的地层表面上，单位面积上附着的放射性同位素为 q，每克放射性同位素平均每秒钟发射 α 个伽马射线。定义深度方向为纵向，以 Z 表示，D 表示井轴中线上探测器的位置，井壁上 $\mathrm{d}S$ 面积元在纵向上的坐标为 Z（图 8-1-5）。面积元 $\mathrm{d}S$ 到探测器的距离为

$$R=\sqrt{(D-Z)^2+r_o^2} \tag{8-1-1}$$

面积元 $\mathrm{d}S$ 上造成 D 点的伽马射线强度为

$$\mathrm{d}J_r=\frac{\alpha q\mathrm{e}^{-\mu R}}{4\pi rR}r_o\mathrm{d}\varPhi\mathrm{d}z \tag{8-1-2}$$

式中　μ——井内介质的吸收系数；

　　　$\varPhi$——柱坐标系的角变量；

　　　r_o——井半径。

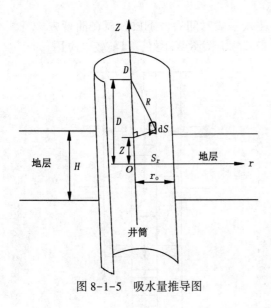

图 8-1-5　吸水量推导图

对地层"活化"柱面积分，得到 D 点的 J_r：

$$J_r = \alpha q r_o \int_0^{\frac{H}{2}} \frac{e^{-\mu R}}{R^2} dz = \alpha q r_o \int_0^{\frac{H}{2}} \frac{e^{-\mu\sqrt{(D-Z)^2+r_o^2}}}{(D-Z)^2+r_o^2} dz$$

（8-1-3）

由此产生的异常面积为

$$S_r = \int_{-\infty}^{\infty} J_r dD = \alpha q r_o \int_{-\infty}^{\infty} \int_0^{\frac{H}{2}} \frac{e^{-\mu\sqrt{(D-Z)^2+r_o^2}}}{(D-Z)^2+r_o^2} dz dD$$

（8-1-4）

由于参数 D 和 Z 相互独立，式（8-1-4）交换积分顺序可得

$$S_r = \alpha q r_o \int_0^{\frac{H}{2}} \int_{-\infty}^{\infty} \frac{e^{-\mu\sqrt{(D-Z)^2+r_o^2}}}{(D-Z)^2+r_o^2} dD dz$$

（8-1-5）

由于 $Z \in \left(-\dfrac{H}{2}, \dfrac{H}{2}\right)$，对 D 积分时 Z 被视作参量，且 $dD = d(D-Z)$，即可令 $D-Z=t$，则

$$S_r = \alpha q r_o \int_0^{\frac{H}{2}} \int_{-\infty}^{\infty} \frac{e^{-\mu\sqrt{t^2+r_o^2}}}{t^2+r_o^2} dt dZ = \frac{\alpha q r_o H}{2} \int_{-\infty}^{\infty} \frac{e^{-\mu\sqrt{t^2+r_o^2}}}{t^2+r_o^2} dt$$

（8-1-6）

式（8-1-6）说明，测井曲线上的面积增量与单位面积附着的同位素量 q 成正比，与地层厚度 H 成正比，而吸水量与 q 成正比。图 8-1-6 是实验室的实验结果，横坐标为异常面积，纵坐标为 qH。由图可见，S_r 与 q 和 H 的乘积成正比，这表明用示踪剂测量注水井的注水剖面原理是成立的。

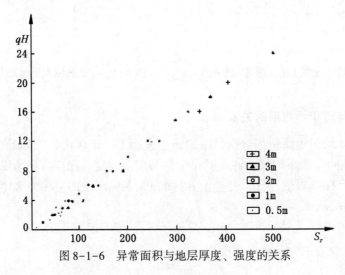

图 8-1-6　异常面积与地层厚度、强度的关系

四、清水驱替剂量

1. 笼统套注

把含放射性同位素示踪剂的悬浮液从井口注入管道加入，在油套环形空间以紊流状态

的注入水里混合均匀，接着由后续的注入水推向地层。所选示踪剂的粒度等于或大于地层的孔隙直径，因而被滤积于地层表面（图 8-1-7）。将全部示踪悬浮液挤入地层所需的注水量 Q 表示为

$$Q=Q_0+S_0\left(\frac{h_1}{1-\beta_1}+\frac{h_2}{1-\beta_1-\beta_2}+\cdots+\frac{h_{n-1}}{\beta_n}\right) \tag{8-1-7}$$

式中　Q——后续注水量，m^3；

Q_0——第一个吸水层段顶至井口油套环形空间水的体积，m^3；

S_0——油套环形空间的截面积，m^2；

h_1——第一个吸水层顶面至第二个吸水层顶面的距离，m；

h_{n-1}——第 $n-1$ 个吸水层顶面至第 n 个吸水层底面的距离，m；

β_n——第 n 层的吸水率。

2. 油管内注入

同位素示踪剂由井口注水管道加入或由井下释放器释放，与水混合成悬浮液，由后续注入水推向油套环形空间（图 8-1-8）。将全部悬浮液挤入地层所需的后续注水量为

$$Q=Q_A+Q_0+S_0\left(\frac{h_1'}{1-\beta_1}+\frac{h_2'}{1-\beta_1-\beta_2}+\cdots+\frac{h_{n-1}'}{\beta_n'}\right) \tag{8-1-8}$$

式中　Q——悬浮液后续注水量，m^3；

Q_A——油管内从井口至尾部的体积，m^3；

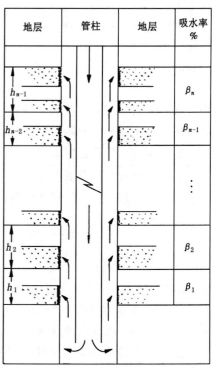

图 8-1-7　笼统配注时放射性同位素　　　　　图 8-1-8　正注状态下放射性同位素
示踪剂推进及在地层形成示踪的示意图　　　示踪剂在地层中形成示踪的示意图

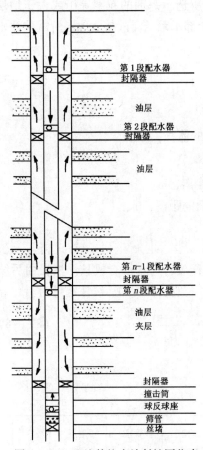

图 8-1-9 配注管柱内放射性同位素示踪剂在地层中形成示踪的示意图

（图左侧标注，从上到下）

第 1 段配水器
封隔器
油层
第 2 段配水器
封隔器
油层
第 n-1 段配水器
封隔器
第 n 段配水器
油层
夹层
封隔器
撞击筒
球反球座
筛管
丝堵

Q_O——油管尾部至由井底向上数第一个吸水层底面油管与套管环形空间的体积，m^3；

h'_{n-1}——由井底向上数第 $n-1$ 层底面至第 n 层顶面的距离，m。

3. 分层配注管柱内注入

同位素示踪剂进入分层配注油管内，与以紊流方式流动的注入水形成悬浮液。在后续注入水的推进下，进入配注层段。首先，按配注层段配水嘴的大小进行第一次分配，进入油管与套管环形空间；相继按配注层段中各层的吸水能力分配吸水量开始第二次分配，将悬浮液推向地层。悬浮液挤入地层所需的清水由 3 部分组成（图 8-1-9）。

（1）把示踪剂从释放点推到分层配水管柱中第一个偏心配水器之间的体积：

$$Q_O = S_A H_A \qquad (8-1-9)$$

式中　Q_O——把示踪剂悬浮液推到第一个配水嘴的水量，m^3；

　　　S_A——油管截面积，m^2；

　　　H_A——第一个配水器至井口或放射性同位素示踪剂释放点的距离，m。

（2）把示踪剂悬浮液全部推出配注管柱进入油套环形空间：

$$Q_1 = S_A \left(\frac{H_1}{1-\beta_1} + \frac{H_2}{1+\beta_1+\beta_2} + \cdots + \frac{H_{n-1}}{\beta_n} \right) \qquad (8-1-10)$$

式中　Q_1——将示踪剂悬浮液全部推出配注管柱进入油套环形空间需用水量，m^3；

　　　H_{n-1}——第 $n-1$ 个偏心配水器至第 n 个偏心配水器的距离，m；

　　　β_n——第 n 个偏心配水器的配水百分比；

　　　S_A——油管的内截面面积，m^2。

（3）将配注段油管套管环形空间的示踪剂悬浮液推向注水地层：

$$Q_2 = \frac{S_O}{\beta_i} \left[h_{i0} + \frac{h_{i1}}{1-\beta_{i1}} + \frac{h_{i2}}{1-\beta_{i1}-\beta_{i2}} + \cdots + \frac{h_{i(n-1)}}{\beta_{in}} \right] \qquad (8-1-11)$$

式中　Q_2——把示踪剂悬浮液推向注水层所需水量，m^3；

　　　β_i——配水层段的注水百分比；

　　　h_{i0}——配水器至第一个注水层顶面的距离，m；

　　　$h_{i(n-1)}$——配水器至第 $n-1$ 个注水层底面的距离，m；

　　　β_{in}——配注段内第 n 个注水层吸水百分比。

五、同位素及载体的选择

在选择放射性同位素种类时，半衰期是一个重要的参数。考虑存放、运输等问题，半衰期一般不宜太短，但也不宜太长。半衰期过长时，相应的污水处理比较困难。一般来说，放射性同位素半衰期最长不宜超过 30d，为其使用周期的 1/4～1/3 为宜，相应伽马射线的能量为 0.5MeV。我国油田目前常用的放射性同位素为 ^{131}Ba，相应的化合物为 Ba(NO$_3$)$_2$，其半衰期为 11.6d，伽马射线的能量分布在 0.0802～0.64MeV 之间。

1. 放射性同位素载体的选择

选择放射性同位素载体的原则是：

（1）载体要有较强的吸附性或结合能力，以保证被高压注入水冲洗不产生脱附现象。

（2）颗粒直径必须大于地层的孔隙直径，以保证注水过程中同位素载体挤不进地层。

（3）密度合适，下沉速度远小于注入水在井筒内的流速，以保证示踪剂能在注入水中均匀分布。

（4）单位质量的载体运载的同位素要尽可能多，同时载体应具备稳定的物理和化学性质，以使射孔孔眼处滤积的载体不影响地层的吸水能力。

（5）载体要具有足够的表面活性，不沾污井筒及有关装置和仪器。

目前，油田上常用的同位素载体包括活性炭固相载体和 GTP 微球两种。采用活性炭固相载体时，若注入水的含盐量大于 20g/L，则放射性同位素的强度会大幅度降低，因此目前通常采用 GTP 微球载体。

2. GTP 微球载体的性质

GTP 微球是一种以无机二元氧化物溶胶制成的球状物。在制备 GTP 微球时，加进半衰期短的放射性同位素 ^{131}Ba，即可制得放射性同位素 ^{131}Ba—GTP 微球示踪剂，GTP 微球被称为人工载体。^{131}Ba—GTP 微球示踪剂与固相载体活性炭固相载体的区别是：^{131}Ba—GTP 微球示踪剂的 ^{131}Ba 离子是被凝胶碳化层包裹起来的，只有微球被溶解或被压碎时，才能发生脱附现象；活性炭固相载体只是将放射性同位素粒子吸附在表面，相比起来，更容易发生脱附现象。

GTP 微球载体是黑色或黑褐色刚性球体，常用的粒径范围是 100～1200μm，耐压 35～40MPa，工作温度为 -20～70℃，颗粒密度为 1.06g/cm^3，放射性活度为 (1.85～3.7)×10^{7}Bq/L，在 1.05m/s 的流速冲刷下技术性能不发生变化，在井下 15～20d 后自行溶解，27～30d 后可完全溶解。

注水井中，微球载体在注入水的携带下，除受到注入水冲击外，还受重力影响，产生沉降。沉降速度用斯托克斯公式表示为

$$v_P = \frac{D^2(\rho_s - \rho_w)}{18\mu} \qquad (8-1-12)$$

式中　v_P——微球的沉降速度，m/s；

　　　D——微球直径，μm；

　　　ρ_s——微球密度，g/cm^3；

　　　ρ_w——注入水的密度，g/cm^3；

　　　μ——注入水的黏度，mPa·s。

式（8-1-12）说明，GTP 微球在水中的沉降速度与微球直径及其与水的密度差成正比。直径是根据岩性选择的，直径选定后，沉降速度主要取决于二者的密度差。密度差小，二者混合均匀，在井内产生的沾污也会随之降低。在油套环形空间向上运动分配到注水层时，如果微球的密度大于水的密度，则产生自由沉降，上行困难，造成下部的 ^{131}Ba—GTP 微球

载体的浓度大，上部浓度小，有可能使下部注水能力差的地层滤积过多的^{131}Ba—GTP微球载体，而上部注水能力强的地层反而未达到应有的滤积程度，甚至很少，因而无法确定注水层的注水状况。另外，沉降速度过快，会造成下部示踪剂的堆积，示踪剂滤积在井壁上的量减少，因而会影响测井的质量。

通常情况下，示踪剂的颗粒密度为$1.01\sim1.04g/cm^3$。直径为$100\sim300\mu m$的^{131}Ba—GTP微球下沉速度为$1.03cm/s$，除了直径为$100\sim300\mu m$的微球外，还有直径为$400\sim700\mu m$、$600\sim900\mu m$、$1000\sim1500\mu m$的微球。根据注水层孔径大小，选择不同直径的微球，对于中低渗透率的地层，粒径一般采用$100\sim300\mu m$；对于中高渗透层，粒径一般选用$400\sim700\mu m$；对于长期注水的地层，孔径更大，可选用更大直径的微球。

由于地质条件、注入条件不同，每口注水井中所用的^{131}Ba—GTP微球的剂量也不同，所用的剂量与地区构造、孔隙度、渗透率和孔隙结构等地质条件有关，也与注水压力、注水量等条件有关。下面给出的是几个油田每米所需^{131}Ba—GTP微球示踪剂的放射性活度的范围：大庆油田为$1.5\sim3.7MBq/m$；辽河油田为$1.11\sim4.44MBq/m$；河南油田为$1.85\sim5.55MBq/m$；中原油田为$0.925\sim3.7MBq/m$。中原油田濮城地区计算每米所需活度的经验公式为

$$lgx=0.498lgI_w-1.174 \tag{8-1-13}$$

式中　I_w——注水比指数，$m^3/(MPa\cdot d\cdot m)$。

全井所需的总活度为

$$S_T=hx \tag{8-1-14}$$

式中　S_T——单井施工所需的总活度，MBq；

　　　h——注水厚度；

　　　x——每米厚度示踪剂的活度系数。

单井所需的^{131}Ba—GTP微球的体积用量计算公式为

$$V=1000S_T/(I_0P) \tag{8-1-15}$$

式中　V——微球示踪剂的体积用量，mL；

　　　S_T——单井施工所需的活度，MBq；

　　　I_0——出厂时^{131}Ba—GTP所需的放射性活度，MBq/L；

　　　P——剩余放射性活度的百分数。

第二节　同位素示踪注水剖面测井信息处理

一、解释前的准备工作

注水剖面测井信息处理的目的是确定分层吸水量。解释前，要了解本次施工的目的、注水井的人工井底、砂面、桥塞深度、射孔深度、注水管柱结构、封隔器位置、偏心配水器位置、喇叭口深度和配水嘴尺寸等资料，同时要了解注入方式（正注反注）、从井口倒入还是井下释放、释放深度以及对应注入层的生产井的情况、地层连通情况等；在测井曲线方面，要了解在该井中测得的综合测井曲线、固井质量图、射孔校深曲线。

实际施工中，一次注入^{131}Ba—GTP微球后，通常要进行多次测量。由于注水量、注水压力、测量时间、注水层位环境变化及放射性沾污的影响，示踪曲线会出现各种异常情况。在

选择示踪曲线进行解释时，要选择曲线异常重复性较好的示踪曲线。当示踪曲线重复性较差时，对于高注水量的井，可选用最先测的示踪曲线。图8-2-1中示出的注水井，注水量为149m³/d，注水强度为67m³/（d·m），井筒周围冲刷带较大，两次测量的示踪曲线因沾污影响，重复性差，因此选用第一次测得的示踪曲线进行解释。当注水量较大、注水井段较长时，上部示踪剂分布较好，下部分布较差，用一条曲线很难兼顾这一较长的井段，可以使用两条示踪曲线对比进行解释；对于流量小、注水井段较长的井，注入水从管柱底部上返到油套环形空间进行分配时，示踪剂沾污、沉降等造成曲线重复性差，此时通常选用后来测得的曲线。

解释时，通常采用下套管前后所测的自然伽马曲线进行深度校正。深度对比井段通常选在注水井段内，但有的油区注水时间较长时，自然伽马曲线高幅异常，这时可选用注水井段上部或下部未发生污染的自然伽马测井曲线段进行对比。

曲线处理时，将自然伽马基线和示踪曲线深度对齐，并使其在非目的层重叠。图8-2-2是用放射性同位素示踪法解释注水剖面的例子，中间是叠合曲线，右边是相对注水量。

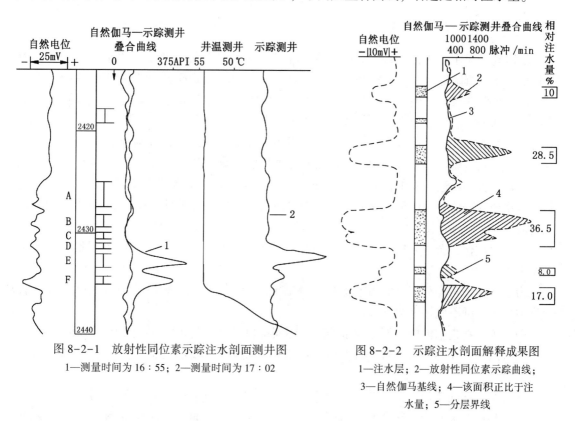

图8-2-1　放射性同位素示踪注水剖面测井图

1—测量时间为16：55；2—测量时间为17：02

图8-2-2　示踪注水剖面解释成果图

1—注水层；2—放射性同位素示踪曲线；
3—自然伽马基线；4—该面积正比于注
水量；5—分层界线

二、常用的基本概念

1. 分层注水强度

单位有效厚度的日注水量叫注水强度，对于每个注水层，其计算公式为

$$分层注水强度 = \frac{单层绝对吸水量}{单层有效厚度} \tag{8-2-1}$$

注水强度的大小，一方面可以检验是否达到了配注指标；另一方面可以分析注入水推进或突进、油层压力恢复、油井含水上升的速度。

2. 分层注水指数

单位压差下的日注水量叫注水指数，表示为

$$注水指数 = \frac{日注水量}{流压-静压} \tag{8-2-2}$$

正常注水时，得不到静压参数，可以先求出不同流压的注水量，然后按下列参数计算注水指数：

$$注水指数 = \frac{两种工作制度下的注水量之差}{两种工作制度下的流压之差} \tag{8-2-3}$$

现场快速求取视注水指数的方法为

$$视注水指数 = \frac{注水井日注水量}{注水井井口压力} \tag{8-2-4}$$

根据分层注水剖面计算出的注水量，可以计算出分层注水指数。

三、沾污类型及校正系数

油田现场应用表明，^{131}Ba—GTP 微球还存在着一些局限性。由于注入水质差、套管内壁粗糙、微球沉降等因素，示踪剂除滤积在地层表面之外，也会沾污在井筒管柱的某些部位，导致示踪曲线上产生一些与注水量无关的假异常，这种现象称为放射性"沾污"。从形成的原因划分，沾污分为吸附沾污和沉淀沾污两大类。在油套管接箍、配水器、套管内壁、油管内外壁等处的沾污属吸附沾污，封隔器及井底沾污主要是微球沉降造成的。为了得到有效的分层吸水量，必须从所测的示踪曲线异常幅度中减去这些沾污导致的影响。

油管接箍沾污通常发生在油管连接处，沾污曲线一般为尖峰，与接箍深度对应。在偏心配水器和封隔器处，由于其表面粗糙，加之注入水中离子在工具附近形成偶电层的影响，会造成 ^{131}Ba 微球沾污，沾污曲线形状为尖峰状，并与工具深度相对应。

注入水酸化，会造成油管和套管表面受到腐蚀，同时井筒壁面不清洁等因素均会导致同位素成片沾污。

为了从理论角度分析这些污染源对测量结果的影响，大港油田的研究人员把上述 3 种污染类型用 3 种不同污染源等价：

圆环源：在接箍内外、偏心配水器和封隔器部位，^{131}Ba 微球沾污近似为一圆环。

筒状面源：在油管内外壁、套管内壁或某一深度上下局部或全部沾污有同位素，形成筒状面源。

线状源：在油管内外壁、套管内壁等处纵向一条线上有沾污，可视为线状源。

以这些模型为基础，结合实验分析，取得了多组实验数据，绘制出如图 8-2-3 所示的

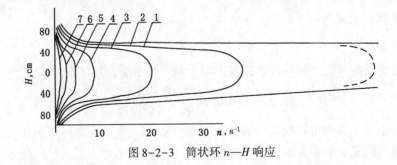

图 8-2-3　筒状环 n—H 响应

校正响应曲线。图中 H 为放射源的长度，n 为计数率，曲线 1、2、3、4、5、6、7 分别表示与源距离为 3.65cm、6.2cm、7cm、9.5cm、11.5cm、13.5cm、15.5cm 处的计数率，对应的 7 个位置分别为油管外壁、套管内壁、套管外壁、地层 4 个位置处的数值。然后再计算出相应状态下的响应曲线的面积比值，即为不同沾污类型的校正系数。

为了验证计算结果的正确性，设计了实验模型，模型井外径为 80cm，内径为 14cm，高为 300cm，井内套管直径为 139.7mm 的套管，套管壁厚为 7mm，套管内放有直径为 63.5mm 的油管，油、套管内充满水。井内有 6 个射孔眼，按 120°分布，纵向距离为 10cm，孔眼直径为 1cm，孔深为 10cm。图 8-2-4 为实验接箍沾污试验结果。表 8-2-1、表 8-2-2 和表 8-2-3 列出了实验数据。

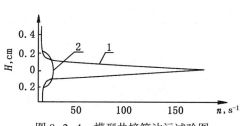

图 8-2-4　模型井接箍沾污试验图
1—同位素在接箍外台阶上；2—同位素在射孔眼内

表 8-2-1　圆环源校正系数 （$A=3.7\times10^4$ Bq）

源在油管接箍外台阶响应曲线面积 S_1, cm^2	源在 6 个射孔眼时响应曲线面积 S_2, cm^2	校正系数 S_2/S_1
179.6	24	0.134

表 8-2-2　筒状源校正系数 （$A=7.4\times10^4$ Bq）

源在套管内壁沾污时响应曲线面积 S_1, cm^2	源在 6 个射孔眼时响应曲线面积 S_2, cm^2	校正系数 S_2/S_1
239	83.5 60.9（有 2.5cm 厚水泥环）	0.385 0.256

表 8-2-3　线源校正系数 （$A=7.4\times10^4$ Bq）

源套管内壁沾污时响应曲线面积 S_1, cm^2	源在 6 个射孔眼时响应曲线面积 S_2, cm^2	校正系数 S_2/S_1
216.6	70.5	0.32

实际应用中，井下沾污形状变化多样，但均不会超出以上 3 种类型。理想情况下，同位素微球滤积在渗透层表面；实际情况下，射孔的穿透深度为 10cm 左右，因此，同位素大多滤积在射孔孔眼内，放射性活度要受到孔眼形状的影响。如果水泥环破坏，地层出砂或酸化压裂后，屏蔽层介质会发生变化，在这些情况下，校正系数的选取更为困难。通常情况下，注水层遭到破坏的情况不多，所以可以选取水泥环和地层完好时的同位素沾污校正系数，如表 8-2-4 所示。解释时，只要把与注水层位有关的基线与示踪曲线包络的"沾污面积"乘以相对应的校正系数就等效于注水层部位的"沾污面积"。

表 8-2-4　校正系数的选取

沾污类型	校正系数	备　注
油管接箍内台阶沾污	0.07	—
油管接箍外台阶沾污	0.13	—

沾污类型	校正系数	备　注
套管内壁沾污	0.32	无水泥环
	0.23	有 2.5cm 水泥环
偏心配水器沾污	0.13	—

四、沾污面积分配及计算方法

把沾污面积换算成校正面积之后，还必须按照各小层真实的注水能力，把其分配到各注水层位上。示踪剂在井下开始分配之前的沾污不影响解释结果，只有该示踪剂在井下开始分配后的沾污才影响分层相对注水量的解释精度。开始分配后，示踪剂沾污破坏了地层的注水量与同位素滤积量及放射性活度三者之间的关系。要提高解释精度，必须对校正过的沾污面积进行归位计算。归位受水流方向的控制，根据注水管柱结构，归位模型分为笼统注水和分层注水两大类。

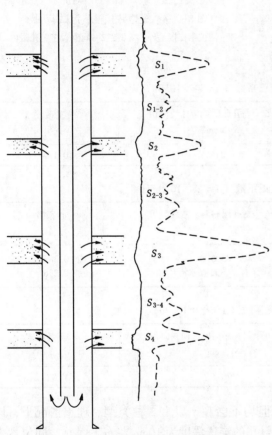

图 8-2-5　笼统注水井沾污归位校正图

1. 笼统注水

笼统注水也称为"混注"或"合注"，如图 8-2-5 所示。该井为正注，注入水从油管底部上返到油套环形空间后，由下而上逐渐分配到各注水层，图中示出了"沾污面积"归位校正关系。

根据水流方向，层间沾污的分配只分配给其上各层。设总层数为 n，层位自上而下顺序为 1，2，3，…，n；m 为层间任意一层，即为 1，2，3，…，m。各层位间校正后的面积（各种类型沾污面积乘以相应的校正系数后的面积之和）自上而下分别为 $S_{1-2}, S_{2-3}, \cdots, S_{(n-1)-n}$；校正前的吸水面积为 $S_1, S_2, S_3, \cdots, S_n$。

沾污面积 S_{1-2} 只分配给 1 号层，即 $S_{1-2}^1 = S_{1-2}C_1$。沾污面积 S_{2-3} 分配给 1 号层 S_{2-3}^1 和 2 号层 S_{2-3}^2，即

$$S_{2-3}^1 = \frac{S_1 + S_{1-2}^1}{(S_1 + S_2 + S_{1-2}^1)} S_{2-3} C_2 \tag{8-2-5}$$

$$S_{2-3}^2 = \frac{S_2}{(S_1 + S_2 + S_{1-2}^1)} S_{2-3} C_2 \tag{8-2-6}$$

同理，沾污面积 $S_{3—4}$ 分配给 1 号层 $S_{3—4}^1$、2 号层 $S_{3—4}^2$ 和 3 号层 $S_{3—4}^3$，则

$$S_{3—4}^1 = \frac{S_1 + S_{1—2}^1 + S_{2—3}^1}{S_1 + S_2 + S_3 + S_{1—2} + S_{2—3}} S_{3—4} C_3 \qquad (8\text{-}2\text{-}7)$$

$$S_{3—4}^2 = \frac{S_2 + S_{2—3}^2}{S_1 + S_2 + S_3 + S_{1—2} + S_{2—3}} S_{3—4} C_3 \qquad (8\text{-}2\text{-}8)$$

$$S_{3—4}^3 = \frac{S_3}{S_1 + S_2 + S_3 + S_{1—2} + S_{2—3}} S_{3—4} C_3 \qquad (8\text{-}2\text{-}9)$$

式中 C_1、C_2、C_3——沾污系数。

因此，沾污面积 $S_{m—(m+1)}$ 对 t 层的分配（$m > t$）的表示式为

$$
\begin{aligned}
S_{m—(m+1)}^t &= S_{m—(m+1)} \frac{S_t + S_{t—(t+1)}^t + S_{(t+1)—(t+2)}^t + \cdots + S_{(m-1)—m}^t}{S_1 + S_2 + S_m + S_{1—2} + S_{2—3} + \cdots + S_{(m-1)—m}} \\
&= S_{m—(m+1)} \frac{S_i + \displaystyle\sum_{i=1}^{m-1} S_{i—(i+1)}^t}{\displaystyle\sum_{i=1}^{m} S_i + \sum_{i=1}^{m-1} S_{i—(i+1)}} \qquad (8\text{-}2\text{-}10)
\end{aligned}
$$

当 $t = m$ 时，式(8-2-10) 变为

$$S_{m—(m-1)}^m = S_{m—(m+1)} \frac{S_m}{\displaystyle\sum_{i=1}^{m} S_i + \sum_{i=1}^{m+1} S_{i—(i+1)}} \qquad (8\text{-}2\text{-}11)$$

校正后各层的注水面积为

$$
\begin{cases}
SS_1 = S_1 + S_{1—2}^1 + \cdots + S_{(n-1)—n}^1 \\
SS_2 = S_2 + S_{2—3}^2 + \cdots + S_{(n-1)—n}^2 \\
SS_{n-1} = S_{n-1} + S_{(n-1)—n}^{n-1} \\
SS_n = S_n
\end{cases} \qquad (8\text{-}2\text{-}12)
$$

各层的相对注水量为

$$\beta_i = \frac{SS_i}{\displaystyle\sum_{i=1}^{n} SS_i} \times 100\% \qquad (8\text{-}2\text{-}13)$$

绝对注水量为
$$Q_i = Q_{总} \beta_i \qquad (8\text{-}2\text{-}14)$$

各层每米注水量（注水强度）为

$$注水强度 = \frac{Q_i}{H_i} \qquad (8\text{-}2\text{-}15)$$

式中 H_i——单一注水层的有效厚度。

2. 分层配注

对于分层配注的井，由于井下注水管柱带有配水器和封隔器，因此比笼统注水井多了配水器和封隔器处的沉淀沾污。根据配水器在井下与注水层所处的相对位置，可将分注井注水层段消除沾污的校正分为以下 3 种模式。

1）在注水井的底部

注入井从油管底部通过配水器进入油套环形空间后，向上流动，分别进入各个注水层。所以，本段管柱的归位方法与笼统注水时注水口在注水层位下部的归位方法相同。

2）在注水层的顶部

此时，注入水通过配水器进入油套环形空间后向下流动进入各注水层。这一情况与笼统注水井类似，相当于地层在配水器下部，归位算法与笼统注水算法相同。

3）配水器在几个注水层之间

这一情形相当于配水器在注水层之上、之下两种情况的组合。当层段内存在各种类型的沾污时，应首先根据沾污类型将各种沾污面积校正到地层条件下的注水面积。若存在偏心配水器沾污，则首先按上、下两段的实际注水情况进行偏心配水沾污校正后的面积分配，计算方法为

$$\begin{cases} S = S_1 + S_2 + A \\ \beta_i = \dfrac{S_i}{S} + \dfrac{A}{S}\beta_i \\ A_i = A\beta_i \end{cases} \qquad (8\text{-}2\text{-}16)$$

式中　S——层段内上、下注水层上的异常面积与消除沾污校正后的面积之和（图8-2-6）；

　　　S_1、S_2——上段各注水层的异常面积；

　　　A——偏心注水消除沾污校正后的面积；

　　　A_i——第i层消除沾污后的面积；

　　　β_i——第i层的相对注水量。

4）封隔器沉淀沾污校正

当偏心配水器在注水层位之上时，封隔器的沉淀沾污应与偏心配水器的沾污一起校正到每个注水层；当偏心配水器在几个注水层之间时，封隔器的沉淀沾污只分配给偏心配水器与封隔器之间的注水层。

5）解释步骤

（1）绘制自然伽马基线及示踪测井曲线叠合图。一般情况下，不要进行曲线移动和手工扣除，除非发现有与注入水无关的沾污。

（2）划分注水层并计算沾污面积。

（3）划分沾污井段，分段计算沾污面积。

（4）判断沾污类型，并进行消除沾污面积的校正。

（5）若为分层配注，则按照消除沾污校正的原则进行沾污校正，并将沾污校正面积归位，再依次计算各注水层的面积。

（6）计算各注水层段的面积之和，求各层的相对吸水量和注水强度。

图8-2-7是一口井的实际解释成果图，表8-2-5给出了沾污校正前后的处理结果对比。

结果表明，26号层是主要的注水层，但由于示踪剂在油套环形空间向上运移时沾污损失较多，因此，不进行沾污校正时相对注水量为38.2%，经过沾污校正后相对注水量为51.6%。

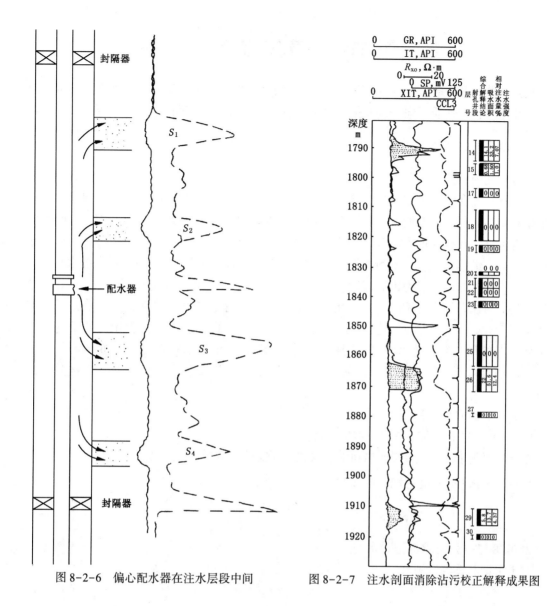

图 8-2-6 偏心配水器在注水层段中间　　图 8-2-7 注水剖面消除沾污校正解释成果图

表 8-2-5　沾污校正前后结果对比表

层号	吸水面积，cm²		相对吸水量，%		吸水强度，m³/(m·d)	
	校正前	校正后	校正前	校正后	校正前	校正后
14	12.5	14.10	45.5	33.2	11.49	7.07
15	0.2	0.68	0.7	1.5	0.38	1.00
26	10.5	22.00	38.2	51.6	9.40	12.40
29	4.3	5.80	15.6	13.7	5.54	4.37

第三节 注蒸汽剖面测量

稠油注蒸汽开采时，与注水开采同样需要掌握各层的吸汽量及吸热量。蒸汽与水相比温度要高得多，且性质不同，因此采用的测量方法和解释方法不同。

一、水蒸气的性质

1. 水蒸气的产生

注入蒸汽是在锅炉内定压加热产生的。逐渐加热时，水的温度逐渐升高，同时水的体积也略有增加；当水的温度达到某一数值时，温度不再上升，并开始出现气泡，这时的温度即沸腾温度，或称为饱和温度。一定的压力对应一定的饱和温度。这个状态称为饱和水状态。此后，继续加热，水不断汽化，而温度始终保持为饱和温度 t，一直到全部水都变为蒸汽为止，此时的温度仍为饱和温度 t，体积为 V''，这个状态称为干饱和蒸汽状态。这两个状态之间的阶段即为汽化阶段，在汽化阶段中，饱和水与饱和蒸汽共存，其特点是压力与温度均不变化，外界加入的热量用于克服液体分子之间的引力，使之汽化，处于这一阶段中任一点的蒸汽叫湿饱和蒸汽（湿蒸汽）。达到干饱和蒸汽状态之后，继续向气缸加热，蒸汽的温度便开始升高，因而超过了饱和温度。温度高于饱和温度的蒸汽称为过热蒸汽。

2. 水蒸气性质的计算

1）饱和水与干饱和蒸汽状态参数的确定

在定压下把 1kg 水从 0℃ 加热到饱和水状态所需的热量为 $a'=h'-h_0'=h'$。

在定压下由 0℃ 升高到饱和温度时，熵的变化为

$$S'=S'-S_0'=\int_{273}^{T_s}\frac{C_p\mathrm{d}T}{T}=C_p\ln\frac{T_s}{273}\approx\ln\frac{T_s}{273} \tag{8-3-1}$$

由式（8-3-1）可求得饱和水的熵。

对于干饱和蒸汽，则有

$$h''-h'=r \tag{8-3-2}$$

式中 r——汽化潜热，kJ/kg。

所以，干饱和蒸汽的焓为

$$h''=h'+r \tag{8-3-3}$$

$$S''-S'=\frac{r}{T_s} \tag{8-3-4}$$

$$S''=S'+\frac{r}{T_s} \tag{8-3-5}$$

利用式（8-3-5）即可求得饱和水及干饱和蒸汽的焓和熵，内能可根据 $\mu=h-pV$ 求得。

2）湿蒸汽状态参数的确定

湿蒸汽的特点是：汽化已开始而尚未结束，部分为饱和水，部分为饱和蒸汽，此时的温度与压力是互相对应的，因此需要有另一个独立参数才能决定其他参数，这一独立参数即为干度 x，即

$$x = \frac{m_{汽}}{m_{汽}+m_{水}} \qquad (8-3-6)$$

式中　$m_{汽}$、$m_{水}$——湿蒸汽中干饱和蒸汽的质量和饱和水的质量，kg。

由于湿蒸汽是一种混合物，因此 1kg 湿蒸汽的体积就是 $x$kg 干饱和蒸汽的体积与 $(1-x)$kg 饱和水的体积之和，即

$$V_x = xV'' + (1-x)V' \qquad (8-3-7)$$

$$V_x = V' + x(V''-V') \qquad (8-3-8)$$

同理
$$h_x = xh'' + (1-x)h' = h' + x(h''-h') \qquad (8-3-9)$$

$$S_x = xS'' + (1-x)S' = S' + x(S''-S') \qquad (8-3-10)$$

$$\mu_x = h_x - pV_x \qquad (8-3-11)$$

式中　V''、V'——干饱和蒸汽和饱和水的比容；

S''、S'、h''、h'——干饱和蒸汽和饱和水的比熵和比焓。

式(8-3-9) 和式(8-3-10) 中的比焓和比熵均能从水蒸气相关计算表中查得，故根据干度 x 的数值就可从上列公式计算得出湿蒸汽的参数。

湿蒸汽的参数 h、S、μ、V 值介于饱和水和干饱和蒸汽的参数之间，如 $h' < h_x < h''$。

未达到饱和温度的水以及温度超过饱和温度的过热蒸汽，温度和压力是两个互相独立的状态参数，根据这两个参数就可以确定其他状态参数。

由饱和温度 t_s 在定压下加热到过热温度 t 时所需的热量

$$q = h - h'' = c_{pm}(t-t_s) \qquad (8-3-12)$$

$$h = h'' + c_{pm}(t-t_s) \qquad (8-3-13)$$

式中　c_{pm}——过热蒸汽的平均比定压热容。

过热蒸汽的熵为

$$S = S'' + c_{pm}\ln\frac{T}{T_s} \qquad (8-3-14)$$

水及过热蒸汽的状态参数可由水和过热蒸汽表查得。

二、蒸汽在井筒中的热损失

蒸汽从井口注入目的层段时，由于热量通过油管、套管损失，因此干度逐渐降低。在确定进入各层的热量之前，需要计算从井口到目的层段以上层位的热损失。井口热量减去整个井筒（至吸入层位上端）的热损失，即为进入各吸汽层的总热量。再利用流量计确定各吸汽层的热量。

1. 热损失原理

设单层套管的长度为 L，套管内壁处温度为 t_1，外壁处的温度为 t_2，根据传热学理论可以得到单层套管从内向外传出的热量 Q' 为

$$Q' = \frac{2\pi\lambda L(t_1-t_2)}{\ln\frac{R_2}{R_1}} = \frac{t_1-t_2}{R_n} \qquad (8-3-15)$$

式中　R_1、R_2——套管内径和外径；

R_n——热阻。

单位长度上传出的热量 Q 为

$$Q = \frac{Q'}{L} = \frac{2\pi\lambda(t_1 - t_2)}{\ln\dfrac{R_2}{R_1}} \qquad (8\text{-}3\text{-}16)$$

式中　λ——套管的导热系数，$W/(m \cdot \text{℃})$。

稳定传热时，通过每个热阻的热量是相同的，即

$$\frac{T_c - T_e}{T_s - T_e} = \frac{R_c + R_e}{R_c + R_e + R_{a1}} \qquad (8\text{-}3\text{-}17)$$

式中　T_c——套管温度；

R_c、R_e、R_{a1}——水泥环、地层和环形空间的热阻。

2. 各单元热阻的计算

1）油管的热阻 R_a

$$R_a = \frac{\ln(r_o/r_i)}{2\pi\lambda_p} \qquad (8\text{-}3\text{-}18)$$

式中　r_o、r_i——油管的外径、内径；

λ_p——油管热导率。

2）水泥环热阻 R_c

$$R_c = \frac{\ln(D_o + 2D_c)/D_o}{2\pi\lambda_c} \qquad (8\text{-}3\text{-}19)$$

式中　D_o、D_c——套管直径和水泥环厚度；

λ_c——地层热导率。

3）地层热阻 R_f

$$R_f = \frac{f(t_d)}{\lambda_e} \qquad (8\text{-}3\text{-}20)$$

其中

$$f(t_d) = \frac{1}{4\pi}\left[\ln\frac{2304\alpha t_d}{(D_o + 2D_c)^2} - 0.5772\right] \qquad (8\text{-}3\text{-}21)$$

式中　t_d——注蒸汽时间；

α——温度扩散系数。

4）环形空间热阻 R_{a1}

根据环空热辐射的基本原理可得

$$R_{a1} = \frac{0.1713 \times 10^{-8} \pi D_o}{12}\left[\varepsilon_{to} + \frac{D_o}{D_1}\left(\frac{1}{\varepsilon_{ci}} - 1\right)\right] \qquad (8\text{-}3\text{-}22)$$

式中　D_o、D_i、ε_{to}、ε_{ci}——油管外直径、套管外直径、油管黑度、套管黑度。

3. 套管温度 T_c 的计算

1）油管外不加隔热层

（1）油套环形空间为液体时，有

$$T_c = \frac{T_s C + T_e}{C + 1} \qquad (8\text{-}3\text{-}23)$$

$$C = \frac{R_c + R_f}{R_a} \qquad (8\text{-}3\text{-}24)$$

式中 T_c——套管温度；

T_s——油管中蒸汽温度；

T_e——地层温度。

（2）油套环形空间为气体时，有

$$\frac{T_c-T_e}{R_c+R_f}-\frac{T_s-T_c}{R_a}=R_{a1}\left[(T_s+460)^4-(T_c+460)^4\right]\qquad(8-3-25)$$

采用式（8-3-25）计算 T_c 时，可采用正割迭代法计算 T_c，正割迭代法的步骤是：

① 给定初值 x_0、x_1，计算 $f(x_0)$、$f(x_1)$。

② $x_{n+1}=\dfrac{f(x_n)x_{n-1}-f(x_{n-1})x_n}{f(x_n)-f(x_{n-1})}$。 $(8-3-26)$

③ 重复以上步骤，直至满足给定的精度。

2）油套环形空间为蒸汽

$$T_c=T_s$$

3）油管外加隔热层

（1）环空流体为液体时，有

$$T_c=\frac{T_s+T_eC}{1+C}\qquad(8-3-27)$$

$$C=\frac{R_i+R_a}{R_f+R_c}\qquad(8-3-28)$$

$$R_i=\frac{\ln\dfrac{D_o+2D_i}{D_o}}{2\pi\lambda_i}\qquad(8-3-29)$$

式中 R_i——绝缘层的热阻；

D_i——绝缘层的厚度。

（2）环形空间为气体时，有

$$\frac{T_c-T_e}{C_1}-\frac{T_s-C(T_c-T_e)-T_c}{R_a}=R_{a1}\left\{\left[T_s-C(T_c-T_e)+460\right]^4-(T_c+460)^4\right\}\quad(8-3-30)$$

$$C_1=R_c+R_f\qquad(8-3-31)$$

$$C=R_i/C_1\qquad(8-3-32)$$

采用正割迭代法求 T_c。

（3）环形空间为蒸汽时，有

$$T_c=T_s\qquad(8-3-33)$$

4. 热损失计算

各单元的热阻和套管温度计算出来以后，结合地温梯度资料计算出的 T_e 值，即可计算出整个热损失资料，计算步骤为：

（1）选取20个左右的深度点，对每一个点计算单位长度上的热损失 Q_{hi}：

$$Q_{hi}=\frac{T_e-T_c}{R_c+R_f}\qquad(8-3-34)$$

（2）计算累计热损失 Q_{ti}：

$$Q_{t1} = D(1)Q_{hi}$$

$$Q_{ti} = Q_{hi}D(i-1) + \frac{1}{2}[D(i) - D(i-1)](Q_{hi} + Q_{hi-1}) \qquad i = 1, \cdots, N(N \text{ 为资料点数})$$

$$(8-3-35)$$

5. 计算蒸汽干度变化

1）单位质量的蒸汽热损失 Q_q

$$Q_q = Q_{tn}/Q_f \qquad (8-3-36)$$

式中　Q_f——质量流量。

2）计算热焓及潜热

（1）由蒸汽表计算干蒸汽、饱和水的热焓 h_v、h_w。

（2）计算蒸汽潜热 h_1：

$$h_1 = h_v - h_w \qquad (8-3-37)$$

3）计算蒸汽干度 $x(i)$

$$x(i) = \frac{x_1 h_1(1) + h_w(1) - Q_q(i) - h_w(i)}{h_1(i)} \qquad (8-3-38)$$

式中　x_1、$x(i)$ ——井口、第 i 点的蒸汽干度；

　　　　$h_1(1)$、$h_1(i)$ ——井口、第 i 点蒸汽潜热；

　　　　$h_w(1)$、$h_w(i)$ ——井口及第 i 点饱和水的焓。

蒸汽干度计算出后，即可计算进入地层的总热量：

$$Q_t = x_N Q_f h_v + (1 - x_N) Q_f h_w \qquad (8-3-39)$$

式中　Q_t——进入地层总的湿蒸汽热量，kJ/kg；

　　　　x_N——紧邻射孔层上取一点处的湿蒸汽干度；

　　　　Q_f——质量流量。

利用连续流量计上测 4 次，下测 4 次，即可将 Q_t 向各小层的进入量计算出来，计算方法与产出剖面中应用的方法相同。

每层吸蒸汽的百分比 Q_{ti} 为

$$Q_{ti} = \frac{v_{ai}}{v_{a1}} \times 100\% \qquad (8-3-40)$$

式中　Q_{ti}——第 i 层吸入的热量；

　　　　v_{ai}——第 i 层由连续流量计所得到的视流体速度；

　　　　v_{a1}——全流量层的视流体速度。

目前国内测注蒸汽剖面的测井系统是引进的 TPS-9000 高温测井系统（普鲁坎特公司），这一系统可同时测量温度、压力和流量 3 个参数。下井电缆用耐高温钢管电缆代替常规电缆。钢管内有两根毛细钢管，一根是空心传压毛细钢管，用于传输压力信号；另一根由两根热电偶导线和一根信号传输线组成。钢管外壳可防止高温损坏传输线。

温度测量使用的是热电偶仪器（K 型），把温度变化所产生的电压信号传输至地面，将其转变为温度信息。

第四节　注聚合物剖面测量

一、聚合物驱油原理

聚合物驱油是三次采油的方法之一，其作用是利用聚合物增加水溶液的黏度、减小流度比、扩大体积波及系数，达到提高原油采收率的目的。

聚合物注入工艺主要包括分散配制系统和聚合物溶液稀释注入系统。用于聚合物驱油的水溶性聚合物主要分为两类，一类是人工合成的聚合物；另一类是从植物及植物种子中提出的用细菌发酵获得的天然聚合物。通常采用聚丙烯酰胺（PAM），可以根据不同的聚合方法将其制成固体、水溶液和乳液。制备水溶性聚合物时，将单体溶解在水中，然后投入引发剂引发聚合。聚合结束后，将聚丙烯酰胺用水稀释至 1.5% 以下。

聚合物溶液浓度增加，黏度增加，并且增加的幅度越来越大。这是由于聚合物浓度增加，高分子的近程作用和远程作用增加，并且随着聚合物浓度的增加，高分子相互作用的机会增大，导致流动阻力增加。

由于无机盐中阳离子比偶极分子水有更强的亲电性，因而随着矿化度的升高，溶液中的聚合物（HPAM）分子由伸展构象逐渐趋于卷曲构象，使分子的有效体积缩小，因而溶液黏度下降。高价阳离子降黏作用更强。高价阳离子不但能够严重地降低聚合物溶液的黏度，更重要的是高价阳离子含量过高会引起聚合物的交联，而使聚合物从溶液中沉淀出来，这就是所谓的聚合物与油田水不配伍，因此注聚合物前应进行聚合物与油田水配伍性研究。

pH 值增大会使 HPAM 分子带有更多的负电荷，使其分子更趋伸张，溶液黏度增大；反之，则出现相反的情况。

由于以上原因，聚合物的黏度变化较大，应用示踪流量计测吸入剖面时，示踪剂不易扩散，形不成示踪峰；使用涡轮流量计时，叶片对聚合物的响应不敏感，不能得到有效的信号。描述聚合物溶液黏度关系最基本的是

$$\mu_p = \mu_\infty + \frac{\mu_0 - \mu_\infty}{1 + \left(\dfrac{\gamma}{\gamma'}\right)^{p-1}} \tag{8-4-1}$$

$$\mu_0 = \mu_\infty \left[1 + d(aC_p + bC_p^2 + cC_p^3)C_s^d \right] \tag{8-4-2}$$

式中　μ_0——零剪切速度下的聚合物溶液黏度，mPa·s；

　　　μ_∞——极限牛顿段的聚合物黏度，mPa·s；

　　　C_p——聚合物溶液浓度，%；

　　　a、b、c——与聚合物种类、溶剂性质和温度有关的常数；

　　　C_s——含盐量，mmol/mL；

　　　d——盐效应系数；

　　　μ_p——剪切速度为 γ 时的表观黏度，mPa·s；

　　　γ——剪切速率，s^{-1}；

　　　p——剪切降黏关系参数；

　　　γ'——0.5$(\mu_0 - \mu_\infty)$ 所对应的剪切速度。

实际应用时，由于 μ_∞ 难以确定，因此常用相同温度下水的黏度 μ_w 取代 μ_∞。

二、氧活化法确定注聚合物剖面

由于传统的涡轮流量计和示踪流量计在注聚合物中因黏度变化较大受到限制，因此常采用氧活化法确定注聚合物剖面。

注入聚合物流体水中含有的氧元素，在脉冲中子氧活化技术的作用下，有一个短的活化期，之后用一段时间测量流动的活化水，利用活化水通过探测器的时间计算出聚合物或水的流速。由于水中氧原子核活化后放射出的伽马射线能量较高，这一仪器可以探测套管外水的流动。

1. 氧活化测量原理

用能量大于 10MeV 的快中子照射聚合物流体中的活化氧，产生氧的放射性同位素。^{16}N 放射 β^- 射线后衰减，半衰期为 7.13s，衰减过程中放出高能 γ 射线，^{16}N 衰变过程放射出的 γ 射线能量为 6.13MeV。

仪器根据向上流动和向下流动有两种不同的组合。斯伦贝谢的 WPL 仪器，是对 TDT 双脉冲仪器稍加改进后研制成功的。仪器包括一个脉冲中子发生器和 3 个自然伽马探测器，3 个探测器包括远近两个探测器，另外一个自然伽马探测器安装在遥测电子线路短节上。源距分别为 2.54cm、5.08cm 和 38.1cm。测量时，可以得到 3 个独立的测量结果。注入井中，探测器位于源的下方；生产井中，探测器置于源的上方。另外，该仪器可以在同一次测量中既记录双脉冲 TDT 测井，又可记录水流测井（WFL）。氧活化的反应过程为

$$^1n + {}^{16}O \rightarrow {}^{16}N \xrightarrow[7.13s]{\beta^-} {}^{16}O + \gamma + {}^1P \tag{8-4-3}$$

测量时，用中子源产生一个较短的活化期（2s 或 10s），之后进行 60s 的测量。活化水经过探测器时可测量到它的特征波，聚合物水溶液的流速可根据源距和其通过探测器的时间确定。测量过程中，中子源打开 2s，之后关闭 18s。总信号包括背景值、仪器环境活化（固定活化氧得到的呈指数规律衰减部分）和流体流动引起的活化氧 3 个组成部分。

2. 测量信号数据处理

测量时，为了得到可靠数据，记录多个周期以提高测量精度。若测量套管外流动，通常要测量 15~20 个周期（15~20min 的记录时间）；若流速过低，有时要测量更多的周期。

记录到的信号是由背景值、固定氧和流动氧组分的线性组合，采用最小加权二乘法进行处理，用迭代技术进行计算，主要是计算系数 C_1、C_2、C_3 解决下列问题。假设

$$\Sigma_i = M_i - \left[C_1 + \frac{C_2}{t_{i+0.5} - t_{i-0.5}} \int_{i-0.5}^{i+0.5} e^{-\lambda t} dt + C_3 f(t_i) \right] \quad i = 1, 2, \cdots, n \tag{8-4-4}$$

求最小值

$$\sum_{i=1}^{n} W_i \Sigma_i^2 \tag{8-4-5}$$

式中　M_i——时间间隔 i 内的测量计数率；

$\quad\quad C_1$——背景计数率；

$\quad\quad C_2$——数据开始时的固定计数率；

$\quad\quad C_3$——总流动信号；

$\quad\quad f(t_i)$——流动测线（归一化值）；

Σ_i——预测计数率和测量计数率之差;

W_i——加权系数。

探测器预测的计数率 $C_3 f(t)$ 可用蒙特卡罗模型并根据窜槽水流得出:

$$C_3 f(t) = \int_{-\infty}^{\infty} dz \int_{t_0}^{t_a} dt' \lambda A e^{-\lambda(t-t')} S(t') R(Z) D(Z+L+vt'-vt) \qquad t > t_0 + t_a \qquad (8-4-6)$$

式中　λ——^{16}N 的衰减常数;

　　　$S(t')$——t'时间的中子源强度;

　　　t_0——活化开始时间,持续到 t_a;

　　　A——窜槽横截面积;

　　　L——源距;

　　　v——水流速;

　　　$D(Z)$——测量的相对于中子源位置的氧活化分布;

　　　$R(Z)$——测量的相对于检测器平面的响应作用。

对于长源距(第二个探测器),总计数中可以不考虑,固定静态氧项可以不考虑。

活化氧原子核的总数与总中子输出直接成比例,与流速无关,但活化氧原子核在探测器周围流过的时间与流速成反比,并且其达到第二远探测器之前近似以 $e^{-\lambda L/v}$ 衰减。因此,总流动信号可表示为

$$总信号 = \frac{\alpha t_a e^{-\lambda L/v}}{v} \qquad (8-4-7)$$

$$Q = \frac{bv}{\alpha S_n} \frac{1}{\dfrac{e^{-\lambda L/v}}{v}} C_3 \approx \frac{bv}{\alpha S_n} \frac{1}{g(L,v)} C_3 \qquad (8-4-8)$$

式中　b——常数;

　　　α——与流动距离相关的几何常数;

　　　S_n——总中子输出;

　　　$g(L,v)$——在数据采集期间由组合方程式(8-4-7)预测的总流动信号,即在数据采集时间内进行积分而得到。

总流动信号求出之后,利用其峰值可以确定平均流动时间,之后即可求出流速。经验表明,用式(8-4-7)确定的 Q 值有较大的变化范围,因此实际处理时采用式(8-4-8)。计算时,流量可以根据总流动信号、流速、套管尺寸、活化期和中子输出数据确定。计算时要知道距水流距离,若是在套管外,这一距离(d)被看作距套管外 1in。在低流速条件下,信号移动到探测器之前移动的距离小于源距 L,因此会产生一些误差;在高速条件下,一些活化原子核会在数据采集之前就通过探测器,因此流速过高也会产生一些误差。

3. 氧活化测量实验

为了证实模型的可靠性,实验是在 139.7mm 套管和孔隙度为 30% 且充满淡水的砂岩地层中进行的,用脉冲中子仪器模拟测量响应。水的通道是紧靠套管外侧内径为 76.2mm 的管子,用一个刻度过的流量计测量管内水的流动速度。

图 8-4-1、图 8-4-2 是用 10s 活化期的远探测器的测量结果,图中横坐标为速度,虚线表示由式(8-4-6)计算的结果,实线表示预测的信号 $g(L, v)$。图 8-4-1 是由 10s 活化期测得的总流动信号,除了在 5~14ft/min 之间二者差别过大之外,其余部分吻合较好。这

是对静态信号估算过高，对总流动信号估算过低造成的，即有的信号被错误地当作一种具有 7.13s 半衰期的静态信号处理。这种误差在使用 10s 活化期且流动信号在数据采集之前就已通过探测器的情况下十分明显。

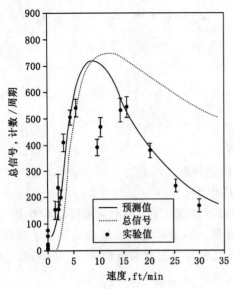

图 8-4-1 用 10s 活化期的远探测器
测出的总流动信号之一

对静态氧信号估算过高导致 5~15ft/min
一段的观测误差；实线为理论响应

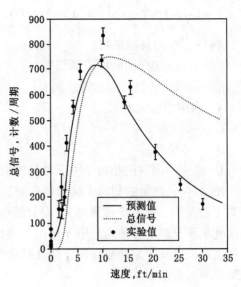

图 8-4-2 用 10s 活化期的远探测器
测出的总流动信号之二

静态氧分量压缩为 150 计数/周期；
实线为理论响应

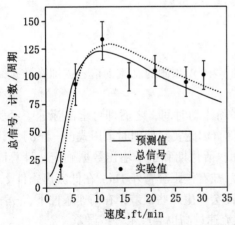

图 8-4-3 用 2s 活化期的远探测器
测出的总流动信号

实线是理论响应

图 8-4-3 是用 2s 活化期时远探测器测得的流动信号。由于近探测器距中子发生器为 1ft，所以能够测得到低于 2ft/min 的流动。流速大于 2ft/min 时，可以用第一个探测器测量（L=2ft），远探测器可以测量 2~90ft/min 的流速；在流速为 10ft/min 时，效果最好；流速大于其上限时，不能测到流动信号。第二远探测器（L=15ft）可以探测到 20~200ft/min 速度范围内的流动信号，在速度为 75ft/min 时效果最好。

4. 现场测量

测量前要对仪器进行刻度，方法是在一个刻度槽中下入仪器，在仪器旁边移动一根水管，通过测流量和流动面积，即可计算出流速。另外，测量前还要了解套管的型号、中子输出水平、仪器方向、流动区域（套管内外）。选择活化时间

（2s 或 10s），在井下流动不清楚时可以采用 10s 的活化期；当远探测器上的信号过大时，可改用 2s 活化期测量，活化期后建议采用 60s 的测量时间，以便测量出静态流动的情况。例如，当以 1200ft/h 的速度向下测量时，中子发生器把井眼流体活化后，在近远探测器上可

观察到较大的流动信号，由于信号幅度较大，可改用 2s 的活化期。

在进行 WFL 测量之前（斯伦贝谢公司研制的氧活化测井仪器），通常要把 GR 测量（$L=15\text{ft}$）结果与早期的自然伽马曲线对比。若流动存在于套管内，且与流动方向一致，则信号往往非常强，会掩盖来自套管外的窜槽信号。因此，若要寻找向上的管外窜槽，要求井内没有向上流动的信息；相反，若要测量向下的管外窜槽，便要求没有向下的井内流动。

如果测量目的是监测管外窜槽，要求仪器定点居中对着目的层 15min，观察远探测器的时间计数率，可对仪器作业情况进行监视。同时，从 GR 探测器可以观察高速流动，因此也应观察 GR 测量信号，资料处理后，确定是否有流动存在；若探测到低速流动，要重复测量，之后进入下一测点。

对于正常的显示，建议应用远探测器和 GR 探测器。在许多情况下，来自这两个探测器的资料可以得到很多确定流速和流量的信息。

在流量很小的情况下，要求同时采用近探测器（$L=1\text{ft}$）和远探测器（$L=2\text{ft}$）进行资料处理。不能只用近探测器资料确定有无流动，因为井眼区域内温度变化引起的对流对近探测器响应影响较大。

利用式(8-4-8)计算窜槽流量时，需要知道流动距仪器的距离。前边讲过，在不知道时，可认为水流的距离在套管外径外 1in 处。如果仪器不居中，则估算的流量误差较大。

一个点测量完成后，进入下一个测点时，不要使近、远和 GR 探测器处于上个测点中子发生器的位置，否则会使背景值高于实际值。另外，测量前要停几分钟，使周围的流动静止下来。测量结束后，用 GR 和磁定位器确定下一个测点。

课后习题

1. 简述同位素吸水剖面测井原理和过程。
2. 同位素吸水剖面测井中所用同位素及载体的选择应注意哪些问题？
3. 何为放射性沾污现象，常见的放射性沾污类型有哪几种？
4. 注蒸汽测量的主要项目有哪些？
5. 简述氧活化法测量注聚合物剖面的原理。
6. 已知某注水井日注水量为 180m³（笼统向下注水），该井共有 3 个射孔层位，采用同位素法测量吸水剖面，同位素测井曲线与伽马本底曲线在 3 个射孔层段所夹异常面积分别为 1000、800 和 500，并在第 1、第 2 层和第 2、第 3 层间由于放射性沾污造成的非吸水异常面积分别为 500 和 400，现判断其沾污类型分别是工具沾污（沾污校正系数取 0.13）和套管内壁腐蚀沾污（沾污校正系数取 0.22），试计算各射孔层的日吸水量。

参 考 文 献

[1]　姜文达. 放射性同位素示踪注水剖面测井. 北京：石油工业出版社，1997
[2]　Wichmann P A. Advances in Nuclear Production Logging. SPWLA 8th Logging Symposium, 1967
[3]　张世康. 热工与热机. 北京：石油工业出版社，1981

第九章
套管井地层参数测井

本章主要介绍套管井地层参数测量及井筒持率的测量方法。通常有两种方法可用于过套管储集层评价和饱和度监测，一种是测量热中子衰减时间的中子寿命测井（TDT）；另一种是用非弹性散射伽马射线能谱测定法确定地层中碳和氧相对含量的碳氧比能谱测井。因为氯的中子俘获截面很大，所以 TDT 技术在高矿化度地层水的地区可以得到很好的结果；当地层水矿化度很低或矿化度未知时，碳氧比能谱测井可以得到可靠的结果，而两种方法的组合往往可以得到最好的结果。

第一节　中子测井的核物理基础

中子的静止质量为 1.008664904 原子质量单位（即 $1.6749286 \times 10^{-24}$ g），不带电。当它射入物质时，和核外电子几乎没有库仑力的作用，主要与原子核发生作用，因此中子和核作用的反应概率主要决定于核的性质。由于中子不需要克服库仑力的作用，因此能量很低的中子也能进入原子核内，引起核反应，反应概率往往很大。能量较高的中子（快中子）具有很强的穿透能力，它能射穿测井仪器的钢外壳、套管、水泥环，并能射入数十厘米深的地层，引起各种核反应，这一特性对中子测井非常重要。

中子与地层的相互作用是中子测井的基础。加速器中子源发射中子的能量为 14MeV，同位素中子源发射的中子能量为几百万电子伏特，与地层会发生一系列反应。下面分别论述。

一、快中子非弹性散射

快中子与地层中的靶核发生反应，被靶核吸收形成复核，而后再放出一个能量较低的中子，靶核仍处于激发态，即处于较高的能级，这种作用过程叫非弹性散射，或称（n，n'）核反应。这些处于激发态的核，常常以发射伽马射线的方式放出激发能而回到基态，由此产生的伽马射线称为非弹性散射伽马射线。以中子非弹性散射为基础的测井方法，叫快中子非弹性散射伽马法，如碳氧比能谱测井就是测定快中子与 ^{12}C 及 ^{16}O 核经非弹性散射而放出的伽马射线。中子的能量必须大于靶核的最低激发能级才能发生非弹性散射。非弹性散射的阈值 E_0 为

$$E_0 = E_\gamma \frac{M+m}{M} \tag{9-1-1}$$

式中　E_γ——放出的伽马光子的最低能量；

　　　M——反冲原子核的质量；

　　　m——中子的质量。

一个快中子与一个靶核发生非弹性散射的概率叫非弹性散射截面，单位是"巴"，即 10^{-24} cm^2。非弹性散射截面随着中子能量增大及靶核质量数的增大而增大。同位素中子源发射的中子能量低，超过阈能的中子所占的比例很小，引起非弹性散射核反应的概率小，所

以总的来说，这种核反应的效果可以忽略不计。但中子发生器发射的能量为14MeV的中子射入地层后，在最初的$10^{-8} \sim 10^{-7}$s的时间间隔里，中子的非弹性散射占支配地位，发射的伽马射线几乎全部为非弹性散射伽马射线。如果在中子发射后$10^{-8} \sim 10^{-7}$s的时间间隔里选择记录由^{12}C、^{16}O和中子非弹性散射造成的4.43MeV及6.13MeV的伽马射线，就能记录到反映井剖面中含碳量和含氧量的测井曲线。根据反映碳和氧的一定能谱段计数率的比值来区分油水层的测井方法叫碳氧比能谱测井。

二、快中子对原子核的活化

快中子除与原子核发生非弹性散射外，还能与某些元素的原子核发生（n，α）、（n，P）及（n，γ）核反应。其中，由快中子引起的（n，γ）反应截面非常小，在放射性测井中没有实际意义。而（n，α）和（n，P）的反应截面都比较大，并且中子的能量越高，反应截面越大。由这些核反应产生的新原子核，有些是放射性核素，以一定的半衰期衰变，并发射β或γ粒子。活化核裂变时放出的伽马射线称为次生活化伽马射线，其中氧活化即属这一类型（第八章已描述），反应式为

$$^{16}O + {}^{1}n \rightarrow {}^{16}N \xrightarrow[7.13s]{\beta^{-}} {}^{16}O + \gamma + {}^{1}P \tag{9-1-2}$$

三、快中子的弹性散射及其减速过程

高能中子在发射后的极短时间内，经过一两次非弹性碰撞而损失掉大量的能量。此后，中子已没有足够的能量再发生非弹性散射或（n，P）核反应，只能经弹性散射而继续减速。所谓弹性散射，是指中子和原子核发生碰撞后，系统的总动能不变，中子所损失的动能全转变成反冲核的动能，而反冲核仍处于基态。弹性散射一般发生在14MeV的中子进入地层以后$10^{-6} \sim 10^{-3}$s之间。至于同位素中子源发射的中子，因其能量只有几个百万电子伏，所以其减速过程一开始就是以弹性散射为主。每次弹性碰撞后，快中子损失的能量与靶核的质量数A、入射中子的初始能量E_0以及散射角ϕ有关。当$\phi = 180°$时，即发生正碰撞时，中子损失的能量最大。

中子从初始能量减速为热中子（0.025MeV）所需平均碰撞次数叫热化碰撞次数，计算公式为

$$热化碰撞次数 = \frac{\ln(E_0/0.025)}{\lambda} \tag{9-1-3}$$

$$\lambda = \overline{\ln E_0 - \ln E} = \overline{\ln \frac{E_0}{E}} \tag{9-1-4}$$

式中　λ——每次碰撞前后中子能量自然对数差的平均值；

　　　E——碰撞后的能量。

如果$E_0 = 2MeV = 2 \times 10^6 eV$，则

$$热化碰撞次数 = \frac{\ln(2 \times 10^6/0.025)}{\lambda} = \frac{18.2}{\lambda} \tag{9-1-5}$$

当靶核分别为C、O时，λ分别为0.158和0.12，计算结果为114次和150次撞碰，即与C和O分别作用时，经过大约114次和150次撞碰变为热中子。

通常情况下，靶核的质量数A越大，对快中子的减速能力越差。氢核的A值最小，对快中子的减速能力最强。氢是所有元素中最强的中子减速剂，这是中子测井法测定地层含

氢量及解决与含氢量有关的各种地质问题的依据。

水是地层中减速能力最强的物质，其宏观减速能力为 $\beta=1.53\mathrm{cm}^{-1}$。由其他轻元素组成的物质，减速能力比水小 1~2 个数量级，如纯石灰岩骨架的减速能力为 $0.056\mathrm{cm}^{-1}$。由重元素组成的物质宏观减速能力更差，因而可以近似认为，岩石的减速能力等于其孔隙中水或原油的减速能力（设骨架中不含氢）。

岩石中，快中子从初始能量减速到 $0.025\mathrm{MeV}$ 热中子所需要的时间叫中子在岩石中的减速时间，中子在水中的减速时间为 $10^{-5}\mathrm{s}$。岩石中，快中子减速到热中子所移动的直线叫中子的减速距离，淡水的减速距离为 7.7cm，石英、方解石的减速距离分别为 37cm 和 35cm。

四、热中子在岩石中的扩散和俘获

快中子减速为热中子后，不再减速，温度为 25℃时，标准热中子的能量为 $0.025\mathrm{MeV}$，速度为 $2.2\times10^5\mathrm{cm/s}$。此后，中子与物质的相互作用不再是减速，而是在地层中的扩散。热中子在介质中的扩散与气体分子的扩散相类似，即从热中子密度（单位体积中的热中子数）大的区域向密度小的区域扩散，直到被介质的原子核俘获为止。描述这个过程的主要参数有：岩石的宏观俘获截面、热中子扩散长度及寿命。

一个原子核俘获热中子的概率叫该种核的微观俘获截面，以巴（b，$10^{-24}\mathrm{cm}^2$）为单位。$1\mathrm{cm}^3$ 的介质中所有原子核微观俘获截面的总和叫宏观俘获截面，单位为 cm^{-1}。岩石中俘获截面大的核素含量高时，其宏观俘获截面大。氯俘获热中子的截面是 31.6b，比沉积岩中其他常见元素的俘获截面大得多，所以含有高矿化度水的岩石比含油的同类岩石宏观俘获截面大，显然岩盐的宏观截面特别大。当泥质含量增加时，铝、铁、钛、锂、锰等俘获截面大的核素增多，岩石的宏观俘获截面也相应增大。硼的俘获截面特别大，所以岩石中只要有微量的硼，它的宏观俘获截面就会显著增大。

中子在岩石中从变为热中子的时刻起到被吸收的时刻止，所经过的平均时间叫热中子寿命，也叫扩散时间。在无限均匀介质中，热中子的寿命在数值上等于该介质中热中子的平均扩散自由程和热中子的平均速度的比值，即

$$\tau_t=\frac{S}{v} \tag{9-1-6}$$

式中　τ_t——热中子寿命；

　　　v——热中子的平均速度，$2.2\times10^5\mathrm{cm/s}$；

　　　S——热中子从产生到被吸收为止的自由行程的平均值。

把 $S=\dfrac{1}{\Sigma}$（Σ 是岩石的宏观俘获截面）代入式(9-1-6) 得

$$\tau_t=\frac{1}{v\Sigma} \tag{9-1-7}$$

由此可知，热中子寿命与岩石的宏观俘获截面成反比。水中含有氯离子时，因为矿化水地层中，热中子寿命比油层要小，所以热中子寿命测井可区分油水层。

靶核俘获一个热中子而变为激发态的复核，然后复核放出一个或几个伽马光子，放出激发能而回到基态，这种反应叫辐射俘获核反应，或称（n，γ）反应。在（n，γ）核反应中放出的伽马射线叫俘获伽马射线，测井中习惯上称为中子伽马射线，以这一反应为基础

的测井方法叫中子伽马测井。不同的原子核具有不同的能级，因而各种原子核放出的伽马射线能量也不相同，这就是中子伽马能谱测井的物理基础。在（n，γ）核反应中，氢核和其他的原子核相比已不像在减速过程中起决定性作用，此时由于氯的俘获截面大且能放出能量很高的伽马射线，因而记录热中子寿命及俘获截面 Σ 可以反映含氯量的变化，根据这些参数可以区分高矿化度油水层。

第二节　中子寿命测井

一、基本概念及原理

中子寿命测井（NLL）也叫热中子衰减时间测井（TDT），是脉冲中子测井中最常用的一种，记录的是热中子在地层中的寿命。热中子寿命 τ 是指热中子从产生到被俘获吸收为止所经过的平均时间。计算可知，平均时间等于 63.2% 的热中子被俘获所经过的时间，通常与介质中的含氯量相关。

热中子速度 v 与地层的绝对温度关系如下

$$v = 1.28 \times 10^4 \sqrt{T} \tag{9-2-1}$$

式中　T——热力学温度，数值上等于摄氏温度加上 273。

当温度为 25℃ 时，$v = 2.2 \times 10^5 \text{cm/s}$。若 τ 以 μs 为单位，并将 25℃ 时 v 值代入式（9-1-7）可得

$$\tau = \frac{4.55}{\Sigma} \tag{9-2-2}$$

式中　Σ——介质宏观俘获截面，cm^{-1}。

在测井中也可使用热中子的半衰期 L（即热中子在介质中有一半被俘获时所经过的时间）作为地层对中子俘获能力的指标，L 与 τ 的关系是

$$L = 0.693\tau \tag{9-2-3}$$

$$L = \frac{3.15}{\Sigma} \tag{9-2-4}$$

测井中常选用 10^{-3}cm^{-1} 作为宏观俘获截面的单位，叫俘获单位，记作 c.u.。于是式（9-2-2）、式（9-2-4）可写为

$$\tau = \frac{4550}{\Sigma} \tag{9-2-5}$$

$$L = \frac{3150}{\Sigma} \tag{9-2-6}$$

因此，计算热中子寿命的关键在于确定介质的宏观俘获截面。物质的热中子俘获截面是 1cm^3 体积中该物质所有原子核的微观俘获截面之和。

若矿物骨架或孔隙流体是由一种化合物组成的，则其热中子宏观俘获截面为

$$\Sigma = \rho \frac{602}{M}(C_1\delta_1 + \cdots + C_i\delta_i + \cdots + C_n\delta_n) \tag{9-2-7}$$

式中　Σ——宏观俘获截面，c.u.，即 10^{-3}cm^{-1}；

　　　ρ——物质的密度，g/cm^3；

M——相对分子质量；

C_i——每个分子中第 i 种核的个数；

δ_i——第 i 种原子核的热中子微观俘获截面，b；

n——该物质的分子中原子核的种类。

由式（9-2-7）可计算出，纯水的宏观俘获截面为 22.1c.u.；SiO_2 的 Σ 值为 4.25c.u.。由式（9-2-5）可以计算出，纯水、SiO_2 的热中子寿命分别为 205μs 和 1070μs。

对于由多种化合物组成的混合物，计算 Σ 值的方法有两种：（1）已知混合物的矿物成分，则可根据各种矿物的 Σ 值和体积含量求出总的宏观俘获截面；（2）已知每立方厘米体积中各种元素的含量，则可由各种核的微观俘获截面求 Σ 值。斯伦贝谢公司计算出的几种物质的俘获截面分别为：石英砂岩为 8c.u.，次长石砂岩为 10c.u.，石灰岩为 12c.u.，白云岩为 8c.u.。

对于纯地层水，其 Σ 值为 22c.u.。当地层水中有 Cl、B、Li 等强热中子吸收剂的离子时，其热中子的俘获截面与纯水的 Σ 值相差很大，常温下每微克的 Cl、B、Li 的热中子俘获截面分别为 540c.u.、416c.u. 和 60.9c.u.。对含有这些离子的水求 Σ 值时，首先将它的离子转变为 NaCl 热中子俘获截面相等的等效浓度。然后按等效 NaCl 含量与水的 Σ 值的关系计算出地层水的 Σ 值。

求出等效 NaCl 浓度后，用相应的图版可求出地层的热中子寿命 τ 和宏观俘获截面 Σ。原油的宏观热中子俘获截面与油气有关，脱气原油的 Σ 值为 22c.u.，与淡水基本相同。原油中溶解的气越多，Σ 值越小。通常油的 Σ 值在 18~22c.u. 之间，但有些重质油的 Σ 值可能大于 22c.u.。天然气的 Σ 值与它的组分、地层压力和温度有关，确定干气（甲烷）的 Σ 值可采用如图 9-2-1 所示的关系曲线。天然气 Σ 与相对密度 γ_g 的近似关系式为

$$\Sigma_g = \Sigma_{CH_4}(0.23 + 1.4\gamma_g)$$

若地层孔隙流体为地层水、原油和天然气的混合物，则按其体积比可以计算 Σ 值。泥质的俘获截面主要是由硼造成的，由于泥质成分复杂，Σ 的变化范围很大，从 25.2c.u. 变化到 66.2c.u.，但常见的典型数值为 35~55c.u.。

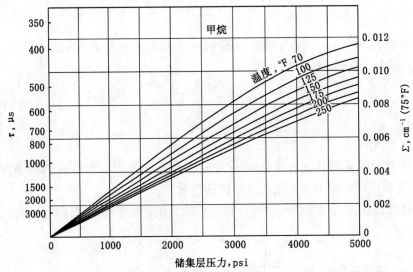

图 9-2-1　甲烷的 τ 和 Σ 与压力和温度的关系曲线

对于纯地层来说，其总的宏观俘获截面 Σ 为

$$\Sigma = \Sigma_{ma}(1-\phi) + \Sigma_w S_w \phi + \Sigma_h(1-S_w)\phi \qquad (9-2-8)$$

式中　Σ_{ma}——岩石骨架的宏观热中子俘获截面；

　　　Σ_w——地层水的宏观俘获截面；

　　　Σ_h——油或气的宏观热中子俘获截面；

　　　ϕ——孔隙度；

　　　S_w——含水饱和度。

当地层含有泥质时，式（9-2-8）变为

$$\Sigma = \Sigma_{ma}(1-\phi-V_{sh}) + \Sigma_w S_w \phi + \Sigma_h(1-S_w)\phi + \Sigma_{sh}V_{sh} \qquad (9-2-9)$$

式中　V_{sh}——泥质体积含量；

　　　Σ_{sh}——泥质的宏观俘获截面。

式（9-2-9）可以改写为

$$S_w = \frac{(\Sigma - \Sigma_{ma}) - \phi(\Sigma_h - \Sigma_{ma}) - V_{sh}(\Sigma_{sh} - \Sigma_{ma})}{\phi(\Sigma_w - \Sigma_h)} \qquad (9-2-10)$$

式中的 Σ 值可从测井曲线上读出。

表 9-2-1 给出了泥质、砂岩骨架、淡水、地层水、天然气和原油热中子宏观俘获截面的典型数据。

表 9-2-1　几种物质的典型 Σ 值

物质	宏观俘获截面值，c.u.	物质	宏观俘获截面值，c.u.
泥质	35~55	地层水	22~120
砂岩骨架	8~12	天然气	0~12
淡水	22	原油	18~22

由表 9-2-1 可以看出：

（1）砂岩骨架与孔隙中的原油、天然气、地层水的 Σ 值有明显差别，所以地层的 Σ 值与孔隙度有关。

（2）地层水俘获截面随含氯量增加而急剧增大，所以高矿化度地层水的俘获截面比油、气要高很多，因此根据 Σ 可以划分油水界面并定量确定含水饱和度。

（3）天然气的 Σ 值很低，可以通过中子寿命测井辨别气层。

（4）中子寿命测井要受泥质和地层水矿化度的影响，对测量结果应进行校正。当地层水矿化度很低时，油水界面就难以分清了。

一般认为，当孔隙度在 15%~25% 范围内时，地层水 NaCl 的含量超过 50g/L，即可用中子寿命测井识别油水层。当孔隙度更大，NaCl 的含量只有 20~50g/L 时，也可识别油水层。

二、τ 和 Σ 的测量方法

根据中子守恒定律可得到中子密度随时间的变化率 $\partial n/\partial t$ 为

$$\frac{\partial n}{\partial t} = 产生率 - 泄漏率 - 吸收率 \qquad (9-2-11)$$

中子寿命测井采用中子发生器作为中子源。中子发生器发射的中子脉冲宽度一般为数

十微秒至 $100\mu s$。中子在由轻核组成的介质中，减速时间 τ 为 $10^{-5}s$ 数量级，即几十微秒。中子脉冲结束后再经 $2\sim3$ 倍的 τ，绝大部分中子变为热中子。中子寿命测井要在脉冲结束后 $200\sim300\mu s$ 才开始计数，此时所有的快中子早已变为热中子，中子产生率为零。

泄漏率是单位时间进入和离开单位体积相抵后的中子数。泄漏率是观察点位置的函数，即与源距有关。在脉冲中子发射后的某一时刻，在离中子源较近的区域内，热中子密度较大，热中子由这一区域向密度较小的区域扩散；显然在离中子源较近的区域内，进入单位体积的中子数要小于离开单位体积的中子数，即进得少出得多，由扩散引起的热中子密度变化是正值。由上述两种情况可推论：在离中子源某一位置，在确定的时刻可使由扩散引起的热中子变化为零，即在基本延迟时间（开始测量时间对中子脉冲发射时间的延迟时间）确定后，选择适当的源距，可以使泄漏率为零。此时中子密度随时间的变化率可写成

$$\frac{\partial n}{\partial t} = -吸收率 \tag{9-2-12}$$

若中子束的中子密度（即每立方厘米的中子数）为 n，则每秒每立方厘米中被俘获的热中子数为

$$n_a = \sum vn = 吸收率 \tag{9-2-13}$$

计算可得到热中子密度随时间变化表达式为

$$n = n_0 e^{-\frac{t}{\tau}} \tag{9-2-14}$$

式(9-2-14) 表示离中子源某一距离处中子密度随时间变化的分布规律，也是中子寿命测井的理论基础。

设 n_1 和 n_2 分别为时刻 t_1 及 t_2 时的热中子密度，则有

$$\tau = \frac{0.4343\Delta T}{\lg n_1 - \lg n_2} \tag{9-2-15}$$

其中
$$\Delta T = t_2 - t_1$$

实际测井时，并不是直接测热中子的密度，而是测定与 n_1 及 n_2 成正比的由两道门测得的俘获伽马射线计数率 N_1 及 N_2：

$$N_1 = K\Delta t_1 f \bar{n}_1 \tag{9-2-16}$$

$$N_2 = K\Delta t_2 f \bar{n}_2 \tag{9-2-17}$$

式中　K——与探测器计数效率有关的系数；

　　Δt_1、Δt_2——在时刻 t_1 和 t_2 附近，门Ⅰ和门Ⅱ进行测量时采用的开门时间，即门宽；

　　$\bar{n}_1$、$\bar{n}_2$——门Ⅰ及门Ⅱ时间间隔里观察点附近的平均热中子密度，当门宽不很大时，$\bar{n} = n_0$；

　　f——中子脉冲重复频率。

当 $\Delta t_1 = \Delta t_2$ 时，$\lg(N_1/N_2) = \lg(n_1/n_2)$，所以式(9-2-15) 中的 n_1 和 n_2 可改为 N_1 及 N_2，即

$$\tau = \frac{0.4343\Delta T}{\lg N_1 - \lg N_2} \tag{9-2-18}$$

所以
$$\Sigma = \frac{1}{v\tau} = \frac{\lg N_1 - \lg N_2}{v \times 0.4343\Delta T} \tag{9-2-19}$$

将 $v = 2.2 \times 10^5 cm/s$ 代入得

$$\sum = \frac{10466(\lg N_1 - \lg N_2)}{\Delta t} \tag{9-2-20}$$

若 Δt 采用 $300\mu s$，则
$$\sum = 35 \lg \frac{N_1}{N_2} \tag{9-2-21}$$

式中　N_1、N_2——在均匀介质中，在脉冲间隔中时刻 t_1 和 t_2 附近由热中子俘获造成的计数率，不包含本底计数。

三、中子寿命测井的应用

1. 定性解释

在孔隙度较高、矿化度高的地层中，可以用中子寿命测井所得的门Ⅰ和门Ⅱ曲线、寿命 τ 或宏观俘获截面 $\sum$ 曲线的变化情况快速分辨油气水层及其变化，不考虑孔隙度数值定性估算含水饱和度。

1）监测油水或气水界面的移动

用固定门方式测出的门Ⅰ及门Ⅱ曲线与电阻率测井曲线能很好地对比。在泥岩部分，两条曲线计数率都低，且门Ⅰ计数率大致为门Ⅱ的 6 倍；盐水储集层计数率低；油层计数率较高；气层更高。用 $\sum$ 或 τ 曲线也可定性划分岩性和区分油、气、水层。

油井生产一段时间后，侵入带消失，此后测得中子寿命曲线作为参考曲线，用以和数月或数年后测得的资料进行对比。将随后测得的曲线与参考曲线对比，确定油气水界面的移动，这一方法称为 TDT 时间推移测井。

利用式（9-2-22）可以估算含水饱和度的变化：
$$\Delta S_w = \frac{\Delta \sum_{\log}}{\phi(\sum_w - \sum_h)} \tag{9-2-22}$$

式中　ΔS_w——含水饱和度的变化；

　　　$\Delta \sum_{\log}$——后测 $\sum$ 值与参考曲线 $\sum$ 值之差；

　　　ϕ——孔隙度，用声波测井资料估算；

　　　$\sum_w$、$\sum_h$——地层水及油的热中子宏观俘获截面。

2）检查注水剖面和管外窜槽

先测一条中子寿命测井参考线，而后把与注入水俘获截面不同的流体压入目的层段。若注入水为淡水，则检查时注入含盐量很高的水；当注入水为盐水时，检查时可注入淡水，水被替换后再测一次中子寿命测井。比较这两条曲线，就可知剖面中的吸水层位，还可用式（9-2-23）计算被第二种流体占据的孔隙空间：
$$\phi S_{w2} = \frac{\sum_1 - \sum_2}{\sum_{w1} - \sum_{w2}} \tag{9-2-23}$$

用同样的方法，还可以测定注入水的洗油效率、可动油及残余油饱和度、可动水及束缚水饱和度，发现窜槽等。为增大替换液与原有孔隙流体热中子俘获截面的差别，在替换液中还可加入硼酸等强热中子吸收剂。

2. 定量解释

1）求地层的含水饱和度

定量解释的目的，主要是确定地层的含水饱和度。若孔隙度大，且地层水矿化度高，则由中子寿命测井求出的 $\sum_w$ 可靠性也高。实验表明，孔隙度为 15% 时，只有当 $\sum_w >$

60c. u. 时求出的 S_w 可靠度较高；对于含泥质为 20% 的地层，孔隙度为 15%、$\Sigma_w > 90c.u.$ 时，求出的 S_w 可信度才较高。地层含水饱和度公式为

$$S_w = \frac{(\Sigma - \Sigma_{ma}) - \phi(\Sigma_h - \Sigma_{ma}) - V_{sh}(\Sigma_{sh} - \Sigma_{ma})}{\phi(\Sigma_w - \Sigma_h)} \qquad (9\text{-}2\text{-}24)$$

式中　Σ——宏观俘获截面测量值；

　　　Σ_{ma}、Σ_h、Σ_{sh}——骨架、烃和泥质的宏观俘获截面；

　　　Σ_w——地层水的宏观俘获截面，对原状地层 Σ_w 是常数，而对注水开发油田它是变量；

　　　V_{sh}——泥质体积含量；

　　　ϕ——孔隙度。

由式(9-2-24)可见，为求得含水饱和度，除测量值 Σ 外，还需要获得 ϕ、V_{sh}、Σ_{ma}、Σ_h、Σ_{sh} 和 Σ_w 等 6 个参数。V_{sh} 可由自然伽马测井求得；ϕ 可由声波、密度或中子测井求得。

2）用测—注—测技术测定可动流体相对体积

测—注—测技术的施工过程包括：（1）测——在原状或注入低矿化度水后测一条曲线作为参照曲线 Σ_1；（2）注——注入高矿化度水或含硼水；（3）测——再测一条对比曲线 Σ_2。对比这两条曲线就可研究注水剖面，在有利条件下还可估算剩余油饱和度。用公式表示为

$$\Sigma_1 = \Sigma_{ma}(1 - \phi - V_{sh}) + \Sigma_{w1}S_w\phi + \Sigma_h(1 - S_w)\phi + \Sigma_{sh}V_{sh} \qquad (9\text{-}2\text{-}25)$$

$$\Sigma_2 = \Sigma_{ma}(1 - \phi - V_{sh}) + \Sigma_{w2}S_w\phi + \Sigma_h(1 - S_w)\phi + \Sigma_{sh}V_{sh} \qquad (9\text{-}2\text{-}26)$$

对注水或强水淹层，式(9-2-25)、式(9-2-26)中右边第二项是可变的，其余各项都是常数。第二项还能分成两部分，即束缚水和可动水。考虑到施工时间较短，束缚水的含盐量尚未有明显变化，使

$$\Sigma_{w1}\phi S_w = \Sigma_{w1}\phi S_{iw} + \Sigma_{w1}\phi S_{mw} \qquad (9\text{-}2\text{-}27)$$

和

$$\Sigma_{w2}\phi S_w = \Sigma_{w2}\phi S_{iw} + \Sigma_{w2}\phi S_{mw} \qquad (9\text{-}2\text{-}28)$$

式中　S_{iw}——束缚水饱和度；

　　　S_{mw}——可动水饱和度。

令式(9-2-26)和式(9-2-25)两式相减，并利用式(9-2-27)和式(9-2-28)的关系，得

$$\Sigma_2 - \Sigma_1 = \phi S_{mw}(\Sigma_{w2} - \Sigma_{w1}) \qquad (9\text{-}2\text{-}29)$$

式中　ϕS_{mw}——可动水相对体积。

在上述条件下，当前的可动水相对体积也就是原状地层时的可动油相对体积。改写式(9-2-29)，得可动水或可动油相对体积：

$$\phi S_{mw} = \frac{\Delta\Sigma}{\Delta\Sigma_w} \qquad (9\text{-}2\text{-}30)$$

这一参数对研究注水剖面中地层的相对吸水量、注水开发油田的可动油和剩余油饱和度都很有用。

3）监测含油饱和度的变化

在地层水矿化度不改变的条件下，若先后两次测到的热中子宏观俘获截面分别为 Σ_1 和 Σ_2，则含水饱和度的改变量为

$$\Delta S_w = \frac{\Sigma_2 - \Sigma_1}{\phi(\Sigma_w - \Sigma_h)} \qquad (9\text{-}2\text{-}31)$$

3. 用测—注—测技术确定产层剩余油饱和度

1）测—注—测注水技术

注前先测一条中子寿命曲线，设测得的地层宏观俘获截面为 Σ_{t1}，原生地层水宏观俘获截面为 Σ_{w1}。向井中产层注入与地层水矿化度相差较大的盐水，设注入盐水的俘获截面为 Σ_{w2}，注入后进行第二次测井，此时测得的产层宏观俘获截面为 Σ_{t2}。两次测井的响应方程为

$$\Sigma_{t1} = (1-\phi-V_{sh})\Sigma_{ma} + \phi S_w \Sigma_{w1} + \phi(1-S_w)\Sigma_h + V_{sh}\Sigma_{sh} \qquad (9-2-32)$$

$$\Sigma_{t2} = (1-\phi-V_{sh})\Sigma_{ma} + \phi S_w \Sigma_{w2} + \phi(1-S_w)\Sigma_h + V_{sh}\Sigma_{sh} \qquad (9-2-33)$$

两式相减得

$$\Sigma_{t2} - \Sigma_{t1} = \phi S_w (\Sigma_{w2} - \Sigma_{w1}) \qquad (9-2-34)$$

$$S_w = \frac{\Sigma_{t2} - \Sigma_{t1}}{\phi(\Sigma_{w2} - \Sigma_{w1})} \qquad (9-2-35)$$

因此剩余油饱和度为

$$S_{or} = 1 - \frac{\Sigma_{t2} - \Sigma_{t1}}{\phi(\Sigma_{w2} - \Sigma_{w1})} \qquad (9-2-36)$$

式中　ϕ——孔隙度，由岩心分析资料或其他测井方法确定。

实践表明，当孔隙度 ϕ 精度较高时，注入的盐水与原生地层水矿化度差别较大，原生地层水被注入盐水 100% 置换情况下，这种方法能够获得精度较高的 S_{or}。油田目前采用的硼中子"测—注—测"技术基本原理也是如此。

2）用化学剂驱油的测—注—测技术

注盐水驱油后，孔隙中仍有剩余油和注入的盐水，此时将化学剂注入产层，把井筒周围的油 100% 地驱走，然后重新注入宏观俘获截面为 Σ_{w2} 的盐水，再进行第三次中子寿命测井，设测得的宏观俘获截面为 Σ_{t4}，接下来再向地注入宏观俘获截面与原生地层水宏观俘获截面 Σ_{w1} 相同的水，并进行第四次测井，得 Σ_{t3}。根据 4 次测得的地层宏观俘获截面和 Σ_{w1}、Σ_{w2} 值，利用下式可确定地层孔隙度：

$$\phi = \frac{\Sigma_{t4} - \Sigma_{t3}}{\Sigma_{w2} - \Sigma_{w1}} \qquad (9-2-37)$$

剩余油饱和度为

$$S_{or} = 1 - \frac{\Sigma_{t2} - \Sigma_{t1}}{\Sigma_{t4} - \Sigma_{t3}} \qquad (9-2-38)$$

如果使用宏观俘获截面为 Σ_{w1} 的氯化烃把油从井周围驱离，这时就不用再用 Σ_{w1} 的水进行冲洗，这样可以省去一些步骤。

如果注入水的俘获截面 Σ_{w2} 与剩余油的俘获截面 Σ_h 相等，此时计算剩余油饱和度的公式可写成

$$S_{or} = \frac{\Sigma_{t3} - \Sigma_{t1}}{\Sigma_{t3} - \Sigma_{t2}}$$

4. 测—注—测施工工艺

中子寿命测—注—测方法确定剩余油饱和度与注入条件及方式有很大关系，包括注水井选择和施工工艺两方面。

1）注水井选择

（1）钻井时钻井液颗粒直径小于孔隙喉道支撑剂的 1/3，失水低于 5mL。

（2）油井的套管和固井质量良好。

（3）油水关系比较清楚，属同一开采层系，岩性均匀，油层总厚不超过 40m，孔隙度大于 11%，渗透率在 $50 \times 10^{-3} \mu m^2$ 以上。

（4）测井前有较精确的孔隙度资料。

（5）知道产液层的含水量、水质类型、矿化度及地层压力、邻近注水井的压力和每天的注水量、该地层的地层破裂压力等数据，作为施工时注入压力和注入液体速度的参考。

（6）已经过压裂使个别层有较发育的裂缝，能使注入液沿个别裂缝突进的井，不宜再作为测—注—测现场施工井。

（7）不适用于已进行同位素施工的井。

2）施工工艺

（1）先用蒸汽清洗容器及罐，所有地面设备都用淡水清洗，以免污染。

（2）注入液要通过 5μm 的过滤器，防止固体颗粒污染堵塞孔隙空间。

（3）注水时要用除氧剂除去氧，以防氧化铁沉淀。除氧剂不能含有影响岩石俘获能力的元素。

（4）注水矿化度与 NaCl 加入量的关系：每注入 $1m^3$ 的液体要取样进行俘获截面测量，以保证注入液的均匀性。

（5）注入液矿化度与地层孔隙度之间满足经验公式：

$$\phi C_w \geq 7 \tag{9-2-39}$$

式中　ϕ——地层孔隙度；

　　　C_w——注入液矿化度。

（6）注入的液体应保证充满中子测井的整个探测范围。要驱走所有的流体，需要有比孔隙空间大几倍的注入液才能完成。

（7）注入压力必须小于地层破裂压力。

（8）井口要有防喷装置，边注边测，直到所测的 Σ 值不变时，才开始取资料。

（9）为了消除扩散效应，中子寿命测井仪的源距要大于 60cm；为了测准俘获截面，在目的层段测速不应超过 60m/h，并在测前测后进行刻度。

四、中子寿命测井的影响因素

中子寿命测井得到的原始数据不仅与地层的热中子寿命有关，而且往往会受到其他因素的影响，主要的影响有：井的影响、侵入带的影响、地层厚度的影响、背景值（本底值）的影响、地层温度和压力的影响以及涨落误差的影响等。

第三节　碳氧比能谱测井

一、碳氧比能谱测井原理

能量为 14.1MeV 的快中子轰击地层，与地层中的各种元素发生非弹性散射后减速，受轰击的原子核处于激发态，之后放出具有一定能量的伽马射线。因此，分析所测得的伽马射线能量与计数率组成的能谱，即可确定地层所含元素的种类和数量。这里关注的元素是碳和氧，因为石油中碳的含量多，水中氧的含量较多。碳原子非弹性散射伽马射线能谱最突出的峰在 4.43MeV，氧原子最突出的峰则在 6.13MeV，如图 9-3-1 所示，两者的能量差较大，这是进行碳氧比能谱测井的基础。若测量出 4.43MeV 和 6.13MeV 附近的伽马射线的强度（计数率），即可确定出地层中碳和氧的含量，从而可导出油和水含量（饱和度）。实际测量时，采用比值法测量的是上述两个数的比值，简写成 C/O。这样做，可以消除仪器中子产额不稳定造成的影响。

碳氧比能谱测井是在快中子非弹性散射基础之上建立的，因此不受氯离子即矿化度的影响，可以克服 TDT 的局限；由于伽马射线穿透能力很强，因此既可在裸眼井中测量，又可在套管井中测量。

实际地层中所含的元素远不只碳和氧两种，因此测井中所得到的地层中的伽马射线能谱肯定会变得更加复杂。实际情况下，所测得

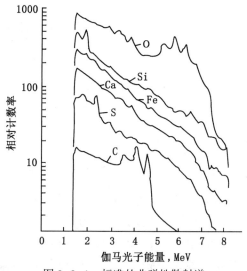

图 9-3-1　标准的非弹性散射谱

的伽马射线能谱几乎看不到任何明显的峰，这是由于除了与碳和氧发生碰撞外，还会与其他许多元素产生反应，从时间上讲，这些反应产生的伽马射线无法分开。这一因素给碳氧比能谱测井数据分析带来了困难。因此在利用碳氧比测井方法对地层进行分析时，取碳的 3 个峰值和氧的 3 个峰值进行总计数之比进行处理，碳的 3 个峰为 4.43MeV、3.92MeV 和 3.41MeV，氧的 3 个峰为 6.13MeV、5.62MeV 和 5.11MeV，分别称为碳能窗和氧能窗。

碳氧比能谱测井的深度只有 8.5in 左右，受侵入带的影响，一般不在裸眼井中使用。该仪器的分辨率在 2~5ft 左右，不受高矿化度及硼等其他一些具有较大俘获截面元素的影响，但这些对 TDT 的影响很大，这正是碳氧比能谱测井与 TDT 的重要区别。

碳氧比能谱测井所依据的基本理论是快中子非弹性散射，它所要测量的主要伽马射线是非弹性散射伽马射线。

碳氧比能谱测井仪器中的中子源是一种可控的加速器式中子源，它是利用氘—氚（D—T）反应来产生高能中子的，其反应式为

$$D+T=\alpha+n+17.6MeV \tag{9-3-1}$$

当加速器工作时，通过氘—氚反应，发射出适合测井需要的能量为 14MeV 的脉冲中子束流。这些能量为 14MeV 的高能快中子射入地层后，除了与地层中元素的原子核发生非弹性散射反应外，还要发生俘获辐射反应和活化反应。非弹性散射伽马射线基本上仅在高能中子源存在时才存在，而在中子源停止发射后只能延续极短的时间，因此只要适当地采用与中子脉冲同步的测量技术，就可以有效地把非弹性散射伽马射线与其他反应产生的伽马射线区分开来。中子轰击地层时所诱发的伽马射线的时间序列如图 9-3-2 所示。

二、碳氧比值的测量

为了确定油层、水层和油水含量，在碳氧比能谱测井中，分别选取碳和氧元素为油和水的指示元素，这是从核物理和地质两方面来考虑的。从地质上看，含油砂岩中碳的含量比含水砂岩中碳的含量多得多，而含水砂岩中氧的含量却多于含油砂岩。从核物理的角度考虑，当碳元素和氧元素与快中子发生反应时，都有较大的非弹性散射截面，且放出较高

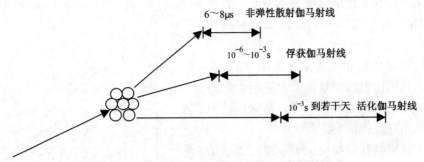

图 9-3-2　中子轰击时所诱发的伽马射线的时间机理

能量的伽马射线，但两者的能量差 ΔE 较大（$\Delta E = 1.70\text{MeV}$），这个能量差别为进行伽马射线能谱分析提供了极为有利的条件。

在利用碳氧比能谱测井对地层进行分析时，通常总是取碳的 3 个峰（4.43MeV、3.92MeV 和 3.41MeV）范围内所包含的伽马射线总计数（又称碳能窗）与氧的 3 个峰（6.13MeV、5.62MeV 和 5.11MeV）范围内所包含的伽马射线总计数（又称氧能窗）之比来估价储集层中的含油量或其他地质参数。碳能窗与氧能窗中计数的比值称为碳氧比（或C/O），碳氧比能谱测井也由此得名。利用碳氧比来评价地层中的含油量有两个优点：一是可以消除中子产额不稳定所造成的影响；二是可以提高区别地层的灵敏度。

实际测量表明，碳氧比能谱测井对地层中碳元素的变化是灵敏的，然而在含碳酸盐岩的砂岩地层中，如果单独使用碳氧比参数，通常无法区分孔隙流体中的碳和岩石骨架中的碳，故需引出一个新的参数来指示地层的岩性。经研究发现，中子与钙的非弹性反应所诱发的伽马射线及中子与硅的非弹性散射反应所诱发的伽马射线的比值是碳酸盐岩地层的一种良好的指示，因为钙硅比（Ca/Si）和碳氧比都是利用非弹性散射测量得到的，所以它们均不受地层水矿化度影响。在地层水矿化度变化较大或矿化度未知的油田中，通常由俘获Si/Ca 来指示地层的岩性。这时硅能窗和钙能窗的选取范围分别与非弹性散射伽马能谱中的碳能窗和氧能窗相同。

正规的连续碳氧比能谱测井通常记录下列曲线。

1. Si 计数曲线

这是一条俘获伽马计数率曲线，其能窗选在 2.35～5.08MeV 处。在缺少孔隙度资料的情况下，常常用它来代替其他孔隙度测井。在通过气层时，该曲线有极高的计数率，对寻找潜在的含气层很有帮助。由于 Si 计数曲线受源强影响较大，一般采用俘获伽马计数与非弹性散射伽马计数的比值（C/I）。

2. 监视曲线

监视曲线直接反映了中子源输出的稳定性。

3. Si/Ca 曲线

这是一条俘获伽马计数率比值曲线，这条曲线是用来指示地层岩性的。在矿化度变化不大的地层中，通常用它和反向的 C/O 曲线进行覆盖，在现场能快速地得出地层含油饱和度的定性解释。

4. C/O 曲线

这是一条非弹性散射伽马计数率比值曲线。在岩性变化不大的地层中，C/O 值的大小可以直接用来判断地层含油饱和度的高低；在岩性变化较大的地层中，通常需要和 Si/Ca（或 Ca/Si）曲线进行反向覆盖（或直接覆盖）来判断地层的含油饱和度。

5. Ca/Si 曲线

这是一条非弹性散射伽马计数率比值曲线，其作用与 Si/Ca 曲线的作用相同。但由于该比值曲线不受地层水矿化度影响，所以在地层水矿化度变化较大的地层中，通常用它和 C/O 曲线覆盖来解释地层的含油饱和度。

6. 套管接箍定位曲线

这条曲线用于深度校正。

7. 其他可选曲线

近年来的现场应用发现，记录的俘获 Fe/(Si+Ca)、H/(Si+Ca)和俘获硅计数率及 Cl/H 等曲线也可为碳氧比能谱测井的综合解释提供重要的地质依据。

（1）含铁指数比 Fe/(Si+Ca)：测量俘获伽马射线计数比，可用来指示套管和接箍的存在及地层中含铁矿物或泥质的含量。

（2）岩性指数比 Si/(Si+Ca)：测量俘获和非弹性散射伽马计数比，可以用来区分砂岩和碳酸盐岩地层，并估计砂岩地层中的碳酸盐岩含量，还可用来评价地层的孔隙度。

（3）孔隙度指数比 H/(Si+Ca)：测量俘获伽马计数比，可用来指示地层的孔隙度。

（4）含盐指数比 Cl/H：测量俘获伽马计数比，可指示高矿化度地层水饱和度和地层水矿化度的变化。

（5）硬石膏指数比 S/(Si+Ca)：测量俘获伽马计数比，可用来指示地层中硬石膏的含量。

（6）FCC（formation correlation curve）曲线：测量俘获硅计数率，用以反应地层的岩性和孔隙度，并指示气层。

（7）CIM1（ratio of total capture to total of inelastic deadtime corrected）曲线：测量记录俘获谱总计数率与非弹性散射谱总计数率之比。该曲线用以反应地层岩性和孔隙度，并指示气层。

（8）CIM2（ratio of capture to inelastic）：在 3.2~6.6 MeV 内俘获谱总计数率与非弹性散射谱总计数率曲线。CIM2 是好的孔隙度指示曲线，受井眼和矿化度的影响较小，与 CIM1 曲线重叠，对了解套管的变化、井眼和可能存在的气层有利。

（9）MSID 曲线：热中子衰减曲线，是指示地层的热中子宏观俘获截面的曲线。在地层孔隙度和地层水矿化度较高时，它可用来区分油层和水层。

通常为了对地层作出可靠的解释，在完成上述曲线的测量后，还要对目的层段作重复测量。此外，还需以邻近水层为基线，将碳氧比能谱测井曲线和 Si/Ca（或 Ca/Si）曲线归一化，然后进行覆盖，对地层的含油饱和度作出定性解释。如果目的层附近没有标准水层，则可用邻近泥岩层或细砂岩层作基线进行覆盖。

上述测井曲线可用来区分油层和水层、确定地层的含油饱和度，俘获伽马射线的记录则可以提供岩性、地层水矿化度和孔隙度等地质参数。例如，氯（^{35}Cl）的俘获伽马射线的测量能提供地层水矿化度变化的参数；硅、钙、镁、硫的含量分析，则分别是砂岩、石灰岩、白云岩、石膏（或硬石膏）地层岩性的指示剂；氢和铁的俘获伽马射线的强度分析则可反映地层孔隙度的变化及套管、接箍的存在和地层中铁矿物的分布情况。

第四节　过油管储集层评价测井

目前，国际上几家著名的测井仪器公司的过油管脉冲中子仪，有康谱乐公司的 PND-S 测井仪、阿特拉斯公司的 RPM 测井仪、斯伦贝谢公司的 RST 测井仪、哈里伯顿公司的 RMT 测井仪。这些仪器通过技术改进，在碳氧比能谱技术方面有了很大的提高。与常规碳氧比能谱测井仪器比，它们除了具有常规碳氧比能谱测井仪器不受矿化度和井斜影响的优点外，还具有以下新的优点：

（1）通过减小仪器直径，实现了过油管测量。

（2）通过对伽马探测器（主要是光电倍增管和晶体）和中子发生器的技术改进，提高了计数率和分辨率，降低了统计误差，提高了测量精度，并改善了仪器对测井环境（主要是温度和压力）的赖受性。

（3）测井速度普遍提高。

（4）适用于中高孔隙度（一般可以大于 10%）的任何地层。

一、储集层饱和度测井仪

1. RST 测井原理

1992 年斯伦贝谢公司在碳氧比能谱测井的基础之上发展了一种储集层饱和度测井仪（RST），哈里伯顿公司生产的类似仪器称为油藏监测仪（RMT），贝克阿特拉斯公司相应的仪器为 RPM。这类仪器可以过油管进行测井，既可确定饱和度，又可确定井筒内的持水率，不受油水分离的影响，因此在水平井中具有较好的应用前景。

RST 测井仪有 3 种可选择的测井模式：非弹性俘获模式、俘获 Σ 模式和 Σ 模式。每一种模式都有其优化特定的时间序列，用于控制脉冲中子发射、伽马射线能谱数据采集以及与时间有关的计数率。RST 测井仪用 256 道记录伽马射线能谱，能量范围从 0.11MeV 到 8MeV。

中子诱发伽马射线能谱分析的基础是每种元素对谱的贡献产生一组特征伽马射线，从总谱中检测出这组伽马射线，就可以识别这一特定元素。

能谱分析程序通过记录谱与一组标准谱的匹配，保证对记录谱中微弱增益、补偿漂移以及对探测器能量分辨率的变化进行校正。

2. 储集层饱和度测井仪（RST）资料解释

除了非弹性俘获资料外，C/O 曲线解释还需要岩性、孔隙度、井眼直径、套管尺寸、套管重量及井眼流体碳密度等数据。双探测器 RST 解释模型是对 GST 解释的单探测器模型的改进，由于具有双探测器，所以可以确定碳氧比和井眼的持水率。

1）单探测器次生伽马能谱仪（RST）解释

在讨论 RST 解释之前，先回顾 GST 仪的解释方法。GST 碳氧比解释采用了 Hertzog 提出的模型：

$$F_{CO} = \frac{Y_C}{Y_{OX}} = A \frac{\text{骨架碳} + \text{孔隙空间碳} + \text{井眼碳}}{\text{骨架氧} + \text{孔隙空间氧} + \text{井眼氧}} \tag{9-4-1}$$

式中　F_{CO}——碳氧比值；

　　　Y_C——碳的含量；

Y_{OX}——氧的含量；

A——碳及氧（产生伽马射线的）平均快中子截面之比，$A = \delta_C / \delta_O$。

该模型是基于实验资料建立的，它表明碳和氧的含量与地层及井眼区域内的碳原子、氧原子密度呈线性关系。井眼中的碳和氧由于靠近探测器对信号的贡献不同，因为非弹性散射反应在仪器附近迅速发生，所以可以探测到井眼内的碳氧含量。

对于 RST 仪器，若用 B_C、B_O 表示井眼中碳和氧的贡献，考虑地层流体和矿物中碳与氧原子的浓度、孔隙度、含水饱和度、矿物体积，则式（9-4-1）可表示为

$$F_{CO} = \frac{Y_C}{Y_{OX}} = A \frac{\alpha(1-\phi) + \beta\phi(1-S_w) + B_C}{\gamma(1-\phi) + \delta\phi S_w + B_O} \tag{9-4-2}$$

式中 α、β——骨架和地层流体中的碳原子浓度；

γ、δ——骨架和地层流体中氧原子的浓度；

ϕ——孔隙度，由其他资料或由俘获测井求得；

S_w——含水饱和度。

分别设 $S_w = 1$，$S_w = 0$，即可得出 C/O 的最小值 $(C/O)_{min}$ 和最大值 $(C/O)_{max}$。当 $S_w = 1$ 时，式（9-4-2）写为

$$(C/O)_{min} = \frac{\alpha(1-\phi) + B_C}{\gamma(1-\phi) + \delta\phi + B_O} \tag{9-4-3}$$

当 $S_w = 0$（$S_o = 1$）时，式（9-4-2）写为

$$(C/O)_{max} = \frac{\alpha(1-\phi) + \beta\phi + B_C}{\gamma(1-\phi) + B_O} \tag{9-4-4}$$

把测得的 C/O 值在 $(C/O)_{min}$ 和 $(C/O)_{max}$ 之间内插，可以快速地估算出含水饱和度：

$$S_w = \frac{(C/O)_{max} - C/O}{(C/O)_{max} - (C/O)_{min}} \tag{9-4-5}$$

除了快速直观估算 S_w 之外，也可采用图 9-4-1 确定 S_w 值。

2）双探测器 RST 资料解释

双探测器 RST 资料解释模型可以看成是单探测器模型的扩展，形式与方程式（9-4-2）相似，但略有不同。由于采用了两个探测器，井眼中水的百分含量（持水率）Y_w 在方程中直接给出，远近两个探测器得到的碳氧比表示为

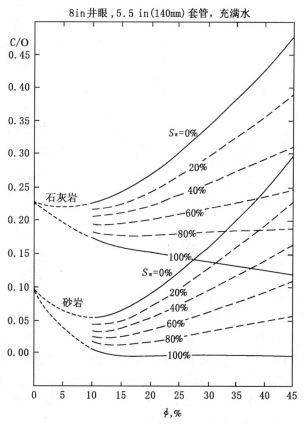

图 9-4-1   根据 C/O 和孔隙度数据确定 S_w

275

近探测器：
$$F_{CO}^{n} = \frac{Y_C^n}{Y_O^n} = \frac{K_{C1}^n(1-\phi) + K_{C2}^n \phi(1-S_w) + K_{C3}^n(1-Y_w)}{K_{O1}^n(1-\phi) + K_{O2}^n \phi S_w + K_{O3}^n Y_w} \qquad (9-4-6)$$

远探测器：
$$F_{CO}^{f} = \frac{Y_C^f}{Y_O^f} = \frac{K_{C1}^f(1-\phi) + K_{C2}^f \phi(1-S_w) + K_{C3}^f(1-Y_w)}{K_{O1}^f(1-\phi) + K_{O2}^f \phi S_w + K_{O3}^f Y_w} \qquad (9-4-7)$$

式中 K_{i1}——对骨架中元素 i（碳或氧）的灵敏度；

       K_{i2}——对地层中油或水的灵敏度；

       K_{i3}——对井眼中油或水的灵敏度；

       i——在分子上表示碳（C），在分母上表示氧（O）；

       n——近探测器；

       f——远探测器。

12 个 K 参数根据一系列实验进行测定，实验用的地层覆盖了绝大多数孔隙度、岩性、井眼尺寸和套管尺寸的分布范围，这可通过在同一地层和井眼中通过由油和水 4 种组合采集到的数据完成，然后直接求解方程式(9-4-6) 与式(9-4-7)，即可得到井眼持水率 Y_w 和 ϕS_w。当井眼的流体已知时，由这两个方程可求出地层的含油体积，此时两个单探测器响应的加权平均可以得到比单个探测器响应精度更高的 ϕS_w 值。

该模型的优点是用公式形式考虑了环境、地层及井眼的影响，只要选择适当的 K 参数即可实现这一目的，而且允许在实验和实际现场测量之间内插。

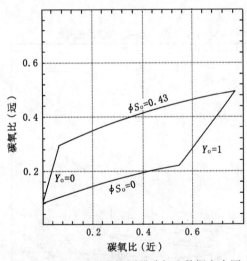

图 9-4-2   RST 远近探测器碳氧比数据交会图
石灰岩地层，孔隙度 43%，井径 8.5in，套管外径 7in

采用与 GST 资料解释类似的方法可以验证测量数据与解释结果是否一致，利用已知的地层和井眼数据，代入方程式(9-4-6)、式(9-4-7)，可以计算出远近探测器的碳氧比值，计算时 S_w 和 Y_w 的分布范围是从 0 到 1.0。在井径为 8.5in 和套管外径为 7in 情况下，孔隙度为 43% 的石灰岩的远近探测器碳氧比的交会图如图 9-4-2 所示。验证时所有的数据都应落在边界范围内，在这一条件下，可以用方程式(9-4-6)、式(9-4-7) 求解 ϕS_w 和 Y_w，进一步得到 ϕS_o 和 Y_o，然后以 Y_o 为横坐标，S_o 为纵坐标。质量检查时，因为低孔隙度条件下资料精度不高，所以采用 $\phi>10\%$ 的数据检验，理想的情况是数据应落在 S_o、Y_o 为边界的区域内，由于统计误差的影响，数据点可能会有些分散。利用交会图可以检查一些已知数据的层段，如地层中油水界面下的含水层和井眼或未开采的含油层是否与已知的 S_o、Y_o 值一致。如果检查结果令人满意，就可以绘制出 S_w、Y_w 随深度变化的成果图；如果不满足以上条件，如一些重要的数据落在交会图内圈定的边界以外，则需重新检查地层和井的输入数据，并对测井资料的质量进行复查。

RST 的测井数据库已用于确定 ϕS_o 和 Y_o 对井眼及地层参数变化的灵敏度。表 9-4-1 列出了 S_o、Y_o 变化 10% 时，各模型参数的变化情况。该表是在标准条件下制作的：直径为 7in，23lb/ft 的套管在直径为 8.5in 的井内居中并用水泥胶结，石灰岩地层的孔隙度为 30%，井和地层中油的密度为 $0.85 \mathrm{g/cm^3}$，含油饱和度为 50%。这些数据有助于调整落在交会图上正常范围外的资料点。

表 9-4-1　引起饱和度 S_o 增加 10 个单位或 Y_o 增加 0.1，模型参数的相应变化

参数变化量 地层和井眼	ΔS_o 增加 10 个单位	ΔY_o 增加 0.1
孔隙度，%	+3.5	-15
$V_{石灰岩}$	-0.10	-0.50
$V_{砂岩}$	+0.10	+0.50
井径，in	-0.5	<-1.5
套管外径，in	-0.5	-
套管内径，in	-0.4	-0.3
套管中心靠向地层移动，in	0.5	>0.73
油密度，$\mathrm{g/cm^3}$	+0.09	+0.09

标准条件：孔隙度为 30p.u. 的石灰岩；$S_o = 0.50$；7in 外径，23lb/ft 套管；8in 井眼。

3. 用 RST 测量确定油气水三相流动持率

前面提到的持水率是在油水两相渗流及井筒流动条件下确定的，不受油水分离的影响，所以适用于水平井。对 RST 解释模型适当改进，可以得到油气水三相流动的持水率资料。

利用外径为 1.7in 的 RST 仪器，在记录远近 C/O 能谱的同时记录近远探测器的净非弹性散射计数率之比，采用基于仪器线性响应模型的约束反演技术，即可确定相应的油气水持率值。这一方法要求仪器居中测量，该方法斯伦贝谢公司用 TPHL（three—phase holdup log）表示。

在地层没有游离气，而井筒中存在游离气的三相流情况下，式(9-4-6)、式(9-4-7)改写为

$$S_o + S_w = 1 \tag{9-4-8}$$

$$Y_w + Y_o + Y_g = 1 \tag{9-4-9}$$

$$N_{COR} = \frac{N_1(1-\phi) + N_2\phi S_o + N_3\left(Y_o + \dfrac{\rho_g}{\rho_o}Y_g\right)}{N_4(1-\phi) + N_5\phi S_w + N_6 Y_w} \tag{9-4-10}$$

$$F_{COR} = \frac{F_1(1-\phi) + F_2\phi S_o + F_3\left(Y_o + \dfrac{\rho_g}{\rho_o}Y_g\right)}{F_4(1-\phi) + F_5\phi S_w + F_6 Y_w} \tag{9-4-11}$$

式中　Y_g、ρ_g、ρ_o——持气率、井眼条件下气的密度和油的密度；

N_{COR}——近探测器碳氧比值；

F_{COR}——远探测器碳氧比值；

N_1，$\cdots$，N_6——近探测器灵敏度系数；

F_1，$\cdots$，F_6——远探测器灵敏度系数。

如果是两相流动（$Y_g = 0$），利用式(9-4-8)至式(9-4-11)即可求得 S_w、Y_w、S_o、Y_o四个参数；若存在有游离气（$Y_g \neq 0$），多了一个未知量（Y_g），需要再找一个方程。

1996 年，Roscoe 等人提出用近远探测器净非弹性散射记数率之比作为新增的方程：

$$NICR = \frac{I_n}{I_f} = G_1 + G_2\phi S_o + G_3 Y_o + G_4 Y_g \tag{9-4-12}$$

式中 I_n、I_f——近远探测器处净非弹性散射计数率;

　　　　G_1——地层和井筒被水饱和时的计数率比值;

　　　　G_2——油取代地层水时比值的变化特性;

　　　　G_3、G_4——油、气取代井眼中水时的变化特性。

$NICR$ 对气比较敏感,气的存在意味着井眼的密度变低,因此非弹性散射的计数率较高,尤其是在远探测器处。通常情况下,G_2、G_3 比 G_1、G_4 小,所以 $NICR$ 主要受井眼中气体制约,而 N_{COR} 和 F_{COR} 主要受地层中油和水的影响。

式(9-4-8)至式(9-4-12)联立求解,即可求得 Y_o、Y_w、Y_g 值。在水平井中测井时,要求仪器居中。为了求解上述方程组,除了从曲线上读取的 N_{COR}、F_{COR}、$NICR$ 之外,还需要知道 N、F、G 系数,在各种地层和井眼中对仪器进行试验,可以得到这些系数。

得到这些系数和曲线读值后,对方程组进行反演计算,即可得到持率结果。计算中注意,$NICR$ 是从近远探测器净非弹性散射计数率获取的一个比值。N、F、G 系数是基于各种岩性、井眼条件、流体组合形成的数据库建立的,数据库中给出了各种井条件下(包括水平井)的 N、F、G 值。

根据已知的 66 种地层套管流体组合,对于每一种组合都进行实验,然后用最小二乘法拟合出式(9-4-10)、式(9-4-11)和式(9-4-12)中的 N、F、G 系数,从而形成了数据库。

二、RMT 测井方法

1. RMT 测井原理

油藏监测仪 RMT(reservoir monitoring tool)是一种以核物理理论为基础的脉冲中子测井装备。它由脉冲式的中子作发射源,使中子与介质作用后,经过非弹性散射和热中子俘获反应而产生次生伽马射线。RMT 采用能谱测量技术,记录由碳、氧、硅、钙以及其他元素与中子作用产生的非弹性伽马射线和俘获伽马射线的强度,从而求出介质内碳氧相对含量比等一系列比值,通过对元素及元素的比值的分析来解决地质问题。

RMT 测井的测量条件如表 9-4-2 所示。

表 9-4-2　RMT 测井条件

项目	条件
测量内径	$2\frac{3}{8}$in(最小)/9.6in(最大)
测量时井筒内流体类型	咸水、淡水、油、空气
测量井深	≤5000m
连续测量时间	≤150h
储集层孔隙度	≥8%
储集层岩性	任意
地层水矿化度	任意
固井时间/质量	3d 后/任意
套管质量	任意
老井测量	过油管,独立评价

RMT 测井仪有两种不同的工作模式工作，即碳氧比（C/O）测井模式和俘获模式。RMT 测井同碳氧比能谱测井一样，通过探测器测量次生伽马射线，目的在于从测量能谱中提取地层含油饱和度和岩性信息。但是，在测井过程中，由于环境温度和仪器的稳定性等因素的影响，不同时间测得的地层谱中因为增益的变化而导致谱峰的漂移。另外，由于地层谱计数统计涨落，特征能窗法确定的碳氧比、硅钙比等曲线会有很大统计噪声。因此，在解释之前，必须对这些测井数据进行谱漂移校正。在 RMT 测井能谱曲线中，要控制氢峰在 52 道、铁峰在 200 道，因此在测井解释之前，必须寻找氢峰和铁峰的位置并进行谱漂移校正。

鉴于氢峰在俘获谱中的特征（峰形对比明显且只有全能峰），采用逐道比较法较适宜。经过处理，剔除假峰，保存真实峰。

在俘获谱的高能段，铁共有 3 个特征峰，即全能峰、第一逃逸峰和第二逃逸峰。通常不需要确定铁的某一峰的峰位，而是综合考虑铁的 3 个特征峰，其基本原理是通过计算谱中各段数据与已知的铁的特征能窗内铁谱的相关系数，来确定谱中铁的特征能窗漂移后的位置。确定氢峰和铁峰之后，对原测井曲线实施谱漂移校正。

接下来进行伽马能谱解析。测井得到的中子非弹性散射 γ 谱和俘获 γ 能谱都是由多种核素生成的混合谱，解析就是从混合谱中将每种核素的贡献分离出来，方法与自然 γ 能谱处理类似。处理结果即得到碳氧比能谱和钙硅比，而后再将这些比值与储集层参数联系起来，以解决油田开发中的具体问题。

用同样的方法对俘获 γ 谱进行解析，可获得 x_H、x_{Cl}、x_{Si}、x_{Ca}、x_{Fe}、x_S、x_{Ti} 等参数，它们都是相应元素的俘获辐射产额系数。

2. RMT 测井资料解释模型

RMT 对油的敏感性是其他过油管、套管碳氧比能谱测井仪器的 3 倍，所需测量时间短，工作效率高，可同时进行非弹性散射和俘获谱的测量。

1）非弹性散射测量模式

在 RMT 非弹性散射测量模型中，对经典的地层体积模型进行了修改，将毛管束缚水与自由水统一作为自由水处理，将油和气作为烃类对待。

岩石中，由基质和干黏土形成其固体部分；由黏土束缚水、自由水（包括毛管束缚水和自由水）以及烃类（油、气）组成其流体部分。根据该体积模型，可得地层中碳元素和氧元素的浓度为

$$\frac{Y_C}{Y_O} \approx \frac{\phi S_o n_{C_h} + (1-\phi) V_{Ca} n_{C_{Ca}}}{\phi(1-S_o) n_{O_w} + (1-\phi) n_{O_{ma}}} \qquad (9\text{-}4\text{-}13)$$

式中　Y_C——地层中碳原子的浓度；

　　　Y_O——地层中氧原子的浓度；

　　　S_o——含油饱和度；

　　　n_{C_h}——烃中碳原子核密度；

　　　n_{O_w}——水中氧原子核密度；

　　　$n_{O_{ma}}$——骨架中氧原子核密度；

　　　$n_{C_{Ca}}$——钙化合物中碳原子核密度；

　　　ϕ——孔隙度。

对 RMT 仪器而言，C/O 和 Ca/Si 扇形图见图 9-4-3，根据实验刻度的仪器响应系数和

数学内插法的方法得到仪器响应规律是

$$R_{C/O} = 0.132 \frac{Y_C}{Y_O} + 0.003(1-\phi) + 0.444 \tag{9-4-14}$$

$$R_{Ca/Si} = (1-\phi)(0.23V_{Ca} - 0.05) + 1.46 \tag{9-4-15}$$

式中 $R_{C/O}$ ——非弹性散射碳氧比；

$R_{Ca/Si}$ ——非弹性散射钙硅比；

V_{Ca} ——骨架中石灰岩的含量。

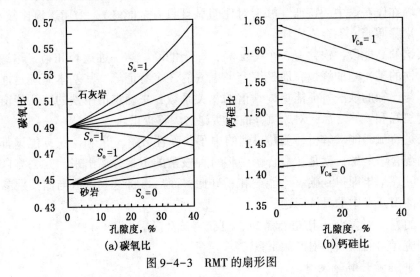

(a)碳氧比   (b)钙硅比

图 9-4-3   RMT 的扇形图

如果用 C/O_{wat} 表示地层 100% 含水时的碳氧比曲线，则从碳氧比水线到测井所得地层碳氧比值曲线的变化可用 $\Delta C/O$ 表示为

$$\Delta C/O = R_{C/O} - C/O_{wat} \tag{9-4-16}$$

式中 C/O_{wat} —— C/O 的水线值（$S_0 = 0$）。

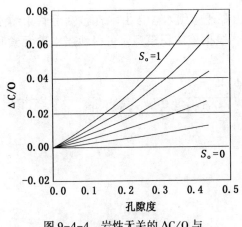

图 9-4-4   岩性无关的 $\Delta C/O$ 与
孔隙度关系曲线图

实验证明，C/O_{wat} 和 Ca/Si 值受岩性影响基本一致，都随着孔隙度的增加而线性地收敛于孔隙度为 100% 的水点，所以可以通过给 Ca/Si 加上一个与孔隙度有关的系数，使 Ca/Si 值变成也具有与 C/O 相同的岩性影响趋向，即可以将 Ca/Si 表示成

$$C/O_{wat} = 0.19R_{Ca/Si} - 0.013\phi + 0.178 + K \tag{9-4-17}$$

结合式(9-4-16)，可得到碳氧比变化值 $\Delta C/O$ 为

$$\Delta C/O = R_{C/O} - 0.19R_{Ca/Si} + 0.013\phi - 0.178 + K \tag{9-4-18}$$

式中，K 是可调整平移系数。可以通过调整 K 的值，消除环境的影响。

根据实验室测量数据及数学方法得到如图 9-4-4 所示的与岩性无关的 $\Delta C/O$ 与孔隙度的关系曲线。

由此可建立求解地层含油饱和度的 $\Delta C/O$ 模型：

$$S_o = 1.27(1.0-0.37\phi)\beta\Delta C/O \tag{9-4-19}$$

通过对 RMT 测井仪在模型井中的测量值进行实验室刻度，可建立适应于不同孔隙度和岩性地层的 C/O 油线（地层中 100% 含油时的碳氧比值）数学模型：

$$C/O_o = \frac{\alpha\rho_h}{(1/\phi-0.37)-1.0} \tag{9-4-20}$$

式中　α——仪器常数。

从而可以建立归一化方法求解地层含油饱和度的碳氧比数学模型：

$$S_o = \frac{\Delta C/O}{C/O_o-C/O_w} \tag{9-4-21}$$

2）俘获谱测量模式

按照体积模型，地层俘获截面 Σ_f（测量值）为岩石骨架、泥质和地层流体俘获截面值的总和，即

$$\Sigma_f = \Sigma_{ma}(1-\phi-V_{sh}) + \Sigma_w S_w\phi + \Sigma_h(1-S_w)\phi + \Sigma_{sh}V_{sh} \tag{9-4-22}$$

对式（9-4-22）进行整理，可得到俘获测量模式求解地层含水饱和度的数学模型：

$$S_w = \frac{\Sigma_f - \Sigma_{ma}(1-\phi-V_{sh}) - \Sigma_h\phi - \Sigma_{sh}V_{sh}}{\phi(\Sigma_w - \Sigma_h)} \tag{9-4-23}$$

式中　Σ_{ma}——岩石骨架的宏观热中子俘获截面；

Σ_w——地层水的宏观热中子俘获截面；

Σ_h——烃的宏观热中子俘获截面；

Σ_{sh}——泥质的宏观热中子俘获截面；

V_{sh}——泥质体积含量；

ϕ——孔隙度。

从而可求得地层的含油饱和度：

$$S_o = 1-S_w \tag{9-4-24}$$

3. RMT 测井求持率

由地层体积模型可知，所有被仪器测量的总碳量由含碳的岩石骨架、地层纯液（油）和井孔中流体（油与气）决定，即

$$C = K_1(1-\phi) + K_2\phi S_o + K_3 Y_o + K_3' Y_g \tag{9-4-25}$$

式中　Y_o、Y_g——井筒中油和气的持率；

K_1、K_2、K_3、K_3'——碳产额对地层岩石骨架中的、地层油中的、井孔中油和井内天然气含碳量的灵敏度（可利用实验室刻度得到）。

式（9-4-25）中，仪器中和井孔中少量的碳被并入岩层中。通常，井内单位体积天然气比油对碳产额的贡献小，按气中含碳的密度 ρ_g 与油含碳密度 ρ_o 缩小，我们能够简化公式（9-4-25）得到

$$C = K_1(1-\phi) + K_2\phi S_o + K_3\left(Y_o + \frac{\rho_g}{\rho_o}Y_g\right) \tag{9-4-26}$$

类似的，总氧产额 O 被表示为

$$O = K_4(1-\phi) + K_5\phi S_w + K_6 Y_w \tag{9-4-27}$$

式中　ϕ——骨架中的孔隙度；

S_w——地层中水的饱和度；

Y_w——井孔中水的持率；

K_4、K_5、K_6——氧产额对岩石、地层水和井内水中含氧量的灵敏度。

式（9-4-27）中，仪器、井眼工具和水泥中的氧也被并到岩石项中。油、水饱和度及油、气、水持率并不相互独立，假设地层中不存在游离气，有

$$\begin{cases} S_o + S_w = 1 \\ Y_w + Y_o + Y_g = 1 \end{cases} \qquad (9-4-28)$$

实际上，碳、氧产额已用非弹性散射总计数率作了归一化，这样就消除了源强变化的影响，但引入了对元素相对变化的依赖。例如，尽管环境中碳、氧浓度保持不变，任何其他元素产额的增加都会减少归一化的氧、碳产额。如果用碳氧比计算，就可以克服这一缺点，且可为表征仪器响应特性提供更有效的手段。应用式（9-4-26）、式（9-4-27）可得到近、远探测器的产额，然后计算碳氧比，得到近探测器处碳氧比

$$COIR1 = \dfrac{N_1(1-\phi) + N_2\phi S_o + N_3\left(Y_o + \dfrac{\rho_g}{\rho_o}Y_g\right)}{N_4(1-\phi) + N_5\phi S_w + N_6 Y_w} \qquad (9-4-29)$$

对远的探测器有

$$COIR2 = \dfrac{F_1(1-\phi) + F_2\phi S_o + F_3\left(Y_o + \dfrac{\rho_g}{\rho_o}Y_g\right)}{F_4(1-\phi) + F_5\phi S_w + F_6 Y_w} \qquad (9-4-30)$$

如果井内无天然气（$Y_g = 0$），式中系数可通过实验刻度数据得到，这两个方程与方程式（9-4-28）组合，就足以确定地层饱和度及井内油、水持率。

4. RMT 测井的应用范围及影响因素

RMT 测井主要有以下几个方面的应用：

（1）在地层水矿化度未知的多种矿化度环境或岩性复杂的地区寻找油气层，确定油、气、水界面及储集层饱和度，提供流体评价。

（2）测量地层孔隙度，确定岩性类型。

（3）在裸眼井测井资料不可用时，对地层进行过套管饱和度评价。

（4）可以不起油管不关井，仪器过油管测量。同时确定地层含油饱和度 S_o 和井眼滞油量。

（5）动态监测油、气、水界面，监视二次、三次采油，确定剩余油饱和度。

（6）判断水淹层，确定水淹厚度及水淹程度。

（7）在补层和调层前使用 RMT 测井，以便寻找老井内未动用的油层。

（8）利用 RMT 测井可以评价水驱、蒸汽驱、化学驱、混合驱的驱油效果，监测储集层的开采情况。

RMT 测井的影响因素主要有：孔隙度、井眼条件、岩性、测速、地层水矿化度及油的密度。

第五节　PNN 测井

在本章第二、三节讲述的脉冲中子测井技术是以阿特拉斯（Atlas）公司的中子寿命测井 NLL（neutron lifetime logging）和斯伦贝谢（Schlumberger）公司的热中子衰减时间测井

TDL（thermal delay time logging）为例，两种仪器殊途同归，均是利用脉冲中子源发射高能快中子脉冲照射进地层，用探测器来测量地层中热中子被俘获时所放出的伽马射线，从而计算地层中的热中子寿命 τ 和热中子宏观俘获截面 Σ 来研究地层和孔隙中的流体性质。随着时代的发展与实际应用中的一些问题，一些新的脉冲中子测井技术开始出现，本节将对脉冲中子—中子测井 PNN 仪器进行简述。

一、脉冲中子—中子测井（PNN）原理

PNN（pulsed neutron-neutron）测井仪是脉冲中子—中子仪器的简称，是由奥地利HOTWELL 公司研制开发的一种用于油田生产开发的饱和度测井仪器。

目前该仪器已经在欧洲、南美洲、北美洲、中东、北非和亚洲等地区 18 个国家广泛应用，取得了较好的使用效果。PNN 仪器自 2003 年进入中国，先后在胜利、大港、大庆、长庆、辽河等油田进行过测井实验或技术服务，均取得了不错的效果。

PNN 测井是通过远、近两个 ^{3}He 计数管探测地层中的热中子，由热中子的时间谱求出地层的宏观俘获截面，进而求取地层含油饱和度的新一代套管井储层评价测井技术。常规的脉冲中子—中子测井有两种类型：一种是沿井身探测井中热中子数量的中子—热中子测井，另一种是沿井身探测井中超热中子数量的中子—超热中子测井。

PNN 测井基本原理是利用脉冲中子发生器向地层发射能量为 14.3MeV 的快中子，经过一系列的非弹性碰撞（主要发生在中子后 $10^{-8} \sim 10^{-7}$s）和弹性碰撞（$10^{-6} \sim 10^{-3}$s）过程后，中子能量与组成地层的原子处于热平衡状态时，中子不再减速，变为热中子，此时它的能量为 0.025MeV 左右，之后被地层中的元素所吸收，吸收的速度取决于 $v \Sigma_{abs}$，其中 v 表示热中子的速度（在给定的温度下是一个常数），Σ_{abs} 是地层单位体积的总俘获截面。在中子发生俘获反应时，中子的数量呈指数衰减。

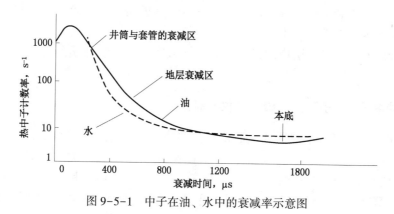

图 9-5-1　中子在油、水中的衰减率示意图

图 9-5-1 阐述了中子在油与水中衰减率上的差别。由于水的俘获截面普遍比油的俘获截面要大，所以在水中热中子的衰减速度要比在油中快。因此，在井下热中子的数量在任何一个时间 t_1 可以表示为

$$N_1 = N_0 e^{-v \Sigma_{abs} t_1} \tag{9-5-1}$$

式中　N_1——t_1 时刻单位体积内热中子的数量；

　　　　N_0——$t = 0$ 时刻单位体积内热中子的数量；

　　　　t_1——发生反应的时间，μs；

Σ_{abs}——地层单位体积的宏观俘获截面，c.u；

v——热中子的速度，$v=2200m/s$（750 ℉）。

同样，在另一时刻有

$$N_2 = N_0 e^{-v\Sigma_{abs}t_2} \qquad (9-5-2)$$

因此，只要测量两个时间剩余的热中子数量，就可以计算出热中子的衰减速度：

$$N_1/N_2 = N_0 e^{-v\Sigma_{abs}(t_2-t_1)} \qquad (9-5-3)$$

取以 10 为底的对数，$v=2200m/s$，Δt 的单位为 μs，Σ 的单位为 cm^{-1}，得

$$\Sigma_{abs} = 10.5/\Delta t \lg(N_1/N_2) \qquad (9-5-4)$$

由于中子是呈指数衰减，因此其也可以用另外一种形式来表示，即时间衰减指数（热中子衰减固有时间）τ_{int}：

$$N_t = N_0 e^{-t/\tau_{int}} \qquad (9-5-5)$$

在时间 $t=\tau_{int}$ 时，即中子衰减到固有时间时有

$$N_t/N_0 = e^{-t/\tau_{int}} = e^{-1} \approx 37\% \qquad (9-5-6)$$

此时中子俘获阶段结束，而 $\qquad\qquad \tau_{int} = 1/(v\Sigma_{abs}) \qquad (9-5-7)$

时间衰减指数与温度无关，它被称为中子的固有衰减时间或中子寿命。如果时间单位取 μs，$v=0.22cm/\mu s$，则有

$$\tau_{int} = 4.55/\Sigma_{abs}(1/cm) \qquad (9-5-8)$$

由于 Σ_{abs} 的传统单位是 $1/1000cm$，所以式（9-5-8）可写为

$$\tau_{int} = 4.55/\Sigma_{abs}(c.u.) \qquad (9-5-9)$$

式（9-5-9）可以用来进行 τ 与 Σ 之间的转换运算。

中子与地层的相互作用有 4 个阶段，我们利用了其中的 3 个，分别形成了 3 种类型饱和度测井方法。PNN 测井属于俘获阶段，由于其记录的是地层中未俘获的热中子，其测量不受地层本底影响（自然伽马本底），同时由于这种采取记录剩余中子的方式，使得仪器能够在更低矿化度和孔隙度地层中测量，提高了计数率降低了统计误差影响，因此仪器适用范围更加广泛。

二、脉冲中子—中子测井（PNN）仪器简介

PNN 测井仪器包括井下仪器和地面仪器两部分，二者组成一个系统，不可分割。实际上它可以配接在任何一种测井单元上，需要该测井单元提供深度编码信号和测井电缆。PNN 的工作方式有连续（本节主要介绍的为连续测量）和点测两种（点测主要用于低矿化度和孔隙度等疑难情况，确保统计数字更加完善）。PNN 基本标准测井速度为 $2\sim3m/min$。

PNN 地面系统如图 9-5-2 所示，采用美国科学数据公司生产的柜式机 Warrior 地面测井系统，主要由供电系统、通信设备、深度编码器、采集控制计算机组成。该系统适用于大多数套管井及裸眼井测井。同时，PNN 还配备了 HOTWELL 公司专门为 PNN 测试而制造的便携系统，该便携系统由一个相当于手提箱大小的采集箱与一个笔记本电脑构成。

PNN 井下仪器如图 9-5-3 所示，由 4 个短节组成：通信及套管接箍探测部分（COMM+CCL）、自然伽马探测部分（GR）、中子探测部分（DETECTOR）和中子发生器部分（GEN）。中子源是窄脉冲宽间隔中子发生器，探测器是两个 ^{3}He 正比计数器，其短源距为 425mm，长源距为 745mm。

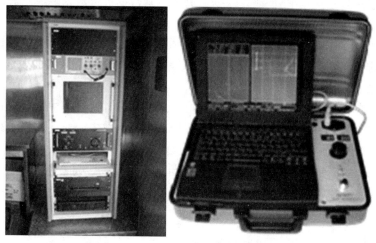

图 9-5-2 PNN 测井地面数据采集系统

　　PNN 仪器测井时挂接顺序为：遥测短节+温度部分+磁定位部分+伽马部分+长源距探测器+短源距探测器+中子发生器，如图 9-5-4 所示。PNN 连接长度为 5.689m；外径较小，仅 43mm，可以从油管下入测井；耐温为 175℃；耐压为 103MPa。较传统的中子寿命测井方法，PNN 记录的是地层中没有被地层俘获的热中子的计数，从而消除了传统测量伽马方法中本底影响。

图 9-5-3 PNN 测井井下仪器串

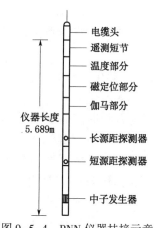

图 9-5-4 PNN 仪器挂接示意图

　　PNN 测井原始记录曲线包括：GR（自然伽马）、CCL（磁定位）、T（井筒内温度）、SIGMA（俘获截面）、SSN（短源距计数率）、LSN（长源距计数率）、Ratio（长短源距计数率比值）。

三、脉冲中子—中子测井（PNN）数据处理

　　HOTWELL 公司的 PNN 测井仪记录了一段特定时间内未被俘获的热中子数，并由此提取出有效俘获截面，进而计算得到地层含油饱和度。出于技术保密考虑，HOTWELL 公司 PNN 测井仪记录的数据为 *.PNN 格式。它是一种经过加密的二进制文件，并且数据格式

是保密的。为了更好地应用 PNN 测井数据，需要对其数据进行数据解编和数据处理。

1. 数据解编

HOTWELL 公司 PNN 测井仪记录的数据为 ∗.PNN 包括 60 道长源距计数率、60 道短源距计数率、GRPNN、TIME、TEM 等曲线，一共是 2 套矩阵数据和 8 条曲线信息。

2. 数据处理

快中子经过与井眼、地层中元素反应后慢化成热中子，随后热中子随时间按照指数规律衰减。测井时测到的计数率主要包括两部分贡献：（1）井内介质（包括流体和套管）对热中子衰减计数的贡献；（2）地层部分对热中子衰减计数的贡献。

图 9-5-5 表示发射中子脉冲后热中子计数随时间的理论衰减曲线，没有考虑统计降落。

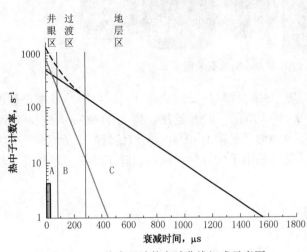

图 9-5-5　热中子计数衰减曲线组成示意图

总计数衰减曲线可分为 3 个区：

A 区（井眼区）：在开始短时间内，热中子的计数率较低，然后很快增加到峰值。这段时间反映了热中子的慢化，然后热中子计数率开始按照指数规律衰减，井筒介质（井内流体和套管）对热中子的俘获反应起主要作用。

B 区（过渡区）：地层的作用逐步增加，井筒的影响迅速降低。该过程主要反映扩散影响，如果井眼和地层的宏观截面差别较大，热中子扩散的方向在此区将发生逆转。

C 区（地层区）：热中子计数衰减曲线的斜率与地层计数率随时间指数变化的斜率相同。该区地层贡献占绝对优势。

随着中子与地层反应时间的变化，井眼和地层在整个计数中所占的贡献比在发生变化。开始阶段主要是井眼的贡献，由于一般条件下井眼部分的介质对热中子的俘获能力强，因此热中子总的计数率衰减主要反映井眼介质对热中子的俘获，要确定井眼部分的宏观截面时可选择这一时间段。随着反应时间的推移，井眼部分对热中子总计数的贡献逐步降低，地层对热中子的俘获逐渐占据主导地位，总的计数衰减主要反映地层对热中子的俘获能力，因此确定地层宏观截面数据的时间起始点选择显得颇为重要。

图 9-5-6 是热中子的计数率衰减曲线，纵坐标是 $30 \sim 1800\mu s$ 内共 60 道热中子计数率值的自然对数。由热中子时间谱的计数采用各自相应的时间间隔，根据选取的起止计算时间计算宏观俘获截面。

根据本节第一部分所述的公式推导，计算得到的 τ 公式为

$$\tau = \frac{t_2 - t_1}{\ln N_1 - \ln N_2} \qquad (9-5-10)$$

$$\tau = 455 / \sum (c.u.) \qquad (9-5-11)$$

为了消除井筒、统计起伏等影响，准确有效地提取地层宏观俘获截面，HOTWELL 公司针对 PNN 仪器提出了几种地层宏观俘获截面 Sigma 提取方式，但其基本计算原理都是以上

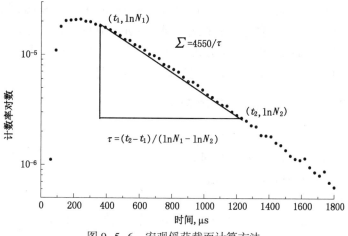

图 9-5-6　宏观俘获截面计算方法

两个公式。图 9-5-7 为 HOTWELL 公司用于提取地层区俘获截面的色谱图。用户在该图上使用两种方式提取地层 Sigma 曲线。方式一是直接指定计算起止道，然后计算选取道范围内所有 Sigma 值的平均值作为该深度的地层俘获截面，称为道对道模式。方式二是利用热中子衰减固有时间进行 Sigma 计算，称为自动模式。

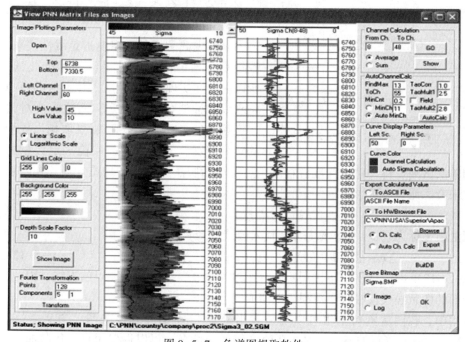

图 9-5-7　色谱图提取软件

彩图 9-5-7

　　利用图中参数 FindMax，从第一道开始到 FindMax 定义道寻找最大计数率道，并从此道开始到 Toch 参数定义的道计算 Tao，此时需要考虑参数 Mincnt，若某道计数率小于此定义值，那么计算 Tao 道数将提前结束。此时计算方式如果选择的是 Auto Min Ch 那么 Tao 值将直接被使用。如果计算方式选择的是用户固定 Min Ch，那么 Tao 的计算将从 Min Ch 定义道开始，到 Toch 结束来计算 Tao，计算过程同样需要考虑参数 Mincnt。得到 Tao 后，通过 Tao Mult1 和 Tao Mult2 来调整计算 Sigma 起止时间。Tao * TaoMult1 即是图 10-32 中 Sigma 色谱图中左侧蓝线所在道（时刻），Tao*TaoMult2+Tao*TaoMult1 即为 Sigma 色谱图中右侧蓝线所在道（时刻），Sigma 曲线将取这两条蓝线之间的 Sigma 值平均值作为最终结果。图 9-5-7 中 Sigma 曲线道中蓝色 Sigma 曲线是用方式一直接计算的。当两种方式计算的 Sigma 曲线较为重合时，表明提取到的 Sigma 曲线更多地反映了地层信息。

四、脉冲中子—中子测井（PNN）的资料解释

根据 PNN 测井原理，HOTWELL 公司提出了图版法和体积模型法。其中体积模型法与本章第二节中的体积模型相同，不作详细说明，只介绍改进的体积模型法。图版法包括简单图版法、增强图版法和 Hingle 图版法。

1. 简单图版法

简单图版法（simple graphical）实际就是标准化俘获截面与孔隙度交会图法，如图 9-5-8 所示。该方法通过确定水线和油线位置后，在二者之间线性内插出其他不同的含水饱和度线，根据 ϕ 和 Σ 确定测量点在图中的位置，进而计算各层的含水饱和度。

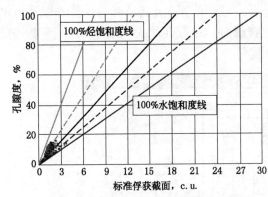

图 9-5-8　标准俘获截面与孔隙度交会图版

简单图版法是根据标准体积模型公式在不考虑泥质含量影响的前提下提出的，即对于纯岩石地层：

$$\Sigma = \Sigma_{ma}[\Sigma_w S_w + \Sigma_h(1-S_w) - \Sigma_{ma}]\phi$$

$$(9-5-12)$$

式中，宏观截面 Σ 与孔隙度 ϕ 是线性关系，截距是 Σ_{ma}。由于 x 轴是经过标准化的，所以在实际实现时截距为 0。该方法的核心是水线和油线位置的确定，而这需要对某一区块进行 PNN 集中测试，录取相当数量的实测资料，并结合同一层位一定数量的油层或水层的单层试油资料，建立标准解释图版。简单图版法适用于非均质性弱、孔隙度较高的地层，未考虑泥质含量影响。

2. 增强图版法

增强图版法横坐标为 $\Sigma\phi$，纵坐标是 ϕ，代入公式(9-5-12)，变成了

$$\Sigma\phi = \Sigma_{ma}\phi + [\Sigma_w S_w + \Sigma_h(1-S_w) - \Sigma_{ma}]\phi^2 \qquad (9-5-13)$$

在公式(9-5-13) 中，$\Sigma\phi$ 与 ϕ 之间不是一个线性关系，更不是过原点的直线，因此，在理论上，上面的图版法仅仅在很小范围内近似成立。

在实际应用中，我们从资料上也可以明显看出 $\Sigma\phi$ 与 ϕ 的非线性关系。图 9-5-9、图 9-5-10 就是实际测井资料的显示。对于孔隙度较低的情况，可以近似用直线代替曲线，但对于孔隙度较高的情况，误差就会很大。

增强图版法适用范围较广，充分考虑了地层孔隙度、泥质含量的影响，其计算方法为分别确定经孔隙度校正后的纯水线和纯油线，并对 Σ_{ma} 进行泥质含量的校正，运用内插法计算含水饱和度。该方法适用于泥质砂岩储层，在泥质含量变化较大的非均质地层中应用效果较好，并且经过孔隙度校正扩大了孔隙流体的信息，提高了低孔隙度地层的饱和度计算精度。其计算原理如下：

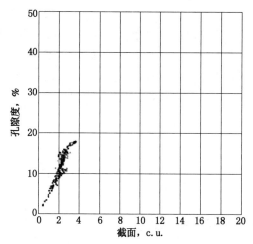
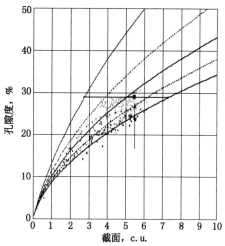

图 9-5-9 实测资料的俘获截面与孔隙度交会图版   图 9-5-10 改进图版法交会图

纯水线计算公式为

$$\Sigma_{w100} = \left[\Sigma_{ma}(1-\phi) + \Sigma_w\phi \right]\phi \tag{9-5-14}$$

纯油线计算公式为

$$\Sigma_{o100} = \left[\Sigma_{ma}(1-\phi) - \Sigma_o\phi \right]\phi \tag{9-5-15}$$

对 Σ_{ma} 进行泥质含量校正的公式为

$$\Sigma_{maShc} = (\Sigma_{ma}V_{ma} + \Sigma_{sh}V_{sh})/(V_{ma}+V_{sh}) \tag{9-5-16}$$

式中 Σ_{maShc}——泥质校正后的岩石骨架宏观俘获截面，c.u.。

其他任何点的含水饱和度计算公式为

$$S_w = 100(\Sigma\phi - \Sigma_{o100})/(\Sigma_{w100} - \Sigma_{o100}) \tag{9-5-17}$$

该方法排除泥质含量及孔隙度对测量值的影响，可以使 Σ 值只能够反映出岩石的孔隙空间情况，而且通过孔隙度校正可以放大 Σ 值的流体响应特征，从而提高含水饱和度的计算精度。其校正方法是，横坐标用的是孔隙度曲线进行归一化的 Σ 曲线，即 $\Sigma_{Nor} = \Sigma\phi$。增强图版法是低孔隙度、低矿化度地层水条件下的有效方法，但求准 Σ_{sh}、Σ_{ma} 等参数仍是解释中的难题，计算时存在一定误差。

3. Hingle 图版法

Hingle 图版法（graphical Hingle）由纵轴坐标的电阻率曲线的指数形式 $R_t^{-1/m}$ 和横轴坐标的 Σ 曲线组成。Hingle 交会图可以直接由 R_t 和 Σ 的交会点确定出饱含度且不必知道孔隙度、岩性参数以及孔隙流体的宏观截面。但地层的深侧向电阻率是在裸眼井条件下测量的，而在开发后期确定含水饱和度时，地层的电阻率已经发生了很大变化，不能正确地反映饱和度问题。因此 Hingle 交会图主要适用于地层岩性一定、地层水稳定且不易确定孔隙度的情况，而且最好是在生产开发初期或者是新射孔井段来确定饱和度。

4. 改进的体积模型法

标准体积模型法（standard quantitative interpretation）是将储层看成是由泥质、骨架和孔隙组成的简单结构，骨架常包括不同岩性组分，孔隙中含有油气、水等流体，如图 9-5-11 所示，储层总的俘获截面等于各组成部分的俘获截面之和。根据实际情况，在分析体积模型的基础上，长江大学生产测井团队提出了改进的体积模型法，即在传统体积模型的基础上

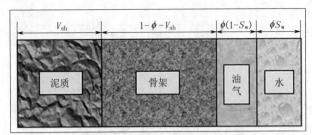

图 9-5-11　储层组成部分示意图

提出了一个具有区域特征的系数 K 作以改进。由于地层区域性差异，在研究区块内对 PNN 测井数据进行统一标准化，有利于提升区块 PNN 测井解释精度，因而在标准体积模型的基础上加上具有区域特征的系数 K 作以改进：

$$\Sigma = K\left[\Sigma_{ma}(1-V_{sh}-\phi)+\Sigma_w S_w \phi+\Sigma_h(1-S_w)\phi+\Sigma_{sh}V_{sh}\right] \tag{9-5-18}$$

改进后的求取含水饱和度公式为

$$S_w=\left[(\Sigma/K-\Sigma_{ma})-\phi(\Sigma_h-\Sigma_{ma})-V_{sh}(\Sigma_{sh}-\Sigma_{ma})\right]/\phi(\Sigma_w-\Sigma_h) \tag{9-5-19}$$

式中　K——区域系数，无量纲；

　　　Σ——利用 PNN 测得的中子计数率计算的地层俘获截面，c.u.；

　　　Σ_{ma}——骨架的俘获截面，c.u.；

　　　Σ_{sh}——泥质的俘获截面，c.u.；

　　　Σ_h——烃的俘获截面，c.u.；

　　　Σ_w——水的俘获截面，c.u.；

　　　V_{sh}——泥质含量，%；

　　　ϕ——孔隙度，%。

通常在解释井段寻找一个纯水层作为标志层进行标定。由于全水层的含水饱和度 $S_w=1$，列方程组求解即可求得区域系数 K。每个区域内的 K 值不同。基于该思想，长江大学生产测井团队在与华北油田合作研究了热中子成像测井 TNIS（原理与 PNN 基本一致）。针对研究区低矿化度和高泥质含量的影响因素，提出了针对地层水和泥质含量两个组分的双因子校正系数，需要寻找到两个及以上的纯水层进行标定从而得到校正系数 K_1 和 K_2。对于复杂的地层条件，后期还可以对参数进行多因子的校正，同样选取纯水层或者未被开采的好的油层进行最优化的思想求解地区的解释参数。

五、脉冲中子—中子测井（PNN）资料的应用

与目前国内使用的其他饱和度测井方式比较，PNN 测井的一个最大不同在于，其他方法通过地层对中子的俘获放射出的伽马射线进行记录分析来进行饱和度的解析；PNN 是通过测量地层中还没有被地层俘获的热中子来进行记录和分析，从而得到饱和度的解析。探测热中子法，没有了探测伽马方法存在的本底值影响，同时在更低的矿化度（高于 10000mg/L）和低孔隙度（大于 8%）等地层保持了相对较高的记数率，削减了统计起伏的影响。同时，PNN 还有一套独特的数据处理方法，能够最大限度地去除井眼影响，保证了地层俘获截面曲线的准确性，精度可以达到±0.1c.u.。这种方式使得 PNN 在低孔隙度、低矿化度地层（目前大多数油田生产的难点）相对其他测井方式具有更高的分辨率。同时，PNN 还具有施工简单、不需要特殊的作业准备、可以过油管测量、仪器不需刻度、操作维修简单、记录原始数据、最大程度去除井眼影响等等多方面的优势。

1. 半定性分析方法

半定性分析方法即 Sigma 分离法，是通过准确确定各解释参数，从测量的整体俘获截面中，剔除骨架以及泥质的俘获截面影响，即可得到反映流体信息的俘获截面值。流体中，水的俘获截面值高，油的俘获截面值低，气的俘获截面值更低，这样我们就能够更直观地进行定性分析：

$$\Sigma_f = \Sigma_w S_w \phi + \Sigma_h (1 - S_w) \phi \qquad (9-5-20)$$

$$\Sigma_f = \Sigma - \Sigma_{ma}(1 - V_{sh} - \phi) - \Sigma_{sh} V_{sh} \qquad (9-5-21)$$

式中 Σ_f——孔隙内流体的俘获截面值；

Σ——实测井段的地层俘获截面值。

图 9-5-12 为半定性分析实例，由剔除骨架以及泥质的俘获截面影响而得到的反映流体信息俘获截面的 LSIGMA 曲线可知，在储层内，1、3 小层（即俘获截面标记为深色虚线部分）俘获截面值高，可判断为水层；2、4 小层（即俘获截面浅色虚线部分）俘获截面值低，可以判断为油层。

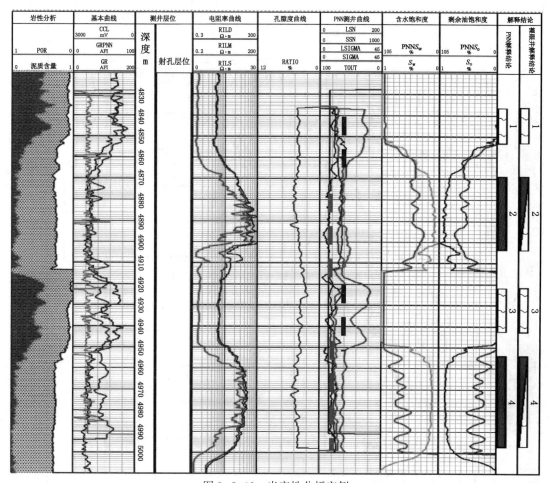

图 9-5-12 半定性分析实例

2. 利用标准层对 PNN 测井资料进行校正

单井中影响 PNN 测井资料精确度的影响因素主要有地层孔隙度及流体饱和度、泥质含量、地层水矿化度。在实际处理过程中，通过选择合适的初始时间，可以避开井眼流体的影响。而套管尺寸的不同，只影响地层宏观俘获截面的绝对值大小，对区分油水性质不会产生影响。

实际处理时，PNN 测井资料所受到的影响因素是多元化的，无法仿照理想模拟实验进行单一因素研究，因此，实际工作中主要利用标准层法。标准层必须满足以下条件：（1）区域上沉积稳定，并具有一定厚度；（2）必须是未经开采及注入水未波及的相对封闭段；（3）与待评价油组的垂向距离在一定范围内，岩性、物性与待评价油组较一致。这样我们可以近似认为该标准层孔隙度、饱和度、渗透率、泥质含量等与完井时的差异可忽略。如图 9-5-13 所示，该井通过与试油结论对比，1-33 号层基于实测的俘获截面值进行解释的

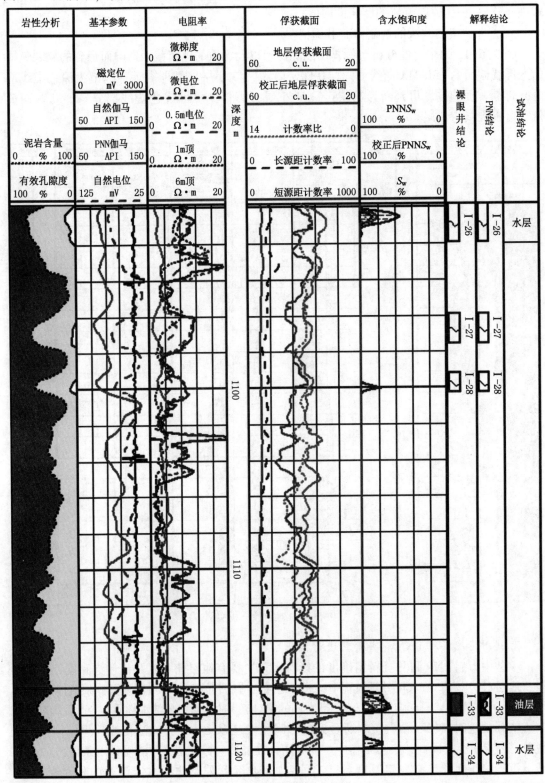

图 9-5-13　标准层校正实例

含水饱和度偏高，经校正后测井资料解释结果与试油资料相符度更高。

3. PNN测井在低阻储层识别中的应用

交会图技术是测井解释中最常用、最直观的油气水层定性识别方法之一。它是利用测井原始或计算信息两两交会而制成相应交会图版，依据交会图中不同类型数据点的分布规律来进行油气水层评价的方法。

根据低阻油气层的定义（电阻增大率小于2），运用常规测井曲线和方法对低阻油气水层识别存在着一定的困难，其与地层水间的差别不易察觉。因此，在基于常规测井所取得信息基础上，对所研究的区块进行了PNN测井，从而获得研究区块地层的俘获截面值，再将所得的俘获截面值与常规测井原始或计算信息相组合，制作各种交会图，可以将大部分的可能低阻油气层从解释层段中筛选出来。

低阻油气层往往具备岩性细、泥质重和地层水矿化度高等特点，其电性特征一般表现为感应低值（低于围岩），自然电位负异常，自然伽马低值，三孔隙具有含油气特点，如图9-5-14所示。

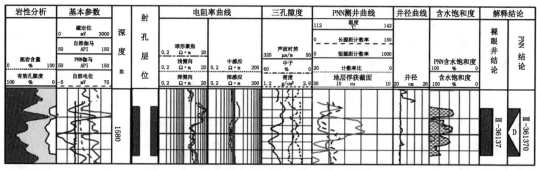

图9-5-14　某井36+37低阻油层典型测井曲线

如图9-5-15所示，纵坐标是自然伽马指数ΔGR，横坐标是PNN地层俘获截面。自然伽马测井主要反映的是地层的岩性特征。在砂泥岩地层中，自然伽马值与地层泥质含量的多少、地层粒度的粗细有着重要的关系，它几乎不受地层水矿化度的影响，因此自然伽马相对值可以突出地层粒度与泥质含量在油气水层识别中的影响。当储层岩性变细以及泥质含量增加时，在测井响应中最显著的变化是ΔGR增大。油气水的俘获截面值有着显著的差异。这类交会图识别低阻油气层具有较好的效果，这种较好的应用效果是由于将低阻成因的岩性因素作为一项指标参与油气层的识别。

根据电法测井理论，侧向测井响应值相当于井眼、冲洗带、原状地层等进

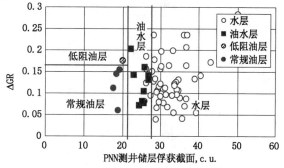

图9-5-15　某油田PNN俘获截面与自然伽马指数交会图

行串联后的共同作用，因此其测井值主要取决于储层电阻率高部分的响应；感应测井则为井眼、冲洗带、原状地层等部分进行并联后的共同作用，其测井值主要取决于储层低电阻率部分的响应，除反映骨架电阻率和储层岩性外，还受流体电阻率的较大影响，对储层流

体性质有比较好的反映。从地层侵入机理可知,在淡水钻井液条件下,侧向测井电阻率与感应测井电阻率比值对于油层有着较好的分辨率。应用上述原理,建立了侧向测井电阻率与感应测井电阻率比值和 PNN 俘获截面交会图,如图 9-5-16 所示。

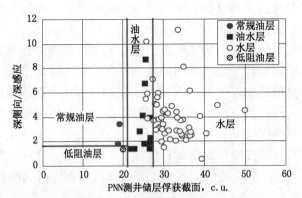

图 9-5-16　某油田 PNN 俘获截面与深侧向/深感应交会图

4. PNN 测井与在低孔低渗油层流体识别中的应用

低孔低渗储集层孔隙流体体积小,加上孔隙结构、泥质、钙质、地层水性质等因素对电阻率测井的影响,测井对含油性的反映具有不确定性。

低孔低渗油气藏测井评价时,次生孔隙的存在常常使储集层孔隙结构变得复杂化。低渗透储集层次生孔隙发育,孔隙类型多样,孔隙结构十分复杂,非均质性强,具有特殊的渗流特性,同时,孔隙结构的复杂化使岩石的导电性与含油性偏离阿尔奇的线性关系。储集层物性差,含油饱和度低,测井响应中来自油气的信息较少,相对而言,岩性、孔隙结构等非流体因素对测井响应的影响增大,造成测井信噪比低,油气水层难以识别,工业产层与低产层、干层界限模糊,其孔渗饱模型将更加复杂,模型建立难度也更大。相对于高孔高渗储集层而言,低孔低渗储集层更易受钻井液侵入的污染,钻井液滤液对低孔低渗储集层的侵入较深,进一步加剧了测井区分油(气)、水层的难度。

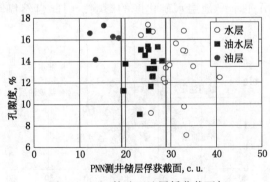

图 9-5-17　某油田地层俘获截面与
储集层孔隙度交会图

如图 9-5-17 所示,PNN 测井所测量的地层俘获截面对油气水有一定的定性识别能力。当地层俘获截面值大于 28c. u. 时,为水层;当地层俘获截面值介于 18c. u. 到 28c. u. 之间时,为油水同层;当地层俘获截面值小于 18c. u. 时,为油层。

由于低孔低渗储集层的微渗流作用强,从而使得滤饼不易形成,钻井液滤液可以不断地渗入储集层,侵入作用一直持续进行,因而一般侵入半径较大(可深达 2m 甚至更大)。这就造成冲洗带、过渡带

和原状地层电阻率之间存在一定差异,表现在测井曲线上即为不同探测深度电阻率测井得到不同电阻率值,定义径向电阻率因子:

$$RRF = (R_{LLD} - R_{LLS})/R_{XO} \tag{9-5-22}$$

式中　R_{LLD}——深侧向电阻率值,$\Omega \cdot m$;

R_{LLS}——浅侧向电阻率值，$\Omega \cdot m$；

R_{XO}——冲洗带电阻率值，$\Omega \cdot m$；

RRF——径向电阻率因子，无量纲。

如图 9-5-18 所示，通过对某油田 S1 井电阻率曲线进行处理，得到径向电阻率因子曲线。从图中我们可以看到，在储集层段，径向电阻率因子有明显的幅度差。对于低渗储集层，由于滤饼形成较慢而使地层侵入较为严重，低渗储集层径向电阻率因子表现特征与水层相似。但从俘获截面曲线上看，由于水的俘获截面值高于油层，因此将径向电阻率因子与俘获截面相结合，有一定识别油层能力。

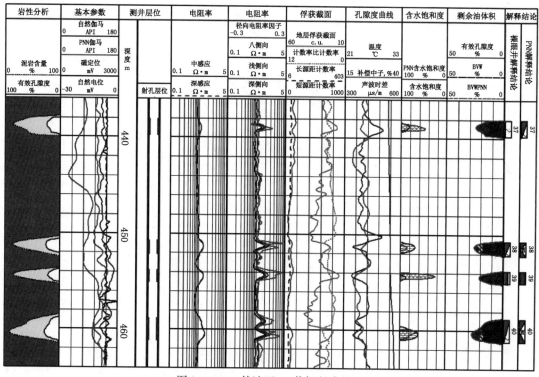

图 9-5-18　某油田 S1 井解释成果图

课后习题

1. 简述中子的分类。

2. 简述中子源的定义及测井中中子源的分类。

3. 试讨论中子与地层的相互作用。

4. 何为中子寿命和俘获截面，它们之间有何关系？

5. 简述脉冲中子寿命测井响应方程及评价泥质砂岩含水饱和的体积模型。

6. 为什么说中子寿命测井适用于高矿化度地层？

7. 简述测—注—测中子寿命测井过程，并讨论其测井工艺要求。

8. 碳氧比测井通常记录哪些曲线？

9. 与常规的中子寿命测井、碳氧比能谱测井相比，新的过油管储层评价有哪些优点？

参 考 文 献

[1] Schlumberger. Cased Hole Log Interpretation Principles/Applications. Schlumberger Educa-
    tional services. 1989
[2] Alger R P. The Dual Spacing Neutron Log. SPE3565, 1971
[3] SPWLA. Transactions of the SPWLA Thirty—second Annual Logging Symposium. SPWLA,
    1991
[4] 吴世旗，钟兴水. 套管井储集层剩余油饱和度测井评价技术. 北京：石油工业出版
    社，1999
[5] 黄隆基. 放射性测井原理. 北京：石油工业出版社，1985

第十章
生产测井资料应用

前面章节已对生产测井的方法、原理及测井资料解释进行了探讨；本章主要介绍注采剖面测井资料在油气田开发中的应用实例，包括在注采系统调整中的应用、在区块开发调整中的应用、在剩余油饱和度确定及在油藏数值模拟中的应用等。

第一节　注采系统调整实例

某油田含油面积22km²，其中纯油区面积10.6km²，过渡带面积11.6km²，是一个受构造控制的气顶油田，采用反九点面积注水方式开采。针对地层压力下降幅度大、压力系统不合理问题，将井网进行了转抽，调整后变为两排注水井夹三排生产井、中间井为间注间采的行列注水方式。油田储集层是由砂岩、泥质粉砂岩组成的一套湖相河流三角洲沉积砂体，储集层纵向和平面非均质严重，共分37个砂岩组、97个小层，平均砂岩厚度112m，有效厚度72m，地下原油黏度为17mPa·s，原始气油比为48m³/m³，饱和压力10.5MPa。原油的地质储量为13207×10⁴t，累计采油3000×10⁴t，采出程度23%，采出量占可采储量的69%，剩余可采储量1328×10⁴t，储采比为10.38。

该油田投入开发时，开发层系有两套，井距分别为300m和600m；过渡带只用一套层系开发，井距为300m，之后对纯油区和过渡带进行了层系调整。调整前，共有注水井89口，平均单井日注水343m³，采油井320口，平均单井日产油90m³，综合含水率88%，采油速度0.97%。为了控制含水率上升速度，实现油田合理的压力系统，增加可采储量，合理提高产液量，减缓产量递减，对注采系统进行了调整，改为行列注水方式调整工作分为两步：第一步，隔排转注原反九点法井网中注水井排上东西方向上的采油井，中间注水井排上的采油井不转注，仍为间注间采，形成两排注水井夹三排生产井的行列注水方式，注采井数比为1：1.67（图10-1-1）；第二步，将间注间采井排上的采油井转注，形成一排注水井、一排采油井的行列注水方式，注采井数比为1：1。该油田注采系统调整后，共转注油井43口，油水井数比从调整前的3.6降到2.1。在转注井排上，新转注井尽可能做到分层注水，注水层段划分上力求与原注水井相对应，这类油层从控制注水为主，注水强度一般不大于10m³/（d·m）；原注水井砂体主体部位井点一般采取停注措施，变差部位井点应减缓层间矛盾；直接受转注效果的两排采油井，一般不采取堵水措施，以加速改变液体的流动方向。

在中间间注间采井排上，注水能力较低，河道砂主体部位的采油井点以堵水为主，用以缓解注水能力不足的矛盾。原注水井的注水量也可根据油井措施情况和油层压力水平进行局部调整。注水井在砂体主体部位仍可以控制注水或停注，但调整幅度和比例较转注井排上的原注水井小。43口井转注后，日注水量增加了9630m³，注入水的去向采用吸水剖面测井方法确定。在此基础上调整了49口老注水井的注水方案，日注水量减少8820m³，使全区注水量基本保持稳定，其中老注水井停注48个层段，日注水量减少4730m³；控制注水层75个，日注水量减少4090m³；对16个差油层加强注水，日注水量增加660m³。在调整中，加强油井效益动态分析，掌握好时间差，较好地实现了注水量由老注水井向新转注井转移，同时将 4 口笼统注水井改为分层注水，基本上做到了合理、有效注水。在这些调整过程中，对关键注采井实行注采剖面测井监测，以了解注入水的去向及生产效果。

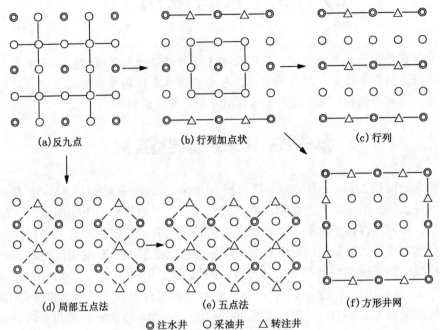

◎注水井　○采油井　△转注井

图 10-1-1　反九点法不同注采系统调整方式示意图

　　注采系统调整后，采油井连通程度和供液能力显著提高。对含水率较低的井，采取压裂、酸化、换泵等增产措施，收效明显。含水率基本稳定的井在实现增油的同时限制了产液量，在该油田共压裂 43 口井，初期单井日增油 9.8m³，综合含水率由 83.4% 下降到81.8%，年增油 $4.88×10^4$m³；换泵 67 口井，年增油 $3.91×10^4$m³；调整参数 126 口井，年增油 $1.8×10^4$m³。

　　为了控制该油田含水率上升的速度、发挥堵水的整体效应，采用区块整体堵水的做法，共堵水 61 口，占总井数的 21%，平均单井增油 3.1m³，日产水下降 56m³，综合含水率由94% 下降到 87%，共降水 $20×10^4$m³，当年末平均日降水 1336m³，全区综合含水下降率 0.5个百分个点，达到了整个油田含水率不上升的目的。

　　通过以上工作，基本完成了该油田靠注采系统调整和油水井综合配套措施实现稳油控水的目标，也使全油田水驱采收率有所提高，增加产量 $253.64×10^4$t。

　　该油田的现场实践表明，通过油井转注进行注采系统调整，实现了合理的压力开采系统，并相应提高了油田产液量，减缓了产量递减，改变了液流的方法，提高了水驱连通程度。实践证明，注采系统调整应根据油水井数比随含水率上升而逐渐降低的规律，选择适当的时机和合理的转注井数进行；转注方式要有利于提高对储集层的水驱控制程度和剩余油的集中开采；注采系统调整后，在充分认识各类油层动用状况的基础上，搞好新老注水井的分层配水，促进液流方向的改变，充分提高注入水的利用率；在收效油井中及时采取压裂、堵水等配套措施，不失时机充分发挥注采系统的调整作用，同时采用生产测井手段加强动态分析，对收效井进行定时动态监测。

第二节　在区块开发调整中的应用

一、地下动态综合分析

大庆油田杏五表外储集层的开发，就是依靠多种测井资料综合解释取得成功的实例。该区的开发目的层是萨、葡油层组厚度低于 0.5m 的薄层泥质粉砂岩，含油产状以油迹和油斑为主，渗透率、含油饱和度均较低，这些因素增加了开采和测井的难度，实验区平均单井射开厚度 12.5m，油井采用限流法射孔、限流法压裂，设计方案单井产液 6~8m³/d，含水率低于 15%。

开井生产后，油井的产液率与含水率普遍较高，含水率高达 84%，这与有效厚度低于 0.2m、孔渗性差有关。为了弄清这一情况，进行了过环空产出剖面测井。如杏 531 井，第一次检查结果是全井产液 30m³/d，全井含水率 15%，主力产层为葡 1 层单层产 9m³/d、萨 2 层单层产 8.5m³/d。这两层为低渗透的薄泥质粉砂岩，应该说靠自身的产能不会有这么高的产量。随后又进行了第二次、第三次产液剖面测量，三次产出剖面结果基本一致，怀疑存在窜槽现象，声波变密度和声幅测井结果表明，萨 1 和萨 2 层附近的固井质量较差，表明这两个产层与未射孔的目的层段之间存在窜槽的可能。随后进行的同位素示踪曲线证明了上述两层与未射开的其他层有窜槽现象，相邻层经水泥胶结的薄弱部位窜到表外层，导致全井产液量偏高。对比压裂前后的声波变密度测井资料，可以证明压裂之后声幅曲线明显升高、水泥胶结情况变差，因此压裂是导致窜槽的主要原因。

二、注采剖面资料对比

通过注采剖面综合对比，可以确定油田开发中注采井组的注采关系和开发效果。

B4256 井组位于某油田北部。该油田采用反五点面积法井网进行注水开采，井距 300m，开采 S 层系多油层。B4256 井为抽油井，共有 11 个油层，射开砂岩厚度 25m，有效厚度 15m，原始地层压力 11.9MPa，泡点压力 11MPa。该中心井受 B4155、B4157、B4355 和 B4357 共 4 口注水井的影响，水驱控制程度为 100%，其连通图见图 10-2-1。中心井投产时泵径 56mm，冲程 3m，冲数 6 次/min。四口注水井与中心井同期投产排液，投产 4 个月后转注。

B4256 井在弹性—溶解气驱动开采期间，由于周围 4 口排液井同时排液，导致地层压力下降快，产油量下降也很快。中心井地层压力由 11.9MPa 下降到 10.38MPa，下降 1.52MPa，低于饱和压力 0.52MPa；流动压力由 4.59MPa 下降到 3.07MPa，下降 1.52MPa，流饱压差由 6.41MPa 增加到 7.93MPa。由于中心井地层压力下降快，地层能量小，流饱压差加大，脱气半径向油层径向深部移动，从而油层阻力加大，导致油井产量下降，产油量由投产初期的 23m³/d 下降到排液井转注前的 10m³/d，下降 13m³/d，月平均下降 2.6m³/d。

4 口排液井转抽后，按各油层的自然吸水能力笼统注水，平均日注水量 290m³，单井平均日注水 73m³ 左右。4 口排液井转注 4 个月后，中心井流动压力上升，产量升至投产初期，流动压力由转注前的 3.05MPa 上升到 6.12MPa，流饱压差由 7.93MPa 缩小到 4.86MPa，流动压力比投产初期的 4.59MPa 上升了 1.53MPa；测得地层压力 17.04MPa，

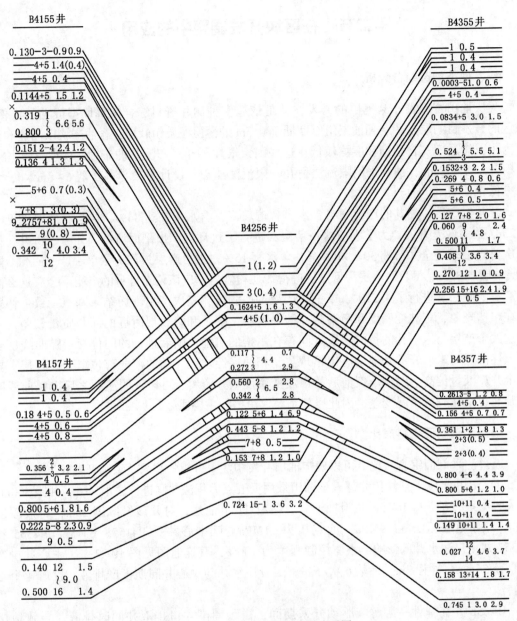

图 10-2-1 B4256 井组油层连通图

比转注前的 10.38MPa 上升 6.66MPa，比原始地层压力高 5.17MPa；产液量上升 26m³/d，产油量 24 m³/d，比转注前日增油 14m³。由于采用笼统注水，油井含水率上升较快，已上升到 10%。

为了了解地下油层动态变化，转注 4 个月后利用同位素载体法对 4 口注水井进行吸水剖面测试，同时对 B4256 井进行了过环空产出剖面测试（表 10-2-1）。由表 10-2-1 可知，油层厚度大、渗透率高的油层吸水好；油层厚度小、渗透率低的差油层吸水状况差。在吸水层中，SII 1~4 油层吸水最好。B4256 井环空产出剖面资料也较高，油层厚度大，渗透率高，与注水井连通好且吸水好的油层动用效果好。在 4 个出油层段中，SII 2~4 层是高效产液层，测井产液量 19.6m³/d，占全井产液的 61.2%，该层含水率已达 15.3%。中心井

B4256 井油层产出剖面与周围的 4 口注水井吸水剖面对应良好。这次产出剖面测量后，根据油水井生产测井分层测试资料，针对 B4256 井高效产液层含水率上升过快的现状，并为了充分动用其他油层，对 3 口有影响的注水井 B4155、B4355、B4357 井进行分层注水，B4157 井因套管变形仍为笼统注水。分层配注后，4 口注水井注水量仍保持在 290m³ 左右。分层配注期间，B4256 井压力产量开始上升，此时抓紧时机进行调参，冲次由 6 次/min 调整到 9 次/min，取得了良好的调参效果。由于 3 口注水井的注入和调参使生产压差放大，中心井 B4256 的压力有所下降，但稳定在 15MPa 左右，仍比原始地层压力高 3.13MPa 左右，流动压力稳定在 6.5MPa；调参后，日产液稳定在 50m³ 左右，虽然含水率有所上升，产油量比调参初期有所下降，但仍比调参前增加 3m³/d。分层注水使高效层的吸水受到限制，因此中心井 B4256 的含水率上升速度得到控制，含水率上升相对缓慢，比分层注水前上升 11%。

表 10-2-1　B4256 井组油水井生产测井分层剖面对应表

井号及项目 层　位	B4256		B4155	B4157	B4355	B4357
	产液		测井日注 m³	测井日注 m³	测井日注 m³	测井日注 m³
	相对，%	绝对，m³/d				
S Ⅰ 1~4+5	12.0	4.1	0	0.6	4.9	—
S Ⅱ 1~3	0	0			12.7	
S Ⅱ 2~4	61.2	19.6	39.4	24.9	—	21.0
S Ⅱ 5+6	10.8	3.4			—	10.0
S Ⅱ 5-8~7+8	0	0	4.1	7.7	2.7	—
S Ⅱ 15-1	15.2	4.9	—	31.0	7.9	14.3

在分层配注及调参完成后，在中心井 B4256 中进行了过环空产出剖面测井，以检测油层的生产及动用状态。测井资料表明，所测各段均出油，比分层配注及调参前出油层段增加了 2 个；高效主力产层仍是 S Ⅱ 2~4 段，产液量由 19.6m³/d 增加到 43m³/d，增加了 23.4m³/d。分层配注及调参后，中心井的产出剖面得到了明显的改善，出油段和出油厚度增加，S Ⅱ 2~4 产液量增加较快，产出量也增加较多，说明中心井 B4256 井受到了 3 口注水井分层配注的推进，但高效层产液量增长快，主要是 3 口注水井分层注水导致，此外 B4157 井的笼统注水也是另一原因。这些水对刚进入中含水期的 B4256 井暂不构成威胁，但高含水后期要根据具体情况进行监测的封堵。

第三节　用注采剖面资料确定剩余油分布

随着注入水的推进，地层中剩余油的分布会随时间的推移发生复杂变化，单井中的纵向剩余油分布可通过裸眼井水淹层测井资料确定或采用岩心分析方法确定；地层横向二维方向上的剩余油分布可通过油藏数值模拟方法确定。生产测井注采剖面反映了油水产出的瞬时动态，与地层中剩余油分布有着密切联系。利用地层的注采剖面（分层注入率和产水率），结合 Leverett 方程可以建立产水率与地层在井点处的剩余油饱和度的关系，这样可以确定生产井和注入井处纵向上的剩余油饱和度；然后利用流管理论或插值方法计算出各地层横向上的剩余油分布，最后得到整个油田生产区纵横向上的剩余油分布。在横向计算时，要求注采井间的岩性是连通的，如果存在岩性尖灭或断层影响，则需要知道这些边界处的产水率值。

一、注采井点各产层的剩余油饱和度确定

1. 含水率（产水率）与油水相对渗透率的关系

对于倾角为 α 的倾斜油层，如果油藏为油水两相流动，Leverett 从达西定理出发导出了产水率 f_w 与油水相对渗透率的关系：

$$f_w = \frac{1-\dfrac{AKK_{ro}}{q_t}\left(\dfrac{\partial p_c}{\partial L}+g\Delta\rho\sin\alpha\right)}{1+\dfrac{K_{ro}}{K_{rw}}\dfrac{\mu_w}{\mu_o}} \tag{10-3-1}$$

$$p_c = p_w - p_o$$

$$\Delta\rho = \rho_w - \rho_o$$

$$q_t = q_w + q_o$$

式中　q_o、q_w——流经截面 A 的油和水的流量；

　　　K——岩石的绝对渗透率；

　　　μ_o、μ_w——油和水的黏度；

　　　K_{rw}、K_{ro}——水和油的相对渗透率；

　　　ρ_w、ρ_o——水和油的密度；

　　　$\partial p_c/\partial L$——毛管压力。

式（10-3-1）表示两相流动中位于任意截面 A 处的含水率公式，说明断面上的含水率受岩石的绝对渗透率、油水密度差、曲面 A、总产量 q_t、油水黏度比 μ_w/μ_o、地层倾斜角 α、油水相对渗透率及其比值、毛管压力在距离 L 处的梯度 $\partial p_c/\partial L$ 等因素的影响。毛管压力 $\partial p_c/\partial S_w$ 与 $\partial S_w/\partial L$ 两项相关，$\partial p_c/\partial S_w$ 可以用毛管压力曲线确定，$\partial S_w/\partial L$ 的影响较小，实际上毛管力的作用项 $\partial p_c/\partial L$ 可以忽略不计，所以式（10-3-1）简化为

$$f_w = \frac{1}{1+\dfrac{K_o}{K_w}\dfrac{\mu_w}{\mu_o}} \tag{10-3-2}$$

2. 渗透率与含水饱和度的关系

由式（10-3-2）可知，含水率与油水的两相相对渗透率有关，而相对渗透率是渗透层饱和度的函数，由此可以建立含水率与饱和度两者的关系。相对渗透率与饱和度的关系受岩石非均质性、孔隙结构及分布、润湿性、流体类型及分布的影响。实际应用中，广泛应用下列经验公式：

$$K_{rw} = a_1 S_{wd}^m \tag{10-3-3}$$

$$K_{ro} = a_2(1-S_{wd})^n \tag{10-3-4}$$

$$S_{wd} = \frac{S_w - S_{wi}}{1-S_{wi}-S_{or}} \tag{10-3-5}$$

$$\frac{K_{ro}}{K_{rw}} = a\frac{(1-S_{or}-S_w)^n}{(S_w-S_{wi})^m} \tag{10-3-6}$$

式中　S_{wd}、S_w、S_{wi}、S_{or}——可动水饱和度、含水饱和度、束缚水饱和度和残余油饱和度；

a、m、n、a_1、a_2——与油水相对渗透率相关的比例系数。

为了确定式中的 a、S_{wi}、S_{or} 和 n 值，可以采用多元统计分析方法对 S_w 与 K_{ro}/K_{rw} 相关实验数据进行拟合。在不具备实验数据时，可采用 Pirson 水湿粒间孔隙介质表示二者的关系：

$$\begin{cases} K_{rw} = S_w^4 \left(\dfrac{S_w - S_{wi}}{1 - S_{wi}} \right)^{0.5} \\ K_{ro} = \left(1 - \dfrac{S_w - S_{wi}}{1 - S_{wi} - S_{or}} \right)^2 \end{cases} \tag{10-3-7}$$

3. 含水饱和度与含水率的关系

由上述分析可知，含水率是油、水相对渗透率的函数，而相对渗透率又是含水饱和度的函数。由此可知，水驱条件下任意岩层断面上的含水率是含水饱和度的函数，即含水率是随着含水饱和度的变化而变化的，但二者之间没有明显的数学表达式。用油水相对渗透率为中间变量可以建立二者的关系。将式（10-3-6）代入式（10-3-2）得

$$f_w = \cfrac{1}{1 + \cfrac{\mu_w}{\mu_o} a \cfrac{(1 - S_{or} - S_w)^n}{(S_w - S_{wi})^m}} \tag{10-3-8}$$

对于某一油田，利用注采剖面可以得到单个井点处的纵向含水率，利用式（10-3-8）可以得到如图 10-3-1 所示的 S_w—f_w 关系图版，图中横坐标为 S_w，纵坐标为 f_w，图中曲线上的参数为 μ_w/μ_o。在每一地区，这样的图版不同，但形状相同，利用这一图版可以得到相应地区的含水率和剩余油饱和度。

二、井间剩余油饱和度的确定

井间剩余油饱和度是在各井点含水饱和度的基础上确定的，通常采用插值法和流管计算方法。插值法通常选用分形—点克里金法，该方法是分形技术与克里金方法的结合。克里金估值在定量分析过程中最大限度地利用地层信息，将定量分析与定性分析结合在一起，滤出了测量误差及空间微结构的影响，它反映了观测数据中包含的总体趋势。因此，用分形—点

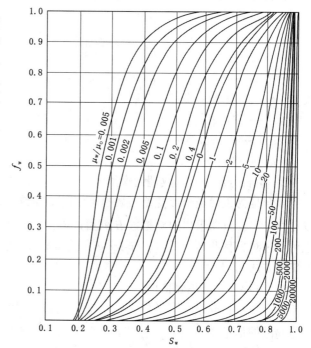

图 10-3-1　不同油水黏度比下的含水率 f_w
与含水饱和度 S_w 的关系

克里金模型确定的储集层分布，不但能反映参数的宏观变化特征，也能反映局部的非均质变化。流管计算方法实际上是一种数值计算方法。下面介绍两种方法的具体计算过程。

1. 分形—点克里金方法

1）变差函数及分形变差函数模型

变差函数能够反映区域化变量的空间变化特征，特别是通过随机性反映区域变量的结

构性，所以变差函数又叫结构函数。设区域化变量 $Z(x)$ 定义在一维数轴 x 上，把 $Z(x)$ 在 x、$x+h$ 两点处值之差的方差之半定义为 $Z(x)$ 在 x 轴方向上的一维变差函数 $r'(x,h)$，记为

$$r'(x,h) = \frac{1}{2}\text{var}[Z(x)-Z(x+h)] \qquad (10-3-9)$$

实验变差函数 $r^*(h)$ 的计算公式为

$$r^*(h) = \frac{1}{2N(h)}\sum_{i=1}^{N(h)}[Z(x_i)-Z(x_i+h)]^2 \qquad (10-3-10)$$

式中　$N(h)$——某一方向步长为 h 的点对数。

分形变差函数是传统变差函数的拓展，该函数中包含间歇指数参量 H，用于描述地质变量的分型分布特征，不仅能描述地质变量的结构性和随机性，也可以描述局部非均质性。无基台值的分形变差函数的模型为

$$2r(h) = V_H h^{2H} \qquad (10-3-11)$$

式中　h——空间两点的距离；

　　　V_H——验前方差，为待定参数；

　　　H——Hurst 指数（间歇指数），为待定参数。

有基台值的分形变差函数模型为

$$\begin{cases} r(h) = 0 & (h=0) \\ r(h) = c_o + c\left(\dfrac{h}{a}\right)^{2-2H} & (0<h\leqslant a) \\ r(h) = c_o + c & (h>a) \end{cases} \qquad (10-3-12)$$

式中　c_o——块金（效应）常数；

　　　c——拱高；

　　　c_o+c——基台值；

　　　a——变程。

2）拟合分形变差函数理论模型

拟合是为了确定分形变差函数模型中的未知数。无基台值的分形变差函数中的 V_H 值可以计算出来，只要求出间歇指数 H 就可以确定该模型。Hurst 指数 H 可以用 R/S 分析求得，也可通过对方程两边取对数，作 $\lg r(h)$ 与 $\lg h$ 的交会图求取。另外几个参数与普通克里金的确定方法相同。

3）分形—点克里金估值

设 $Z(x)$ 是满足二阶平稳（或本征）的储集层参数变量，其数学期望未知。已知 Z_i 是一组离散的信息样品数据，它们是定义在点 x_i 上的或是确定在以 x_i 为中心的 V_i 上的均值 Z_i。需要估计点处的值为

$$Z_o^* = \sum_{i=1}^{n}\lambda_i Z_i \qquad (10-3-13)$$

式中　Z_o^*——待估点 x_o 处的分形—点克里金估值；

　　　λ_i——各信息样品点的加权系数，表示各信息点对待估点值的贡献大小。

加权系数通过求解分形—点克里金方程组得到。分形—点克里金方程组的建立，要满足两个条件：

（1）无偏性条件，即 $E[Z_o^*-Z_o]=0$。

（2）最优性条件，即使估计方差 $E\left[Z_o^*-Z_o\right]^2$ 为最小。

可导出满足上述条件的分形—点克里金方程组为

（1）无基台值分形变差函数的分形—点克里金模型为

$$
\begin{cases}
r'(h)=\dfrac{1}{2}V_H h^{2H} \\[2mm]
\displaystyle\sum_{j=1}^{n}\lambda_j r(x_i,x_j)+\mu=\bar{r}(x_i,x_o) \\[2mm]
\displaystyle\sum_{i=1}^{n}\lambda_i=1 \\[2mm]
\delta^2=\displaystyle\sum_{i=1}^{n}\lambda_i\bar{r}(x_i,x_o)-\bar{r}(x_o,x_o)+\mu
\end{cases}
\tag{10-3-14}
$$

（2）有基台值分形变差函数的分形—点克里金模型为

$$
\begin{cases}
r'(h)=c_o+c\left(\dfrac{h}{a}\right)^{2-2H} \\[2mm]
\displaystyle\sum_{j=1}^{n}\lambda_j c(x_i,x_j)-\mu=\bar{c}(x_i,x_o) \\[2mm]
\displaystyle\sum_{i=1}^{n}\lambda_i=1 \\[2mm]
\delta^2=\bar{c}(x_o,x_o)-\displaystyle\sum_{i=1}^{n}\bar{c}(x_i,x_o)+\mu
\end{cases}
\tag{10-3-15}
$$

在上述两种模型中，只要通过求解方程组求得各加权系数 λ_i，就可以对 Z_o 点进行估计，从而预测储集层参数 $Z(x)$ 的分布。若 $Z(x)$ 为剩余油饱和度，即可预测出剩余油的分布。

2. 流管分析法

在注采地层中，在某一截面 A 上取长度为 $\mathrm{d}x$ 的薄片，由于 $\mathrm{d}x$ 取得非常小，可以认为在这一薄片内各点处的含水饱和度相等，薄片进口端含水饱和度稍高于出口端，因而进口比出口含水率高 $\mathrm{d}f_w$。在很短一段时间 $\mathrm{d}t$ 内，从进口端流入薄片的水量等于油水总产量 q 乘以 $\mathrm{d}f_w\mathrm{d}t$，即

$$q\mathrm{d}f_w\mathrm{d}t \tag{10-3-16}$$

设同一时间内薄片内的含水饱和度升高了 $\mathrm{d}S_w$，则薄片在 $\mathrm{d}t$ 内的水量增加为

$$A\mathrm{d}x\phi\mathrm{d}S_w \tag{10-3-17}$$

式中　ϕ——孔隙度。

由质量守恒原理得

$$A\mathrm{d}x\phi\mathrm{d}S_w=q\mathrm{d}t\mathrm{d}f_w$$

从注水层井点处（$x=0$）积分到饱和度为 S_w、坐标为 x 的截面得

$$A\phi x=qt\frac{\mathrm{d}f_w}{\mathrm{d}S_w}=qtf'_w \tag{10-3-18}$$

式中　t——累计注入时间。

含水率 f_w 通过相渗透率与含水饱和度发生关系，而相渗透率曲线因岩石及流体性质而异。f'_w 的意义是地层内含水饱和度每增加1%含水率相应升高的量，它是相对于含水饱和度

的含水上升率。图 10-3-2 是 f'_w 与 S_w 和 μ_w/μ_o 的相关关系，图中横坐标为 S_w，曲线模数为 μ_w/μ_o，f'_w 是图中 f_w 与 S_w、μ_w/μ_o 交会点处所作切线的斜率，即图 10-3-2 是在图 10-3-1 的基础上作出的。由式（10-3-18）得

$$x = \frac{qt}{\phi A} f'_w \qquad (10-3-19)$$

若注入时间 t 一定，则累积注入量 q 一定，给出一个 S_w，则可从图 10-3-2 中查得一个 f'_w，由式（10-3-19）即可求得一个 x（ϕ 为孔隙度，A 为地层横截面积，ϕA 为常数），这样即可求出距注入井 x 处的含油饱和度为 S_w。对于所有的 f_w、f'_w 进行计算，即可得出 S_w 的平面分布，如图 10-3-3 所示。

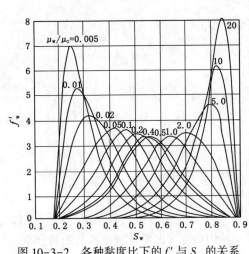

图 10-3-2　各种黏度比下的 f'_w 与 S_w 的关系

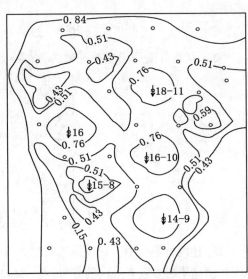

图 10-3-3　含水饱和度等值线图

第四节　注采剖面在油藏数值模拟中的应用

一、油藏数值模拟简介

　　油田开发的任务就是从储集层的客观实际出发，以最少的投资、最佳开采速度获取最高的采收率。为了编制切合实际的开发方案，应尽可能详尽掌握地下信息。一方面是宏观信息，例如油藏构造（断层、岩性尖灭、油水分布）、油层岩性（砂岩、石灰岩、多重孔隙介质、油层厚度、孔隙度、渗透率等）。另一方面是微观信息，例如孔隙结构（孔道大小分布、孔隙之间关系）、非渗透夹层分布规律。第三方面是油气水高压物性信息。高温高压下，油气相态、体积系数、气油比、黏度等性质变化很大，油层中所含流体与岩石的相互作用所产生的物理化学现象较为复杂，例如毛管压力、油气水的相对渗透率、扩散、吸附等。此外，三次采油如热力采油、化学驱油和混相驱会使井下的各种物理化学现象更为复杂化。油田注采过程中，油井注采流量、温度、压力和油气水饱和度变化很大，因此认识和描述油藏的动静态规律较为复杂。

　　研究油藏主要方法有两种，一种是直接观察法；另一种是模拟法。

1. 直接观察法

此法即直接在油田上进行试验或取得资料，以便进行分析。譬如，钻观察井，这种方法可用在勘探初期或油田开发过程中，可以直接取心分析油层的岩石性质及流体在油层中的分布，当观察井投产后，通过油气水产量和压力变化分析流体在油层中的流动变化规律（干扰试井）；又如，生产测井，通过注采剖面测试，掌握油气水的分布产出动态，从而分析油层的性质；第三种观察方法是开辟生产试验区，油田开发初期为了达到某种目的（如提高采收率措施），通常要在油田内部选择一个有代表的地区进行试验，得到成熟的开发技术后再进行投产。

2. 模拟法

模拟分为两大类：物理模拟和数学模拟。

1）物理模拟

根据相似性原理，把自然界中的原型按比例缩小，制成物理模型（如多相流模拟井），然后使原型中的物理过程按一定的相似关系在模型中展现。这样人们就能通过短期的小型试验，迅速和直接地观察到油层中的渗流规律，测定所需的参数。物理模型又可分为定性模型和定量模型两类：定性模型可以了解油层中所发生的各种现象，如蒸汽驱过程中的超覆现象、混相驱过程中的弥散现象等；定量模型可以得到油田开发过程中的有关定量资料，如注水量、产出量、含油饱和度等。

2）数学模拟

通过求解某一物理过程中的数学方程组来研究物理过程变化规律的方法叫数学模拟。通过电场和渗流场中数学方程式相似的特点，可以采用较易实现的电场规律研究油层中渗流场的规律，这种模型称为数学模拟中的电网模型。随着计算机技术的发展，逐渐采用数值方法求解数学方程组，这就是油藏数值模拟。

物理模拟和数学模拟称为"双模"，物理模拟多用于机理研究，并为数学模拟提供必要的参数，验证数学模拟的结果，提出新的数学模型；数学模拟可考虑多种复杂因素的实际问题，只要能取得符合实际的实验和现场数据，就能迅速准确地得出所需的各种数据。双模是相辅相成的，在油田开发设计和油藏动态评价中是必不可少的工作。

二、油藏数值模拟的主要步骤

油藏数值模拟的主要内容包括3部分：建立数学模型、建立数值模型和建立计算机模型。

建立数学模型是要建立一套描述油藏的渗流偏微分方程组，以相应辅助方程和边界条件为基础。

建立数值模型首先通过离散化将偏微分方程组转换成有限差分方程组（油藏数值模拟中采用的离散方法主要为有限差分法，有时也用有限元法）；然后将其非线性系数项线性化，从而得到线性代数方程组；再通过线性方程组解法求取所要的未知量（压力、饱和度、温度、组分等）。

建立计算机模型就是将各种数学模型的计算方法编制成计算机程序，以便利用计算机获取所要的结果。有了计算机模型之后，油藏数值模拟的步骤包括：模型选择、资料输入、灵敏度试验、历史拟合和动态预测。

模型选择是根据油藏的实际情况和所研究的问题，选择合适的模型。常用的模型包括单相流动模型、两相流动模型、多组分模型和黑油模型。

资料输入包括生产井、注入井和油藏描述中的各种参数。生产井、注入井资料包括分层产量、总产量、注入量及分层注入量和井底压力数据。油藏描述资料包括静态参数（构造、油层厚度、孔隙度、渗透率、油层深度、原始地层压力）、流体性质资料（压力、流体黏度、体积系数、压缩系数）、岩心分析资料（饱和度与相对渗透率数据及毛管压力之间的关系）。

灵敏度试验是将影响油田开发指标（产量、压力、含水率、气油比等）的静态资料、流体性质资料和特殊岩心分析资料人为发生变化，把它们输入计算机中，观察它们对开发指标的影响，从中找出其影响比较大的性质参数。这类资料应尽量取全取准。

历史拟合是将已知的地质、流体性质、特殊岩心分析资料和实测的生产历史（产量或井底压力随时间变化）输入计算程序中，把计算结果与实际观测和测定的开发指标（油层压力和综合含水率等）相比较。若发现两者间有相当大的差异，则说明所采用的资料差异较大，可根据灵敏度试验结果逐步修改输入数据，使计算结果与实测结果一致，这就是历史拟合。历史拟合的速度和质量取决于工作人员对油田实际情况的掌握及软件的质量。

动态预测是在历史拟合的基础上对未来的开发指标进行计算，通常分两种情况：一是根据规定的产量变化预测地层压力和饱和度的变化；二是依据规定的井底流动压力预测油气水产量、地层压力和饱和度的变化。实际问题多种多样，因此要根据具体问题进行历史拟合和动态预测。

由上述分析可知，生产测井在油藏数值模拟中主要用于提供油气水的物性参数、注采剖面、地层压力及含水率变化等信息，对油藏数值模拟的效果和质量监控起着重要的作用。

三、油藏数值模拟基本数学模型

对于一个油藏，当有多相流体在孔隙介质内同时流动时，多相流体要受重力、毛管力及黏滞力的作用，而且在油与气之间要发生质量交换。因此，建立数学模型要考虑这些力及相互间的质量交换，同时要考虑油藏的非均质性及油藏的几何形状。用数学模型模拟实际油藏流体的流动规律需要具备以下条件：一是要有描述该油层内流体流动规律的偏微分方程组及描述流体物理化学性质变化的状态方程；二是要给出定解条件，对于稳定流动只需给出边界条件，对于非稳定流动除了边界条件之外，还要知道该油藏的初始条件。

1. 数学模型的分类

油藏数学模型的分类一般有 3 种方法：第一种方法是按流体相的数目划分；第二种方法是按空间维数划分；第三种方法是按模型使用功能划分。

1）按流体相的数目划分

单相流模型：描述只有一相流体流动的数学模型。

两相流动模型：描述有两相流体流动的数学模型。

三相流模型：描述有三相流体流动的数学模型。

2）按空间维数划分

零维模型：描述均质岩石、均质流体性质的油藏系统。该系统内饱和度分布均匀，压力分布连续，油藏内任意处的压力发生变化时，整个油藏系统内的压力同时发生变化。

一维模型：描述油藏流体沿一个方向上发生流动，而在其他两个方向上没有任何变化的数学模型（如一维问题 x，径向问题 R）。

二维模型：描述油藏流体沿两个方向上发生流动，而在第三个方向上没有任何变化的数学模型（如平面问题 x—y，剖面问题 x—z、R—z）。

三维模型：描述油藏流体沿 3 个方向发生流动的数学模型（如立体问题 x—y—z、柱状

问题 $R—\theta—z$）。

3）按模型使用功能划分

（1）气藏模型：描述天然气气藏的数学模型。有的气藏只有天然气存在，有的气藏不仅有天然气存在，还有水存在。

（2）黑油模型：描述油气水三相同时存在的数学模型。一般认为，只有天然气可以溶于油或从油中分离出来，油和水之间及气和水之间不发生质量交换。

（3）组分模型：描述油藏内碳氢化学组分的数学模型。由对相的描述进而深入到对化学组分的描述，每种化学组分可以存在于油气水三相中的任意一相内，相与相可以存在质量交换（这种模型常用于描述凝析油藏）。

在实际应用中，常根据具体生产的某些特点命名模型，如化学驱模型、热力驱模型、裂缝模型等。同时，研究工作者通常综合各种分类方法来命名一种数学模型，如一维单相流动数学模型。

2. 一维径向单相流的数学模型

在以下条件下：（1）油藏中存在单相流体渗流；（2）油藏岩石和流体是均质的；（3）流体渗流符合达西定律；（4）流体微可压缩；（5）不考虑岩石的压缩性；（6）不考虑重力的影响，可以写出其完整的数学模型为

$$\frac{1}{r}\frac{\partial}{\partial r}\left(r\frac{\partial p}{\partial r}\right)=\frac{\phi\mu c}{K}\frac{\partial p}{\partial t} \qquad (10-4-1)$$

初始条件为 $\qquad\qquad p(r,0)=p_i \quad (r_w<r<r_e)$

外边界条件为 $\qquad\qquad \left(\frac{\partial p}{\partial r}\right)_{r=r_e}=0 \quad (t>0)\quad$ 封闭外边界

或 $\qquad\qquad\qquad p(r_e,t)=p_e \quad (t>0)\quad$ 定压外边界

内边界条件为 $\qquad\qquad \frac{2\pi Kh}{\mu}\left(r\frac{\partial p}{\partial r}\right)_{r=r_w}=q \quad (t>0)\quad$ 定产

或 $\qquad\qquad\qquad p(r_w,t)=p_{wf} \quad (t>0)\quad$ 定井底流动压力

式中 $\quad r$——径向半径；

$\qquad r_w$——井底半径；

$\qquad r_e$——边界半径；

$\qquad p$——油藏各点的压力；

$\qquad p_i$——原始地层压力；

$\qquad p_e$——地层边界压力；

$\qquad p_{wf}$——井底流动压力；

$\qquad t$——时间；

$\qquad \phi$——孔隙度；

$\qquad K$——有效渗透率；

$\qquad c$——流体的压缩系数；

$\qquad \mu$——流体的动力黏度；

$\qquad q$——油井产量。

3. 差分方程建立

方程式(10-4-1)是非线性偏微分方程，不能用解析方法求解。目前求解这类方程的

通用方法是将其离散化，然后用数值解法。有限差分法是应用最多的一种方法，无论是单相流还是多相流、单组分还是多组分、一维还是多维问题的求解，该方法都已形成了自己的理论体系和求解方法。

1）离散化

离散化就是把整体分割为若干单元，而每个小单元的形状是规则均质的，因此把形状不规则的非均质问题转化为容易计算的均质问题。不管地层的形状及非均质程度如何，都可以用这个方法计算，且整个运算是由重复的简单运算构成的，即计算程序简单通用。该方法能够控制解的精确度，要求的精度越高，划分的单元应越多。

2）离散空间与时间

利用有限差分法将连续的偏微分方程式（10-4-1）变为离散形式，空间和时间两方面都要被离散化。离散空间就是把所研究的空间范围套上某种类型的网格，将其划分为一定数量的单元，通常采用矩形网格，如图10-4-1所示；离散时间就是在所研究的时间范围内把时间离散成一定数量的时间段，在每一时间段内，对问题求解以得到有关参数的新值（图10-4-2），步长的大小取决于所要解决的问题。一般来说，时间步长越小，解就越精确。

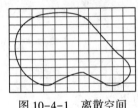

图 10-4-1　离散空间

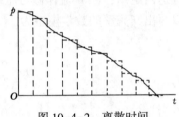

图 10-4-2　离散时间

有限差分方法是用差商代替偏微商的数值算法，是对网格范围内的各点求解，即原先表示连续的、光滑函数的偏微分方程被一整套对每个离散点并与该点近似解值有关的代数方程组取代。有限差分法求解数学模型的主要步骤为：

（1）把渗流区域划分成单元，然后把单元按一定顺序排列。

（2）用网格上的饱和度（压力）等代替饱和度函数（压力函数）。

（3）在网格化的基础上，从微分方程出发，建立每个网节点饱和度（压力）与其周围网格节点饱和度间的关系式，一般不是线性关系，需经过线性化得到线性关系。

（4）把每个网格节点所建立的方程合在一起，再利用定解条件，使之成为存在唯一解的方程组。解这一方程组，得到各网格节点的未知饱和度值和压力值。对于稳定流，则这些网格节点上的饱和度（压力）可表现出稳定的饱和度面；对于非稳定流，则需把时间离散化，对于每一个离散化的时间，可当作稳定流进行求解。

3）差分方程建立

在一维径向流动条件下，靠近井筒附近的压力梯度大，远离井筒附近的压力梯度小，因此采用不均匀网格，靠近井底附近网格密度大一些，沿径向向外逐渐稀疏。

对于方程式（10-4-1），采用如图10-4-3所示的网格划分，其差分形式表示为

$$\frac{p_{i+1}^{n+1}-2p_i^{n+1}+p_{i-1}^{n+1}}{\Delta x^2}=\mathrm{e}^{2x_i}r_w^2\frac{\phi\mu c}{K}\frac{p_i^{n+1}-p_i^n}{\Delta t} \tag{10-4-2}$$

取 $\Delta x_i=\Delta x_{i+1}=\Delta x$ 时，$x_i=i\Delta x$。代入式（10-4-2）得

$$p_{i+1}^{n+1} - (2+M)p_i^{n+1} + p_{i-1}^{n+1} = -Mp_i^n$$

$$(10-4-3)$$

$$M = e^{2i\Delta x} r_w^2 \frac{\phi \mu c}{K} \frac{\Delta x^2}{\Delta t}$$

当 i 和 Δx 确定后，r 即可确定，根据式（10-4-3）解三对角矩阵方程，即可确定任一半径下的压力。

若令 $\lambda = 2+M$，$d_i = -Mp_i^n$，则式（10-4-3）变为

$$p_{i-1}^{n+1} - \lambda p_i^{n+1} + p_{i+1}^{n+1} = d_i$$

根据不同的外边界条件，解此线性方程组，即可求得地层内各点压力或饱和度随时间的变化规律。

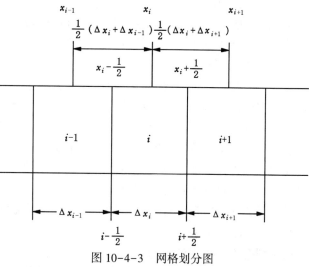

图 10-4-3　网格划分图

对于不均匀网格的划分，只要 x_i 确定，r_i 随之确定，r_i 与 x_i 呈指数函数关系。又因为 $x_i = i\Delta x$，所以首先要确定 Δx；r_w 与 r_e 给定之后，则 Δx 取决于所取网格的多少。

以上给出的是一维径向单相流的数学模型，其他模型差分方程建立与此相类似，可参阅相关文献。

4. 油田开发历史拟合与动态预测

历史拟合就是用已有的油藏参数（渗透率、孔隙度、饱和度等）去计算油田的开发历史，并将计算出的开发参数（油藏压力、产量、含水率等）与油田实际动态相对比，直到计算结果与实际动态相吻合或在允许的误差范围内为止。通过拟合，可以比较客观地认识油田的过去和现状，为动态预测做准备。历史拟合是一个反复修改参数、反复试算的过程，取决于人们对油藏的认识程度和油藏工程师的经验。历史拟合的对象有压力、产量和含水率；可修改的参数有渗透率、孔隙度、厚度、原始饱和度、岩石压缩系数、流体物性参数、相渗透率曲线、毛管压力曲线和单井参数（表皮系数和井底流动压力）。拟合对象是多个参数的函数，同一拟合结果可以有多种参数组合。在油藏开发拟合中，一般把产量作为已知条件。拟合的步骤有 4 个：一是油藏原始平衡状态检查；二是油田及单井压力拟合；三是含水率拟合；四是开发动态预测。

1）油藏原始平衡状态检查

油藏没有开发时，油藏压力系统处于静止平衡状态，相邻点没有压力差，否则会出现流动，打破静态平衡。为了检查原始平衡状态，可以将注入、产出量置零值对模型进行计算，检查节点压力值是否改变。若未改变，则说明油藏原始状态绝对平衡，否则需要检查输入参数和模型。

2）油田及单井压力拟合

当出现高压异常或低压异常区时，从高压异常区向低压异常区方向，渗透率依次增大，拟合过程中修改渗透率时应在渗透率图上成片修改，以保持岩性的连续性。若修改渗透率效果不好，则可减少高压异常区储量、增加低压异常区储量，可改变孔隙度、油层厚度、原始含油饱和度。这一改变要注意油藏总储量保持平衡。

当采出大量液体后压力无明显下降，可考虑是否由岩石弹性能量过大导致，可以减少

岩石压缩系数；当油藏压力下降过快时，也可以增加岩石压缩系数，同时要考虑到是否由油藏储量偏小所致。在油藏压力拟合之后就可以拟合单井压力，单井压力主要与油藏局部和单井参数（渗透率、表皮系数以及厚度等）有关。

3）含水率拟合

含水率主要受相对渗透率曲线的影响，也与压力变化相关。油井见水前和水驱前缘的拟合较难实现，受模型的时间步长和网格密度的限制。当见水区域和油井含水率上升过快时，可以通过调整油相、水相相对渗透率曲线控制；增大水相临界饱和度值可以减缓见水；增大油水相渗透率比值可降低含水率上升速度。

在拟合综合含水率之后，需要找出有代表性的若干口井进行拟合，其他井只要计算动态趋势与观测资料基本相符合即可。井底的流压拟合比较简单，只需修改生产井的采油指数、表皮系数即可实现。流动压力偏小，可增大采油指数；反之，则减小采油指数。

4）开发动态预测

历史拟合不是再现油田的开发史，主要目的是加深对油藏现状的认识，总结以往开发的经验教训，以预测将来的开发动态，并制定最佳开发方案或调整方案，获取最佳的经济效益。

通过预测，可以解决油田开发中的下列问题：

（1）确定不同开发层系、开采方式、井网密度、注采系统和采油速度对最终采收率的影响，制定开发方案和老油田的调整方案。

（2）比较不同的完井方式、完井井数对开发效果的影响，确定最优完井方案。

（3）了解单井注采方式、注采强度对开发效果的影响，确定单井最优工作制度。

（4）对各种增产措施如压裂、酸化、堵水等进行机理性研究，评价增产效果。

（5）进行三次采油的可行性研究，提供三次采油的最优方案。进行油层微观渗吸机理研究，探索提高采收率的途径。

第五节　油藏数值模拟在油田开发调整中的应用

一、基本情况

某油田正式开发的单元有 24 个，动用含油面积 $52km^2$，先后模拟了 10 个开发单元，模拟区块的地质储量 $6567 \times 10^4 t$，占油田总储量的 52.7%。在建立地质模型的基础之上，进行历史拟合，在弄清剩余油分布的基础之上，实施了综合调整治理方案，有效地改善了油藏的开发效果。

1. 模拟层的划分

根据各含油小层的物性和油水分布情况，把 8 个砂层组的 34 个小层划分为 11 个模拟层。前 8 个模拟层的划分如表 10-5-1 所示。

划分的依据是：

（1）各层有一定的储量，储量分布在 $21.94 \times 10^4 \sim 126.12 \times 10^4 t$。

（2）层间有一定隔层，适宜用油水井的分层开采条件，隔层在 3~21m 之间。

（3）各层的油水系统和油藏类型不同。

（4）各层的动用程度有一定差异。

表 10-5-1　模拟层划分表

小层物性储量							模拟层	
层位	含油面积 km²	有效厚度 m	孔隙度 %	渗透率 $10^{-3}\mu m^2$	单储系数 $10^4 t/(km^2 \cdot m)$	地质储量 $10^4 t$	层号	储量 $10^4 t$
沙二下 1	1.54	2.19	16.47	11.88	8.81	34.34	1	83.94
沙二下 2	2.60	2.70	16.44	52.98	8.87	49.60		
沙二下 3-1	2.98	2.27	17.43	189.9	9.94	63.01	2	63.01
沙二下 3-2	1.84	1.68	18.25	44.31	9.94	30.47	3	96.52
沙二下 3-3	3.25	1.98	17.16	56.04	9.94	44.03		
沙二下 3-4	1.73	1.59	18.20	47.11	9.94	22.02		
小计	4.16	3.86	17.30	70.19	9.94	159.53		
沙二下 4-1	2.78	2.31	17.37	27.65	9.94	46.63	4	93.29
沙二下 4-2	2.24	1.98	16.28	34.77	9.94	46.66		
沙二下 4-3	1.49	1.60	17.85	66.54	9.94	21.94	5	21.94
沙二下 4-4	2.42	2.01	19.17	80.04	9.94	54.85	6	56.33
沙二下 4-5	0.11	1.21	18.42	51.42	9.94	1.37		
小计	4.42	4.07	17.81	52.08	9.94	171.42		
沙二下 5-1	2.39	3.53	19.85	102.01	10.01	111.39	7	111.3
沙二下 5-2	1.59	1.15	16.40	43.05	10.01	14.96	8	126.12
沙二下 5-3	1.37	2.30	18.18	38.09	10.01	42.99		
沙二下 5-4	1.41	3.40	18.49	39.39	0.01	57.48		
沙二下 5-5	0.50	1.36	18.74	51.94	0.01	6.18		
沙二下 5-6	0.62	1.14	19.21	79.10	0.01	4.51		
小计	3.26	7.28	18.48	59.01	0.01	237.51		

2. 油藏参数的选取

模拟层内共投产了 93 口井，收集了这 93 口井中模拟层的地层参数，其中包括顶深、地层厚度、有效厚度、孔隙度、渗透率、原始含油饱和度，同时收集了周边及外围 15 口井的探井资料。根据油藏构造情况，确定了 4 条断层，利用区块内 4 口取心井的资料建立了相渗透率曲线。油藏深度和高压物性参数如下：

油藏中部深度 2706m；原始地层压力为 27.06MPa；原始油藏温度为 93℃；饱和压力为 20.13MPa；原始气油比为 161.6m³/m³；油水界面为 -2800m；水的黏度为 0.4mPa·s；水的压缩系数 3×10^{-5}；岩石压缩系数为 1.5×10^{-5}；地面原油相对密度为 0.8442；压力系数为 1.0。

模拟时，根据油藏形状采用不等距矩形网格系统，总结点数为 $45\times 15\times 11 = 7425$ 个。利用数字化仪输入模拟地层的等值线、断层、井位及井点位值。

二、动态拟合

经过反复调整和试算，油藏整体和单井拟合较好，见图 10-5-1 和图 10-5-2，累积产油、产水误差小于 9.53%。各模拟层的生产状况见表 10-5-2，根据各模拟层累积产油和产水的关系建立水驱特征曲线计算的采收率见表 10-5-3。

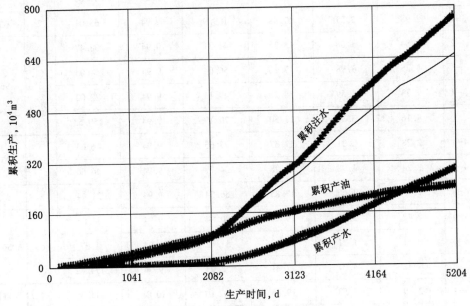

图 10-5-1　油藏累积生产拟合曲线

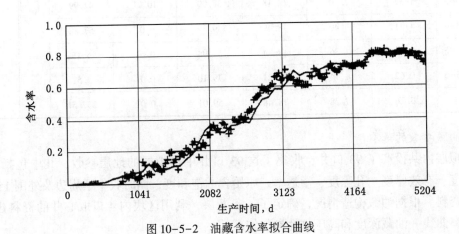

图 10-5-2　油藏含水率拟合曲线

开发效果较好的是第 2、3、4、7、8 模拟层，也是含水率和采出程度较高的层；其次是 5、6、9、10 模拟层；第 1、5、11 模拟层采收率较低。

模拟结果显示，第 1、10、9、6、11 模拟层的剩余油饱和度较高，其次是 3、5、8 模拟层，剩余油饱和度低的层为 2、4、7 模拟层，由于剩余油分布的数据较多，不再以表格形式给出。综合分析表明：剩余油主要分布在油层物性差、厚度薄、注采对应程度差的井

表 10-5-2　模拟计算模拟层生产现状表

类别	模拟层号	储量 10⁴t	累积产油 10⁴t	累积产水 10⁴t	累积注水 10⁴t	累积含水率 %	采出程度 %	现状			
								日产液 t	日产油 t	含水 %	注水 m³
Ⅰ	2	61.35	20.24	34.51	72.84	63.03	32.99	133	15	88.72	240
	7	99.17	31.74	55.25	141.89	62.11	32.01	102	13	87.25	152
	4	98.74	30.40	49.35	108.77	61.88	30.79	165	22	86.67	225
Ⅱ	8	117.13	34.22	48.37	98.42	58.57	29.22	170	21	87.64	221
	3	103.64	30.05	45.32	90.50	60.13	28.98	200	30	85.00	246
Ⅲ	5	23.88	5.06	10.21	20.3	66.86	21.19	26	6	76.92	34
	11	30.48	6.72	4.11	10.51	37.95	22.05	37	10	72.97	45
	6	58.91	11.93	15.01	34.44	55.71	20.25	59	17	71.19	80
Ⅳ	1	94.44	14.47	14.53	33.36	50.10	15.32	162	53	67.28	251
	10	80.11	15.88	17.20	10.51	52.00	19.82	149	43	71.14	200
	9	37.66	6.0	3.15	11.4	34.43	15.93	87	30	65.51	172
合计		805.51	206.71	297.01	656.10	58.96	25.66	1290	260	79.84	1866

表 10-5-3　模拟层储量动用及开发效果对比表

模拟层号	模拟储量 10⁴t	动态储量 10⁴t	可采储量 10⁴t	动用程度 %	采收率 %
1	94.44	66.11	26.44	70.00	28.00
2	61.35	52.15	24.85	82.10	40.51
3	103.64	79.92	44.05	77.11	42.50
4	98.74	84.60	43.78	85.68	44.34
5	23.88	16.10	7.03	67.42	29.44
6	58.91	37.90	19.28	64.34	32.73
7	99.17	82.11	41.06	82.80	41.40
8	117.13	97.45	47.02	83.20	40.14
9	37.66	25.34	11.70	67.29	30.06
10	80.11	64.89	30.90	81.00	38.57
11	30.48	18.29	5.82	60.00	19.10
油藏	805.51	630.35	321.32	78.25	39.89

区；物性好、注采井网完善的地层采出程度都大于30%，剩余油富集区少，剩余油富集区在非主流线上，在断层附近，注采对应差的层剩余油饱和度含量较高。在水下河道发育区，注入水沿水下河道推进快，油井含水率上升快，水淹程度高；而在前缘砂、水下河道侧翼亚相或滨湖砂、远沙坝亚相，注入水推进慢，含水率低，是剩余油富集区。

根据剩余油分布研究，研究出了几套调整方案：第一种方案是根据剩余油分布特征，对剩余油饱和度高的层进行补孔、加强注采、完善井网，对高含水井主产水层进行卡堵；第二种方案是在剩余油富集区打新井。最后实施时，把第一种方案和第二种方案合并执行（综合治理）。

三、方案实施及应用效果

综合治理的主要工作量有 378 井次，其中新钻油水井 45 口，累积采油 $36 \times 10^4 t$；采取补孔、卡堵、提液等措施 210 井次，转注 48 口，采取注水井补孔、调剖、增压等措施 142 次。综合调整治理后，注采系统进一步完善，改善了开发效果，自然递减由 28.7%控制到 19.6%，综合递减由 21%控制到 9.36%，控制递减累积增油 $49 \times 10^4 t$。按钻新井、老井措施和其他投入资金计算，投入产出比约为 1：2～1：3，经济效益显著。

课后习题

1. 在油气藏开发中，生产测井资料有哪些应用？
2. 如何综合应用注采剖面测井资料及其解释结果评价储层剩余油饱和度？

参 考 文 献

［1］ 陈元千. 现代油藏工程. 北京：石油工业出版社，2001
［2］ 乔贺堂. 生产测井原理及资料解释. 北京：石油工业出版社，1992
［3］ 陈月明. 油藏数值模拟基础. 东营：石油大学出版社，1989
［4］ Trice J M. Reservoir Management Practice. JPT，1992（12）

第十一章
套管工程检测测井

套管工程测井是指检测套管井井身结构状况的测井，它是生产测井的重要内容，其目的是为油水井正常生产提供套管、水泥环技术状况信息，指导射孔、修井等作业施工，延长油水井使用寿命，提高油田开发的效益。工程测井的主要内容有新井射孔前（或生产中）固井质量检查评价测井、生产过程中套管质量检查测井、压裂效果检查、生产过程中验窜验封找漏找水测井、井身恢复要求或定方位射孔的陀螺测井，以及水平井及新型产液剖面测井工艺下的工程设计与作业配合等。

井径测井主要用于确定套管内径变化、射孔孔深及接箍深度等。微井径仪用于确定套管平均内径，井径仪通常包括 X—Y 井径仪、8 壁井径仪、10 壁井径仪、40 壁井径仪等。根据不同的目的可选用不同的仪器。

磁测井仪用于确定套管的损伤、腐蚀、穿透状况。磁测井包括管子分析仪、电磁测厚仪和磁测井仪。磁测井仪一次下井可记录反映套管厚度变化的重量参数及井径变化。管子分析仪利用套管的电磁特性，通过测量涡流和漏磁通量可以确定套管内外腐蚀程度及定性分析射孔效果。

噪声测井可用于管外窜槽监测。井下超声电视测井可直观显示套管内壁的自然状况，同时可检测套管内径，能够准确地指示出井身状况及套损方向，可为油、水井套损机理、预防、修井、报废等提供详实的资料。连续测斜仪可以对套管的井段进行跟踪或检测，能够确定套管损坏的精确方位。

第一节 油井的井身结构及井口装置

一、井身结构

图 11-1-1 给出了工程测井常遇到的井身结构示意图。

钻井过程中，为了防止井壁坍塌，通常在钻开近地表较疏松的地层时（几十米至上百米），要下入表层套管，并将表层套管与外部地层的环形空间用水泥封固，起到加固井口及封闭近地表常见水层的作用。钻井过程中，若遇高压水层、疏松地层或容易使钻井液大量漏失的裂缝等复杂地层，可采用调节钻井液性能或堵漏等措施；若仍无法克服，可采用强行钻进，穿过这些层段后立即在表层套管内再下入一层套管，并用水泥封固套管与表层套管、套管与地层之间的环形空间，以保证继续钻进。这种情况下下入的套管称为中间套管或技术套管，根据地质情况，技术套管可

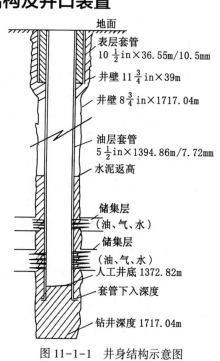

图 11-1-1 井身结构示意图

地面
表层套管
$10\frac{1}{2}$in×36.55m/10.5mm
井壁 $11\frac{3}{4}$in×39m
井壁 $8\frac{3}{4}$in×1717.04m
油层套管
$5\frac{1}{2}$in×1394.86m/7.72mm
水泥返高
储集层
（油、气、水）
储集层
（油、气、水）
人工井底 1372.82m
套管下入深度
钻井深度 1717.04m

以下几层，也可以不下。

在一口井完成预定的钻进深度后，即可开始进行测井等工程作业，之后向井下下入油层套管，再用水泥封固环形空间。水泥返升高度，通常高于油层200m，之后进行射孔完井作业。除了射孔完井之外，根据具体情况，在碳酸盐岩或其他致密地层中可采用不下油层套管的裸眼完井方法。裸眼完井的最大优点是油气层直接与井底连通，油气流入井内的阻力小。衬管完井是先下油层套管到生产层顶部，固井后再钻开生产层，并下入带割缝的衬管（或带孔筛管），用悬挂封隔器挂在油层套管底部。砾石填充完井是把油层套管下到生产层顶部后用偏钻头扩眼，然后下入割缝衬管（或带孔筛管），并在管外充填砾石，该完井方法主要用于防砂。

通常把油层底部以下到人工井底这段叫口袋，一般长度为20~30m。油层出来的砂子沉入口袋，或用于油井作业中沉入井底落物，不致影响生产。

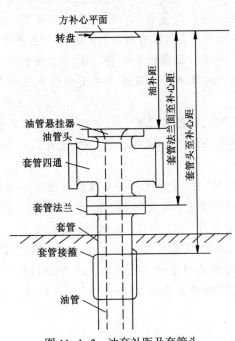

图 11-1-2　油套补距及套管头至补心距示意图

二、井口深度及井口装置

1. 井口深度

井身结构中的所有深度均从钻井时转盘补心面算起。若在原钻机上测井，深度即从这一点算起。油井投入采油后，仍要将测井的深度统一在转盘平面，所以就会出现以下几种长度。

套管下入长度和下入深度不一致，其差值是套管近地面一根的接箍面至转盘补心平面距离，即套管头至补心距，如图 11-1-2 所示，套管下入深度应在下入套管的长度上加套管头至补心距。套管头通常被水泥封闭于地下，在套管头上接出一个带法兰的套管短节。套管法兰露在地面，套管法兰至转盘方补心的距离称为套补距。套补距与套管头至补心距相差一个套管短

有时，要求测井单位只提供油补距，它的长度是油管头法兰顶面（套管四通法兰顶面）到补心的距离。油管实际长度加油补距为油管下入深度。油层深度也是从补心面算起，油补距与套补距的差值等于套管四通高度。对于加装了偏心井口的抽油机井，套补距、油补距稍有不同，测井时应依据具体的偏心井口决定计算位置。

2. 井口装置

通常井口装置就是指采油树，如图 11-1-3 所示。井口装置通常由套管头、油管头和采油树 3 部分组成；连接方式有螺纹连接、法兰连接、卡箍连接 3 种。套

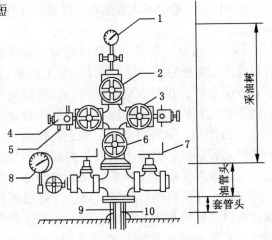

图 11-1-3　井口装置示意图

1—油管压力表；2—清蜡闸门；4—油嘴套；5—出油管；6—总闸门；7—套管闸门；8—套管压力表；9—套管；10—油管

— 318 —

管头在采油树的最下边、套管的最上端，即是套管带法兰的短节，用法兰与套管头连接，用螺纹与套管接箍相接，构成一个整体。油管头位于井口装置的中间部位，由一个内部带有锥座的套管四通组成，吊挂油管的悬挂器就坐在锥座上。套管四通的下法兰与套管法兰用螺栓连接。油管头除吊挂油管功能外，还可以起到密封油套环形空间的作用。

采油树指油管头以上部分的总称，它由闸门（总闸门、套管闸门、清蜡闸门）、四通、短节等组成。采油树的作用是控制、调节油井生产，并把油气引导到出油管线中去。

第二节　井径测井

井径测井仪器按下入套管的方式分为过套管井径仪和过油管井径仪，按测量臂的个数可分为X—Y井径、8臂、10臂、30臂、40臂等多种类型，但测量基本原理相同，即把套管内径的变化通过机械传递转变为电位差变化（ΔU_{MN}）或频率信号输出。

一、测量原理

下面以X—Y井径仪为例，说明常用井径仪的工作原理。X—Y井径仪的结构如图11-2-1所示，它有4根相同的测量腿，夹角为90°。测量臂由长臂、短臂和小轮组成。短臂的偏凸轮与连杆接触，连杆周围套有弹簧、弹簧压连杆，连杆的作用是使井径腿末端小轮紧贴井壁。套管内径增大时，测量臂依靠弹簧的力量撑开；套管内径缩小时，测量臂收缩，弹簧被压紧。两个测量臂之间对角线的平均值就是套管内径的平均值。井径变化时，与连杆相连的滑键在可变电阻上移动，因此电阻不断随着套管内径的变化而变化，即

$$\Delta R = \beta \Delta d \tag{11-2-1}$$

式中　ΔR——电阻变化率；

　　　Δd——井径变化；

　　　β——比例常数。

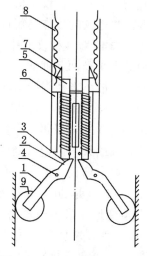

图11-2-1　X—Y井径仪结构

1—长臂；2—短臂；3—偏凸轮；4—支点；5—
连杆；6—弹簧；7—滑键；8—电阻；9—小轮

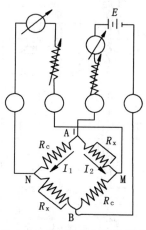

图11-2-2　桥式电路示意图

测量时通过如图 11-2-2 所示的桥式电路把电阻变化转换成电压信号输出。图中 R_c 为固定电阻，R_x 为可变电阻。向电桥通以恒定电流 I，则 $I_1 = I_2 = 0.5I$。套管内径为 d_0 时，$R_c = R_x$，$U_M = U_N$，MN 之间的电位差为零。

当套管内径由 d_0 变为 d 时，R_x 将随之变化，且两个 R_x 的变化相等。

因为

$$U_M = U_A - \frac{1}{2}R_x I \tag{11-2-2}$$

$$U_N = U_A - \frac{1}{2}R_c I \tag{11-2-3}$$

所以

$$\Delta U_{MN} = U_M - U_N = \frac{1}{2}(R_c - R_x)I = \frac{1}{2}\Delta R I$$

把 $\Delta R = \beta \Delta d$ 代入上式得

$$d = d_0 + \frac{2}{\beta}\frac{U_{MN}}{I} \tag{11-2-4}$$

令 $\beta = 2/K$，则

$$d = d_0 + K\frac{\Delta U_{MN}}{I} \tag{11-2-5}$$

式中 d——套管内径，cm；

    d_0——测量电压为零时测量臂间的距离，cm；

    I——测量电路的电流，mA；

    ΔU_{MN}——测量电压，mV；

    K——仪器常数（每改变 1Ω 电阻时内径的变化率，与仪器有关），cm/Ω。

由于套管变形后截面成为不规则形状，测量绘出的是平均内径或者是任一方向上的直径。

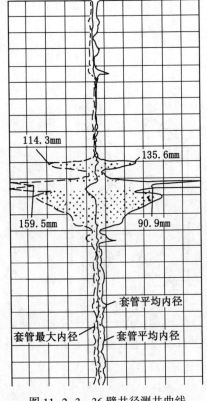

114.3mm

135.6mm

159.5mm

90.9mm

套管平均内径

套管最大内径

套管平均内径

图 11-2-3   36 臂井径测井曲线

二、多臂井径仪

多臂井径仪由 30、36、40 或 60 支测量臂组成，测量的基本原理与 X—Y 井径仪相似，主要差别是测量臂数不同。多臂井径仪的优点是可以探测到套管不同方位上的形变，如 40 臂井径仪下井一次同时测量变形截面中最小和最大半径两条曲线，最大半径可以指出套管的剩余壁厚，最小半径则指出最小通径；36 臂和 60 臂井径仪下井一次，测量套管同一截面中的 3 个部分，方位角相差 120°，记录每一个部分的最小和最大井径值，共计 6 条曲线，用记录到的 6 条曲线确定套管形变、剩余壁厚、弯曲、断裂、孔眼、内壁腐蚀及射孔深度。图 11-2-3 是 36 臂井径测井曲线，曲线变化显示套管严重变形，最小内径为 90.9mm，最大内径为 159.5mm，判断为套管严重变形，并存在穿透或破裂的可能性，需要进行修复。表 11-2-1 是不同井径仪主要技术指标和诊断能力。图 11-2-4 是不同井径仪器系列的测井曲线，曲线显示接箍在929.05m 处，变形点在 937.5m 处。各种解释结果列表于表 11-2-2。解释表明，8 臂和 40 臂井径资料较其他资料优越。

表 11-2-1　各种井径测量仪性能对比表

性能 仪器	测量范围 mm	分辨率 mm	误差 mm	测量结果	诊断能力	说明
微井径仪	100~180	1	±1	利用 4 支臂测量垂直方向两条直径的平均值，给出一条平均井径曲线	（1）确定接箍深度； （2）确定变形部位； （3）检查射孔质量	无扶正器
X—Y 井径仪	100~170	<2	±2	利用 4 支臂测量互相垂直的两条井径曲线	（1）同微井径仪； （2）初步估计变形椭圆度	过油管系列的仪器无扶正器
8 臂井径仪	100~180	<2	±2	利用 8 支臂测量互成 45°夹角的四条井径曲线	（1）同微井径仪； （2）利用 4 个值判断变形截面形状，可勾画出截面图	无扶正器
40 臂井径仪	102~178	≤0.2	±1	利用 40 支臂测量给出一条最大半径和一条最小半径曲线	（1）同微井径仪； （2）由最大半径值可知最大变形点即剩余壁厚； （3）由最小半径值可知井内最小通径	有扶正器

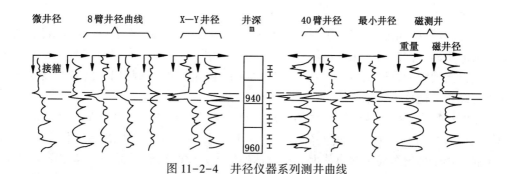

图 11-2-4　井径仪器系列测井曲线

表 11-2-2　解释成果数据

仪器	微井径	8 臂井径	X—Y 井径	40 臂井径	最小井径	磁井径
井径值 mm	124.9	124.0 112.6 122.0 131.4	111.4 149.0	169.8 99.1	101.0	162.1
判断	缩径	近似椭圆	椭圆	挤扁	挤扁	变形有破裂

第三节　磁测井

　　磁测井的主要目的是监测套管腐蚀及损坏情况。金属套管长期在含有 CO_2、H_2S 及其他离子的地层中容易产生电化学腐蚀现象，套管成分的微小变化也会出现类似于电池工作状态时的电化学腐蚀。通常，采用阴极保护方法或者在套管上加一个直流电流用于控制腐蚀作用。

一、套管腐蚀原理

套管与周围地层流体及套管内流体发生作用是导致腐蚀的主要原因。根据腐蚀原理，常见的腐蚀分为化学腐蚀、电化学腐蚀、电化学和机械共同作用产生的腐蚀、电化学和环境因素共同作用产生的腐蚀。

金属与周围介质直接发生化学反应而引起的损失称为化学腐蚀，主要包括金属在干燥气体中的腐蚀和金属在非电解质溶液中的腐蚀，例如金属在铸造及热处理等过程中发生的高温氧化。化学腐蚀的特点是在腐蚀作用进行中没有电流产生。电化学腐蚀是指套管金属与外部电解质发生作用而引起的腐蚀，特点是腐蚀过程中有电流产生。电化学与机械共同作用产生的腐蚀主要包括应力腐蚀破裂、腐蚀疲劳、冲击腐蚀、磨损腐蚀和气穴腐蚀等。电化学和环境因素共同作用产生的腐蚀主要包括大气腐蚀、水和蒸汽腐蚀、土壤腐蚀、杂散电流腐蚀和细菌腐蚀等。

通常把电化学、机械作用、环境共同作用引起的腐蚀归并为电化学腐蚀，因此金属腐蚀实际上分为电化学腐蚀和化学腐蚀两大类，石油开采中常见的腐蚀是电化学腐蚀。统计数据表明，仅大庆油田采油一厂早期生产的套管，到 1980 年腐蚀损伤总长度达 266.3km，占该厂全部套管的 26.4%，可见腐蚀造成的损失是巨大的。

1. 电极电位

将一片金属放入电介质溶液中时，由于化学活泼性，金属有失去电子、把自己的正离子溶于溶液中的一种倾向，化学活泼性越大，这种倾向也越大，这称为溶解压；与之相反的情况是，溶液中的金属正离子有从溶液中沉淀到金属表面上的趋向，溶液浓度越大，这种倾向也越大，这称为渗透压。

如果溶解压大于渗透压，则金属的正离子进入溶液后把电子留在金属上。进入溶液的正离子会受到金属上多余电子负电荷的吸引，由于正离子不断进入溶液，溶液浓度提高，此时金属正离子加速沉淀到金属片上，最后达到平衡。此时正离子不是布满在整个溶液中，而是在金属同电解液接触面上形成一个像电容器那样的双电层。金属和溶液界面上由双电层的建立所产生的电位差称为该金属的电极电位，其大小由双电层上金属表面的电荷密度决定，它与金属的化学性质、晶格结构、表面状态、温度以及溶液中的金属离子浓度等因素有关。电极电位有平衡电极电位和不平衡电极电位（不可逆电极电位），金属在含有本金属离子的溶液中产生的电位叫平衡电极电位；在含有非本金属离子的溶液中产生的电位叫非平衡电位。通常，我们在腐蚀介质中所得的金属电极电位都是非平衡电位。电极电位是衡量金属溶解变成金属离子转入溶液的趋势，负电性越强的金属，它的离子转入溶液的趋势越大，铁的电极电位为-0.44V（25℃），锌的电极电位为-0.762V（25℃）。

金属与电解质溶液接触后，可获得一个稳定的电位值，通常称为腐蚀电位。腐蚀电位与溶液的成分、浓度、温度、搅拌情况以及金属的表面状态相关。通常情况下，低碳钢的电极电位为-0.2~0.5V，混凝土中低碳钢的电位为-0.2V，铸铁的电极电位为-0.2V。

2. 电化学腐蚀

金属电化学腐蚀的原因是金属表面产生原电池作用。把两种电极电位不同的金属（如锌和铜）放入电解液中，即成为简单的原电池，若用导线连接起来，则两极板间就有电流存在。电流从锌板流入溶液，再从溶液流到铜板。电极电位较小的称为阳极，较大的称为阴极。在电解质溶液中，金属表面各部分的电极电位不完全相同，电位较高的形成阴极区，电位较低的部分形成阳极区，这就是腐蚀电池。金属的腐蚀可等价为其表面上有许多原电池。

由上述可知，金属的电化学腐蚀过程基本上由下列 3 个过程组成。

1）阳极过程（氧化过程）

阳极金属和电解液接触后，表面上的金属正离子进入电解液中，在阳极上留下剩余电子，其反应如下：

$$M \longrightarrow M^+ + e$$

式中　M——金属原子；

　　　M^+——金属正离子；

　　　e——电子。

氧化过程就是阳极金属不断溶解的过程，也是失去电子的过程（阳极过程）。

2）电子转移过程

电子从金属的阳极转移到金属的阴极区。与此同时，电解液中阳离子和阴离子分别向阴极和阳极作相应的转移。

3）阴极过程

从阳极流来的电子在溶液中被能够吸收电子的物质所接受，其反应如下：

$$D + e \longrightarrow [D \cdot e]$$

式中　D——能够吸收电子的物质；

　　　$[D \cdot e]$——阴极反应产物。

在阴极附近，能够与电子结合的物质是很多的，例如在大多数情况下，是溶液中的 H^+ 和 O_2。溶液中的 H^+ 与电子结合生成氢气，O_2 与电子结合生成 OH^-，所以阴极过程是还原过程。

上述 3 个过程是互相联系的，三者缺一不可。如果其中一个过程受到阻滞或停止，则整个腐蚀过程就受到阻滞或停止。这种阳极上放出电子的氧化反应（金属原子的氧化）和阴极上吸收电子的还原反应（氧化剂被还原）相对独立地进行，并且又是同时完成的腐蚀过程，称为电化学腐蚀过程。

1932 年，英国腐蚀学家霍尔提出了电化学腐蚀等效电路（图 11-3-1）。金属电化学腐蚀的等效电路可近似用下式表示：

$$I = \frac{E_C - E_A}{R_A + R_C + R}$$

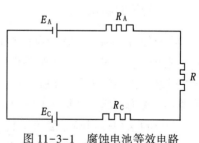

图 11-3-1　腐蚀电池等效电路

式中　I——腐蚀电流；

　　　E_A——腐蚀电池中的阳极电位；

　　　E_C——阴极电位；

　　　R_A——阳极极化电阻；

　　　R——电解质溶液电阻；

　　　R_C——阴极极化电阻。

由上式可知，要阻止金属腐蚀，就要设法使 $I=0$。阴极保护就是对被保护体施加阴极电流，使 $E_A-E_C=0$，而阻止腐蚀；采用涂层的办法就是增大 R，使 $R_A+R_C+R\rightarrow\infty$，因此 $I\rightarrow0$，而阻止腐蚀。

上式中极化电阻 R_A、R_C 是由极化作用引起的。实验证明，腐蚀电池的两极电位在断开和接通电路后有显著的差异，即由于通过电流减小了原电池两极间的电位差，从而可降低金属的腐蚀速度，这种现象称为腐蚀电池极化现象，包括阳极极化和阴极极化。

阳极极化指阳极电位在通过电流之后向正方向移动的现象。产生阳极极化的原因有 3 个：金属离子溶解速度慢；金属离子进入溶液后扩散较慢；金属表面存在钝化膜。实验表明，阳极极化程度越高，腐蚀速度越慢。

阴极极化指阴极电位在通过电流后向更负的方向移动，其原因是从阳极送来的电子过多，而阳极附近与电子结合的反应速度较慢，这样会使阴极上有负电荷积累，结果阴极电位变得更负。

生产套管一般都处于复杂的岩石或土壤环境中，所输送的介质都有腐蚀性，因此管套的内外壁均可能腐蚀，一旦管道穿孔，就会造成油气漏失或窜槽现象。油气管道所处的环境和输送介质不同，引起的腐蚀状况也不同，其类别如下：

$$
管道腐蚀
\begin{cases}
部位
\begin{cases}
内壁腐蚀 \\
外壁腐蚀
\end{cases} \\
机理
\begin{cases}
化学腐蚀 \\
电化学腐蚀
\end{cases} \\
形态
\begin{cases}
全面腐蚀 \\
局部腐蚀
\end{cases}
\end{cases}
$$

内壁腐蚀是介质中的水在管道内壁生成一层亲水膜并形成原电池所发生的电化学腐蚀，或者是其他有害杂质（硫化氢、硫化物、二氧化碳等）直接与金属作用引起的化学腐蚀。油气管道内壁一般同时存在着上述两种腐蚀过程，外壁腐蚀与内壁腐蚀相比更为复杂。

为了防止套管腐蚀，除了选用防腐钢材、加防腐涂层之外，生产套管通常采用阴极保护法（外加电流、牺牲阳极）。

二、管子分析仪

管子分析仪利用套管的电磁特性，通过测量涡流和漏磁通量获取套管内、外腐蚀及穿孔状况的信息。图 11-3-2 是测量仪器的示意图，主要由上、下两个极板组组成，每组由 6 个极板组成，相位上两个极板组有一定重合。每个极板上有 3 个线圈（图 11-3-3），上、下两个线圈为漏磁通线圈，中间为涡流线圈。

极板的这种排列确保覆盖了整个套管。由于上、下极板间的重叠，有的部分被探测两次，被探测一次的套管扇形宽度 X 为

$$X=\frac{1}{6}\left[\pi(d-12)\right] \tag{11-3-1}$$

式中　d——内径。

如果上极板或下极板探测到一个缺陷，则缺陷的宽度不会超过 X 值。

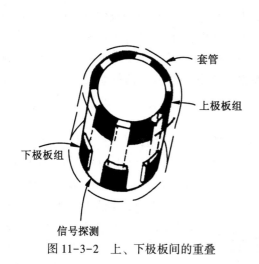

图 11-3-2　上、下极板间的重叠

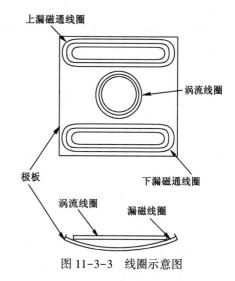

图 11-3-3　线圈示意图

1. 测量原理

测量时，电磁铁产生磁场，与套管耦合后在套管缺陷的附近产生磁力线的畸变，在缺陷的上部和下部有一个垂直于套管壁的磁通分量。这样在磁漏失线圈中会产生一个与正常磁通随深度的变化率有关的感应电流。该信号也是极板组内 6 个线圈中最大的，它表明套管在此处存在缺陷。上、下极板之间的涡流线圈探测套管内表面裂痕的高频电磁信号。套管内表面的损坏使感应磁场的分布发生畸变，因此涡流线圈中感应电流会发生变化。涡流线圈的探测深度为 1mm，记录的信号是该组 6 个极板中最大的一个数值。

2. 磁通量漏失测试

图 11-3-4 是磁通量漏失测试示意图。磁力线在缺陷附近发生畸变，缺陷上、下有一小部分磁力线的分量垂直于套管壁。当漏磁线圈经过该缺陷时，该分量由零增至最大，然后减至为零，因此每个漏磁通线圈中感应出一个电流。由于这些线圈在该磁场的不同点上，所以每个线圈感应的电流也不同。上、下漏磁通线圈中感应电流的差值，就是进入井眼中

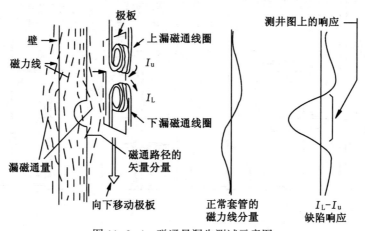

图 11-3-4　磁通量漏失测试示意图

漏失量的变化率的测量值，因此也是该缺陷的量度值。

漏磁通测试对垂直于套管壁和进入井眼的磁力线分量的梯度较为敏感，因此缺陷的陡度越大，信号越强；对于陡度较小的缺陷就探测不到。测井记录到的信号是6个极板中幅度最大的信号。记录时，把上、下极板的响应保持360ms可以得到增强曲线，从增强曲线上可以看到明显的尖峰。用漏磁通测试的总壁厚度与电磁测厚测井曲线组合，可以定量给出金属总损失的评价。

3. 涡流测试

图11-3-5是涡流测试示意图。涡流线圈中的高频电流产生磁场 B_c，另外在套管内的

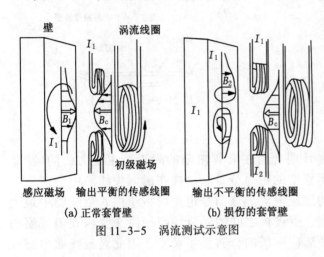

图11-3-5 涡流测试示意图

循环电流 I_1 产生一个补偿磁场 B_1。总的磁场强度信号由漏磁通线圈探测，处理时用频率滤波器将其与漏磁通信号分开。套管表面上存在缺陷时形成的循环电流较小，所以对 B_1 的分布有很大影响。传感线圈中感应电流差值 I_1-I_2 的变化反映了套管质量状况，图中示出了正常套管与套管有缺陷时对测量结果的影响。与正常套管感应磁场的正常分量相比，套管内侧损坏会使感应磁场的正常分量发生畸变，表现为漏磁通线圈中感应电流差值的变化，探测的深度大约为1mm，最终记录的信号是6个极板中幅度最大的。如果缺陷只在上极板组或下极板组上出现，由于极板覆盖，所探测的只是单个极板组探测的宽度。

图11-3-6是管子分析仪在一口腐蚀监测井中的应用实例，由图中看出在2100m和2150m处存在有较强的腐蚀，电磁测厚仪也显示出相同的结果。

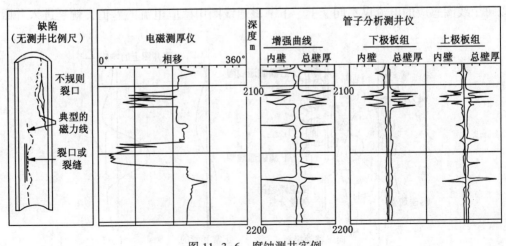

图11-3-6 腐蚀测井实例

三、电磁测厚仪

1. 测量原理

电磁测厚仪（ETT）测量的示意图如图 11-3-7 所示，基本探头由两个线圈构成，一个为激发线圈，另一个为接收线圈。交变电流经过激发线圈产生一个磁场，通过套管与接收线圈耦合，在接收线圈中感应信号相位滞后于激发器电流相位的大小与套管的平均壁厚成一定的比例。对于直径不变的套管来说，管壁越厚，相位移越大。

仪器测量的电路原理如图 11-3-8 所示，发射线圈 L_1 与接收线圈 L_2 之间的距离为 L。发射线圈供电电流的频率为 16Hz。

求解麦克斯韦方程的定解问题可得，接收线圈与发射线圈相位差 Φ 为

$$\Phi = D\sqrt{\frac{\omega\mu}{2\rho}} = D\sqrt{\frac{2\pi f\mu_o\mu_r}{2\rho}}$$

$$= D\sqrt{\frac{2\pi f\mu_r 4\pi\times10^{-7}}{2\rho}}$$

$$= 2\pi D\sqrt{\frac{f\mu_r}{\rho\times10^7}} \qquad (11-3-2)$$

$$\mu = \mu_o\mu_r$$

$$\omega = 2\pi f$$

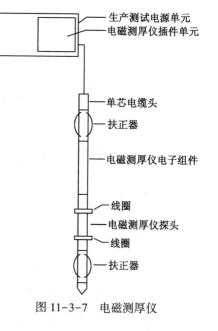

图 11-3-7　电磁测厚仪

式中　Φ——相位差（弧度）；

　　　D——套管厚度；

　　　μ——套管磁导率；

　　　ρ——套管电阻率；

　　　μ_o——真空中的磁导率，$\mu_o = 4\pi\times10^{-7}H/m$；

　　　μ_r——套管的相对磁导率；

　　　f——发射线圈的磁导率。

式(11-3-2) 说明，相位移与 f、D、ρ 和 μ_r 相关。仪器在校准时是测量其在空气中的相位移和在套管中的相位移。

2. 井径测量

如果发射线圈发射的是高频信号（频率大于 20kHz），电磁波在套管内的传播即为谐振腔的一部分，高频信号在套管内壁产生涡流，涡流的产生使高频交变磁通的能量发生损耗，因此谐振腔回路输出的信号幅度将发生变化。由于高频的趋肤效应，输出信号的幅度是线圈与套管内表面距离（井径）的函数，因此利用高频工作区可以得到井径信息。

3. 电磁测厚仪

由式(11-3-2) 可知，测得相位差 Φ 之后，只要知道 ρ 和 μ_r 值即可得到套管厚度信息。若套管发生严重腐蚀或穿孔，厚度信号会发生异常变化。实际计算时，由于 ρ、μ_r

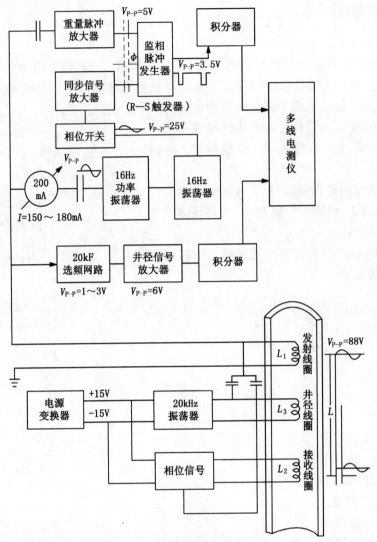

图 11-3-8　电磁测厚仪电路原理方框图

值在套管的各个层段都有变化，因此可采用邻近管子的数值近似代入。ETT-D 型电磁测厚仪采用了 3 种工作频率，使用中频测量套管的电磁特性；使用低频测量套管壁厚度；使用高频测量套管的直径。ETT-D 仪器的探头结构如图 11-3-9 所示，由 3 组线圈组成；上面一组线圈是中频工作线圈，用于测量电磁参数 μ_r 和 ρ，由发射线圈 ZT 和接收线圈 ZR 组成；LFT、LFR 为低频发射和接收线圈，用于测量套管厚度 D；CRT、CRS、CRL 为高频工作线圈，CRT 为发射线圈，CRS 为短源距接收线圈，CRL 为长源距接收线圈。

　　井径测量系统发射线圈的电流频率为 65Hz，根据趋肤深度的计算公式 $(1/\sqrt{\omega\mu\rho})$，该频率的电磁场在套管中的趋肤深度不到 1mm，因此由发射线圈引起的交变电磁场经套管耦合到接收线圈的感生信号主要受套管内径影响，套管的电磁特性影响微弱，壁厚基本没有影响，基本关系为

$$U_z = F_1\left(d\sqrt{\frac{\mu_r}{\rho}}\right) \qquad (11-3-3)$$

式中　U_z——CRS、CRL 接收的矢量电压信号；

　　　　d——井径。

测量电磁特性发射线圈的中频电流频率分别为 375Hz、1500Hz 和 6000Hz，磁导率高时用较低的频率，磁导率低时用高频率，在此频段下，趋肤深度为 2~3mm，这时接收线圈 ZR 的接收信号 U_z 受内径和电磁特性两种因素的影响，表示为

$$U_z = F_2(dZ) = F_2\left(d\sqrt{\frac{\mu_r}{\rho}}\right) \qquad (11-3-4)$$

测量套管壁厚发射线圈 LFT 的频率为 8.75Hz、17.5Hz 和 35Hz，在这样低的频率下趋肤深度可达 10~20mm，即可穿透套管。根据趋肤厚度的定义，频率越底，穿透能力越强。实验证明，8.75Hz 的频率可用于双层或 3 层套管测量，因此影响 LFR 线圈接收信号电压大小的因素有 3 个：d、$\sqrt{\dfrac{\mu_r}{\rho}}$ 和 D，即

$$U_{LF} = F_3\left(d\sqrt{\frac{\mu_r}{\rho}}D\right) \qquad (11-3-5)$$

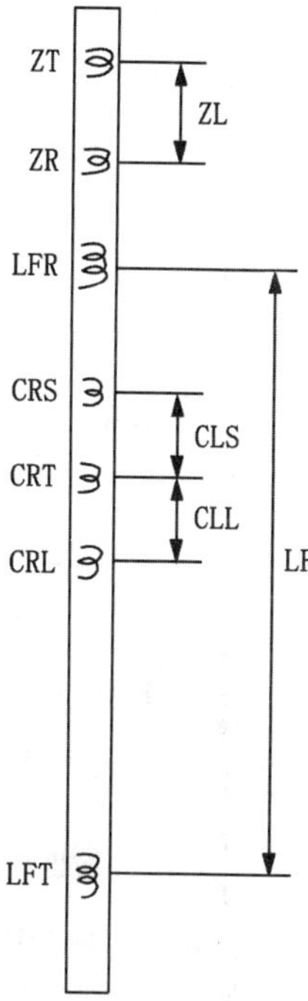

图 11-3-9　ETT-D 探头结构示意图

对 3 个频段测量信号 U_c、U_z 和 U_{LF} 进行处理，可以得到壁厚、内径和电磁特性 3 个参数曲线，利用这些参数可以综合评价套管的腐蚀状况，可以监测到 5cm 大的腐蚀孔洞。

第四节　噪声测井

早在 1973 年以前，噪声测井技术就已开始运用于管外窜槽监测，在其他测试手段有局限时，该仪器可探测到流量为 4ft^3/d 的气窜，说明在监测窜槽方面具有较高的灵敏度。

一、测量原理

噪声测井仪的结构如图 11-4-1 所示，由压力平衡装置、探测器、电子线路和接箍定位器 4 部分组成。探测器部分的结构如图 11-4-2 所示，下部为一压电石英晶体声呐探测器，该声呐探测器装在油中，能分辨振幅为 10^{-5}psi 的压力振动。电子线路部分包括低噪声的前置放大器、增益为 50 和增益为 40 的运算放大器。测量时，声音信号经过压电石英声呐探测器被转换为电信号，然后经过宽频放大器后由单芯电缆传到地面面板，再经过高通滤波器把信号分为 4 个独立的分量，分别测量截止频率为 200Hz、600Hz、1000Hz 和 2000Hz 这 4 个频段的幅度值，以毫伏或分贝为单位，同时由扬声器再现井下声波。测井时，选择一些测点进行定点测量，连接每一点的测值，即可得到截止值分别为 200Hz、600Hz、1000Hz 和 2000Hz 的噪声幅度曲线。由于井下在单相、两相流动中或流速不同时产生的噪声幅度不同，因此利用这一性质可以判断是单相流动还是多相流动及相应的流量。

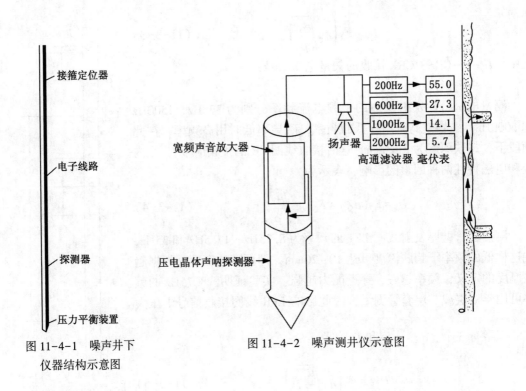

图 11-4-1　噪声井下
仪器结构示意图

图 11-4-2　噪声测井仪示意图

二、流体的频谱特性

不同流体类型的频谱是不同的，图 11-4-3、图 11-4-4 和图 11-4-5 分别是单相水、单相气和气水两相流动的频谱特性实验曲线，实验由贝克阿特拉斯公司完成。图 11-4-3、图 11-4-4 中显示，单相水和单相气的频谱相似，可以看出噪声最大幅度出现在 1000 ~

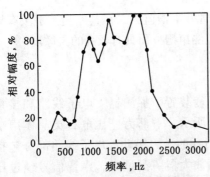

图 11-4-3　单相水流动的噪声频谱

2000Hz 范围内。实验时，图 11-4-3 的实验条件是压力为 0.62MPa，水的流量为 70m³/d，噪声幅度主要分布在 800~2000Hz 的频带上。图 11-4-4 的实验压差为 0.069MPa，流量为 107m³/d，噪声幅度近似分布在 800~2000Hz 之间。由于测量时，测的分别是大于 200Hz、大于 600Hz、大于 1000Hz 和大于 2000Hz 的 4 个截止值的噪声幅度曲线，所在测井曲线上 4 条曲线在噪声源处，除 2000Hz 的那条曲线外，其他 3 条曲线近似重合，由此也可以判断是否为单相或两相窜流，如图 11-4-6 和图 11-4-7 所示。

图 11-4-5 中的气水两相流动，噪声幅度主要分布在 200~600Hz 的频带上，是气体进入水中造成的噪声所致。由于大于 600Hz 之后噪声幅度递减较快，所以在测井曲线上截止值为 200Hz、600Hz、1000Hz、2000Hz 的 4 条曲线分离程度较大，因此利用这一特征可以判断是单相窜槽还是两相窜槽。4 条曲线中，200Hz 噪声幅度最大，因为它记录的是大于 200Hz 以上所有噪声频率幅度之和；600Hz 曲线记录的是大于 600Hz 的所有噪声幅度之和；2000Hz 曲线幅度最小，因为大于 2000Hz 之后，噪声频率的幅度衰减很大，

近似为零。

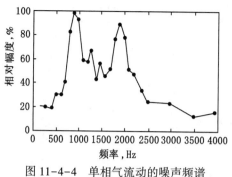

图 11-4-4 单相气流动的噪声频谱

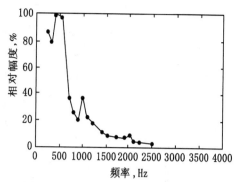

图 11-4-5 气在水中流动的噪声频谱

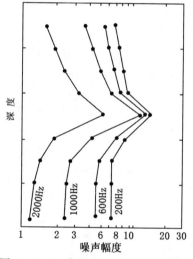

图 11-4-6 单相漏失的噪声曲线特征

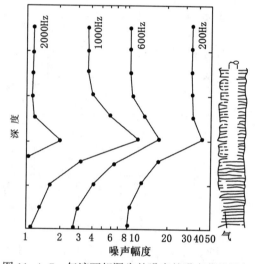

图 11-4-7 气液两相漏失的噪声的噪声曲线特征

从噪声源到噪声测井仪器之间,要发生幅度衰减,同一频率的声音在气体中的衰减速度大约是液体的 2 倍。图 11-4-8 是声音在水中衰减的实验曲线,横坐标为到源的距离,纵坐标为衰减度,实线为 8.625in 的套管,虚线为 4.5in 的套管。例如,2000Hz 的声音在 8.625in 的套管中传播 100in 后,只剩原始幅度的 10%,即衰减了 90%。图 11-4-9 是气从油套环形空间自下而上流动时所测的曲线,在气水界面附近曲线发生了异常,这是声音在气中的衰减比水中衰减较快所致。

三、噪声测井过程及应用

噪声测井时,由于仪器移动会产生声音,因此都采用定点记录,在每个深度点上记录 4 个数据。两个测点的距离先选为 3~6m,测量后对重要部位要使用 0.3m 左右间隔进行重新测量,以获得更详细的资料。

测井结束后,对记录到的数据先进行电缆衰减校正,校正图版如图 11-4-10 所示。电缆对信号的衰减与信号频率和电缆的长度相关。A、B、C、D 这 4 条曲线对应 4 条不同截止频率的噪声记录,纵坐标为校正系数,横坐标为电缆长度。例如,直径为 7/32in

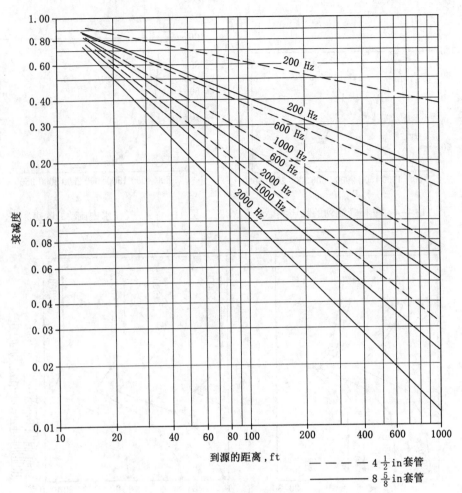

图 11-4-8 充水管内噪声峰值

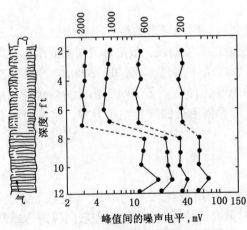

图 11-4-9 传输介质变化后的波形图

的电缆在 20000ft 测得 1000Hz 以上噪声信号幅度读数为 200mV，选用曲线 C，对应于 20000ft 处的纵坐标读数为 1.25，则校正后的幅度应为 1.25×200 = 250mV，校正后，可以绘出如图 11-4-11 所示的测井曲线。图中流体从砂层 "B" 经管外窜槽流入砂层 "A"，在窜槽通道中缩径位置处，存在局部压力降，产生噪声，其幅度大于周围的噪声幅度。因此，除 "A" "B" 处之外，在缩径处也出现了尖峰显示。

实验表明，截止值为 1000Hz 的记录曲线对单相水或单相气的窜槽流量较为敏感，实验关系为

$$N_{1000} = C_1(\Delta pq) \tag{11-4-1}$$

式中 q ——引起噪声的体积流量，$10^6\,\mathrm{ft^3/d}$；

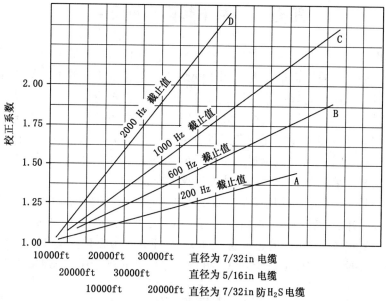

图 11-4-10　电缆线性校正系数

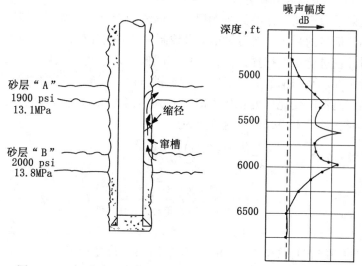

图 11-4-11　在出现局部压力降的各个深度流动流体产生的噪声

Δp——引起噪声的压力差；

C_1——仪器刻度常数；

N_{1000}——大于1000Hz噪声曲线的幅度读值，mV。

对于气液两相流动，气相窜流流量与N_{600}和N_{200}两条测井曲线峰值之差成正比关系。实验关系为

$$N_{200}-N_{600}=C_2q \tag{11-4-2}$$

式中　C_2——仪器刻度常数。

第五节　井下超声电视测井

井下超声电视测井又称三维井壁超声成像测井，是利用超声波的传播特性和井壁对超声波的反射性质研究井身剖面的，既可用于裸眼井，又可用于套管井，测井结果以图像形式给出。利用计算机图像处理技术对回波幅度及时间信息进行处理，可以以三维、二维方式显示出套管的立体图、纵横截面图，并可同时测出声波井径曲线。三维图可360°旋转显示；横截面图可显示任意深度、任意角度的套管内壁横断面形状；纵截面图显示以井轴为对称轴的纵向剖面；井径曲线显示最大、最小和平均井径3条曲线。测井时，由于测速较低，所以以测量井段不宜过长，通常与磁测井等仪器配合使用。

仪器的核心是一个压电晶体换能器，测井时向井壁发射2MHz的超声波，接收套管反射的回波，同时探头沿井柱旋转扫描。测量时，将具有一定重复频率的电脉冲加在压电晶体换能器上，换能器产生频率为2MHz的超声波，当探头位于井轴中心时，发射声波垂直入射井壁并接收反射回波。反射回波强度取决于井壁和井内液体声阻抗的比值。声强反射系数 β 为

$$\beta = \left(\frac{\rho_1 v_1 - \rho_2 v_2}{\rho_1 v_1 + \rho_2 v_2}\right)^2 \tag{11-5-1}$$

式中　ρ_1、ρ_2——井内液体和井壁介质的密度；

　　　v_1、v_2——井中液体和井壁介质的声波传播速度。

不同介质反射系数不同，井壁的粗糙程度及洞缝的存在都将影响反射系数的大小，即井壁状况控制回波信号的强弱，然后再用信号控制图像的对比度。

旋转探头对井壁进行水平扫描，每转一周在图像上表示为一条线，井壁状况以明暗显示出来。移动探头在水平扫描的同时进行垂直扫描，得到反映井壁的图像。所得到的图像取决于井壁介质声阻抗的变化，变化较大时接收到的信号有明显的差别。例如，井壁为钢管、井内为纯水时，套管上声强的反射系数为

$$\beta = \left(\frac{\rho_2 v_2 - \rho_1 v_1}{\rho_2 v_2 + \rho_1 v_1}\right)^2$$

$$= \left(\frac{5.8 \times 10^5 \times 7.8 - 1.5 \times 10^5 \times 1}{5.8 \times 10^5 \times 7.8 + 1.5 \times 10^5 \times 1}\right)^2$$

$$= 0.88$$

结果表示，入射的声波在套管壁上有88%被反射回来；若套管壁上有孔洞，孔洞内和流体的介质相同，此时不发生反射，反射系数明显降低，在图像上显示为暗区；若井内存在气泡，气泡与井内液体界面处的反射系数为1.0，此时声波不能到达套管，所以井内存在气泡时会严重影响测井结果。

与井径测井和磁测井相比，超声波用图像方式进行诊断更为直观，是详查井壁状况的手段。对于用其他方法有疑问的诊断可采用井下超声成像测井。

第六节　连续测斜仪

套管井中，连续测斜仪（GCT）可以对套管的井段进行跟踪或检测，特别是在地磁异常地区或者在套管损坏很严重的地区，需要知道套管损坏的精确方位。此外，斜井水平施

工、井喷井漏位置确定、加密井准确的靶位确定等都需要知道准确的井底位置以及井筒轨迹。

图 11-6-1 是一口井的三维井筒轨迹示意图。图中目标靶的位置定义如下：

井底某点的坐标是该点在水平面上投影在东方向和北方向上的偏移，其坐标系是以井口为原点，以南北向、东西向为坐标轴。垂直深度是沿垂直轴测量的实际井深。根据北极的方位、井斜和深度等测量值可以计算出北南偏移、东西偏移及垂直深度。

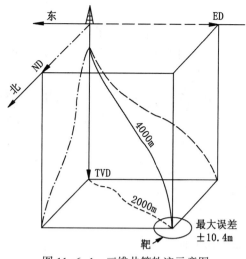

图 11-6-1　三维井筒轨迹示意图

一、仪器结构

GCT 测量原理如图 11-6-2 所示，它由一个 3.625in 的探头组成，该探头包括一个陀螺仪、一个电子线路短节、遥测电子线路短节、井下刻度固定装置及其他辅助装置组成。测量时，陀螺的旋转轴始终保持水平，其方向指向正北（地磁方向）。陀螺仪和一个两轴加速度计安装在固定的平架上，把测量值结合起来可导出井斜与方位值（图 11-6-3）。把井斜与方位数据结合起来就可以计算出井筒的轨迹。

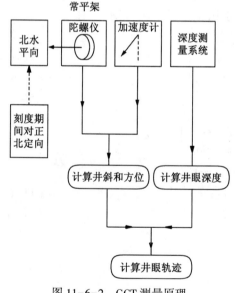

图 11-6-2　GCT 测量原理

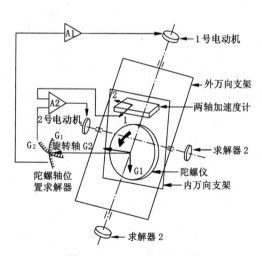

图 11-6-3　GCT 测量系统
根据加速度计 2 和求解器 2 的输出结果得到井斜和方位数据

测量过程中，用地磁的方向北、东和重力加速度的方向建立一个坐标系 NEV，用两个伺服加速度计的敏感轴以及探头中心轴线建立一个坐标系 XYZ，如图 11-6-4 所示。根据欧拉定理，可以把 XYZ 看作是由坐标系经 3 次转动而形成的。

第一次转动是坐标系 NEV 绕 OV 轴转动 θ 角，形成坐标系 N_1E_1V。

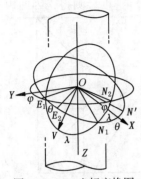

图 11-6-4　坐标变换图

第二次转动是坐标系 N_1E_1V 绕 OE 轴转动 λ 角，形成坐标系 N_2E_2Z。

第三次转动是坐标系 N_2E_2Z 绕 OZ 轴转动 φ 角，形成坐标系 XYZ。

实际上 θ 角就是方位角，λ 角就是倾斜角，φ 为探头的自转角，从 NEV 坐标系到 XYZ 的矢量转换方程为

$$u_{XYZ}=[\varphi][\lambda][\theta]V_{NEV}$$

其中，第一次旋转后

$$[\theta]=\begin{bmatrix} \cos\theta & \sin\theta & 0 \\ -\sin\theta & \cos\theta & 0 \\ 0 & 0 & 1 \end{bmatrix} \tag{11-6-1}$$

第二次旋转后

$$[\lambda]=\begin{bmatrix} \cos\lambda & 0 & -\sin\lambda \\ 0 & 1 & 0 \\ \sin\lambda & 0 & \cos\lambda \end{bmatrix} \tag{11-6-2}$$

第三次旋转后

$$[\varphi]=\begin{bmatrix} \cos\varphi & \sin\varphi & 0 \\ -\sin\varphi & \cos\varphi & 0 \\ 0 & 0 & 1 \end{bmatrix} \tag{11-6-3}$$

重力加速度矢量 g 在 X、Y、Z 轴方向上的分量分别用 a_X、a_Y、a_Z 表示，则

$$\begin{bmatrix} a_X \\ a_Y \\ a_Z \end{bmatrix}=[\theta][\lambda][\varphi]\begin{bmatrix} 0 \\ 0 \\ g \end{bmatrix} \tag{11-6-4}$$

把式（11-6-1）、式（11-6-2）、式（11-6-3）代入式（11-6-4）得

$$\begin{bmatrix} a_X \\ a_Y \\ a_Z \end{bmatrix}=\begin{bmatrix} -g & \cos\varphi & \sin\lambda \\ g & \sin\varphi & \sin\lambda \\ 0 & 0 & \cos\lambda \end{bmatrix} \tag{11-6-5}$$

于是

$$a_X=-g\cos\varphi\sin\lambda \tag{11-6-6}$$

$$a_Y=g\sin\varphi\sin\lambda \tag{11-6-7}$$

由式（11-6-6）、式（11-6-7）得

$$\frac{a_Y}{a_X}=-\tan\varphi$$

$$\varphi=\arctan\left(-\frac{a_Y}{a_X}\right) \tag{11-6-8}$$

$$a_X^2+a_Y^2=g^2\sin^2\lambda$$

$$\sin\lambda=\sqrt{\frac{a_X^2+a_Y^2}{g^2}}$$

$$\lambda=\arcsin\frac{\sqrt{a_X^2+a_Y^2}}{g} \tag{11-6-9}$$

重力加速度矢量 g 在 X 轴和 Y 轴上的分量 a_X、a_Y 可由两个重力加速度计测得，因此由式(11-6-8)、式(11-6-9) 即可求得探头的自转角 φ 和倾斜角 λ。

仪器的方位角 θ 等于陀螺仪的相对旋转角 γ 减去探头的自转角 φ，即

$$\theta = \gamma - \varphi$$

相对旋转角 γ 为仪器相对起始方位偏转的方位角，起始方位在地面由罗盘确定，输入单片机记忆。γ 可直接通过陀螺仪输出，由计算机计算得出。因此，要测量仪器的方位角和倾斜角，就必须知道 3 个参数，即两个伺服加速度的输出及陀螺仪的输出。

二、陀螺仪

陀螺仪是连续测斜仪的关键单元，所以单独列出进行讨论。三自由度陀螺仪由一个陀螺电动机及两个框架组成（图 11-6-5），框架上的圆盘高速旋转，并可以在任意位置移动，但陀螺仪的旋转轴保持固定，中心圆盘的高速旋转能使陀螺仪轴指向一个固定的方向，该方向为连续测斜仪的参考方向。当外力（地球自转和机械不平衡）对陀螺仪的圆盘施加一个力矩时，陀螺仪圆盘沿与施加力矩成 90° 的方向运动，并开始进行进动运动，通过测量进动速度确定该力矩的大小。陀螺仪上有一个伺服机构，此伺服机构由两个定位传感器和两个转动电动机组成，可用它抵消外力产生的力矩，也用于平衡由陀螺仪的机械缺陷而引起的力矩并测量由地球自转而产生的进动速度。此进动速度与地球自转在陀螺仪

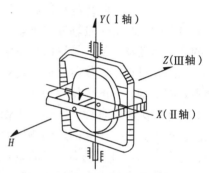

图 11-6-5　三自由度陀螺仪示意图

轴向上的分量成正比，并取决于北极与陀螺仪旋转轴之间的夹角，通过测量进动运动可计算出这个角度。

测斜仪的加速计是一种摆（图 11-6-6、图 11-6-7），用它可探测任意加速度。摆的动程与产生这种运动的重力加速度成正比。两个加速度仪可在两个相互正交的方向上运动，因而可以测量两个正交的重力分量。

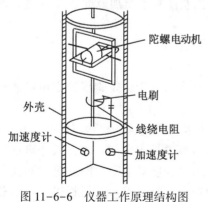

图 11-6-6　仪器工作原理结构图

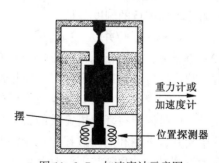

图 11-6-7　加速度计示意图

由图 11-6-5 可知，三自由度陀螺仪是由一个陀螺电动机及两个框架组成，因此它有 3 个自由轴，即Ⅰ、Ⅱ、Ⅲ轴，陀螺电动机绕Ⅲ轴以 2150r/min 逆时针高速旋转，同时内框架可绕Ⅱ轴转动，外框架也可绕Ⅰ轴转动，3 个轴互相垂直并交于一点，这一点正是陀螺的重

心。这样陀螺的自重就不至于在各轴上产生重力矩，从而保证其定轴特性。高速旋转的三自由度陀螺仪有两个主要特性。

1. 定轴特性

处于三自由度的陀螺电动机高速旋转，其涡轮轴能在任何一个给定的方向上保持不变，即定轴性。这是三自由陀螺仪的主要特性，也正是利用这一特点测量方位的。

2. 进动特性

如果在旋转着的陀螺仪内框架轴（Ⅱ轴）上加一个力矩，则会使整个陀螺仪绕外框架旋转；相反，如果在外框架轴上加一个力矩，也会使陀螺仪绕内框架旋转。这种特性称为陀螺仪的进动特性。陀螺仪的进动方向与陀螺电动机的旋转方向和外力矩的方向有关，它的进动角速度与加在内框架（或外框架）上力矩的大小成正比，力矩存在多长时间，进动就持续多长时间。

测量过程中，陀螺电动机启动后，涡轮轴（Ⅲ轴）方向不变，连在陀螺仪外框架轴线的方位电刷也相对于Ⅲ轴方向不动，而固定在仪器外壳上的方位电位器随着仪器在井下方位的变动而变动，从而导致信号发生变化。

在测井过程中，仪器的运动会对Ⅰ轴产生干扰力矩，该力矩会使Ⅱ轴产生运动，但Ⅱ轴不是测量轴，它的少量运动并不影响测量，只有转角很大，直至Ⅲ轴和Ⅰ轴间夹角等于零时，才会失去定轴性。这样在Ⅰ轴干扰力矩的作用下，Ⅲ轴的原定方向被破坏，使测量无法进行。为此利用它的进动特性设置了水平修正系统，即用伺服电动机对Ⅰ轴施加一个力，这个力与使Ⅲ轴偏离水平的力方向相反，从而保证Ⅲ轴在水平位置。

同样，在Ⅱ轴上有干扰力矩时，Ⅰ轴也会产生进动，这就是漂移，因而出现方位误差，因此仪器设计时，也采用另外一个伺服电动机加以修正。

三、刻度及现场测量

连续测斜仪在测井前需要对陀螺仪和加速度计进行车间和现场刻度。车间刻度包括以下两个方面：

（1）测量加速计和陀螺仪的增益和截距，以便在仪器响应计算中使用。

（2）测量陀螺仪的质量不平衡、气体动力摩擦以及旋转轴与加速度计 X 轴之间的共线误差等陀螺仪的缺陷。

在测井现场进行的刻度包括：

（1）对陀螺轴定位并使它指向正北。

（2）在选定的方向上对陀螺轴定位。在寻找正北的过程中，陀螺仪的方位可能有所改变，对陀螺仪定位所选择的最好方位是井眼的平均方位。

（3）必须计算校正量，以对地球自转效应进行补偿。通过伺服机构施加这一校正量。

现场刻度是固定在套管里完成的，这样相对地球来说是固定的。测井仪经刻度后，下井并开始测井，下测和上测过程中记录测井曲线，用闭合度对上下测曲线进行对比。闭合度定义为下测时井的顶部与上测时井的顶部之间的距离，测井误差是累积误差，因此闭合度小就说明测井质量好。闭合度好，说明上测与下测的井筒轨迹、井斜以及井筒变化率的重复性好。

测井结果要求陀螺仪指向正北的精度要小于 0.1°。在北、东方向上，仪器测量水平误差的精度是

$$N \text{ 或 } E = 0.4\% \frac{\cos45°}{\cos L} H + 0.06\% D \qquad (11\text{-}6\text{-}10)$$

式中　N、E——北、东方向上的水平误差；

　　　H——水平偏移；

　　　D——仪器深度；

　　　L——纬度。

利用过井顶部与底部的轴线及与这个轴线相垂直的另一轴线也可以定义这些误差：

$$\Delta(\text{过井顶部和底部的轴}) = 0.06\% D \qquad (11\text{-}6\text{-}11)$$

$$\Delta(\text{正交轴}) = 0.4\% H + 0.06\% D \qquad (11\text{-}6\text{-}12)$$

实际应用过程中，可以根据其他方向上的误差（$0.4\% H$），方位误差只影响与井筒垂直方向上的读数。

式（11-6-10）说明，在纬度高于70°时，偏移误差太大。这是因为在高纬度地区，陀螺仪难以找到正北方。陀螺仪应用了地球角速度的水平分量，但这一分量在地磁极附近非常小，使用光学仪器也许可克服这问题。

在井底，其精度要大于上下测曲线闭合度的一倍（图11-6-8）。闭合度的大小为

$$\text{闭合度}(\Delta X, \Delta Y) < 2\left(0.4\% \frac{\cos45°}{\cos L} H + 0.06\% D\right) \qquad (11\text{-}6\text{-}13)$$

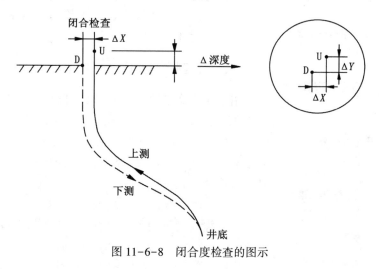

图 11-6-8　闭合度检查的图示

测井结束后，再在套管内完成一次现场刻度，比较测井前的现场刻度与测井后的现场刻度，可以确定陀螺仪的方位误差。

现场测井完成后，下一步是对资料进行处理。实际处理时所用到的参数包括：（1）车间刻度数据；（2）井的纬度；（3）坐标角偏移，它是地理北极与用户北极间的夹角，在NE（北东）方向上为正；（4）如果坐标原点不为零，要考虑测井原点的坐标。

处理计算顺序如下：

（1）用刻度数据和纬度计算地球的自转分量，由此把陀螺仪保持在地球基准面的一个固定方向上。

（2）使用上测和下测的张力值计算电缆的拉伸长度和校正后的深度。

（3）使用刻度数据校正机械缺陷。使用加速度计测井数据计算井斜、方位和深度数据，

并由此给出井筒的轨迹。

第七节　沉降监测测井

沉降监测主要是监测由油气开采引起的地层下沉，监测方法主要分两种：一种是使用多套管接箍测井仪计算每根套管长度的压缩量；另一种是使用多探头自然伽马测井仪监测地层内部放射性标志的移动。若地层与套管胶结良好，则利用接箍技术监测效果较好，但当套管长度超过本身的最大弹性范围时，接箍移动就不再表示地层的沉降了，此时测量安放在地层中的固定放射性标志可以监测地层的沉降情况。一般情况下，二者可以结合起来使用。

一、测量原理

目前，采用的沉降监测仪（FSMT）有 4 个自然伽马探测器，能够准确测定地层中放置

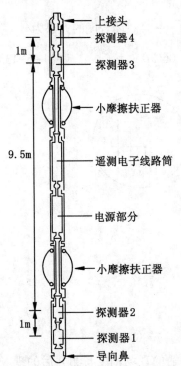

图 11-7-1　FSMT 测井仪示意图

间距为 9~12m 之间的放射性标志物的位置，如图 11-7-1 所示。每个放射性标志物中有一个 100mCi❶ 的 ^{137}Cs 放射性源，它发射 663keV 的单能伽马射线。利用选发射孔枪把这些标志物射进地层，射入深度较大，以便不受套管和水泥系统的影响，但也不能太深，太深将导致 FSMT 探测不出清晰的放射性脉冲。

二、双探测器测井仪

用单探测器自然伽马测井仪可以测量放射性标志弹间的距离，但精度较低。一般用双探测自然伽马测井仪。图 11-7-2 是测井示意图，若地层无沉降，则两个测量峰值在同一深度上，地层沉降后 S_2 小于 S，且两个放射性尖峰不再重合：

$$S_2 = b_2 - S \qquad (11-7-1)$$

其中 S 由深度测量给出，此时求得的地层沉降值为

$$S = S_1 - S_2 = b_1 - b_2 + S \qquad (11-7-2)$$

实际上，由于射孔影响，放射性标志弹的间距不是 10m，而是在 9.5m 和 11.5m 之间变化，如图 11-7-3 所示。沉降前测量中，$S_1 = b_1 - x_1$，S_1 的测量误差由仪器刻度误差和测量系统的测量误差引起。x_1 的值越小，其误差就越小。

地层沉降后，$S_2 = b_2 - x_2$，由此计算的地层沉降值如下

$$\begin{aligned} S &= S_1 - S_2 \\ &= b_1 - x_1 - (b_2 - x_2) \\ &= b_1 - b_2 - (x_1 - x_2) \end{aligned} \qquad (11-7-3)$$

---

❶ 放射性活度单位，居里，$1Ci = 1000mCi = 3.7 \times 10^{10} Bq$。

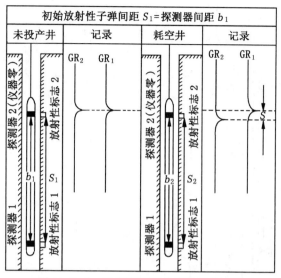

图 11-7-2　双探测器测井仪的理想情形

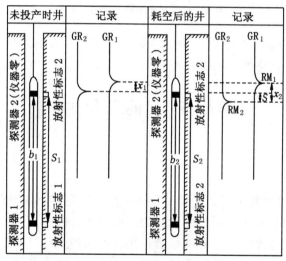

图 11-7-3　双探测器测井仪的正常情形

引起误差的主要原因是：两次测井中探测器间距的测量误差；两次测井中电缆运动的测量误差；仪器相对于地面电缆的运动误差。

三、四探测器测井仪

四探测器测井仪测量有两个主要优点：一是对每对放射性标志物的间距进行 4 次独立的测量；二是探测器间的距离可近似等于放射性标志物之间的间距，可以降低仪器和电缆不均匀运动而引起的测量误差。图 11-7-4 是四探测器测井仪的测量示意图，由图可知

$$S=(a+b)-x \tag{11-7-4}$$
$$S=(a+b+c)-z \tag{11-7-5}$$
$$S=(b+c)-y \tag{11-7-6}$$
$$S=b-t \tag{11-7-7}$$

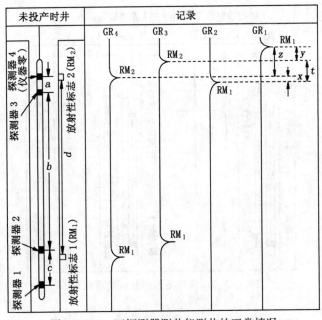

图 11-7-4　四探测器测井仪测井的正常情况

　　每种情况下，S 值等于两个探测器的间距减去其在相邻放射性标志处记录的尖峰位移。S 值求出后即为地层的沉降值。现场测量时，仪器以 15m/min 的测速至少测量 3 次。

第八节　其他工程测井

一、磁性定位器

　　磁性定位器属于磁测井系列，主要用于深度控制确定井下工具的下入深度，在定位、射孔中应用广泛。图 11-8-1 是磁性定位器的基本结构，核心是一对磁极相对的磁钢和线圈。测井时，仪器下入套管、油管或其他套柱内，此时磁力线分布稳定。当仪器沿管柱从（a）到（d）时，如遇接箍、封隔器或配水器等，磁力线的分布将发生变化，所以通过线圈的磁通量也会发生变化并在线圈中产生感生电动势。由电磁感应定律可知，电动势的大

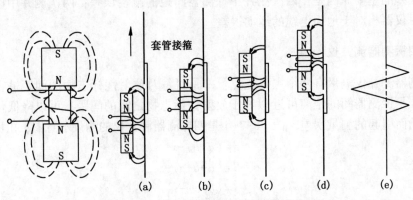

图 11-8-1　磁性定位器结构及工作示意图

小由下式决定：

$$\varepsilon = -K\frac{\mathrm{d}\Phi}{\mathrm{d}t} \qquad\qquad (11\text{-}8\text{-}1)$$

式中　ε——线圈两端产生的感应电势；

　　　K——比例系数；

　　　Φ——磁通量；

　　　t——时间。

磁性定位器测得的信号如图 11-8-1（e）所示（套管接箍）。磁定位器通常分为两种：一种是过油管定位器，外径为 25mm；另一种外径为 64mm，主要用于在套管中的测量。

二、卡点指示器

在施工中，如果井下工具卡在井中，需要确定卡点的深度，然后再进行解卡作业。

卡点指示器的基本原理是以硬磁性材料在弹性变形时退磁的性质为基础的。井下仪器由磁性定位器和注磁线圈组成，下接一引爆装置，以便测出卡点后立即引爆。测井前，把仪器下到预计被卡的井段内，首先测一条管柱结构基线；第二次下井，在每根钻杆接箍之间注磁，做上一个磁记号，并在该井段记录第二条注磁曲线；之后给钻杆加以最大允许拉力或扭转力，使钻杆产生弹性变形，然后在该井段再次测量得到第三条曲线（消磁曲线）。将 3 次测量曲线进行对比，即可判断被卡的深度，被卡井段的钻杆信号保持不变，未卡井段信号消失或大大减小。图 11-8-2 是一测井实例，图中 A 为原始接箍信号，B 为注磁信号，从第三条曲线中可以确定卡点位置在 1968m 处。

通常引起被卡的主要原因是：

（1）由高密度钻井液和高角度斜井引起的压差卡钻。

（2）由井身曲率引起的管柱堵卡。

（3）管柱周围未固结地层垮塌引起的遇卡。

（4）垮塌性或膨胀性泥岩引起的遇卡。

管柱一旦被卡住，通常用震击和循环摩阻减小剂（特殊钻井液）解卡。如果这两种办法都行不通，一般用卡点指示器卡住最深卡点，然后在最深卡点上面倒扣脱开套管（起爆炸药），把倒扣后的自由套

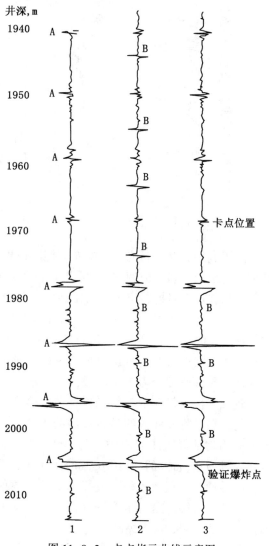

图 11-8-2　卡点指示曲线示意图

管起出后，对该井段进行清洗，并进行一系列震击以回收管柱。通过测量伸长度和扭矩，卡点指示器能够确定钻具、钻杆、油管及套管在内的各种管柱的卡点位置。

三、放射性示踪管外流动探测

除了利用噪声、氧活化探测管外流动外，人为向井中注入放射性同位素，注入前后分别进行伽马测井，并对测井结果进行对比，就可以检查出窜流的位置。施工时，先测一基线，随后用 ^{65}Zn、^{110}Ag 配成的活化液压入找窜层段，按照一定的时间间隔，用自然伽马仪多次测井，分析曲线异常，即可确定窜槽的位置。

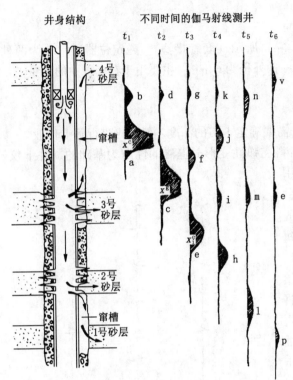

图 11-8-3　定时法探测窜槽测井示意图

图 11-8-3 是一口注水井定时法探测窜槽测井的实例。异常 a、c、e、h 显示同位素随注入水在套管中向下流动的情形。进入 3 号砂层的活化水，一部分向地层深部渗流，这时由 i、m、e 异常位置的稳定读数可知；另一部分沿水泥环向上窜到 4 号砂层中，异常 f、j、n、v 清楚地显示了这一窜流过程。该井射孔底部是 2 号砂层，但由异常 1、p 可见，注入水沿射孔孔眼流进水泥环后向下窜入 1 号砂层；2 号砂层对应位置没见到放射性异常，说明该层不吸水。b、d、g、k 几处异常是油管出口处的涡流使一部分同位素示踪剂残积下来所致。

除了利用放射性同位素找窜外，把同位素与水泥混合在一起挤入环形空间中（套管—地层），然后再进行伽马测井，可以用于确定补挤水泥的位置或者确定水泥顶的位置。

如果在压裂时把同位素加入压裂砂，压裂前后进行伽马射线测量并进行对比，即可确定压入的砂的位置，常用的放射性同位素为 ^{131}I 或 ^{192}Ir。^{131}I 的半衰期为 8d；^{192}Ir 的半衰期为 74d，因此采用后者压裂过后几个月仍可成功地探测加砂压裂的效果。压裂砂通常分为 3 个阶段注入：第一阶段注入的砂较细，把放射性示踪剂和这种砂混合在一起作为前置物；第二阶段注入的是压裂砂的主体，此时放射性砂应均匀地混入压裂砂中，每 1000bbl 压裂砂的标准注入量为 0.5mCi 的 ^{131}I 或 0.3mCi 的 ^{192}Ir；第三阶段注入的砂通常较粗、较密，最好不要混入放射性示踪剂，以防止污染。压裂示意图如图 11-8-4 所示。压裂液进入后，裂缝由支撑砂子支撑。

图 11-8-5 是一口生产井，压裂前产油 70bbl/d，

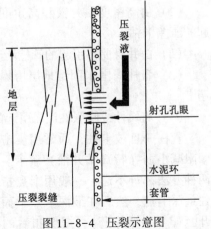

图 11-8-4　压裂示意图

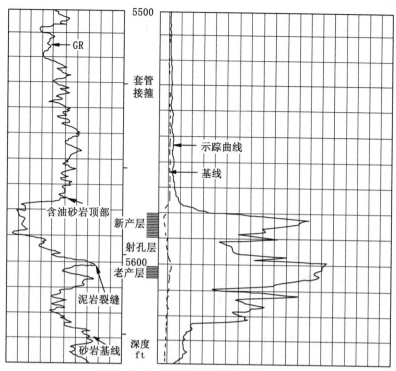

图 11-8-5 放射性砂压裂后的示踪测井

产水 10bbl/d。自然伽马曲线（第一道）显示出砂岩的顶层和底层，第二道中显示了压裂前的基线和压裂后所测的示踪曲线。压裂中注入了 10000bbl 的中砂和 30000bbl 的细砂，最后注入 5000bbl 的粗砂。压裂后的示踪曲线显示，射孔层段的放射性强度很高且延伸到了油层底部，说明压裂砂如期进入了射孔孔眼。压裂取得良好效果，压裂后产油 200bbl/d，产水 60bbl/d。

四、出砂检测

出砂、防砂是油田开发中普遍关注的问题，出砂导致的油井大修及设备磨损损失很大。出砂的主要原因，一是注入水或地层水使胶结物被溶解，或是被约束在砂子周围的水膜中的水被释放；二是油层压力降低改变了上覆地层压力，由此影响粒间的胶结；三是拖曳力增大，拉动砂子产出。根据以上原因，通常采用的方法是砾石充填和化学固砂。

砾石充填方法在前面已介绍过，主要用于单厚层油藏，不适用于多层油藏。化学固砂通常采用化学剂挤入出砂部位，以增强地层强度，使砂层固结，此法可用于直径较小的套管中。

目前，检查出砂、防砂效果的方法有自然伽马测井、声波测井和井温测井。

1. 自然伽马测井

井下地层出砂或地层坍塌时，地层将产生孔隙甚至形成空穴，接着井下液体会填充这些孔隙。由于出砂后的自然伽马曲线强度小于出砂前的强度，因此出砂前后所测的自然伽马曲线将出现幅度差，幅度差越大，说明出砂越严重。

如果用砂浆充填出砂层段，由于挤入的砂浆自然伽马强度高于或近似等于原孔隙中自然伽马射线的强度，因此防砂前后所测曲线对比即可检查防砂效果。

2. 声波测井

地层出砂后，形成孔隙和孔穴，说明套管与地层胶结变差。如果进行声幅测井，则会发现套管波首波幅度变大而地层波幅度变小。防砂时，情况正好相反。因此，通过分析出砂、防砂前后两次所测的声波测井曲线，即可检查出砂地层及防砂效果。

3. 井温测井

相同结构的出砂层，出砂状况与该地层所产流体性质及生产指数有关，产气层最易出砂。油层产出后，水会使砂层的胶结性变差，砂将随油、水产出；多层开采时，高产水层往往出砂，因此产液与出砂密切相关。因为地层中水、油温度高，所以一般在井温曲线上显示为正异常；如果在出砂产液层注入水，则该层为负异常；如果是产气层，出砂井段在井温曲线上也显示为负异常。

防砂是将低温砂浆压入砂层，形成人工低温层，因而在井温曲线上出现负异常，压入的砂浆越多，负异常越大。所以防砂前后两次所测井温曲线进行对比，可以检查出砂井段及防砂效果。

除了声波、自然伽马和井温测井之外，出砂、防砂层段的岩石密度、含氢指数等其他参数也会发生变化，利用这些变化，进行密度、中子等测井，也可以检查出砂、防砂的效果。

图 11-8-6 是一口检查出砂层位的实例，从图中可以看到，该井第 5 层声幅曲线为正异常，自然伽马为负异常，井温曲线为正异常，微井径变大，所以第 5 层为出砂层。第 4 层各曲线无明显差异，因此第 4 层基本不出砂。

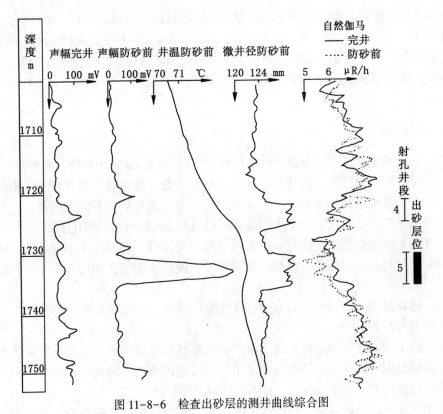

图 11-8-6　检查出砂层的测井曲线综合图

课后习题

1. 检测套管质量的方法有哪些？
2. 噪声测井资料有哪些应用？
3. 简述电磁探伤套管监测方法的测量原理。

参 考 文 献

［1］ Schlumberger. Cased Hole Log Interpretation Principles/Applications. Schlumberger Educational Services. 1989

［2］ Bateman R M. Casing Inspection in Cased—Hole Log Analysis and Reservoir Performance Monitoring. Boston：IHRDC，1985

［3］ 王乃举，等. 油气田开发测井技术与应用. 北京：石油工业出版社，1985

［4］ 乔贺堂. 生产测井原理及资料解释. 北京：石油工业出版社，1992

第十二章
射孔技术

射孔被认为类似于足球比赛中的"临门一脚",对油田生产来说尤为重要,射孔的效果直接影响着油井的产量。对于注入剖面和产出剖面来说,生产测井的主要目的之一是确定射孔层的产液量和吸入量,以及不同流体的含量,因此,有必要了解射孔技术。本章主要介绍聚能射孔弹原理、射孔枪系统设计、工业试验、性能及完井设计等内容。

射孔技术的发展经历了 3 个阶段,第一阶段是早期的机械射孔枪阶段,第二阶段是子弹射孔枪阶段,第三阶段是目前几乎所有完井都使用的聚能射孔枪阶段。聚能射孔弹的设计也从早期的棒载式喷射弹发展到目前所用的高效、高能的聚能射孔弹。

第一节 聚能射孔弹原理和射孔枪

"聚能",顾名思义,就是极大地提高爆炸的局部破坏作用。它是利用装药一端的空穴,使爆炸生成的气体波移向聚能空穴的轴心,并聚积成一股被称为聚能流的强大射流,这股射流可达到聚能的目的。能够提高局部破坏作用的这种效应称为聚能效应,聚能射孔弹就可以获得这种效果。爆炸的聚能现象,早在 100 多年前就已经发现,但它的应用一直没有引起人们的重视,直到 1940 年才开始得到应用。在第二次世界大战中,交战各国为了对付对方坦克,便迅速采用聚能破甲弹这一新型弹种。第二次世界大战以后,聚能爆炸开始应用于工业和其他民用方面,目前这方面的应用越来越广泛。

一、爆炸和炸药

石油工业中使用的射孔弹可以用各种炸药制成。为了了解射孔爆炸过程以及炸药的选择,有必要先掌握有关炸药的一般知识。

1. 爆炸的基本知识

1)爆炸现象

爆炸是一种系统的、非常迅速的物理和化学的转化过程,其表现形式是将系统的势能转化为机械功。它的重要特征是使爆炸点附近周围介质的压力发生急剧的变化,这是爆炸破坏的直接原因。

系统发生爆炸转化的能力主要取决于 3 种因素:过程的放热、过程的巨大传播速度和气态反应物的产生。这些性质在不同的炸药中可以有不同程度的表现,但是,只有它们集合起来,才能使"状态"具有爆炸性质。

2)爆炸过程的分类

爆炸过程按其传播性质和速度可分为燃烧、爆炸和爆轰(震)。

燃烧过程进行得比较缓慢,燃烧速度从几分之一厘米到几米每秒,而且随着压力的增高而加快。在常压下,燃烧并不伴随有任何显著的声效应。

爆炸可以由各种不同的物理和化学现象所引起,是物质急剧的物理或化学变化。在爆炸发生的同时，气体体积非常迅速地膨胀，使爆炸点压力急剧地突变，产生巨大的压力，冲击周围物质，导致爆炸点附近物体强烈变形和破碎。爆炸过程进行的速度高达 $1000\sim10000m/s$，所形成的温度约 3000-5000℃，压力达到数万兆帕，因而能迅速膨胀，对周围介质做功。

爆轰（震）过程传播速度是恒定的，在某一特定条件下，爆轰过程的速度为最大传播速度。爆轰能产生冲击波，是破坏物质最有利的一种爆炸形式。

3）炸药

炸药从热化学意义上来说是相对不稳定的系统，它在适当的外界条件作用影响下，如火花、撞击、摩擦、加热等，在最短的时间内能够发生迅速的放热反应，同时生成极热的气体或蒸气。炸药爆炸产生的气体，由于化学反应速度极快，最初时实际上只占有炸药本身的体积，处于强烈压缩状态之中，所以爆炸瞬间，爆炸点附近的压力急剧升高。

2. 炸药的分类

炸药按特性和应用范围，可分为起爆药、猛炸药、火药（发射药）和烟火剂四大类。

起爆药主要用作激发高猛炸爆轰的引爆剂，对外界作用较敏感，在不大的外界热作用或机械作用的影响下都能以爆震的形式爆炸，如用火花、撞击、针刺、摩擦、电热等就能引起爆震。它的爆炸转化有一个特点，即爆炸速度增大到最大值的时间非常短。对某些起爆药如叠氮化铅实际上不存在过程的加速期，过程与装药大小无关，立即以爆震的形式进行。这类炸药特征是威力小，敏感度大，适用于装填雷管、起爆药与传爆药饼装药。

猛炸药比起爆药要稳定得多。它的爆震是在相当大的外力影响下引起的，通常是借助起爆药来激发。它的爆炸转化的主要形式是爆震，不过在激发起爆的时候，过程速度增大到最大值的时间比起爆药要大得多，它的爆炸威力非常大。油井射孔爆炸使用的猛炸药为单质的（如梯恩梯、苦味酸、特屈儿、黑索金、硝化甘油、泰安、1817）以及非单质的（如硝铵炸药）。

火药（发射药）的主要爆炸转化形式是迅速燃烧，在石油勘探开发中主要用于井壁取心和地震。

烟火剂的主要爆炸形式是燃烧。

3. 炸药的选择

在油气井中使用的炸药必须具备以下特性：

（1）具有足够的能量和威力。

（2）对外界作用有一定的敏感度，既要保证操作与处理的安全，又要保证容易引爆。

（3）在较长的时间内能保持物理、化学性质不变，爆炸性质不变。

（4）有较高的耐温特性，能用于高温油气井射孔作业。

（5）对装药材料如弹壳等零配件不具有腐蚀作用。

4. 炸药的主要指标

1）敏感度

热、电、光、冲击波、辐射、机械摩擦和撞击等外界作用可激发炸药发生爆炸，炸药在外界作用下发生爆炸的难易程度定义为炸药敏感度。激起炸药爆炸转化所需的能量越小，其敏感度越大。有些炸药的敏感度特别大，如碘化氮用羽毛接触就能引起爆炸；有些炸药的敏感度又特别钝，如硝酸铵需外界很大的能量才能引起爆炸。过于敏感与过于钝感的炸药均不适宜油气井作业。

2）爆发点

爆发点是加热引起炸药爆炸的最低温度，炸药爆炸有火焰和声响，一般炸药的爆发点在 100~300℃ 之间。

3）爆热

炸药爆炸放出热量是爆炸特性之一。爆热是指 1kg 炸药分解时所放出的热量，爆热高的炸药射孔效果好。

4）爆温

爆温是指炸药爆炸分解时生成物被加热到的最高温度，一般炸药的爆温在 2000~3000℃ 之间，有些炸药的爆温可达 4000~5000℃。如硝化甘油炸药的爆温达 4000℃，黑索金的爆温约为 5000℃。

5）冲击敏感度

系统外物质冲击炸药可引起爆炸分解，各种炸药有不同的冲击敏感度。一般对起爆炸药要求有较高的敏感度，而猛炸药则要求有较低的敏感度。油田勘探开发中使用的炸药，冲击敏感度应控制在一定范围内，以确保使用安全和操作方便。

6）炸药的安定性

炸药在长期储存时，保持其物理化学性质和爆炸性质不变的能力称为安定性。安定性分为物理安定性（如吸湿性、挥发性、机械强度等）和化学安定性（如化合物的强度、反应能力与附加物等）。长期储存的射孔弹，必须选择安定性良好的炸药制造。

7）爆轰速度

炸药的爆轰速度越高，爆炸射孔穿透能力越强。影响炸药爆轰速度大小的因素有炸药性质、装药直径、装药密度、药粒大小、外壳强度和炸药中的附加物等。

8）爆炸生成物的功

炸药爆炸时生成物要做机械功，这种功的大小取决于炸药的能量和爆炸时所生成气体的最大压力及压力升高的速度。

9）炸药的猛度作用

炸药爆炸时破坏周围物质的能力叫炸药的猛度作用。猛度的大小与炸药的爆轰压力和压力的作用时间有关。油气井射孔应选择具有较高猛度的炸药。

10）炸药的密度

炸药本身质量与所占体积之比为炸药的密度。炸药密度又可进一步分为实际密度和堆积密度两种。

实际密度为炸药本身质量和体积的比。在这种情况下，体积空间完全被炸药充填。

堆积密度指炸药本身质量与堆积体积之比。在这种情况下，结晶体颗粒或块状炸药并不占据全部空间，而颗粒之间的空隙被空气充填。因此，颗粒状炸药都用堆积密度来表示。

炸药的实际密度一般在 0.95~1.8g/mL 之间，而堆积密度在 0.67~1.0g/mL 之间。

11）装药密度

炸药的质量与药室的容积之比，称为装药密度。

5. 炸药的种类和用途

1）按组分分类

炸药按组分可分为单质炸药和混合炸药两类：

（1）单质炸药：为单一成分的爆炸物质，多数为内部含有氧的有机化合物。单质炸药按它们的化学分子结构又可分为许多类型，主要有：

① 乙炔及其衍生物，如乙炔银、乙炔汞等。

② 雷酸及其盐类，如雷汞、雷酸银等。

③ 硝酸酯系炸药，如硝化甘油、太安等。

④ 硝仿系炸药，如1号炸药、2号炸药等。

⑤ 芳香系炸药，如梯恩梯、黑喜儿等。

⑥ 硝胺系炸药，如黑索金、奥克托金、特屈儿等。

⑦ 胺类硝酸盐系炸药，如硝酸脲、二硝酸乙二胺等。

⑧ 呋咱系炸药，如7311、重呋咱等。

⑨ 含氟炸药，如重硝胺等。

⑩ 其他，如氯酸盐、叠氮化物等。

（2）混合炸药：由两种或两种以上独立的化学成分物质构成的爆炸物质。混合炸药可分为爆炸的气体混合物、液体混合物及固体混合物三类，目前应用最广的是固体混合炸药。固体混合炸药又可分为以下几种类型：

① 普通混合炸药，如钝化黑索金、铉黑-1炸药等。

② 含铝混合炸药，如钝黑铝炸药等。

③ 有机高分子黏结炸药，如8321炸药、1871炸药等。

④ 特种混合炸药，如塑性炸药、弹性炸药、橡皮炸药等。

2）按用途分类

炸药按用途可分为起爆药、猛炸药、火药（或发射药）以及烟火剂4类。

（1）起爆炸药，主要有雷汞和叠氮化铅。

雷汞 $[Hg(ONC)_2]$：白灰或灰色的细结晶粒的发光粉状物或针状物，有毒性，相对密度为4.4，压制密度为3.0~4.0g/mL，爆发点为170℃，90℃时长期加热会分解，不吸湿，难溶于水，易溶于铉及氟化钾溶液中，在硫酸中会引起爆炸，爆速为4850m/s。

干雷汞极为敏感，甚至极轻微的机械作用如用草棍轻轻一碰便能引起爆炸。湿雷汞（含水量大于5%）对撞击及火花都不致引起爆炸，只能燃烧；含水量达到30%以后，不能点燃。雷汞压制的雷管含水量不应超过0.05%，这是因为当雷管含水时，雷汞将与铜发生化学反应生成雷酸铜，雷酸铜的敏感度比雷汞还要高，所以要严防雷管受潮。

雷管压制后，对各种作用都不如松散的雷汞敏感，所以雷管可运输，而粉末状雷汞则严禁运输。

叠氮化铅 $[Pb(N_3)_2]$：是一种氢叠氮酸盐，白色或粉红色微细结晶粉末，相对密度为4.8，对撞击火花很敏感，含水量达30%以后仍可爆炸，加热到310~340℃可自行爆炸。能与铜作用，爆炸点410℃，是一种比雷汞更强烈的起爆药。

（2）猛性炸药，主要有黑索金和梯恩梯两种。

黑索金 $[C_3H_6N_3(NO_2)_3]$：即旋风炸药，白色细结晶粉末状，无臭，相对密度为1.8，压制密度为1.66g/mL，熔点为210℃，爆发点为230℃，爆速为8380m/s。它不吸湿、不溶于水，易溶于丙酮，不与金属作用。钝化黑索金（含5%石蜡）用于制造射孔弹药柱，未钝化的黑索金用于制造射孔弹的起爆药饼、传爆药饼、导火索等。

梯恩梯 $[C_6H_2(NO_2)_3CH_3]$：淡黄色结晶物质，呈鳞片状或块状，相对密度为1.66，压制密度为1.60g/mL，熔点为80~85℃，150℃时分解，爆发点为290℃，爆速为7000m/s，不溶于水，易溶于乙醇、苯、丙酮、硫酸和硝酸，与金属不起作用，化学稳定性高，机械敏感度低，用于制造药柱。

这里介绍的只是制造射孔药弹的传统炸药,目前用于制造石油射孔药弹的炸药种类远不止这些,关于炸药(包括火药或发射药和烟火剂)的详细情况请查阅有关资料。

二、射孔弹聚能原理

1. 聚能射孔弹的结构

射孔弹各式各样。经过大量理论分析和实验研究,聚能射孔弹的最优结构如图12-1-1所示。

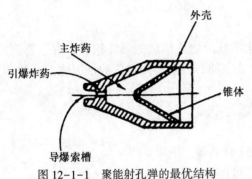

图12-1-1 聚能射孔弹的最优结构

它是在一个顶端为圆锥形的圆柱体射孔弹壳中装上烈性炸药,在底端挖出聚能孔,并把一个锥形金属聚能罩嵌入射孔弹底端,使其与射孔弹中的炸药紧密结合,在射孔弹的顶端装有导爆索。射孔前,借助导爆索爆炸激起的爆炸能使主炸药爆炸,主炸药的爆炸能量在底端中心线上聚焦,产生高温、高压和高速的金属粒子流,射穿套管、水泥环和地层。经测试,爆炸产生的温度可达3000~5000℃,压力达30000MPa,速度达2000~3000m/s。

2. 射孔弹聚能原理

为了说明聚能射孔弹的聚能现象,下面介绍聚能弹与非聚能弹在穿透介质方面的差别,如图12-1-2所示。这是一个具有不同炸药结构的射孔弹爆炸威力对比实验示意图。把底部构造不同的4个射孔弹依次安放在一块很厚的钢板上,爆炸结果是,第一种结构的射孔弹只在钢板上炸出一个浅浅的凹坑,相当于一般炸弹爆炸的情况;第二种结构是在第一种结构尺寸的基础上,在底端挖了个锥形孔,结果能在钢板上炸出一个深约6~7mm的坑。第一种结构和第二种结构对比可见,第二种结构有锥孔后,用药量减少了,穿透能力却提高了。如果在锥形孔上放一个金属罩(聚能罩),就能在钢板上射出一个深80mm以上的孔,见图12-1-2中3。但是,若使带聚能罩的射孔弹在离钢板约70mm处爆炸,则能射出一个超过110mm深的孔眼,见图12-1-2中4。

聚能现象可通过炸药爆炸以后爆炸产物的散发过程来说明。没有锥形孔的射孔弹爆炸以后,爆炸产物沿着近似平行于钢板表面方向作用,对钢板产生的有效作用仅是炸药底端部分的爆炸产物,作用面积与底端面积相等。带锥形孔的射孔弹则不同,锥孔部分的爆炸产物产生时,先是向轴线汇集,形成一股速度高、压力大、面积小、能量集中的气流。这一气流对钢板作用,就能打出更深的孔。这就是有锥形孔以后能提高射孔穿透能力的原因。

由于爆炸产物的气流本身压力就很高,在气流向轴线汇集时,使气流压力进一步增加。但当气流压力达到一定程度时,气流就不能再

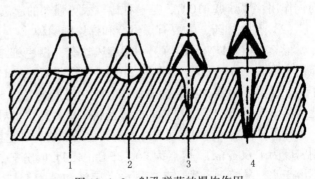

图12-1-2 射孔弹药的爆炸作用

1—无凹槽;2—有凹槽、无金属罩;3、4—有凹槽、有金属罩

集中在一起，而是向周围低压区发散。为了提高聚能效应，避免高压气流的发散，就应该设法把爆炸能量尽可能地转换成穿孔动能，提高能量的汇聚程度。

实验证明，在底端加一个锥形金属铜罩，就能很好地解决能量汇聚问题。实验发现，加金属铜罩以后，射流头部的能量密度较没有铜罩时高出近14倍。可见，加金属罩以后聚能效应是很显著的。

加金属罩以后提高聚能的原因是，铜的压缩性很小，爆炸产物的气流能由铜粒子的动能来体现，避免了高压气流发散的问题。用聚能的金属射流来代替聚能的气流，穿透能力大大提高。

由于金属罩能极大地提高聚能穿透作用，所以对金属罩材料的要求是压缩性小、聚能过程中不气化、密度大、延伸性好。目前，紫铜是最为普遍使用的材料。图12-1-3是射孔聚能射流形成过程示意图。

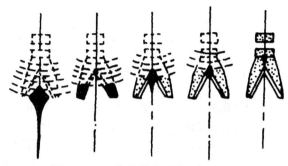

图12-1-3　聚能射流形成过程示意图

3.影响射孔弹的有关因素

聚能射孔弹的影响因素，诸如炸药性能、锥形、锥角、焦距、对称性等，它们最终都制约着聚能射孔弹的射孔深度。为了更好地发挥射孔工艺在油田开发中的作用，有必要了解一些有关这方面的内容。

（1）炸药的爆炸速度：炸药的爆炸速度与穿透能力成正比，爆炸速度越高，穿透能力和破坏能力越强。

（2）聚能穴（锥斗）的形状：射孔弹底部聚能穴的形状多种多样，如圆锥形、半球形、抛物线形、椭圆形和方柱形等，这些形状对射孔弹的穿透能力都有直接影响。目前，在油气井射孔弹中主要采用圆锥形。

（3）聚能穴（锥斗）角度：锥斗角度对穿透力影响很大。图12-1-4是锥角与穿透能力关系图，从图上看出，锥角为50°时穿透能力最强。

（4）聚能穴的对称性：为了获得最大的穿透能力，构造良好的油气通道，要求聚能穴必须严格对称；否则，穿透能力将显著下降。图12-1-5是非对称锥斗射孔孔道偏斜的示例。

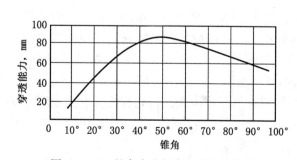

图12-1-4　锥角大小与穿透能力的关系

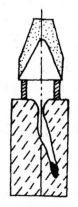

图12-1-5　非对称锥斗射孔孔道偏斜的示例

（5）焦距：射孔弹底端到被射物之间的距离。就油气井而言，它是射孔弹底端到套管的距离。图 12-1-6 是焦距与穿透能力的关系图，根据这个关系图，首先随着焦距的增加，穿透力增加，后来当焦距达到某一数值后，随着焦距的增加穿透能力下降；当焦距约为 30mm 附近时，穿透能力最大。在射孔操作中，必须全面了解各种射孔弹的焦距关系。

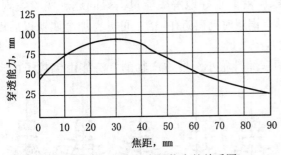

图 12-1-6　焦距与穿透能力的关系图

三、射孔枪

射孔枪用来装载射孔弹、导爆索、雷管等爆炸器材，使它们在井下不受钻井液压力的影响，实现聚能射孔的目的。射孔枪还确定了对射孔效果有直接影响的射孔孔密、射孔相位。射孔枪主要由枪身、枪头、枪尾、中间接头、弹架等组成（图 12-1-7）。射孔枪分为有枪身射孔枪和无枪身射孔枪：有枪身射孔枪是用于承载射孔弹的密封承压发射体；无枪身射孔枪中，它专指弹架，无枪身射孔枪的密封承压由无枪身射孔弹的弹壳承担。无论是有枪身还是无枪身，它们都可以有不同的相位。

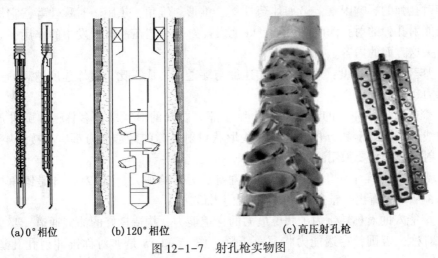

　(a)0°相位　　　　　(b)120°相位　　　　　　　(c)高压射孔枪

图 12-1-7　射孔枪实物图

有枪身聚能射孔枪的特点是有枪身聚能射孔枪以密封的射孔枪作为爆炸材料（射孔弹、雷管、导爆索）的承载体，隔离了井内有害气体和液体与爆炸材料的直接接触。因此使用有枪身射孔枪具有如下特点：

（1）由于射孔枪的作用，爆炸材料不跟井液接触，只承受井下温度的作用、因部分残留或因密封失效枪体内的水产生的水蒸气的作用、射孔枪里各种材料分解时产生的气体的作用。在壳体内有很大的自由空间，从而可减轻爆炸材料受热分解后的产物的排除过程。因此，有枪身聚能射孔枪有着很好的耐温和耐压性能。

（2）射孔后所产生的碎片等爆炸残留物均留在射孔枪体内，因此有枪身射孔枪对套管和管外的水泥层损坏轻微。有枪身聚能射孔枪按其使用情况一般分为一次使用回收式、多次使用回收式聚能射孔枪和选发式有枪身聚能射孔枪等。

有枪身聚能射孔枪的主要优点是穿透性能好，可靠性高，对套管及管外水泥环损坏轻微；其主要的缺点是射孔成本相对较高，操作比较复杂，施工效率低。

无枪身聚能射孔枪的特点是射孔枪在下井作业时，射孔弹、导爆索及雷管（或起爆器）均浸没在井液中，直接承受井内的温度、压力。

连接各射孔弹的支架（弹架）形式多样，一般按弹架的形式将无枪身射孔枪分为钢丝架式（直钢丝或成型钢丝）、钢板（带）式、杆式、链接式（两弹壳头尾直接相连）、张开式（过油管后射孔弹由竖直方向变为横向张开）等。

无枪身射孔弹的弹壳材料通常是陶瓷、玻璃、铝合金等。在将药型罩聚能空间密封的情况下，便形成了没有弹壳的"裸弹"。当然，其药柱外表面还有一层防水涂层。

无枪身射孔枪的优点是成本低，施工效率高（一次下井最多可达数百发弹），操作简便；主要缺点是射孔弹装药量小，内炸声小，壳体采用低密度、低音速材料等不利条件的限制，射孔穿深、孔径、耐温、耐压指标均较低（张开式除外），可靠性差，而且对套管伤害严重，井下残留物多。其中导爆索的耐温、耐压问题是最常见的技术难题。

射孔枪按工作压力不同分为 105MPa、70MPa、50MPa 三种。例如，Q89-16-120B 表示枪体外径为 89mm，孔密为 16 孔/m，相位角为 120°，工作压力为 70MPa 的射孔枪。

1. 射孔枪尺寸参数

目前，主要使用的射孔枪尺寸参数见表 12-1-1。射孔枪的有效长度一般做成 1m、2m、3m、4m、5m、6m。盲孔直径为 32mm，盲孔的壁厚小于 4mm。

表 12-1-1　射孔枪尺寸参数

序号	产品代号	孔密，孔/m	相位，（°）	外径，mm
1	Q89-16-90	16	90	89
2	Q89-16-120	16	120	89
3	Q89-20-60	20	60	89
4	Q89-20-120	25	120	89
5	Q102-16-90	16	90	102
6	O102-16-120	16	120	102
7	O102-20-60	20	60	102
8	O102-20-90	20	90	102
9	Q102-20-120	20	120	102
10	Q102-36-120	36	120	102
11	Q127-16-90	16	90	127
12	Q127-16-120	16	120	127
13	Q127-40-45	40	45	127
14	Q150-36-35	36	45	108

2. 射孔枪的基本性能要求

射孔枪作为承载部件，最基本的性能是其机械强度性能，只有在满足其机械性能的条件下，才能保证在井下射孔时的可靠性和安全性，而最基本的性能要求主要有以下几点：

（1）射孔枪的机械性能指标（抗拉强度、横向冲击性能等）应保证能满足对射孔枪配套设计的要求。

（2）应能保障射孔枪在井下施工中的可靠性和安全性能。

① 射孔枪体在外表面和离两端 150mm 范围内的内表面上不得有大于 1.0mm 深的损伤缺陷。

② 射孔枪的承力件和承压件的线状缺陷磁痕和圆状缺陷磁痕应不低于 2 级精度。

③ 射孔枪承受额定的工作压力 30min 内枪体不变形，不渗漏。

④ 射孔枪进行混凝土靶和模拟井射孔试验时，射孔枪枪身变形（胀大、裂纹）、头尾和中间接头不脱落等项指标不得超出标准的规定。

3. 射孔枪试验方法

（1）拉伸和硬度试验：按有关标准执行。

（2）内密封试验：试验压力 35MPa；试验介质为油或水；稳压时间 30min；按 15MPa、25MPa、35MPa 分级加压。

（3）工作压力试验：根据射孔枪压力级别进行 50MPa、70MPa、105MPa 试压，试验介质为油或水；分级加压，加压次数不少于 3 次，各组压力递增为 30% 的试验压力。

（4）地面打混凝土靶试验：按有关标准进行，试验后枪体裂纹长度不超过 60mm，外径胀大不超过 5mm（包括毛刺高度）。

（5）模拟井试验：按有关标准进行，试验后枪体不得有长度大于 40mm 的裂纹，外径胀大不超过 5mm（包括毛刺高度）。

第二节　射孔方案设计

进行射孔前，需要进行方案设计。射孔优化设计就是针对地层的性质，根据现有的条件，选择出一种能使射孔完井产能达到最大的最佳射孔方案。它主要包括射孔前的准备、优选射孔参数、射孔负压差和射孔工艺等。

一、射孔设计的准备

能否进行有效的射孔优化设计，主要取决于 3 方面的情况：一是对储集层和地层流体下射孔规律的定量认识程度；二是射孔参数、地层及流体参数和伤害参数等信息获取的准确程度；三是可供选择的射孔枪、弹的品种、类型及射孔液、射孔工艺配套的系列化程度。因此，在射孔前需要进行以下准备工作。

1. 射孔弹的岩心靶射孔试验

为了了解射孔弹在不同条件下射孔岩心的穿透深度、孔眼直径以及不同压差和射孔液下的岩心射孔流动效率，必须进行射孔弹的岩心靶射孔试验。试验中应当考虑所设计井的实际井下温度—压力并模拟上覆岩层压力。根据实际岩心的射孔观察，确定压实带厚度和压实程度。

2. 测井分析

根据测井曲线分析油、气、水层和地层中的敏感矿物，为射孔深度控制和射孔液的选择提供依据。对泥质砂岩地层，用测井资料确定泥质含量、砂质含量和泥质分布指数，并确定砂岩层的孔隙度和含水饱和度；对裂缝性地层，应确定裂缝密度、裂缝方位和裂缝组合数等参数。通过测井分析，还可以确定储层的钻井伤害深度和程度。

3. 裸眼井中途测试

利用第五章中所述的中途测试（DST）方法确定地层的伤害程度（表皮系数），确定地层渗透率等参数。如果本井无法进行中途测试，可借用邻井相同层位的中途测试资料推测本井的钻井伤害数据。

4. 套管损害实验

在模拟井眼中，进行高温、高压条件下射孔对套管伤害的试验，获取各种枪、弹对套管伤害程度数据及允许使用的最高孔密数据。

二、优选射孔参数

射孔参数包括孔深、孔密、孔径、相位角和射孔格式，优选射孔参数时应尽可能地同时考虑钻井伤害、射孔伤害以及地层非均质性的影响，根据需要和可能进行最优化设计。

1. 射孔参数对产能的影响程度

由前所述可知，射孔参数对产能影响的重要程度依次为：孔密—孔深—相位角—孔径。西南石油大学的研究者认为，当孔眼未穿过钻井损害带时，影响顺序依次为：孔深—孔密—钻井损害程度—射孔伤害程度—孔径—射孔伤害带厚度—相位角—钻井伤害深度；当孔眼穿过钻井伤害带时，各参数对产能影响的顺序为：孔密—射孔伤害程度—孔深—射孔伤害带厚度—相位角—孔径—钻井伤害深度—钻井伤害程度。大庆油田根据不同射孔格式的有限元射孔模型，研究出了影响射孔完井产能的因素，得到下列影响程度顺序：

（1）高钻井伤害、未射穿、浅穿透情况：孔深—孔密—钻井伤害程度—孔径—钻井伤害深度—射孔伤害程度。

（2）高钻井伤害、未射穿、深穿透情况：孔深—孔密—钻井伤害程度—孔径—钻井伤害深度—射孔伤害程度—相位角。

（3）高钻井伤害、已射穿、浅穿透情况：孔深—孔密—钻井伤害深度—孔径—相位角—钻井伤害程度—射孔伤害程度。

（4）高钻井伤害、已射穿、深穿透情况：孔深—孔密—钻井伤害深度—孔径—相位角—钻井伤害程度—射孔伤害程度。

（5）低钻井伤害、未射穿、浅穿透情况：孔深—孔密—孔径—钻井伤害程度—相位角—钻井伤害深度—射孔伤害程度。

（6）低钻井伤害、未射穿、深穿透情况：孔深—孔密—孔径—钻井伤害程度—相位角—钻井伤害深度—射孔伤害程度。

2. 普通砂岩地层射孔参数的优选

1）孔深、孔密的优选

在射孔孔眼穿透钻井伤害带之后，射孔完井的产能将有较大幅度的提高。在孔深大于46cm 之后，再靠增加孔深来提高产能，其效果就不明显了。对于疏松砂岩，孔眼太深还会降低孔眼的稳定性。因此孔深的选择以超过钻井伤害带又不影响孔眼的稳定性为宜。孔密增大到一定程度时，增产效果就不明显了，而且孔密太大还会造成套管伤害。通常认为26~39 孔/m 的孔密是射孔成本最低、油井产能最大的理想射孔密度。

2）相位角的优选

由于射孔的相位角可以人为地控制，所以选择适当的相位角对提高射孔完井的产能也是十分重要的。通常情况下，在均质地层中，90°相位角最佳；在非均质严重的地层中，120°相位角最好；在射孔密度较高的情况下或在疏松砂岩地层中，60°相位角最好，同时60°相位角也是维持套管强度的最佳相位角。

3）孔径和射孔格式的优选

一般的研究认为，孔径对产能的影响不大，但当孔径较小时，增大孔径也会使油井产能得到改善。对于一般的砂岩地层，孔径选择在0.63~1.27cm较好，但对于稠油层、高含蜡井以及出砂严重的油层，为减少摩擦阻力、降低流速、减少冲刷作用和携砂能力，应采用直径为1.9cm或更大孔眼。

关于射孔格式的选择，K. C. Hong利用有限差分模型研究了平面简单布孔和交错布孔两种射孔格式，认为交错布孔优于平面简单布孔。在螺旋、交错和简单3种布孔格式之间，螺旋布孔优于交错布孔，而交错布孔又优于平面简单布孔。由于螺旋布孔是在枪身的每一平面上只射一个孔，枪身变形小，有利于施工，因此，最优的选择应是螺旋布孔。

3. 非均质、非达西流的气井射孔参数

气井射孔与油井射孔的产能关系有以下差异：

（1）气井的紊流效应一般都比较明显，渗透率越高，紊流效应越显著。

（2）孔径对气井射孔完井产能的影响比对油井射孔完井产能的影响显著。

（3）生产压差明显影响气井射孔完井的产能。

因此，气井射孔参数的优选必须考虑紊流效应。对低渗透率气层，应采用深穿透、高孔密和中等孔径的射孔程序；对高渗透率气层，应采用中等孔深、高孔密、较大孔径的射孔程序，并以90°螺旋排列射孔最好。研究表明，当孔眼未穿透钻井伤害带时，影响产能的因素依次为：钻井伤害—孔深—生产压差（紊流效应）—孔密—射孔伤害—孔径—相位角；当孔眼穿透钻井伤害带后影响产能的主次顺序为：孔密—生产压差（紊流效应）—孔深—射孔伤害—孔径—相位角—钻井伤害。

4. 裂缝性储集层射孔参数的优选

裂缝性储集层射孔完井的产能完全取决于射孔孔眼和裂缝系统的连通情况，而这又取决于射孔参数与裂缝类型、裂缝方位、裂缝密度等因素。由前文可知：

（1）一组垂直裂缝的地层，应重点加强孔深，孔密的作用不明显。

（2）两组相互正交的垂直裂缝，决定产能的主要因素仍是孔深，孔密的作用不大。

（3）一组水平裂缝的地层，孔深、孔密对产能都有较明显的影响，应采用深穿透、高密度射孔程序。

（4）三组相互正交裂缝的地层，孔深的影响较大，孔密对产能的影响不大，应采用深穿透的射孔程序。

上述4种情况，当孔密影响不大时，一般应选射孔密度为13孔/m。

5. 泥质夹层储集层射孔参数的优选

储集层中泥岩夹层的存在极大地阻碍了流体的垂向流动，造成严重的各向异性。泥岩和砂岩分布的相对厚度及相对位置对射孔完井产能影响极大。这种地层射孔参数的优选，必须和实际地层的砂岩、泥岩分布情况相结合，本章前面的分析可以作为这类地层射孔参数优选的依据。

国内外研究人员对此开展了研究，表12-2-1给出了在各种砂岩地层射孔建议采用的射孔参数。

表 12-2-1　砂岩地层射孔建议采用的射孔参数

地层类型	孔密, 孔/m	相位角, (°)	穿透深度, cm	孔眼直径, cm
均质各向同性地层	≥13	>0	≥30.5	>0.64
均质各向异性地层	≥39	任意角	≥30.5	>0.64
泥质分布指数≤2.0 的夹层地层	≥13	>0	≥38	>0.64
泥质分布指数>2.0 的夹层地层	≥39	任意角	≥38	>0.64
交错地层	≥13	60 (螺旋)	≥51	>0.64
具有垂直裂缝组的天然裂缝地层	≥13	60 (螺旋)	≥38	>0.64
具有斜交裂缝组的天然裂缝地层	≥13	任意角	≥30.5	>0.64
砾石地层	≥26	60 或 90	≥12.7	1.5~2.0

三、优选射孔负压差

用聚能喷流射孔枪射孔，由于岩石或射孔弹碎屑堵塞孔眼，或由于较高冲击压力造成的岩石颗粒的破碎和压实，孔眼中流体的流动都会受到阻碍，因而影响着油井的产能。负压差射孔即在油气层压力大于井内液体柱压力条件下所进行的射孔。这一条件下，射孔瞬间，地层流体产生负压冲击回流，冲洗孔眼附近地层和孔眼内的爆炸残余物，畅通了油流通道，同时避免了井内流体进入地层，防止油层内发生土锁效应和水锁效应（土锁效应是指外来的与地层水不匹配的液体进入油层，使油层内的黏土矿物膨胀、扩散和架桥的现象；水锁效应是指外来液体的液滴堵塞油层孔隙喉道的现象），从而达到提高油气井产能的目的。许多现场实践和室内实验已证实，负压射孔是降低射孔伤害、减少孔眼堵塞、提高油气产能的最佳的射孔方法之一。负压射孔的关键问题是消除射孔伤害需要多大的负压。一方面当负压差为某一值时，可以得到纯净的无伤害孔眼（射孔后用酸化处理，其产能增加量不超过 10% 的孔眼），并可以消除对孔眼周围的渗透率伤害，这就是油井产能达到最大所需的最小负压差；另一方面，过大的负压差会造成地层机械破损、套管破裂、井内封隔器或其他仪器脱落，以及储层出砂等问题。因此应兼顾以上两方面的问题。

确定负压差常用的方法有以下几种：

1. 试验方法

选择射孔负压差的试验方法，就是选择接近本地区物性的岩心靶，模拟实际井下温度、压力和所使用的射孔液进行室内负压差射孔，确定出一个负压值，使得超过这个负压值后，射孔效率不再增加，此时的负压值即为本地区射孔所需的最小负压差。

2. 经验关系法

1) 不同渗透率地层负压差的确定

在实际地层中，射孔层段的渗透率和其他物理性质的变化会产生不同程度的伤害。因此，射孔后该层段的所有孔眼不会有相同的流量响应。在渗透率较高的层段，射孔孔眼比较容易清洗，所需的负压差较小；在渗透率较低的层段，射孔孔眼较难清洗，所需的负压差较大。如果在有渗透差异的地层的射孔中不将负压差调到清洗所有孔眼所需的负压差，则只有"较好"的射孔孔眼中的流体才会有效地流动，从而导致有效射孔密度降低，影响油气井的产能。所以在不同渗透率的层段或同一层段内有渗透率差异的井中射孔，最好采用能清洗渗透率最低的层段所需的负压差，表 12-2-2 是根据世界各地几千口井完井作业的地层渗透率和流体类型确定的清洗孔眼的标准负压差范围。

表 12-2-2　清洗孔眼的标准负压差范围

地层渗透率 K, $10^{-3}\,\mu m^2$	油层负压差，MPa	气层负压差，MPa
高渗透地层 $K>100$	1.27~6.47	3.23~6.47
中渗透地层 $10<K<100$	6.47~13.03	13.03~32.6
低渗透地层 $K<10$	32.6	32.6

2) 含油气砂岩射孔负压差的确定

G. E. King 等人研究了世界上不同地区的 90 口井，给出了在油气砂岩地层射孔中达到"清洁射孔孔眼"所需最小负压的计算公式，下面给出一些确定射孔负压差的方法和公式。

（1）根据地层的渗透率计算射孔所需的最小负压差。

当地层含气时，对于渗透率 $K<1\times10^{-3}\,\mu m^2$，有

$$\Delta p_1 = \frac{17240}{K}\,(\mathrm{kPa}) \tag{12-2-1}$$

对于渗透率 $K>1\times10^{-3}\,\mu m^2$，有

$$\Delta p_1 = \frac{17240}{K^{0.18}}\,(\mathrm{kPa}) \tag{12-2-2}$$

当地层含油时，有

$$\Delta p_1 = \frac{17240}{K^{0.3}}\,(\mathrm{psi}) \tag{12-2-3}$$

式中　Δp_1——所需的最小负压差。

（2）根据临近泥岩的声波时差计算最大负压差。

当 $\Delta t>90\mu s/\mathrm{ft}$ 时，对含油地层有

$$\Delta p_2 = 24132-131\Delta t\,(\mathrm{kPa}) \tag{12-2-4}$$

对含气地层有

$$\Delta p_2 = 33095-172\Delta t\,(\mathrm{kPa}) \tag{12-2-5}$$

当 $\Delta t<90\mu s/\mathrm{ft}$ 时，对没有出砂采油史的地层有

$$\Delta p = 0.2\Delta p_1+0.8\Delta p_2 \tag{12-2-6}$$

对有出砂采油史和含水饱和度较高的地层有

$$\Delta p = 0.8\Delta p_1+0.2\Delta p_2 \tag{12-2-7}$$

式中　Δp_2——最大负压差；

　　　Δp——$\Delta t<90\mu s/\mathrm{ft}$ 时的最大负压差。

（3）根据邻近泥岩的密度计算最大负压差。

当 $\rho_b<2.4\mathrm{g/cm}^3$ 时，对含油层有

$$\Delta p_2 = 16130\rho_b-27580\,(\mathrm{kPa}) \tag{12-2-8}$$

对含气地层有

$$\Delta p_2 = 20000\rho_b-32400\,(\mathrm{kPa}) \tag{12-2-9}$$

当 $\rho_b>2.4\mathrm{g/cm}^3$ 时，对没有出砂采油史的地层有

$$\Delta p = 0.24\Delta p_1+0.8\Delta p_2 \tag{12-2-10}$$

对有出砂采油史和含水饱和度较高的地层有

$$\Delta p = 0.8\Delta p_1+0.2\Delta p_2 \tag{12-2-11}$$

式中 ρ_b——邻近砂岩的密度。

3）基于毛细管压力的最佳负压差计算

根据 Wittmann 等人的研究，负压差的选择应考虑在排出侵入钻井液滤液过程中所要克服的毛管力。应用岩心分析可以确定局部毛管压力。在假设毛管压力是距自由水面的高度和流体密度差的函数时，可以用下式计算毛细管压力：

$$p_c = (\rho_w - \rho_{hc})hg \qquad (12-2-12)$$

$$\Delta p = 2p_c \qquad (12-2-13)$$

式中 ρ_w——水的密度，g/cm^3；

ρ_{hc}——油气的密度，g/cm^3；

h——自由水面高度；

g——重力常数；

p_c——毛管压力；

Δp——负压差。

这一方法考虑了钻井液对地层伤害的清洗，但没有考虑通过冲洗松散的碎粒和排出射孔孔眼周围破碎带的方法来清洗射孔孔眼。

3. 理论分析法

前面已经讨论了负压射孔后破碎带地层的流体速度随时间的变化情况。在以破碎带外径为基础的无因次时间为 0.1 时，压力干扰到达破碎带的外半径，并假设在此外半径的地层压力和孔眼通道内的负压范围内，破碎带内的流动为径向流动。这时可以用 Forchheimer 方程为基础的假稳态径向流动方程去逼近破碎带内流体的流动。利用该方程可以计算所需的最小负压差和地层或流体特性之间的关系。

1）油层的径向紊流方程

对破碎带内假稳态径向流，利用 Forchheimer 计算负压差的方程为

$$\Delta p = 94815 \frac{\mu v}{K} r_2 \ln \frac{r_2}{r_1} + 1.244 \times 10^{-7} \beta \rho v^2 r_2^2 \left(\frac{1}{r_2} - \frac{1}{r_1} \right) \qquad (12-2-14)$$

式中 μ——流体黏度，cP；

K——破碎带渗透率，$10^{-3} \mu m^2$；

r_2——破碎带半径，in；

r_1——孔眼半径，in；

β——紊流系数，1/ft；

ρ——流体密度，g/cm^3；

v——流体速度，in/s；

Δp——负压差，Pa。

多孔介质中，油流的雷诺数表示为

$$Re = 1.31735 \times 10^{-12} \frac{K\beta \rho v}{\mu} \qquad (12-2-15)$$

因此

$$v = \frac{Re\mu}{1.31735 \times 10^{-12} K\beta \rho} \qquad (12-2-16)$$

将式（12-2-16）代入式（12-2-15）得

$$\Delta p = \frac{7.1974 \times 10^{16} \mu^2 Re r_2}{\beta K^2 \rho} \left[\ln \frac{r_2}{r_1} - Re r_2 \left(\frac{1}{r_1} - \frac{1}{r_2} \right) \right] \qquad (12\text{-}2\text{-}17)$$

式(12-2-17)说明，对于一定的雷诺数 Re，负压 Δp 是流体密度、黏度、地层渗透率和紊流系数的函数。因此对不同岩石和流体特性，用方程（12-2-17）可以确定清洗射孔损害所需的负压差。由式(12-2-17) 可知，紊流系数 β 对负压差的确定很重要，因此若要确定某种岩石和流体组合的负压差，必须知道紊流系数。β 可以通过岩心堵塞实验和生产井产量压力测试的方法确定。计算 β 的经验关系为

$$\beta = \frac{2.33 \times 10^{10}}{K^e} \qquad (e = 1.03 \sim 1.65) \qquad (12\text{-}2\text{-}18)$$

2）气层的径向紊流方程

描述气流的径向紊流方程为

$$\Delta p^2 = \frac{1.424 \mu Z T_r Q}{Kh} \ln \frac{r_2}{r_1} + \frac{3.16 \times 10^{-18} \beta G T_r Q^2}{h^2} \left(\frac{1}{r_2} - \frac{1}{r_1} \right) \qquad (12\text{-}2\text{-}19)$$

式中 Z——压缩系数；

T_r——地层温度，°R；

h——地层厚度，ft；

G——气体密度，g/cm^3；

Q——气体流量，ft^3/d。

孔隙介质中气流的雷诺数可表示为

$$Re = 1.58 \times 10^{11} \frac{K \beta p Q}{\mu A} \qquad (12\text{-}2\text{-}20)$$

代入方程（12-2-19）可得

$$\Delta p^2 = \frac{5.31 \times 10^{17} \mu^2 Z T_r Re r_2}{\beta K^2 G} \left[\ln \frac{r_2}{r_1} + Re r_2 \left(\frac{1}{r_1} - \frac{1}{r_2} \right) \right] \qquad (12\text{-}2\text{-}21)$$

式(12-2-18) 中计算 β 的方法也适用于方程（12-2-21）。式(12-2-21) 即是计算气层射孔伤害清洗所需的最小负压差。此外，对含气情况，由于负压差的大小还和地层压力有关，所以在确定负压差时要考虑。

四、优选射孔工艺

前面提到过，目前采用的主要射孔工艺包括电缆过油管射孔枪负压射孔、油管输送射孔枪射孔、套管射孔枪正压射孔以及正压射孔与反响冲击联作等工艺。各种射孔工艺都有一定的优缺点。在实际射孔中，应根据实际情况分析各种工艺的产能效果，然后确定最佳射孔工艺。有效射孔的关键是射孔方案的设计，为了设计一种有效的射孔方案，除了前述原因之外，必须考虑地层性质、完井类型、井的状态、射孔深度等因素，并研究各种可采用的射孔技术。

1. 地层性质

射孔方案设计时要考虑的地层性质，主要包括岩性（砂岩、石灰岩、白云岩）、深度、孔隙流体（气、油、水）和压力。如果要预测射孔弹所产生的穿透深度，则必须首先掌握地层的声速、体积密度和抗压强度。其他需要收集的信息包括：地层是否有裂缝存在；是

否含有泥质条带；是否是重复完井的地层；在邻近井中是否有相同的完井地层，如果有，地层的性质怎样；完井的对象是什么，井的状态如何；所用的射孔设备和技术怎样、效果如何等。这些关于地层的信息有助于选择射孔枪、射孔弹和压力设备。

2. 完井类型

常用的完井类型主要有3种：自然完井、砂控完井和强化完井。完井的主要目的是建立地层和井眼之间的通道。然而，用于获得这些有效通道的方法受地层性质影响较大，由于不同完井类型射孔枪的几何参数（相位、孔密、孔眼深度、孔径）不同，所以完井类型对射孔工艺的选择具有重要意义。

1）自然完井

自然完井也称裸眼井完井，是一种不需要砂控和强化的完井方法。它的目的是获得最大的产能。

2）砂控完井

在非压实地层中，如果地层和井眼之间有显著的压力存在，则会出现出砂现象。由于这个压力差与射孔截面积成反比，所以可以通过增大总的射孔面积来减少出砂的可能。通常采用的砂控方法是砾石充填。砂控的目的是防止孔眼周围地层的损坏。当孔眼周围地层发生损坏时，碎屑物质堵塞孔眼，甚至堵塞套管和油管。砂控完井时，孔密越高，孔眼直径越大，射孔面积越大。在这种情况下，孔眼几何因素的重要性是孔眼直径、孔密、相位和穿透深度。

3）强化完井

强化完井包括酸化和水力压裂，其目的是增大流体从地层流向井眼通道的数量和尺寸。酸化、压裂都需要在高压下向地层中注入大量的流体。在需要强化的地层，孔眼的直径和分布很重要，通过选择孔眼直径和密度可以控制孔眼周围的压力差。

3. 井的状态

地层性质和完井类型决定着射孔过程中孔眼的几何因素，而井的状态通常决定着射孔枪的尺寸和类型。在射孔中，必须考虑井眼的状态，包括井眼管材的条件、尺寸、规格、管道中的障碍物、井眼的倾斜、固井质量和流体类型等。

4. 射孔深度

准确地确定射孔枪的深度是射孔施工的关键。如果射孔枪的深度位置不正确，会出现误射孔，使整个射孔工作失败。射孔深度控制的方法主要是利用自然伽马和套管接箍曲线。

套管接箍曲线是由磁性定位器测得的。磁性定位仪器沿着油井套管内壁，由地面绞车牵引，自上而下滑行，当经过套管接箍时，其线圈便产生一个感应电动势，它通过电缆输入到地面仪器而被记录下来。在地面仪器记录这个信号的同时，根据电缆下入井内的长度，即可确定信号所对应的接箍深度。磁性定位器的结构分为密封部分和信号部分。密封部分将信号部分中的永久磁铁、感应线圈等和缓冲弹簧密封并固定。电缆、射孔枪与磁性定位仪器相连，装在信号部分的磁铁起固定并向外引线的作用，永久磁铁用于产生磁信号。

射孔的放射性校深是以定位射孔方法为基础进行的。定位射孔是通过确定某油气层附近套管接箍的位置，间接地确定油气层的位置。

射孔是油井下入套管固井后进行的，因此套管和目的层的相对位置固定不变。目的层的深度可由完井测井曲线获得。套管的长度和套管的接箍深度由前磁测井曲线确定。经深度标准化校正后的测井电缆，可以认为先后两次下井所测得的目的层深度和套管接箍深度都是准确的。利用简单的换算，可以得到目的层和与其相邻的套管接箍之间的相对深度差值。所以只要能确定某待射孔的目的层临近套管的接箍，就等于找到了要射孔的目的层段。

由于测定套管接箍的前磁曲线与确定目的层的完井测井曲线不是同一电缆在同一次下井过程中测定的，所以它们之间存在着深度误差。这个深度误差必须进行校正，才能准确地确定射孔目的层段。由于油井下套管后，只有放射性测井曲线受套管和水泥环的影响较小，能比较明显地反映地层特性，所以利用下套管前测得的中子伽马（或自然伽马）曲线与下套管后测得的中子伽马（或自然伽马）曲线的对比，使前磁曲线确定的套管接箍深度和完井测井的深度统一起来，这就是放射性校深。校深的步骤如下：

（1）对电缆磁性记号进行平差。它包括两个部分，一是对深度大记号进行平差，按图头上标注的两个磁性记号深度点间电缆伸长或缩短引起的误差，平均分配到它们之间的深度小记号中；二是对深度小记号的平差，测井原图上每两个小深度记号之间的距离本应是固定的（一般为20m），而当有正（或负）误差存在并用深度记号来确定各个套管接箍深度时，可将两深度记号之间的深度误差平均分配到每个接箍中去。

（2）标图。标图就是用深度比例尺，依据前磁曲线图上深度磁性记号的深度，标出射孔井段所用各个套管接箍的深度和套管长度。

① 套管接箍深度记号的标定。套管接箍深度以前磁曲线上所标定的各已知深度磁性记号的深度为准，用相应的比例尺（与磁定位曲线比例相同）量出接箍记号主尖峰与相邻近的深度磁性记号之间的距离，然后将已知深度磁性记号的深度加上（或减去）这段距离所代表的实际长度数值，就是该套管接箍的深度。

例如，某井前磁测井曲线的两个深度磁性记号的深度分别为942.2m和962.2m，在942.2m的深度磁性记号下和962.2m的深度磁性记号上各有一接箍信号（图12-2-1），试确定这两个接箍的实际深度（假设磁定位曲线的深度比例尺为1∶50）。

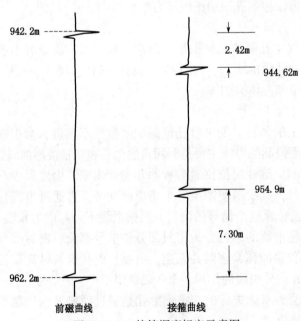

图12-2-1　接箍深度标定示意图

校深时，用1∶50的比例尺量出第一个接箍信号到942.2m深度磁性记号的距离为4.84cm，这段距离所代表的实际长度为4.84×50=242cm，则第一个套管接箍的深度为942.2+2.42=944.62m。用同样的比例尺量出第二个接箍信号到962.2m深度磁性记号之间的距离为14.6cm，换算成实际长度为14.6×50=730cm，则该套管的深度为962.2-7.3=954.9m。

② 套管长度的确定。两个套管接箍信号主尖峰之间的距离为套管的长度，可以用比例尺直接量出，然后经换算得出套管的实际长度，量得两套管信号之间的距离为20.56cm，经换算得到套管的实际长度为1028cm。套管长度还可以用标定好的相邻套管接箍深度确定。图中两个套管接箍的深度为944.62m和954.9m，则套管的长度为954.9-

944.62＝10.28m。

③ 曲线对比确定校正值。通过磁定位和完井测井曲线的对比可以确定深度校正值，这是射孔深度计算的关键。以完井综合图的深度为基准，使磁定位曲线与其对准，在射孔井段的油气层的顶或底部选读多个点的深度值，可算出每一个深度点的深度误差：

$$\Delta H = H_1 - H_2 \tag{12-2-22}$$

式中　H_1——磁测井曲线上的深度读值：

　　　　H_2——完井测井曲线上的深度读值。

该射孔井段平均深度误差为

$$\Delta H' = \frac{\Delta H_1 + \Delta H_2 + \cdots + \Delta H_n}{n}$$

式中　$\Delta H'$——平均深度误差；

　　　　ΔH_1——第一个读值点和深度误差；

　　　　n——读值点个数。

总的深度校正值为平均校正值和滞后长度之和，即

$$\Delta H_t = \Delta H' + \Delta H_x$$

式中　ΔH_t——总深度平均值；

　　　　ΔH_x——滞后长度（大庆油田为 0.35m）。

第三节　射孔工艺技术

目前，在油田射孔作业中主要采用 3 种基本的射孔工艺：电缆输送套管枪射孔、过油管射孔和油管传输射孔。图 12-3-1 是这 3 种射孔工艺的示意图。

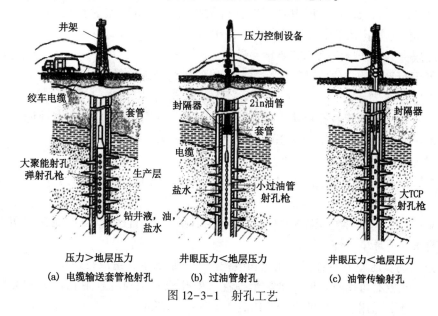

图 12-3-1　射孔工艺

一、电缆输送套管枪射孔

电缆输送套管枪射孔是一种标准的射孔技术。在下油管和安装井口装置之前，用电缆

把套管射孔枪下到产层的位置，然后点火射孔。

电缆输送套管枪射孔的主要优点是：

（1）射孔枪的直径只受套管内径的限制，因此可在全方位、高射孔密度的枪身中携带大孔径、高性能的聚能射孔弹；

（2）套管射孔枪使用非常可靠，因为起爆雷管的引爆线及聚能射孔弹都加以保护，所以不受井眼环境的影响，枪身的机械强度大；

（3）可以选发射孔，也可以使用套管接箍指示器把射孔枪精确地下放到目的层位置；

（4）这一工艺对套管没有伤害，并且不会有杂物落入井中。

该工艺的主要缺点有两个：

（1）这一工艺必须在井眼压力大于地层压力的条件下进行射孔（正压差射孔），因此妨碍了对射孔孔眼的有效清理。当井内流体为钻井液时会加剧这种后果，此时就是用很高的负压差（地层压力大于井眼压力）也很难清除这种钻井液塞。若采用这一方法，最好是在井内为盐水一类的干净流体时进行射孔。

（2）电缆的强度以及套管射孔枪的重量限制了每次下井射孔枪系统的总长度。

斯伦贝谢公司研制了一种空心钢枪身、桥塞式套管射孔枪，直径范围从 2.38in 到 5in，最大的射孔密度为 4 孔/ft，相位角为 90°，另外还生产了一种高孔密射孔枪，其范围为 2.88~7.25in，射孔密度为 5~12 孔/ft。

二、过油管射孔

过油管射孔是一种不压井射孔工艺，它是通过把油管下放到所要射孔井段以上，然后用一种专门的射孔枪从油管中经过喇叭口下放到井内，在套管内进行射孔。

这一工艺的主要优点为：

（1）当井眼压力低于地层压力时可以进行射孔作业（负压差射孔），此时，储层中的流体可以立即清理射孔孔眼中留下的碎物，减少射孔伤害。

（2）新层完井或产层大修不需要钻井设备。

（3）可用套管接箍定位器进行深度控制，以便进行准确的射孔。

这种工艺的缺点为：

（1）小直径的过油管射孔枪功率较低，特别是在有井眼伤害时和致密性地层中，当射孔相位角为 0°时，油气井的生产动态将降低。

（2）过油管射孔的射孔密度较低。

（3）井口压力控制设备限制了射孔枪的长度。在多次下入射孔枪时，调整负压比较复杂，甚至不可能。

（4）射孔后，射孔弹外壳碎物落入井中可能引起阻塞，且管壁也可能受到伤害。这一射孔方法要求井下环境条件良好。

（5）过高的负压差可能会使射孔枪和电缆产生上顶遇卡，造成打捞作业。

过油管射孔枪有可回收式射孔枪、半损耗式射孔枪和全损耗式射孔枪 3 种类型，适用于标准油管尺寸的通用射孔枪的直径范围为 1.475~1.875in。

三、油管传输射孔

20 世纪 80 年代初，这一工艺开始在油田投入广泛应用。射孔时把射孔枪安装在油管的底部下到井中，达到预定深度时，打开枪身上的封隔器，并且完成该井的投产准备工作，其中包括在油管中建立合适的负压差条件，然后点火射孔。射孔时，通常用自然伽马曲线控制射孔深度。

这一工艺的优点为：

（1）可应用大孔径、高性能、高孔密的套管射孔枪在负压差条件下进行射孔，可及时对孔眼进行清理。

（2）在射孔前可安装井口装置并打开生产封隔器。

（3）一次下井可对大段地层或多个层段的地层进行射孔。

（4）适用于水平井和斜井。

这一工艺的主要缺点是：

（1）射孔成本高；

（2）只有把枪从井中取出后才能证实射孔的效果；

（3）与电缆射孔枪相比，很难精确控制射孔枪的深度且较费时。

第四节　完井测试与评价

一口井射孔后，完井工程师感兴趣的是验证当初预测的生产率。完井后要进行的测试包括几天后的试井及生产测井，通过试井确定地层渗透率、油藏压力及表皮系数，通过产出剖面测井了解各目的层油气水的产出情况。

斯伦贝谢公司研究了一种实时射孔测井仪（MWP），把压力、流量、温度仪器与射孔枪组合在一起，在射孔前、射孔过程中及射孔后同时记录这些信息，并进行压力流量褶积分析，确定因射孔造成的地层伤害，并确定表征这一伤害程度的表皮系数。如果计算出的表皮系数的数值较高且为正值，那么完井工程师将会对地层重新射孔或者采取像酸化、压裂之类的补救措施。

图 12-4-1 是 MWP 实时测井仪的实测例子，纵轴为时间，图中记录了射孔前后的压力、温度参数，可利用第五章中给出的压力分析方法确定相关参数。若测得的有流量信息，则可得压力与褶积时间的关系为

$$\frac{p_i - p_{wf}(t_n)}{q_n} = m\left[\frac{\sum n}{q_n} + \lg\left(\frac{K}{\phi\mu C_t r_w^2}\right) - 3.23 + 0.87s\right] \quad (12\text{-}4\text{-}1)$$

$$\sum n = \sum_{j=1}^{j=n-1}(q'_{j+1} - q'_j)(t_n - t_j)\lg(t_n - t_j) + q'_n t_n \lg t_n - q_n \lg t \quad (12\text{-}4\text{-}2)$$

$$q'_j = \frac{q_j - q_{j-1}}{t_j - t_{j-1}} \quad (12\text{-}4\text{-}3)$$

由此得到渗透率和表皮系数为

$$K = \frac{162.6 q_r \mu}{mh} \quad (12\text{-}4\text{-}4)$$

$$s = 1.1513\left[\frac{p(0)}{m} - \lg\left(\frac{K}{\phi\mu C_t r_w^2}\right) + 3.23\right] \quad (12\text{-}4\text{-}5)$$

式中　q_r——参考流量；

$p(0)$——时间函数为零值时的截距，$\dfrac{\sum n}{q_n} = 0$；

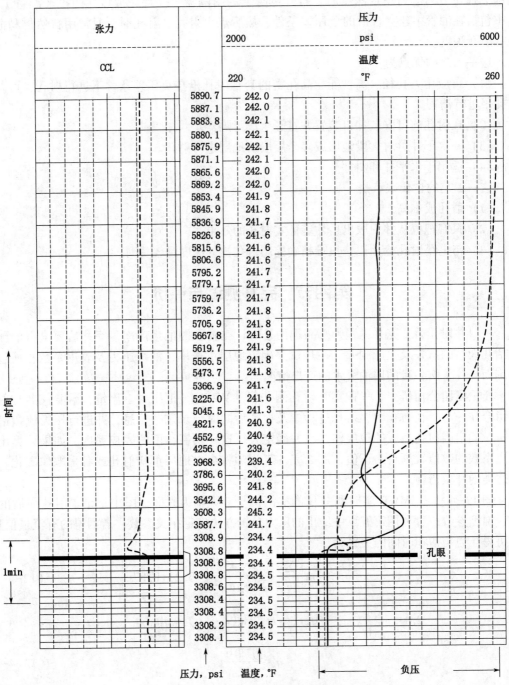

图 12-4-1　MWP 实时测井仪实例

m——曲线斜率；

h——油层厚度，ft；

μ——黏度，cP；

φ——孔隙度；

C_t——地层总压缩系数，psi^{-1}；

r_w——井眼半径，ft；

p_i——油藏压力，psi；

p_{wf}——流动压力，psi；

q——实时流量，bbl/d；

j、n——样品资料；

$\sum n$——时间为 t_n 时，流量褶积时间函数；

K——有效渗透率，mD；

t——时间，h；

q_n——$q(t_n)/q_r$，归一化流量。

表 12-4-1 是一口射孔测试相结合井的实例。

取 63s 时记录的流量 1860BPd 为参考流量 q_r，利用式（12-4-4）、式（12-4-5）可以计算出渗透率和表皮系数。$K=588$mD，$s=-0.17$，因为 s 为负值，因此射孔造成的地层伤害不是太严重。

表 12-4-1 现场测试实例

油层和流体资料	地层厚度 h		322ft	
	孔隙度 ϕ		0.25	
	黏度 μ		1.0cP	
	总压缩系数 C_t		7.0×10^{-6}psi	
	流体密度 ρ		1.0g/cm^3	
油井资料	井眼半径 r_w		0.25ft	
	套管内半径 r_p		0.25ft	
液流测试资料	时间，s	$(p_i-p_{wf})/(p_i-p_o)$	流动压力 p_{wf}，psi	流量，q，bbl/d
	0.0	1.000	2200.0	0
	3.0	0.816	2118.4	34840
	6.0	0.700	2130.0	23220
	9.0	0.616	2138.4	17880
	12.0	0.550	2145.0	13990
	15.0	0.500	2150.0	12080
	18.0	0.450	2155.0	11060
	21.0	0.400	2160.0	9810
	24.0	0.366	2163.6	8190
	27.0	0.334	2166.6	7610
	30.0	0.300	2170.0	7260
	33.0	0.266	2173.4	5810
	36.0	0.250	2175.0	4760
	39.0	0.234	2176.6	5020
	42.0	0.200	2180.0	4820
	45.0	0.193	2180.7	4150
	48.0	0.166	2183.4	3540
	51.0	0.159	2184.1	2870
	54.0	0.146	2185.4	2580
	57.0	0.134	2186.6	2350
	60.0	0.127	2187.3	2090
	63.0	0.116	2188.4	1860

课后习题

1. 射孔对储集层和产能有哪些影响?
2. 射孔方案设计中应注意哪些问题?

参 考 文 献

[1] Bell W T. Perforating underbalance Evolving Techniques. JPT, 1984, 10
[2] Harris M H. The Effect of Perforating on Well Productivity. JPT, 1966, 4
[3] 牛超群. 油气井完井射孔技术. 北京: 石油工业出版社, 1994
[4] 刘呈冰, 等. 套管井测井解释原理与应用. 北京: 石油工业出版社, 1993

附录
生产测井课程设计

一、生产测井解释注意事项

生产测井系列包括产出剖面测井、注入剖面测井、地层参数测井和工程监测测井（水泥胶结、套管腐蚀、窜槽）等。生产测井设备制造、现场测试、资料处理及解释各环节中，生产测井解释最为重要，直接影响着对油井产状的监测及管理。作为生产测井分析家，在对一口井进行分析解释之前，应首先了解下列油区信息：

（1）生产井所在构造的部位；

（2）构造形态；

（3）构造上原始油气分布状态；

（4）生产井完井参数；

（5）生产井生产历史；

（6）地面油、气、水产量；

（7）生产测井系列及相应的解释方法；

（8）测井日期；

（9）测井系列的优缺点，对这一产量，井的适应能力；

（10）用户（采油厂、开发设计工程师等）要求的结果；

（11）测井记录。

上述第11项中，不同的用户要求及目的不同。用户要求工程测井的，通常是了解套管腐蚀、胶结及窜槽情况。用户要求动态测井的，主要是了解油、气、水在储层及井中的动态分布情况。用户要求测注入剖面的，通常是了解注入水、气及其他流体的去向。生产测井解释的目的就是围绕用户要求为用户提供可靠的结果。

二、生产测井解释一般过程

附图1、附图2是W209井的生产测井综合测井数据。该井是C油田A构造上的一口生产井。该井情况如附表1所示。

附表1　W209井井况

井号	W209
测井日期	2002. 8. 4
套管规格	5. 5in×121. 36mm×2076. 7m 5. 5in×124. 3mm×3082. 2m
人工井底	3077. 56m
油管	2. 5in×2484. 17m（喇叭口）
生产层段	砂3中7段

射孔井段	2854~2878.8m，13m/6层
油嘴	7mm
静压	17.11MPa（1MPa≈10atm）
油压	2.0MPa
套压	12MPa
测井目的	了解该井垂向油水分布情况及变化动态
测量井段	2800~2903m
系列	DDL-3数控测井仪，仪器外径1.44in
测井项目	流量、密度、温度、自然伽马、套压接箍、压力、持水率
产量（地面）	油39m^3/d，气2000m^3/d，水1.1m^3/d

1. 原始曲线分析

附图1是仪器下测所得的结果，图中第一道有5条曲线，介绍如下：

GR ·································· 自然伽马曲线（与磁定位曲线组合进行深度控制）

LS02 ·································· 电缆速度代号（line speed）

LS04 ·································· 电缆速度代号（line speed）

LS06 ·································· 电缆速度代号（line speed）

LS07 ·································· 电缆速度代号（line speed）

图中第二道显示5条曲线，介绍如下

FL07 ·································· 流量曲线，r/s，flow rate

FL06 ·································· 流量曲线，r/s，flow rate

FL04 ·································· 流量曲线，r/s，flow rate

FL02 ·································· 流量曲线，r/s，flow rate

TM06 ·································· 温度曲线，℃，temperature

第三道显示一条曲线，为

PR06 ·································· 压力曲线（atm）

人工读值时应注意每条曲线的刻度各不相同。

附图2显示了上测所得的曲线，第一道显示电缆速度和自然伽马曲线。第二道除流量和温度曲线外，显示了含水率曲线：

HY06 ·································· 含水率曲线 HY—hydro tool，s^{-1}

附图3道一道显示了5条曲线：

PCCL ·································· 套管磁定位曲线（正向），mV

NCCL ·································· 套管磁定位曲线（负向），mV

LSPD ·································· 电缆速度

第二道显示4条曲线，除含水率、温度、流量曲线之外，还显示了流体密度（FDEN—fluid density）曲线。

2. 解释层段的划分

附图1、附图2、附图3中显示出6个不连续的射孔层。划分解释层时，应注意以下几点容易混淆的问题：

（1）生产井的解释层与裸眼井解释层不同。

（2）生产井解释层一般指射孔层之间的曲线稳定层。

（3）当两个射孔层间距很小（小于 $1\sim2m$）时，由于流体冲击的影响，曲线不稳定，不宜划分解释层。应将两个射孔层合并为一层。

（4）正对着射孔层，如果测井曲线（综合观察）不变化，可以划分为解释层。

（5）在射孔层段，由于射孔效果的影响，可能局部段不生产，因此，不能将射孔层与生产层混淆。

总之，划分解释层时，要参考射孔层段、测井曲线进行具体问题具体分析。依据这一原理，对 W209 井划分以下 3 个解释层：

（1）$2839\sim2846m$；

（2）$2857\sim2862m$；

（3）$2870\sim2873m$。

3. 定性解释

对一口生产井进行解释时，定性解释是很重要的一环。当拿到一张原始测井图时，依我们所学到的知识，可以很快对所测井进行产量动态分析。定性解释的一般原则是：观察曲线通过生产层的变化，取得初步结论。对生产井而言，其初步结论包括解释层的相态、流型以及主产油层、次产油层等。参考信息是：

（1）流量曲线通过生产层时有无异常发生。产量较大时，流量曲线局部不稳，如附图 1、附图 2、附图 3 中的曲线波动

（2）压力曲线有无异常。一般情况下，压力曲线从上至下逐渐增大。

（3）温度曲线有无异常。一般情况下，正异常指示产液，负异常指示产气。

（4）密度曲线通过生产层时有无异常发生。产液正异常，产气负异常。

（5）含水率曲线有无异常变化。

以上信息基本反映了产层产量及产出流体的性质。依据这一原则，对 W209 井填写附表 2（以附图 3 为主，参阅附图 1、附图 2）。表中的数据可填近似值，对于温度曲线，可以近似依据曲线通过产层的斜率（陡度）变化判断产出情况。定性结果一栏应填上自己估计的流量大小及流体性质（油、气、水各产多少）。

4. 定量分析解释

1）读值

生产测井解释的读值与裸眼井解释读值的差别是：裸眼井是逐点读值；生产测井是可取解释层段上的平均值，这一层段可能是几米或十几米，可根据具体情况而定。

生产测井连续的记录曲线分两种，一种为上测曲线，另一种为下测曲线。下测时，仪器移动方向与流体流动方向相反，因此仪器改变了流体的分布状态；上测时，仪器移动方向与流体流动方向相同，与下测相比，仪器干扰流体分布状态的程度要弱。因此，在读密度、压力、温度测量值时，建议取上测值。

从附图 3 中（出于测量原因，附图 3 给出的是下测值）读出密度、压力及温度值填入附表 3 中，以便计算持水率和油气水物性参数。

2）油气水物性参数计算

油气水物性参数包括：油气水的密度（ρ_o、ρ_g、ρ_w）、油气水地层体积系数（B_o、B_g、B_w）、泡点压力 p_b、溶解油气比 R_s、溶解气水比 R_{sw}、游离油气比 R_{FG}、天然气偏差因子 Z、

油气水黏度（μ_o、μ_g、μ_w）等 14 个参数。

不同地区，可利用 PVT 实验取样分析出这些参数。W209 井的分析参数为：$B_o = 1.3$，$B_w = 1$，$\rho_o = 0.63\text{g}/\text{cm}^3$，$\rho_w = 1\text{g}/\text{cm}^3$，$\rho_g = 0.008279\text{g}/\text{cm}^3$，$p_b = 2203\text{psi}$（$1\text{atm} = 14.7\text{psi}$）。

在没有 PVT 取样分析数据时，可采用本中给出的相关关系式计算这些参数。当然，对于不同类型的井，所需参数的个数不同，通常见到的井有气水两相井、油水两相井及油气水三相井。气水井只需要水与气的参数，油水井只需要油与水的参数。

在利用相关关系式计算这些参数的输入参数有：

温度 T ·· ℉或℃

压力 p ·· psi

油产量 Q_o ··· bbl/d（$1\text{bbl}/\text{d} = 0.159\text{m}^3/\text{d}$）

气产量 Q_g ·· ft^3/d

水产量 Q_w ··· bbl/d

标准状况温度 T_{sc} ··· psi（60℉）

标准状况压力 p_{sc} ··· 0℉（14.7psi）

矿化度 ··· 10^{-6}

天然气相对密度 R_g ··· 无因次

原油 API 密度 ··· °API

一般来说，对于每一个解释层都必须计算出以上参数。但是，考虑到各解释层之间压力、温度的差别对这些参数的影响不大。因此，计算时可取射孔层中点处的压力、温度作为平均值输入。

3）解释层相态判断

p_b 计算出以后，取射孔层处的压力 p 进行对比。得出该井的相态（两相流动、三相流动），以决定应采取什么方法进行解释。判断标准为：$p > p_b$ 时，井下流体为油水两相流动；$p < p_b$ 时，井下流体为油气水三相流动；

4）解释层流型判断

如果为油水两相流动，可以利用持水率 Y_w 值估计各解释层的流型：

$$Y_w = \frac{\rho - \rho_o}{\rho_w - \rho_o}$$

判断标准：当 $Y_w > 0.25$ 时，井下流体为泡状流；当 $Y_w < 0.25$ 时，井下流体为乳状流。判断流型的主要目的是了解各层的油水分布状态，为解释提供参数依据。将相态与流型填入附表 4。

5）流量计读值及视流体速度

用交会图确定各层的视流体速度前，应选从附图 1、附图 2 中取出不同电缆速度时的流量值。哈理伯顿公司作交会图时，电缆速度上测为正，下测为负。

（1）从附表 1、附表 2 中分别读出电缆速度（line speed）和流量值，上测电缆速度为正，下测电缆速度为负。

（2）将每一解释层的读值分别填入附表 4、附表 5、附表 6。

（3）将点子分别点入附表 4、附表 5、附表 6 中下部的坐标中。

（4）用下式计算视流体速度：

$$v_a = \frac{\sum Y \sum X^2 - \sum X \sum XY}{N \sum X^2 - (\sum X)^2}$$

$$M = \frac{N\sum XY - \sum Y \sum X}{N\sum X^2 - (\sum X)^2}$$

式中 v_a——视流体速度（Y 轴截距）；

       M——斜率；

       Y——电缆速度，m/min；

       X——流量，r/s

       N——数据点总个数。

（5）作出每一层的交会线，并在图上指出视流体速度的位置。注意将 m/min 转换为英制 ft/min（1ft＝0.3048m），将结果填入附表 5。

6）油水表观速度计算

（1）选用油水两相流动解释图版（附图 4、附图 5、附图 6）。

（2）将 v_a、Y_w 值代入附图 4 中，估算出水的表观速度。若点子落在某两条线之间，则选下侧的线为基线。若落在 2.85ft/min 线下侧，则即以该线为基准线。

（3）以基线为母线，将 Y_w 值代入图 5 求出 v_a/v_t 值（v_t 为总平均流速）。

（4）计算出 v_t 值。

（5）将 Y_w、v_t 值点入附图 6 中，确定一目标点。

（6）若目标点落入两条线之间，则利用内插法求水的表观速度。如目标点落入 2.85ft/min 与 8.54ft/min 两条线之间，则水的表观速度 v_{sw} 为

$$v_{sw} = 2.85 + \frac{8.54 - 2.85}{\lg v_{8.54} - \lg v_{2.85}}(\lg v_t - \lg v_{2.85})$$

若目标点落入 2.85ft/min 或 28.48ft/min 线以外，则利用外插法求 v_{sw} 值。若目标点落在 28.48ft/nin 线以外，则

$$v_{sw} = 14.23 + \frac{28.48 - 14.23}{\lg v_{28.48} - \lg v_{14.23}}(\lg v_t - \lg v_{14.23})$$

（7）循环以上（1）~（6）步，分别求出各解释层的 v_{sw} 值。

（8）用 $v_{so} = v_t - v_{sw}$ 求出各层的油的表观速度值。

（9）将以上结果填入附表 6 中。

（10）计算管子常数 P_c：

$$P_c = 0.25\pi D^2 \times 0.0001 \times 0.3048 \times 60 \times 24 \times m^3/d \times (ft/min)^{-1}$$

式中 D——套管直径，W209 井 $D = 12.4cm$。

（11）计算 Q_o、Q_w：

$$Q_o = Av_{so}, \quad Q_w = Av_{sw}$$

式中 A——过流面积。

（12）计算各生产层的产量：

$$Q_{op} = Q_{o1} - Q_{o2}, \quad Q_{wp} = Q_{w1} - Q_{w2}$$

（13）计算

生产层含油率 C_o 和含水率 C_w：

$$C_o = \frac{Q_{op}}{Q_{op} + Q_{wp}}, \quad C_w = \frac{Q_{wp}}{Q_{wp} + Q_{op}}$$

将以上结果填入附表 7。

（14）将附表7的 Q_{op}、Q_{wp}、C_o、C_w 值在附图3中用图示法标出。

三、滑脱速度模型解释方法

计算公式为

$$v_{so} = Y_o v_t + Y_o Y_w v_s$$

$$v_{sw} = v_t - v_{so}$$

$$v_s = \begin{cases} 0, Y_w < 0.25 \\ 20(\rho_w - \rho_o)^{0.25} e^{\left[-0.788(1-Y_w)\ln\frac{1.85}{\rho_w-\rho_o}\right]}, Y_w \geq 0.25 \end{cases}$$

式中　v_{so}、v_{sw}——油和水的表观速度，cm/s；

　　　　Y_o、Y_w——油和水的持率；

　　　　ρ_o、ρ_w——油和水的密度，g/cm^3；

　　　　v_s——滑脱速度，cm/s；

　　　　v_t——平均流速，取之前计算结果，cm/s。

逐层计算，填写附表9、附表10。

四、漂流模型解释方法

计算公式为

$$v_{so} = Y_o(1.2v_t + v_p), v_{sw} = v_t - v_{so}$$

$$v_p = 1.53 Y_w^n \left[\frac{\delta(\rho_w - \rho_o)g}{\rho_w^2}\right]^{0.25} (n = 0.5 \sim 2)$$

式中，$\delta = 30$dyn/m；g 为重力加速度度，cm/s^2；v_t 采用前面计算出的值，计算时注意单位换算。最后填入附表10、附表11。

五、编写解释报告

（1）综述上述解释方法的实质。

（2）对各射孔层产量进行评价。

（3）对本井动态进行评价。

（4）对比以上3种解释方法的可靠性。

（5）提出本人对生产测井解释方法的认识和建议。

附表 2　W209 井定性分析表

序号	深度，m	流量，r/s	流体密度 g/cm^3	温度,℃	含水率,%	定性分析结果
1	2839~2846					
1′						
2	2357~2862					
2′						
3	2870~2873					
3′						

注：表中 1、2、3 为解释层，1′、2′、3′为生产层。

附表3 密度、压力、温度取值

序号	深度，m	密度，g/cm^3	压力，atm	温度，℃
1	2839~2846			
2	2857~2862			
3	2870~2873			

附表4 相态与流型

序号	深度，m	p 与 p_b 对比	相态	持水率 Y_w	流型
1	2839~2846				
2	2857~2862				
3	2870~2873				

附表5 视流体速度

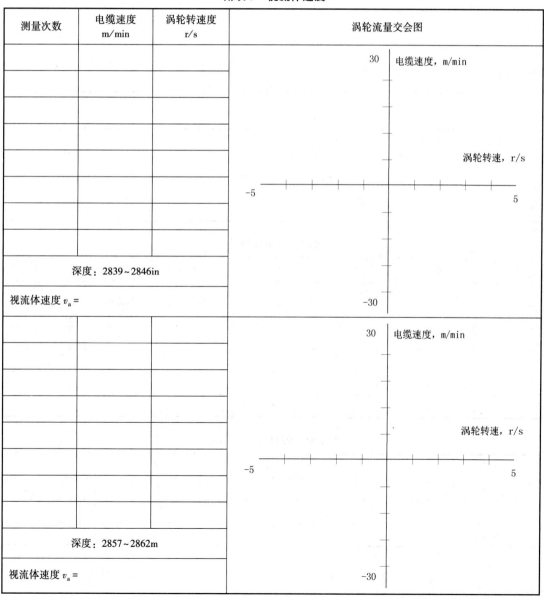

测量次数	电缆速度 m/min	涡轮转速度 r/s	涡轮流量交会图

深度：2839~2846in
视流体速度 $v_a =$

深度：2857~2862m
视流体速度 $v_a =$

测量次数	电缆速度 m/min	涡轮转速度 r/s	涡轮流量交会图
	深度：2870~2873m		
视流体速度 v_a =			

涡轮流量交会图坐标说明：纵轴 30 ~ -30 电缆速度，m/min；横轴 -5 ~ 5 涡轮转速，r/s

附表 6　v_{so}、v_{sw} 计算结果

解释层	v_{sw}	v_{so}	Q_o	Q_w
1				
2				
3				

附表 7　解释结果

层序	Q_o	Q_w	Q_{op}	Q_{wp}	C_o	C_w
1						
1′						
2						
2′						
3						
3′						

附表 8　滑脱模型计算结果

解释层	v_{sw}	v_{so}	Q_o	Q_w
1				
2				
3				

附表 9　滑脱模型解释结果

层序	Q_o	Q_w	Q_{op}	Q_{wp}	C_o	C_w
1						
1′						
2						
2′						
3						
3′						

附表 10　漂流模型计算结果

解释层	v_{sw}	v_{so}	Q_o	Q_w
1				
2				
3				

附表 11　漂流模型解释结果

层序	Q_o	Q_w	Q_{op}	Q_{wp}	C_o	C_w
1						
1′						
2						
2′						
3						
3′						

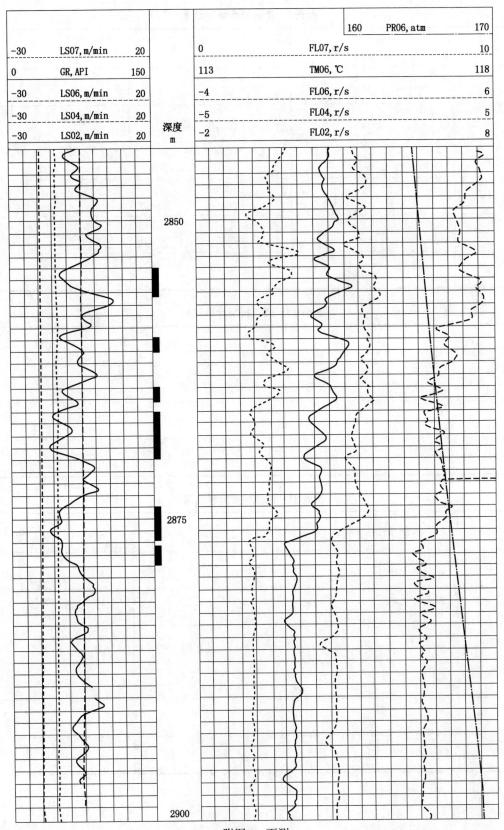

-30	LS07, m/min	20
0	GR, API	150
-30	LS06, m/min	20
-30	LS04, m/min	20
-30	LS02, m/min	20

	160	PR06, atm	170
0	FL07, r/s	10
113	TM06, ℃	118
-4	FL06, r/s	6
-5	FL04, r/s	5
-2	FL02, r/s	8

深度
m

2850

2875

2900

附图 1 下测

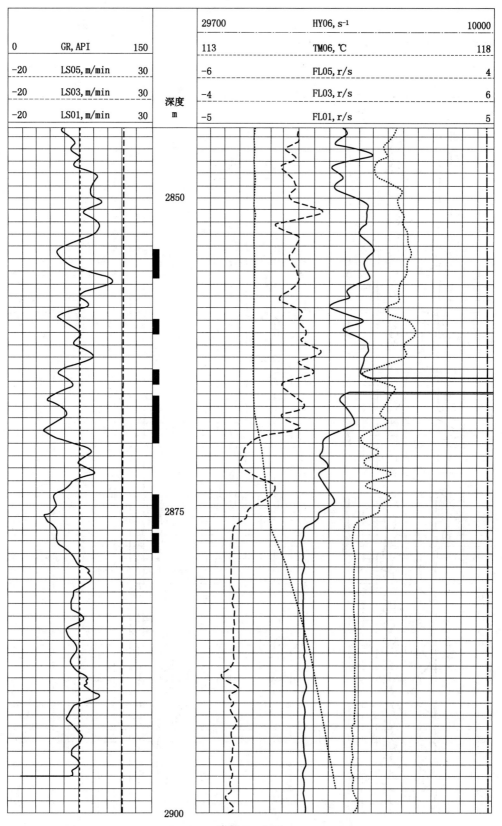

0	GR, API	150
-20	LS05, m/min	30
-20	LS03, m/min	30
-20	LS01, m/min	30

深度
m

29700	HY06, s⁻¹	10000
113	TM06, ℃	118
-6	FL05, r/s	4
-4	FL03, r/s	6
-5	FL01, r/s	5

附图 2　上测

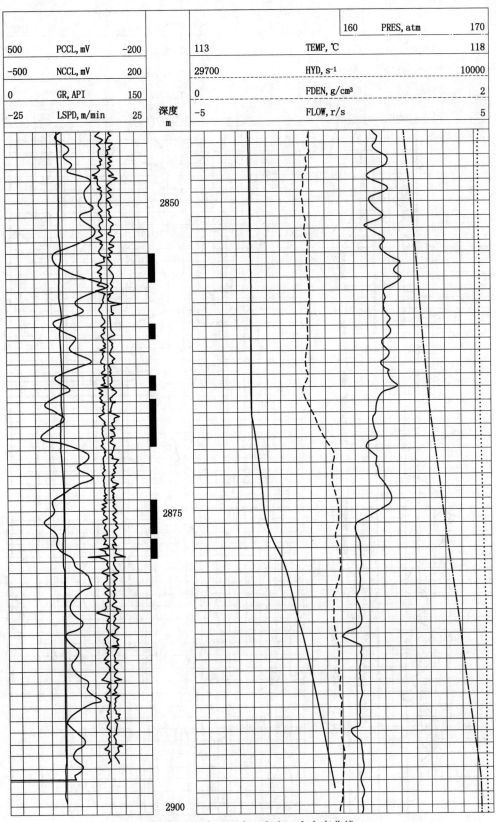

附图3　温度、压力、密度、含水率曲线

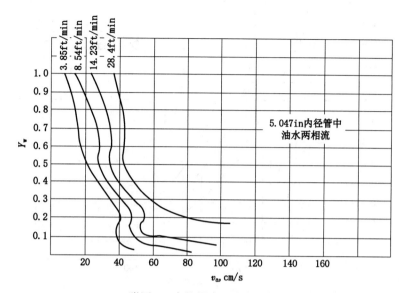

附图4 水的拟表观速度选择

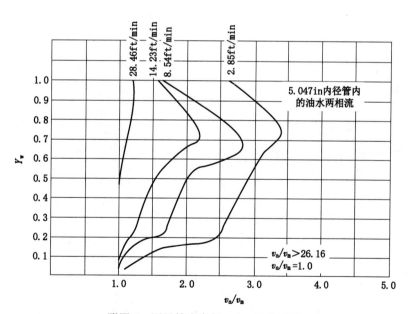

附图5 测量持水率与 v_a/v_m 的关系图

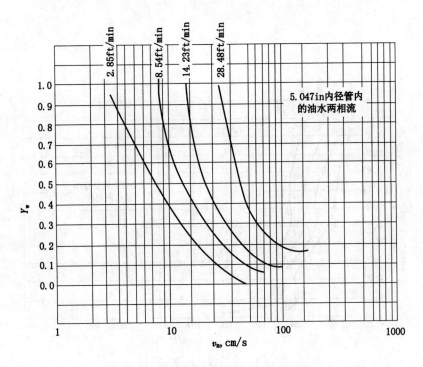

附图 6　测量持水率与总表观速度关系